现代缝纫机机构分析与设计

中国缝制机械协会　编著

中国纺织出版社有限公司

内 容 提 要

本书主要介绍了平缝机、包缝机、绷缝机、锁眼机、套结机、钉扣机、曲折缝缝纫机、家用缝纫机和缝纫辅助装置的机构组成、工作原理、自由度计算、设计分析以及调整与操作技术等内容。

本书可作为高等院校机电工程专业师生的教学用书，也可供缝制机械行业从事缝纫机开发、设计及维护的技术人员参考阅读。

图书在版编目（CIP）数据

现代缝纫机机构分析与设计／中国缝制机械协会编著. --北京：中国纺织出版社有限公司，2023.3
ISBN 978-7-5229-0296-8

Ⅰ.①现…　Ⅱ.①中…　Ⅲ.①缝纫机具—机械设计—高等学校—教材　Ⅳ.①TS941.52

中国国家版本馆 CIP 数据核字（2023）第 018208 号

责任编辑：范雨昕　　责任校对：寇晨晨　　责任印制：王艳丽

中国纺织出版社有限公司出版发行
地址：北京市朝阳区百子湾东里 A407 号楼　邮政编码：100124
销售电话：010—67004422　传真：010—87155801
http://www.c-textilep.com
中国纺织出版社天猫旗舰店
官方微博 http://weibo.com/2119887771
三河市宏盛印务有限公司印刷　各地新华书店经销
2023 年 3 月第 1 版第 1 次印刷
开本：787×1092　1/16　印张：24.5
字数：603 千字　定价：80.00 元

序

近十年来，现代缝纫机的发展日新月异，机电一体化新技术、新机构层出不穷，有力地促进了缝纫机向自动化、智能化方向发展的进程。

《现代缝纫机机构分析与设计》一书从机构分析和设计的基础理论入手，围绕缝纫机及其缝纫辅助装置的机构工作原理分析和机构调整与操作，分机种分析介绍了平缝机、包缝机、绷缝机、锁眼机、钉扣和套结机、曲折缝缝纫机、家用缝纫机和缝纫辅助装置的线迹形成主要机构和辅助机构的工作原理，并针对典型机构进行了运动和力分析，其内容对行业缝纫机产品研发和技术维护人员的针对性和可读性强，是行业现代缝纫机机构原理分析与设计方面不可多得的一本专业书籍。

相信《现代缝纫机机构分析与设计》一书的出版，能够有力地促进缝制机械行业的技术人员钻研缝纫机的机构创新理论，更好地开展缝纫机机构学的技术交流和合作，并且学以致用，把更多好的创新机构应用到新一代缝纫机产品开发之中，提升缝纫机产品的质量和效率，为缝制机械行业的下游企业装备的转型升级提供技术支撑，共同推进缝制机械行业由大变强。

中国缝制机械协会理事长

2023 年 1 月 1 日

前　言

进入 21 世纪，缝纫机新产品、新技术、新工艺、新材料不断地应用于服装加工生产中，一大批计算机控制缝纫机进入市场推广应用。在此形势下，尽快编写出版一本满足缝纫机研发人员和缝纫机维护人员知识更新的相关书籍有着紧迫的现实需求，为此中国缝制机械协会组织一批在缝纫机产品创新研发和技术维护第一线的专家，开展分工合作，共同编写了《现代缝纫机机构分析与设计》一书，本书分为十一章，具体包括缝纫机概述、机构分析与设计基础、缝纫机线迹形成原理，以及平缝机、包缝机、绷缝机、锁眼机、套结机、钉扣机、曲折缝缝纫机、家用缝纫机和缝纫辅助装置的机构分析；各章着重对缝纫机的主要工作机构和辅助机构的组成原理、自由度计算和机构的工作特性进行分析论述，并对某些典型机构的工作原理进行了详细的理论推导和分析。

本书由杨晓京担任主编，陈戟、吴吉灵、林建龙担任副主编，韩建友、徐栋、秦晓东、邱卫明、郑吉、颜文耀、严文进、王勇锋、陈栩华、徐耀卫、谢万成、智勇、高接枝、席有鹏等参加编写。张璋为本书绘制了部分插图，在此表示感谢。

由于作者水平有限，书中难免存在疏漏及不当之处，敬请各位读者不吝指正。

编著者

2022 年 12 月 1 日

目　录

第一章 缝纫机概述

第一节 缝纫机发展概况

服装是人类生存的基本条件之一，随着社会经济、政治、文化、科学的发展，人类对服装的需求已不只是单一的御寒功能，使手工制作无论从数量上还是质量上都无法满足人们对服装高品位、多样化的需求，促使服装制作从单件的手工制作向工业化生产方向发展。1790年英国人托马斯·赛特发明了单线链式缝纫机，开启了机械缝纫的先河；1832年美国人沃尔特·亨特发明了梭式缝纫机；1850年美国机械工人列察克·梅里特·胜家发明锁式线迹缝纫机；1851年，美国胜家设计出第一台全部由金属材料制成的缝纫机，缝纫速度提高到600针/min；随着电动机的问世，出现了用电动机驱动的缝纫机，开创了缝纫机工业发展的新纪元。

自20世纪40年代以来，特别是进入21世纪，缝纫机新产品、新技术、新工艺、新材料不断地应用于服装加工生产中。目前，缝纫机向多功能、自动化、智能化方向发展，机电一体化、精密传感、工业机械手、计算机图像识别和云计算、大数据分析等技术在缝纫机上的集成创新应用中不断取得突破，一大批创新产品和技术推向市场，满足了服装等下游行业对省人工、高效率和高质量加工缝纫机的需求，有力地促进了缝纫机向自动化、智能化方向转型，产品持续创新升级，产品的品种更加丰富，产品的性能和质量显著提高，缝纫机技术进步具体体现在以下六方面。

一是，高效直驱一体化和计算机控制技术在普通缝纫机和特种缝纫机上获得广泛应用，机型占比已超过80%；采用多轴联动控制技术的缝纫机具有针距、压脚压力、线张力自动调节和加工物料厚度自感知性能，配以全新开发的电控系统，实现缝纫过程的智能化控制。

二是，创新开发出一大批自动缝制单元、模板机，集机械、电控、光电磁检测、工业机械手、计算机图像识别技术于一体，以缝纫机为核心基础，针对服装、鞋帽、箱包等下游行业需求，整合加工工序，实现缝纫加工的自动化和智能化，提高了加工质量和劳动生产率。

三是，模块化设计、立体缝纫、独立驱动技术在缝纫机产品上获得应用，出现了基于六轴的工业缝纫机械手、模块化厚料缝纫机和采用独立驱动技术的模板机、花样机，针杆或机头与钩线机构沿将要缝纫的曲线形状同步旋转，实现缝纫线迹规整美观。

四是，一大批基于效率提升和缝纫线迹美观需求的缝纫机机构创新和附加装置新技术在缝纫机上获得应用，一批创新产品推向市场，极大地提高了服装等加工效率和加工质量。

五是，高速高效刺绣、超多头刺绣技术获得应用，出现了转速1200~1500r/min的新型高速刺绣机，自动换底线系统、磁编码自动检测系统、自动夹框新技术、自动油雾润滑系统、集成式电控系统在刺绣机上获得推广应用。

六是，基于云平台、大数据分析的服装加工智能缝纫机，实时采集数据，通过云计算进行大数据分析，初步实现缝纫工厂的设备管理、生产管理和智能决策。

随着新一代信息技术与制造业深度融合，信息通信技术、智能控制技术、物联网、大数据等新技术在行业快速应用，缝纫机产品正由自动化向智能化快速升级，相应生产方式也在不断进步；

基于物理信息系统的"缝制设备+互联网"创新改造正引领缝纫机及下游用户行业在商业模式、产品领域及产业价值链体系方面不断拓展，有力支撑服装等行业转型升级。

第二节   缝纫机分类

缝纫机是服装等加工中机种最多、使用最普遍的设备之一，目前世界上有上千种性能各异的缝纫机，一般缝纫机按功能用途、线迹形式和机头结构外形分类。

一、按功能用途分类

按功能用途，缝纫机分为通用缝纫机、专用缝纫机两类，其中通用缝纫机包括家用缝纫机、工业平缝机、工业包缝机、工业绷缝机；专用缝纫机包括锁眼机、套结机、钉扣机和花样机。基于通用缝纫机和专用缝纫机派生出自动缝制单元，如自动锁眼机、自动钉扣机、自动贴袋机、模板机、自动包缝机、工业缝纫机械手等。

二、按线迹形式分类

按线迹形式，缝纫机可分为锁式线迹缝纫机和链式线迹缝纫机，锁式线迹缝纫机通过机针和摆梭或旋梭配合形成锁式线迹，链式线迹缝纫机通过机针和旋转线钩或弯针配合形成链式线迹。平缝机用得较多的线迹是锁式线迹；包缝机、绷缝机属于链式线迹缝纫机；平头锁眼机一般采用的锁式线迹；钉扣既有采用锁式线迹的钉扣机，也有采用链式线迹的钉扣机；套结机一般为锁式线迹。

三、按机头结构外形分类

按机头结构外形，缝纫机分为平板式、平台式、筒式、肘型筒式、立柱式、箱体式缝纫机，平板式缝纫机支撑缝料的部位呈平板状，且与台板平面一致；平台式缝纫机支撑缝料的部位呈平台状，且凸出于台板；筒式缝纫机支撑缝料的部位呈筒状悬臂伸出；肘型筒式缝纫机支撑缝料的部位呈弯着的手臂状悬臂伸出；立柱式缝纫机支撑缝料的部位呈柱状竖立在底板上；箱体式缝纫机支撑缝料的部位在箱体的一侧呈平面的部位。图1-1~图1-6分别为平板式、平台式、筒式、肘型筒式、立柱式、箱体式缝纫机外形。

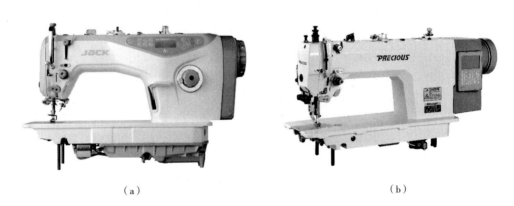

(a)   (b)

图1-1   平板式缝纫机

图 1-2　平台式缝纫机

图 1-3　筒式缝纫机

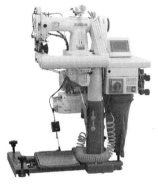

图 1-4　肘型筒式缝纫机

图 1-5　立柱式缝纫机

图 1-6　箱体式缝纫机

四、其他分类

根据其他的特征要素，还可以对缝纫机进一步细分：工业平缝机按机体形式可分为平板式、筒式和立柱式平缝机；按缝纫速度可分为高速、中速和低速平缝机；按线迹形式分为锁式线迹平缝机和链式线迹平缝机；按送料机构方式分为下送料、针送料和下送料复合、上下送料复合、上下送料和针送料复合、带送料、滚轮送料平缝机；按缝针数量分为单针、双针和三针平缝机；按控制方式分为机械控制和计算机控制平缝机；按缝料厚度可分为标准型、薄料、厚料和特厚料平缝机；按线缝形式可分为直线型、曲折型平缝机；按驱动方式可分为非直驱、直驱和直驱一体式平缝机；按润滑方式可分为无油型、微油型、有油型平缝机。

包缝机按针线、弯针线配置可分为双线、三线、四线、五线和六线包缝机；按功能分为包边缝、安全缝、接头缝和带有附属装置的包缝机；按缝纫速度分为中速、高速和超高速包缝机；按机体结构外形分为平台式、小平台式包缝机；按控制方式分为机械控制和计算机控制包缝机；按驱动方式分为直驱式和非直驱式包缝机。

绷缝机按线迹形式和机针配置分为双针和多针绷缝机，如双针三线绷缝机、三针五线绷缝机、四针六线绷缝机等；按机体形式分为平台式、筒式和肘型筒式绷缝机；按控制方式分为机械控制和计算机控制绷缝机；按驱动方式分为直驱式和非直驱式绷缝机。

锁眼机按缝制扭孔形状分为平头锁眼机和圆头锁眼机；按控制方式分为机械控制和计算机控制锁眼机。

钉扣机按线迹形式分为锁式线迹和链式线迹钉扣机；按纽扣形状分为平扣、立扣和云石扣钉扣机；按控制方式分为机械控制和计算机控制钉扣机。

套结机按控制方式分为机械控制和计算机控制套结机。

家用缝纫机按功能用途分为普通家用缝纫机、多功能家用缝纫机和家用缝绣一体机；按动力和控制方式分为电动式家用多功能缝纫机和电脑式家用多功能缝纫机以及人力驱动的普通家用缝纫机。

思考题

1. 按功能用途不同，缝纫机可分为几大类？各大类又可细分为几种缝纫机？
2. 按线迹形式不同，缝纫机可分为几种？
3. 按机头结构不同，缝纫机可分为几种？
4. 平缝机可细分为几种？
5. 包缝机可细分为几种？
6. 绷缝机可细分为几种？
7. 家用缝纫机可细分为几种？
8. 特种缝纫机是指什么缝纫机？
9. 缝纫机技术进步的具体特征是什么？

第二章 机构分析与设计基础

第一节 机构的组成

一、机器

在机械设备中，常见的机构有连杆机构、齿轮机构、凸轮机构、带传动机构、螺旋机构等。各种机构是用来传递与变换运动和力的。而机器是根据某种使用要求而设计的执行机械运动的装置，可用来变换或传递能量、物料和信息。如缝纫机用来固定物料间的相互位置、电动机或发电动机用来变换能量、加工机械用来变换物料的状态等。

在生产实际中，离不开各种各样的机器。不同的机器具有不同的形式、构造和用途，但都是由各种机构组合而成的。

如图 2-1 所示的内燃机包含由气缸 9、活塞 8、连杆 3 和曲轴 4 所组成的连杆机构，齿轮 1 和 2 所组成的齿轮机构，以及由凸轮轴 5、阀门推杆 6、7 所组成的凸轮机构等。

如图 2-2 所示的缝纫机主传动装置包含由针杆、针杆连杆、曲柄盘所组成的机针机构，以及由挑线曲柄、挑线杆、摆杆组成的挑线机构。

从组成和作用上来分析，机器有以下三个特征：

（1）任何机器都是由许多实体组合而成的；

（2）各运动实体之间具有确定的相对运动；

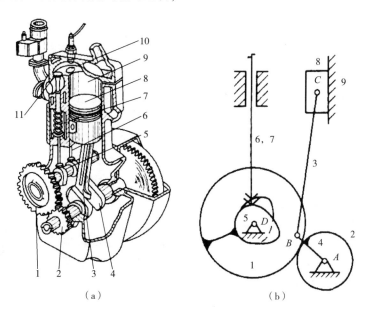

（a）   （b）

图 2-1 内燃机

1，2—齿轮　3—连杆　4—曲轴　5—凸轮轴　6，7—阀门推杆　8—活塞　9—气缸　10—进气门　11—排气门

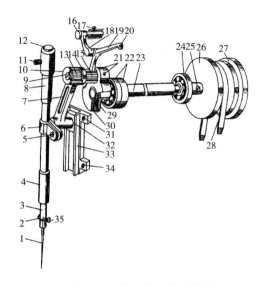

图 2-2　缝纫机主传动装置

1—机针　2—过线环　3—针杆　4—针杆套筒（下）　5，11，17，21—紧固螺钉　6—针杆连接柱
7—针杆连杆　8—针杆套筒（上）　9—针杆曲柄销　10—压盖　12—密封毡垫　13，15，22，24—轴承
14—挑线曲柄　16—摆杆销　18—摆杆　19—挑线杆　20—挑线杆孔　23—主轴　25—螺钉　26，27—皮带轮
28—皮带　29—曲柄盘　30—曲柄盘紧固螺钉　31，34—滑槽座固定螺钉　32—滑块　33—滑槽座　35—紧针螺钉

（3）能实现能量的转换、代替或减轻人类的劳动强度，完成有用的机械功。

同时具有以上三个特征的实物组合称为机器，如图 2-1 所示内燃机是由气缸、活塞、连杆、曲轴、轴承等构件组合而成的。

同时具有前两个特征的实物组合称为机构，如图 2-2 所示缝纫机主传动装置是由主轴、针杆、挑线杆、摆杆、曲柄盘、轴承等组成。

二、机构的组成

（一）构件

机器是由许多零件组合而成的。如图 2-1 所示的内燃机就是由气缸、活塞、连杆体、连杆头、曲轴、齿轮等一系列零件组成的。在这些零件中，有的是作为一个独立的运动单元体而运动的，有的由于结构和工艺上的需要，与其他零件刚性地连接在一起作为一个整体而运动，如连杆由连杆体、连杆头、螺栓、螺母、轴瓦、铜套、垫圈等零件刚性地连接在一起作为一个整体而运动，如图 2-3 所示。这些刚性地连接在一起的零件共同组成一个独立的运动单元体。图 2-2 中针杆构件由机针、紧针螺钉、过线环、针杆、针杆连接柱、紧固螺钉等组成。

机构中每一个独立的运动单元体称为一个构件，机构是由若干个（两个以上）构件组合而成的。

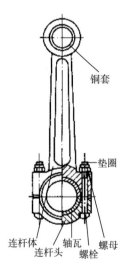

图 2-3　连杆

（二）运动副

构件组成机构时，需要以一定的方式把各个构件连接起来。被连接的两构件间能够产生相对运动，这种连接不是刚性的。由两个构件直接接触组成的可动连接称为运动副，两构件上能够参加接触而构成运动副的点、线或面称为运动副元素。如图 2-4 ~ 图 2-6 所示，轴 1 与轴承 2 的配合、滑块 2 与导轨 1 的接触、两齿轮轮齿的啮合都构成了运动副。它们的运动副元素分别为圆柱面和圆孔面、棱槽面和棱柱面及两齿廓曲面上的点（端面）或直线（轴向）。

两构件在未构成运动副之前，在空间中具有 6 个自由度。当两构件构成运动副之后，它们之间的相对运动将受到约束。运动副自由度和约束数的关系为：自由度等于六减去约束数。在平面机构中，自由度等于三减去约束数。

两构件构成运动副后所受到的约束数最少为 1，最多为 5。根据其引入约束的数目进行分类，引入一个约束的运动副称为 I 级副，引入两个约束的运动副称为 II 级副，依此类推。

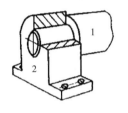　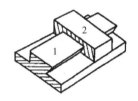　

图 2-4　轴承　　　　　　　　图 2-5　滑块导轨　　　　　　图 2-6　轮齿啮合

根据构成运动副的两构件的接触情况对运动副进行分类，两构件通过单一点或线接触而构成的运动副称为高副，如图 2-6 所示的运动副；通过面接触而构成的运动副称为低副，如图 2-4、图 2-5 所示的运动副。

把两构件之间的相对运动为转动的运动副称为转动副或回转副，也称铰链。相对运动为移动的运动副称为移动副；相对运动为螺旋运动的运动副称为螺旋副，如表 2-1 所示螺杆 1 与螺母 2 所组成的运动副；相对运动为球面运动的运动副称为球面副，如表 2-1 所示球头 1 与球碗 2 所组成的运动副。

把构成运动副的两构件之间的相对运动为平面运动的运动副统称为平面运动副，两构件之间的相对运动为空间运动的运动副统称为空间运动副。

为了便于表示运动副和绘制机构运动简图，运动副常用简单的图形符号来表示。表 2-1 为常用运动副的类型及其代表符号。

表 2-1　常用运动副的类型及其代表符号

运动副名称及代号		运动副模型	运动副级别及封闭方式	运动副符号	
				两运动构件构成的运动副	两构件之一为固定时的运动副
平面运动副	转动副（R）		V 级副几何封闭		

续表

运动副名称及代号		运动副模型	运动副级别及封闭方式	运动副符号	
				两运动构件构成的运动副	两构件之一为固定时的运动副
平面运动副	移动副（P）		V级副 几何封闭		
	平面高副（RP）		IV级副 力封闭		
空间运动副	点高副		I级副 力封闭		
	线高副		II级副 力封闭		
	平面副（F）		III级副 力封闭		
	球面副（S）		III级副 几何封闭		
	球销副		IV级副 力封闭		
	圆柱副（C）		IV级副几何封闭		
	螺旋副（H）		V级副几何封闭	（开合螺母）	

（三）运动链与机构

构件通过运动副连接而构成的可相对运动系统称为运动链，如图2-7所示。

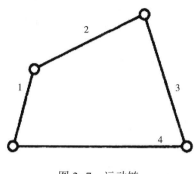

图2-7 运动链

在运动链中，将其中某一构件加以固定而成为机架，则该运动链便成为机构，如图2-8所示。

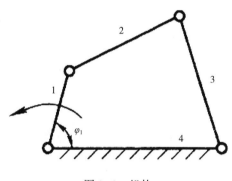

图2-8 机构

机构中按给定运动规律独立运动的构件称为原动件，在其上画转向或移动箭头表示。而其余活动构件则称为从动件，从动件的运动规律决定于原动件的运动规律和机构的结构及构件的尺寸大小。

机构分为平面机构和空间机构两类，其中平面机构应用最为广泛。

三、平面低副机构的组成原理

（一）机构组成及结构分析

机构具有确定运动的条件是其原动件数应等于其所具有的自由度数。如果将机架及原动件从机构中拆分开来，则由其余构件构成的构件系统必须是一个自由度为零的构件组。而这个自由度为零的构件组有时还可以再拆成更简单的自由度为零的构件组，把最后不能再拆的最简单的自由度为零的构件组称为基本杆组。因此，任何机构都可以看作是由若干个基本杆组依次连接于原动件和机架上而构成的，这就是机构的组成原理。

当对现有机构进行运动分析或动力分析时，可将机构分解为机架和原动件及若干个基本杆组，然后对基本杆组进行分析。例如，如图2-9（a）所示的破碎机机构，因其自由度 $F = 3 \times 5 - 2 \times 7 =$

1，故只有一个原动件，如将原动件 1 及机架 6 与其余构件拆开，则由构件 2、3、4、5 所构成的杆组的自由度为零。而且其可以再拆分为由构件 4 与 5 和构件 2 与 3 所组成的两个基本杆组，如图 2-9（b）所示，它们的自由度为零。

当设计一个新机构时，需先画出机构运动简图，可先选定一个机架，并将数目等于机构自由度的 F 个原动件用运动副连于机架上，然后将一个个基本杆组依次连于机架和原动件上，从而构成一个新机构。

在杆组搭接时，不能将同一杆组的各个外接运动副（如杆组 4、5 中的转动副 B、F）接于同一构件上，如图 2-10 所示。

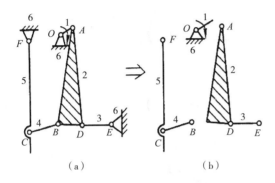

图 2-9　破碎机机构

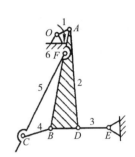

图 2-10　杆组搭接

机构的结构分类是根据机构中基本杆组的不同组成形态进行的。杆组分析只针对平面低副机构，因此，组成平面机构的基本杆组根据自由度计算式可得：

$$3n - 2P_1 = 0 \qquad (2-1)$$

式中：n 为基本杆组中的构件数；P_1 为基本杆组中的低副数。

式（2-1）还可以写成：

$$n/2 = P_1/3 \qquad (2-2)$$

由于构件数和运动副数必须是整数，因此最简单的基本杆组是由 2 个构件和 3 个低副构成，把这种基本杆组称为 Ⅱ 级杆组，又称二杆组，如图 2-11 所示。或 $n=4$，$P_1=6$，称为四杆组，如图 2-12 所示。二杆组是应用最多的基本杆组，绝大多数的机构都是由二杆组构成的，二杆组有五种不同的类型。

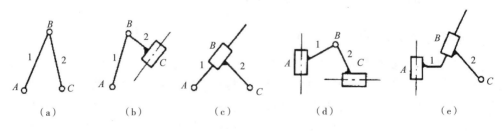

| (a) | (b) | (c) | (d) | (e) |

图 2-11　二杆组

在一些结构比较复杂的机构中，除了二杆组外，也有应用如图 2-12 所示的三种结构形式均由四个构件和六个低副所组成的四杆组，下面的四杆组都有一个包含三个低副的构件，此种基本杆组也被称为 Ⅲ 级组。

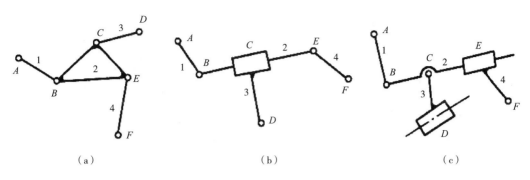

（a）　　　　　　　　　　（b）　　　　　　　　　　（c）

图 2-12　四杆组

二杆组位置分析时可以直接求出显式解，因此也称为简单杆组，二杆以上的杆组都不能求出显式解，只能数值求解，因此都称为复杂杆组。

在同一机构中可以包含不同级别的基本杆组。把由最高级别为二杆组构成的机构称为Ⅱ级机构或简单机构；把最高级别为Ⅲ级组或四杆组以上的基本杆组构成的机构称为复杂机构。

机构结构分析的目的是了解机构的组成，并确定机构的级别。

在对机构进行结构分析时，先应正确计算机构的自由度，注意除去机构中的虚约束和局部自由度，并确定原动件。然后从远离原动件的构件开始拆杆组。先试拆二杆组，若不成，再拆四杆组。每拆出一个杆组后，留下的部分仍应是一个与原机构有相同自由度的机构，直至全部杆组拆出只剩下原动件和机架为止。

最后，确定机构的级别。例如，如图 2-9 所示机构进行结构分析时，取构件 1 为原动件，可依次拆出构件 5 与 4 和构件 2 与 3 两个Ⅱ级杆组，最后剩下原动件 1 和机架 6。由于拆出的最高级别的杆组是Ⅱ级组，故机构为Ⅱ级机构或简单机构。如果取原动件为构件 5，则这时只可拆下一个由构件 1、2、3 和 4 组成的Ⅲ级杆组，最后剩下原动件 5 和机架 6，此时机构将成为Ⅲ级机构或复杂机构。

由此可见，同一机构由于所取的原动件不同，有可能成为不同级别的机构。

上述杆组分析方法只针对低副机构，如果机构中含有高副，可用高副低代的方法先将机构中的高副变为低副，再按上述方法进行结构分析和分类。

（二）机构中的高副低代

为了对含有高副的平面机构进行分析研究，可将机构中的高副根据一定的条件虚拟地以低副加以代替，这种将高副以低副来代替的方法称为高副低代。进行高副低代必须满足的条件：

（1）代替前后机构的自由度完全相同。

（2）代替前后机构的瞬时速度和瞬时加速度完全相同。

由于平面机构中一个高副仅提供一个约束，而一个低副却提供两个约束，故不能用一个低副直接来代替一个高副。

图 2-13 所示为一高副，其高副元素均为圆弧。在机构运动时，构件 1、2 分别绕点 A、B 转动，两圆连心线 K_1K_2 的长度将保持不变，同时 AK_1 及 BK_2 的长度也保持不变。

用一个虚拟的构件分别与构件 1、2 在 K_1、K_2 点以转动副相连，以代替由该两圆弧所构成的高副，它满足高副低代的两个条件。高副低代后的这个平面低副机构称为原平面高副机构的替代机构。

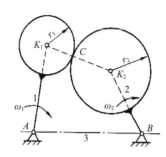

图 2-13　高副

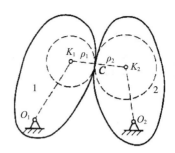

图 2-14　非圆曲线高副

又如图 2-14 所示的机构，其高副两元素为两个非圆曲线，它们的接触点 C 处的曲率中心分别为 K_1 和 K_2 点。用一个虚拟的构件分别在 K_1、K_2 点与构件 1、2 以转动副相连，也能满足高副低代的两个条件。不同的只是此两曲线轮廓各处的曲率半径 ρ_1 和 ρ_2 不同，其曲率中心至构件回转的距离也随处不同，这种代替只是瞬时代替。

根据以上分析可以得出结论，在平面机构中进行高副低代时，为了使代替前后机构的自由度、瞬时速度和加速度都保持不变，只要用一个虚拟构件分别与两高副构件在过接触点的曲率中心处以转动副相连就行了。

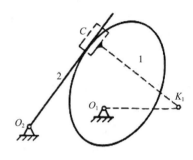

图 2-15　凸轮机构

如果高副元素之一为一直线，如图 2-15 所示的凸轮机构的平底推杆，因其曲率中心在无穷远处，所以低代时虚拟构件这一端的转动副将转化为移动副。

第二节　机构的运动简图及其自由度

一、机构运动简图

在分析和设计机构时，需要绘出其机构运动简图。机构各部分的运动是由其原动件运动规律、运动副类型和机构运动尺寸来决定，因此只要根据机构的运动尺寸、按一定的比例尺定出各运动副的位置，可以用运动副及常用机构运动简图的符号（表 2-2）和一般构件的表示方法（表 2-3）将机构的运动传动情况表示出来。这种用以表示机构运动传动情况，并以一定比例画出的简化图形称为机构运动简图，简称机构简图。图 2-8（b）就是图 2-8（a）所示机构的机构运动简图。根据机构运动简图可了解机械的组成及对机械进行运动和动力分析。

表 2-2　常用机构运动简图

常用机构	运动简图符号	常用机构	运动简图符号
在支架上的电动机		齿轮齿条传动	

常用机构	运动简图符号	常用机构	运动简图符号
带传动		圆锥齿轮传动	
链传动		圆柱蜗轮蜗杆传动	
外啮合圆柱齿轮传动		凸轮传动	
内啮合圆柱齿轮传动		棘轮机构	

如果只是为了表明机械的结构状况，可以不按严格的比例来绘制简图，通常把这样的简图称为机构示意图。

表 2-3 一般构件的表示方法

一般构件	表示方法
固定构件	
同一构件	
两副构件	
三副构件	

在绘制机构运动简图时，需先定出其原动件和执行构件，再循着运动传动的路线弄清楚原动

件的运动是怎样经过传动部分传递到执行构件的，确定该机构是由多少构件组成的，各构件之间以何种运动副连接以及它们所处的相对位置，才能正确绘出其机构运动简图。

以能简单清楚地把机构的结构及运动传动情况正确地表示出来为原则来选择机构多数构件的运动平面为视图平面。在选定视图平面和机构原动件的某一适当位置后，便可选择适当的比例尺，根据机构的尺寸，定出各运动副之间的相对位置，可用运动副的代表符号、常用机构运动简图符号和构件的表示方法将各部分画出，即可得到机构运动简图，简称机构简图。

例1：试绘制图2-1（a）所示内燃机的机构简图。

解：内燃机的机构简图如图2-1（b）所示。

例2：试绘制图2-2（a）所示缝纫机主传动转置的机构简图。

解：缝纫机主传动机构的机构简图如图2-2（b）所示。

二、机构具有确定运动的条件

为了按照一定的要求进行运动的传动及变换，当机构的原动件按给定的运动规律运动时，该机构的其余构件的运动一般也都应是完全确定的。

在图2-8（b）所示的铰链四杆机构中，若给定其一个独立的运动参数，如构件1的角位移 $\varphi_1(t)$，则不难看出，此时构件2、3的运动便都完全确定了。而图2-16所示的铰链五杆机构，若也只给定一个独立的运动参数，如构件1的角位移 $\varphi_1(t)$，此时构件2、3、4的运动并不能确定。例如，当构件1占有位置 AB 时，构件2、3、4可以占有位置 $BCDE$，也可以占有 $BC'D'E$ 或其他位置。

但是，若再给定另一个独立的运动参数，如构件4的角位移规律 $\varphi_4(t)$，则此机构各构件的运动便完全确定了。

机构具有确定运动时所必须给定的独立运动参数的数目，称为机构的自由度，其数目常以 F 表示。

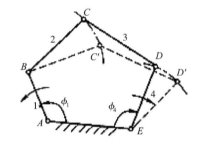

图2-16　五杆机构

由于一般机构的原动件都是和机架相连的，对于这样的原动件，一般只能给定一个独立的运动参数。

为了使机构具有确定的运动，则机构的原动件数目应等于机构的自由度的数目，这就是机构具有确定运动的条件。如果机构的原动件数目小于机构的自由度，机构的运动将不确定。如果原动件数大于机构的自由度，则将导致机构中最薄弱的环节的损坏。

三、平面机构的自由度计算

在平面机构中，各构件只作平面运动，每个自由构件具有三个自由度。而每个平面低副（转动副和移动副）各提供两个约束，每个平面高副只提供一个约束。设平面机构中共有 n 个活动构件（机架不是活动构件），在各构件尚未用运动副连接时，它们共有 $3n$ 个自由度。而当各构件用运动副连接之后，设共有的 P_1 个低副和 P_h 个高副，则它们将提供（$2P_1+P_h$）个约束，故机构自由度为：

$$F=3n-(2P_1+P_h)$$

综合考虑局部自由度 F' 和机构虚约束数 P'，则机构的自由度为：

$$F=3n-(2P_1+P_h-P')-F'$$

例3：试计算前文图 2-1 所示内燃机机构的自由度。

解：此机构共有 6 个活动构件，即活塞 8，连杆 3，曲轴 4，凸轮轴 5，进、排气阀推杆 6 与 7；7 个低副，即转动副 A、B、C、D 和由活塞，进、排气阀推杆与缸体构成的三个移动副；3 个高副（1 个齿轮高副，以及由进、排气阀推杆与凸轮构成的 2 个高副）。故机构的自由度为：

$$F = 3n - (2P_1 + P_h) = 3 \times 6 - (2 \times 7 + 3) = 1$$

例4：试计算图 2-17 所示仿手指机械手机构的自由度。

解：由其机构运动简图不难看出，此机构共有 7 个活动构件，10 个低副，故机构的自由度为：

$$F = 3n - (2P_1 + P_h - P') - F' = 3 \times 7 - (2 \times 10 + 0 - 0) - 0 = 1$$

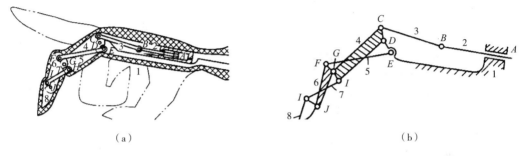

（a）　　　　　　　　　　　　　　　　（b）

图 2-17　仿手指机械手

例5：试计算图 2-18 所示齿轮驱动式四缸活塞空气压缩机的自由度。

解：由其机构运动简图不难看出，此机构共有 13 个活动构件，17 个低副，4 个高副，其中拥有 4 个局部自由度和 4 个虚约束，故机构的自由度为：

$$F = 3n - (2P_1 + P_h - P') - F' = 3 \times 13 - (2 \times 17 + 4 - 4) - 4 = 1$$

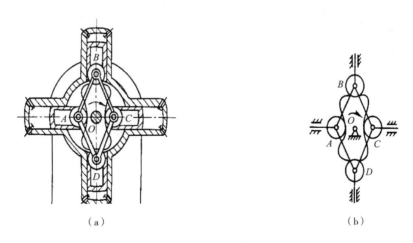

（a）　　　　　　　　　　　　　　　　（b）

图 2-18　空气压缩机

例6：试计算图 2-19 所示刹车机构自由度，刹车时操作杆 1 向右拉，通过构件 2、3、4、5、6 使两闸瓦刹住车轮。

解：由其机构运动简图不难看出，刹车机构自由度计算应分为下列三种方式进行：

（1）当未刹车时，刹车机构有 6 个活动构件，8 个低副，故机构自由度为：

$$F = 3n - 2(P_1 + P_h - P') - F' = 3 \times 6 - (2 \times 8 + 0 - 0) - 0 = 2$$

（2）当闸瓦 G、J 之一刹紧车轮时，刹车机构有 5 个活动构件，7 个低副，故机构自由度为：

$$F=3n-(2P_1+P_h-P')-F'=3\times5-(2\times7+0-0)-0=1$$

（3）当闸瓦 G、J 同时刹紧车轮时，刹车机构有 4 个活动构件，6 个低副，故机构自由度为：

$$F=3n-(2P_1+P_h-P')-F'=3\times4-(2\times6+0-0)-0=0$$

例7：试计算图 2-20 缝纫机踏板机构的自由度。

解：在该曲柄摇杆机构中，脚踏板 3 往复摆动称为摇杆，通过连杆 2 传动曲柄 1 完成整周回转。在此机构中，摇杆为主动件，曲柄为从动件。此机构共有 3 个活动构件，4 个低副，故机构自由度为：

$$F=3n-(2P_1+P_h-P')-F'=3\times3-(2\times4+0-0)-0=1$$

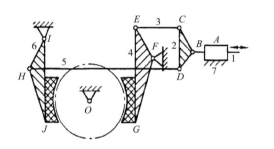

图 2-19　刹车机构

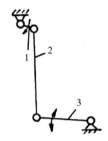

图 2-20　踏板机构

1—曲轴　2—连杆　3—脚踏板

例8：试计算如图 2-21 所示缝纫机针杆和挑线机构的自由度。

解：缝纫机针杆机构是由曲柄 1、连杆 4 和滑块 5 组成的曲柄滑块机构；挑线机构是由曲柄 1、挑线连杆 2 和挑线摇杆 3 组成的曲柄摇杆机构，采用挑线杆穿线孔处特殊的叶子状连杆曲线来完成放线和收线任务。此机构共有 5 个活动构件，7 个低副，故机构自由度为：

$$F=3n-(2P_1+P_h-P')-F'=3\times5-(2\times7+0-0)-0=1$$

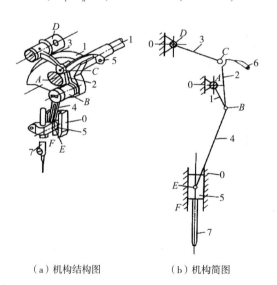

（a）机构结构图　　　　　　（b）机构简图

图 2-21　缝纫机针杆和挑线机构

0—机架　1—曲柄　2—挑线连杆　3—挑线摇杆　4—连杆　5—滑块　6—挑线杆穿线孔　7—针杆

例9：试计算图 2-22 缝纫机 GC6-1 送料牙前后运动机构的
自由度。

解：缝纫机送料牙前后运动机构是由送料偏心轴（曲柄）1、
滑块 2、针距连杆 3、牙叉 4 和送料摆杆 5 组成的平面导杆机构，
此机构共有 5 个活动构件，7 个低副，故机构自由度为：

$$F = 3n - (2P_1 + P_h - P') - F' = 3 \times 5 - (2 \times 7 + 0 - 0) - 0 = 1$$

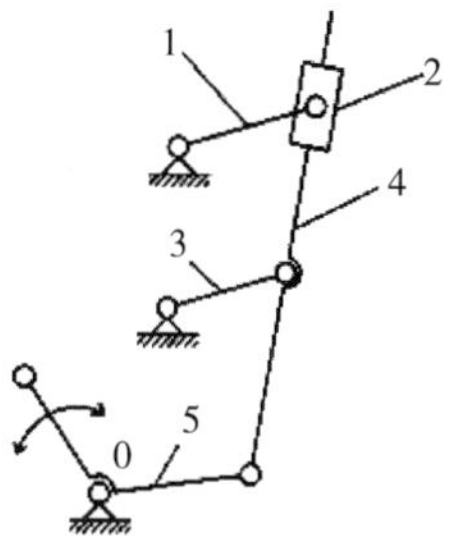

例10：试计算图 2-23 GC6720MD3 缝纫机送料牙前后运动机
构的自由度。

解：缝纫机送料牙前后运动机构是由水平偏心曲柄（偏心
轮）1、水平送料大连杆 2、送料长连杆 3 和牙架托架 4、送料牙
等 5 杆机构串联组成的平面连杆机构，此机构共有 7 个活动构
件，9 个低副，故机构自由度为：

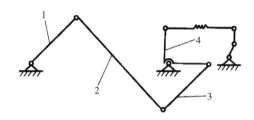

图 2-22 送料牙前后运动机构
1—送料偏心轴（曲柄） 2—滑块
3—针距连杆 4—牙叉 5—送料摆杆

$$F = 3n - (2P_1 + P_h - P') - F' = 3 \times 7 - (2 \times 9 + 0 - 0) - 0 = 3$$

其中牙架托架 4、送料牙等 5 杆机构拥有两个自由度，而由水平偏心曲柄（偏心轮）1、水平
送料大连杆 2、送料长连杆 3、牙架托架 4 组成的 5 杆机构也拥有两个自由度，它通过与送料短连
杆、切换器等构成自由度为 1 的确定运动机构来实现机构运动的确定性。

图 2-23 送料机构简图
1—水平偏心曲柄（偏心轮） 2—水平送料大连杆 3—送料长连杆 4—牙架托架

四、空间连杆机构自由度计算

（一）空间连杆机构常用的运动副

一个自由构件（刚体）在空间有 6 个自由度，相当
于在直角参考坐标系中它们分别沿 x、y 和 z 轴的移动以
及绕这三个轴的转动，如图 2-24 所示。两个构件用运
动副连接起来，它们之间就有了某种约束而丧失了沿某
个方向的相对自由度。运动副所允许的独立的相对运动
的数目，称为该运动副的自由度。若用 F 表示运动副的
自由度，显然有 $0 < F < 6$。若 $F = 0$，表示这个连接不允许
相对运动，因而也就不是运动副；若 $F = 6$，表示具有 6
个相对运动，因而不存在连接。运动副自由度 = 1、2、3、4、5 的运动副，相应的称为 Ⅰ、Ⅱ、
Ⅲ、Ⅳ、Ⅴ类运动副。空间连杆机构常用的运动副有转动副、圆柱副、移动副、球面副、螺旋副
等，空间机构常用运动副的简图和代表符号列在表 2-1 中。

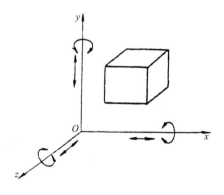

图 2-24 一个构件在空间的自由度

空间连杆机构常用构成它的运动副的符号来命名。如图 2-25 所示为 RSSR 机构和

RRRC 机构。

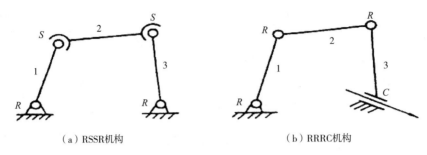

（a）RSSR机构   （b）RRRC机构

图 2-25　RSSR 和 RRRC 机构

（二）空间连杆机构自由度计算公式

空间机构的自由度 F，等于其中各运动构件未经运动副连接之前的自由度总数减去由于运动副连接引入的约束总数，一般空间机构自由度计算公式为：

$$F = 6(N-1) - \sum_{i=1}^{5} p_i C_i \tag{2-3}$$

式中：N 为机构的构件数（含机架）；P_i 为第 i 类运动副的数目；C_i 为第 i 类运动副的约束度。

也可以按照运动副所具有的相对自由度数来计算机构的自由度。空间机构自由度公式进一步推导如下：

$$F = 6(N-1) - \sum_{i=1}^{5} P_i(6-i) = 6(N-1) - 6\sum_{i=1}^{5} P_i + \sum_{i=1}^{5} iP_i \tag{2-4}$$

式中：$\sum_{i=1}^{5} P_i$ 为机构中运动副的总数，$\sum_{i=1}^{5} iP_i$ 为机构中各运动副的自由度总数。若用符号 P 表示运动副的总数，$f_s(s=1, 2, \cdots, 5)$ 表示第 s 个运动副的自由度，则有：

$$\sum_{i=1}^{5} P_i = P \tag{2-5}$$

$$\sum_{i=1}^{5} iP_i = \sum_{s=1}^{P} f_s \tag{2-6}$$

将式（2-5）、式（2-6）代入式（2-4）有：

$$F = 6(N-1-P) + \sum_{s=1}^{P} f_s \tag{2-7}$$

由机构组成原理知识可知，机构的闭链数 L 和运动副数 P、构件数 N 之间有下列关系式：

$$L = P - N + 1 \tag{2-8}$$

将式（2-8）代入式（2-7），即得空间机构自由度计算公式的另一形式：

$$F = \sum_{s=1}^{P} f_s - 6L \tag{2-9}$$

对于单闭链机构而言，$L=1$，其自由度就等于运动副自由度数减去运动空间维数。

例 11：计算图 2-25 所示机构的自由度。

解：（1）图 2-25（a）所示为 RSSR 机构，相关参数如下：

$$N = 4, P_1 = 2, C_1 = 5, P_3 = 2, C_3 = 3, P_2 = P_4 = P_5 = 0$$

可得：

$$F = 6 \times (4-1) - 2 \times 5 - 2 \times 3 = 2$$

由于连杆 2 绕球面副 S—S 轴线的转动是一个局部自由度，故 RSSR 机构的自由度 $F=1$。

(2) 图 2-25 (b) 机构的运动副布置为 RRRC，相关参数如下：

$$N = 4, P_1 = 3, C_1 = 5, P_2 = 1, C_2 = 4, P_3 = P_4 = P_5 = 0$$

可得：

$$F = 6 \times (4 - 1) - 3 \times 5 - 1 \times 4 = -1$$

这说明 RRRC 运动副布置有 2 个过度约束，不能构成机构。

机构中不影响机构运动的自由度称为局部自由度，由上例计算可知，图 2-25 (a) 所示机构自由度计算为 2，实际上该机构只要一个原动件就可确定运动，这是因为机构中，连杆 2 绕其轴线的转动并不影响整个机构的运动。因此在计算机构自由度时，应该从计算结果中减去局部自由度。

为了便于确定空间机构中有局部自由度的构件，图 2-26 列出了几种局部自由度的情形。

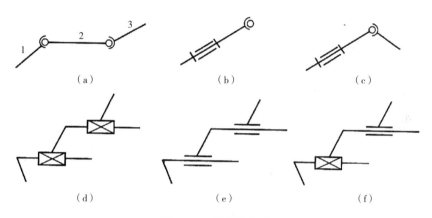

图 2-26 局部自由度

图 2-26 (a)、(b)、(c) 列出了有局部转动自由度的组成情况：图 2-26 (a) 所示杆件两端为球面副；图 2-26 (b) 所示杆件两端为球面副和转动副；图 2-26 (c) 所示杆件两端为球面副和圆柱副。图 2-26 (d)、(e)、(f) 所示有局部移动自由度的情形：图 2-26 (d) 所示两移动副导路平行；图 2-26 (e) 所示两圆柱副导路平行；图 2-26 (f) 所示圆柱副和移动副导路平行。

此外，如果机构存在作用效果重复的运动副约束，将引入虚约束。如果在同一构件上出现多于一个的共轴线转动副或者多于一个的导路平行移动副，则只计算其中的一个。在计算机构自由度时，必须去除虚约束。

例 12：计算图 2-27 所示的飞机起落架收放机构的自由度。

解：该机构是由 1 个转动副（Ⅰ类运动副）、1 个圆柱副（Ⅱ类运动副）和两个球面副（Ⅲ类运动副）组成的空间四杆机构。该机构不存在公共约束和消极约束。构件 2、3 各有 1 个可绕自身轴线转动的局部自由度，因此有：

$$F = \sum_{i=1}^{3} iP_i - 6 - 2 = 1 + 2 + 3 \times 2 - 6 - 2 = 1$$

例 13：计算图 2-28 所示的缝纫机弯针机构的自由度。

解：由图 2-28 可知，该机构的闭链数 $L = 2$，运动副自由度的总数为：

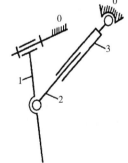

图 2-27 飞机起落架收放机构

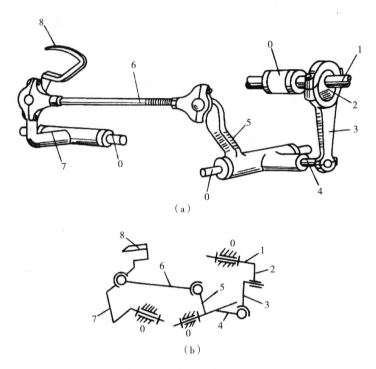

图 2-28　缝纫机弯针机构

$$\sum_{s=1}^{P} f_s = 1 + 2 + 3 + 1 + 3 + 3 + 1 = 14$$

由式（2-9）得该机构的自由度 $F=2$，但由于构件 6 绕球面副 S—S 轴线的转动是一个局部自由度，实际上这是一个单自由度机构。

（三）含有公共约束的空间机构自由度计算公式

所谓公共约束的含义是指在某些机构中，由于运动副或构件几何位置的特殊配置，使所有构件都失去了某些运动的可能性，这等于对机构中所有构件的运动加上某种公共约束。

例如在平面机构中，所有构件都限制了绕 x、y 轴转动和沿 z 轴移动的可能性，其公共约束数为 3。对于存在公共约束的系统，必须对式（2-3）进行修正。设某系统的公共约束数为 λ，则所有构件将在 $(6-\lambda)$ 维空间内运动，一个 i 类运动副所引入的约束度 $C_i = (6-\lambda) - i$，且系统中可能存在的运动副类数也只能到 $5-\lambda$，这样式（2-3）就应修正为：

$$F = (6-\lambda)(N-1) - \sum_{i=1}^{5-\lambda}(6-\lambda-i)P_i \tag{2-10}$$

将 $\lambda = 3$ 代入式（2-10）有：

$$F = 3(N-1) - 2P_1 - P_2 \tag{2-11}$$

此式和平面机构自由度公式相同。

对于球面机构，如图 2-29 所示的万向联轴节，因为其各个构件只能绕以 O 为原点的坐标系 x、y 和 z 转动，而不能沿轴 x、y 和 z 方向移动，所以球面机构的公共约束 λ 也等于 3。应该用式（2-11）计算万向联轴节的自由度，其结果为：

$$F = 3 \times (4-1) - 2 \times 4 - 1 \times 0 = 1$$

含有公共约束的机构有两个特点：一个是因各运动副自由度的总和较少，所以其结构比较简单，支承的刚度较大；另一个是由于其各运动副轴线间或各构件的尺寸要遵守某些特殊的配置要求，因此制造、安装精度要求较高，否则运动就不灵活甚至出现卡死现象。

例14：计算图2-30所示的曲柄滑动块机构的自由度。

解：该机构有3个转动副（Ⅰ类运动副）和1个移动副（Ⅰ类运动副）。作为平面运动机构，存在3个公共约束，故机构的自由度为：

$$F = \sum_{i=1}^{P} f_i - 6 + m = 1 \times 3 + 1 - 6 + 3 = 1$$

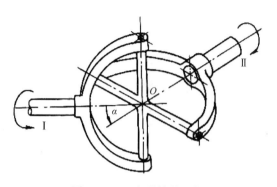

图2-29　万向联轴节机构

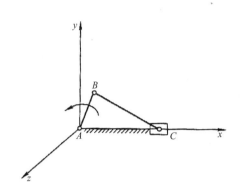

图2-30　曲柄滑块机构

（四）其他自由度计算公式

1. 空间机构自由度　计算公式如下。

$$F = 6n - 5P_1 - 4P_2 - 3P_3 - 2P_4 - P_5$$
$$= 6n - 6(P_1 + P_2 + P_3 + P_4 + P_5) + (P_1 + 2P_2 + 3P_3 + 4P_4 + 5P_5)$$
$$= 6(n - P) + \sum_{i=1}^{5} iP_i$$

式中：n 为活动构件数；P 为运动副的总数；P_i 为 i 类运动副的数目。

2. 开式链自由度　其特点是：$n = P$

故有：

$$F = \sum_{i=1}^{5} iP_i$$

开式链自由度等于运动副相对自由度总和。

3. 单闭环机构自由度　其特点是：$P - n = 1$

故有：

$$F = \sum_{i=1}^{5} iP_i - 6 = \sum_{j=1}^{P} f_j - 6$$

例15：计算图2-31所示机械手机构的自由度。

解：该机械手为一个空间开链机构，由4个转动副（Ⅰ类运动副）、1个移动副（Ⅰ类运动副）和1个圆柱副（Ⅱ类运动副）组成。所以该机构自由度为：

$$F = \sum_{j=1}^{6} f_j = 1 \times 4 + 1 + 2 = 7$$

例16：计算图2-32所示机构自由度。

解：由图2-32可知，运动副总数 $P = 5$，所有运动副都是Ⅰ类运动副，属于 RHPRR 运动链，因此其自由度为：

$$F = \sum_{i=1}^{P} iP_i = 5 \times 1 = 5$$

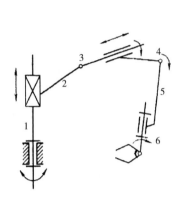
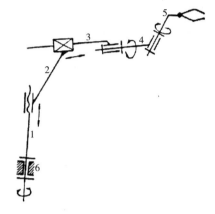

图 2-31　RPRC2R 机械手　　　　　　图 2-32　抓取机械手

例 17：计算图 2-33 所示机构自由度。

解：由图 2-33 可知，运动副总数为 7 个，其中 $P_1 = 6$，$P_2 = 1$，所以机械手的自由度为：

$$F = \sum_{i=1}^{7} iP_i = 1 \times 6 + 2 \times 1 = 8$$

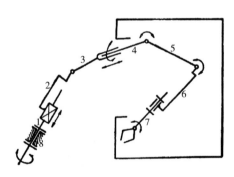

图 2-33　机械手

例 18：计算图 2-34 所示机构自由度。

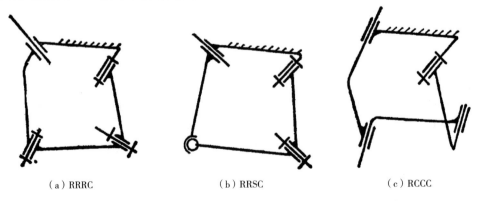

（a）RRRC　　　　　　　　（b）RRSC　　　　　　　　（c）RCCC

图 2-34　运动链

解：图 2-34（a）所示机构为 RRRC 运动链，其自由度为：

$$F = 1 \times 3 + 2 \times 1 - 6 = -1$$

图 2-34（b）所示机构为 RRSC 运动链，其自由度为：

$$F = 1 \times 2 + 2 \times 1 + 3 \times 1 - 6 = 1$$

图 2-34（c）所示机构为 RCCC 运动链，其自由度为：

$$F = 1 \times 1 + 3 \times 2 - 6 = 1$$

例 19：计算图 2-35 所示 SC2R 机构的自由度。

解：该机构有 1 个球面副（Ⅲ类运动副）、一个圆柱副（Ⅱ类运动副）和两个转动副（Ⅰ类运动副）。所以该机构自由度为：

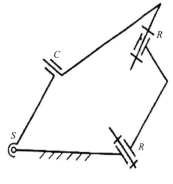

图 2-35　SC2R 机构

$$F = \sum_{j=1}^{4} f_j - 6 = 3 + 2 + 1 \times 2 - 6 = 1$$

第三节　平面连杆机构及其设计

一、连杆机构及其传动特点

在工农业机械、工程机械和缝制机械中都有连杆机构的应用，图 2-36 所示为三种常见的连杆机构，其共同特点是原动件的运动要经过一个不与机架直接相连的中间构件才能推动从动件传动。

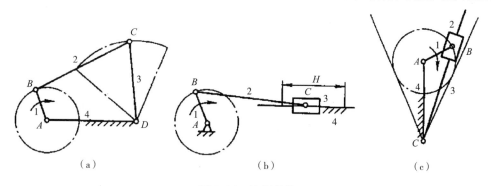

（a）　　　　　　　　　　（b）　　　　　　　　　　（c）

图 2-36　连杆机构

1. 连杆机构的优点

（1）运动副一般均为低副。其运动副元素为面接触，压力较小，承载能力较大，润滑好，磨损小，加工制造容易，工作的可靠性好。

（2）在原动件的运动规律不变的条件下，可通过改变各构件的相对长度来使从动件得到不同的运动规律。

（3）连杆上各点的轨迹是各种不同形状的曲线，其形状随着各构件相对长度的改变而改变，可用来满足一些特定工作的需要，如缝纫机挑线机构的挑线需求。

连杆机构可以方便地达到改变运动的传递方向、扩大行程、实现增力和远距离传动等目的。

2. 连杆机构的缺点

（1）传动路线较长，易产生较大的误差累积，机械效率降低。

（2）连杆及滑块所产生的惯性力难以用一般平衡方法加以消除，不宜用于高速运动。

（3）连杆机构可以满足一些运动规律和运动轨迹的设计要求，但一般只能近似地得以满足。

二、平面四杆机构的基本类型及应用

图 2-37 （a）所示铰链四杆机构是平面四杆机构的基本类型，其他型式的四杆机构可以认为是它的演化型式。在此机构中，AD 为机架，AB、CD 两杆与机架相连称为连架杆，BC 为连杆。而在连架杆中，能作整周回转者称为曲柄，只能在一定范围内摆动者称为摇杆。

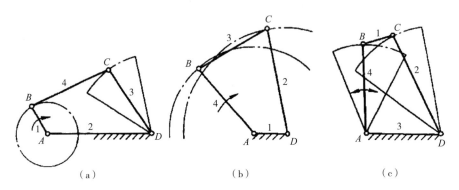

图 2-37　平面四杆机构的基本类型

在铰链四杆机构中，各运动副都是转动副。如组成转动副的两构件能相对整周转动，则称其为周转副，如图 2-37 （a）中的 A、B 副；而不能作相对整周转动者，则称为摆转副，如图 2-37 （a）中的 C、D 副。

（一）曲柄摇杆机构

铰链四杆机构的两个连架杆中，若一个为曲柄，另一个为摇杆，如图 2-37 （a）所示，则称其为曲柄摇杆机构。在曲柄摇杆机构中，若以曲柄为原动件时，可将曲柄的连续运动转变为摇杆的往复摆动；若以摇杆为原动件时，可将摇杆的摆动转变为曲柄的整周转动。图 2-38 所示雷达天线俯仰搜索机构即为一例。图 2-39 所示的脚踏砂轮机构也是摇杆曲柄机构，摇杆为主动件。

图 2-40 所示为缝纫机脚踏机构，它也是摇杆曲柄机构。

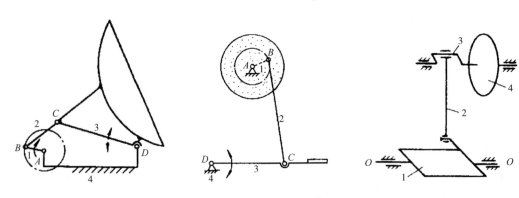

图 2-38　雷达天线俯仰搜索机构　　图 2-39　脚踏砂轮机构　　图 2-40　缝纫机脚踏驱动机构

1—脚踏板　2—连杆　3—曲轴　4—皮带轮

图 2-41 所示为缝纫机抬牙机构，紧固在主轴 1 上的抬牙偏心轮 2 随轴转动，通过大连杆 3 带动摇杆 4 摆动，通过抬牙轴 5、摇杆 6、小连杆 7 使送料牙 8 获得上下运动。它实际上也是曲柄摇

杆机构，只是它以偏心轮机构的面目出现，在曲柄摇杆机构中，当曲柄很短时，常采用偏心轮。

图 2-42 所示为 GN1-1 型包缝机的双弯针传动机构。主轴左端的弯针球曲柄 1 通过连杆 2 传动摇杆 3，完成绕大弯针架 O_1—O_1 的往复摆动，此弯针机构为平面双摇杆机构。

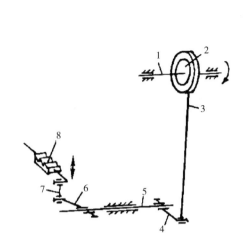

图 2-41　缝纫机抬牙机构

1—主轴　2—抬牙偏心轮　3—大连杆

4，6—摇杆　5—抬牙轴　7—小连杆　8—送料牙

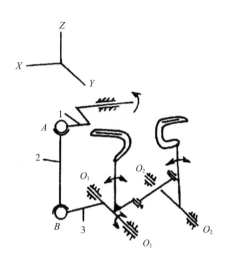

图 2-42　GN1-1 型包缝机双弯针传动机构

1—弯针球曲柄　2—球副连杆　3—摇杆

（二）双曲柄机构

若铰链四杆机构中的两个连架杆均为曲柄，如图 2-37（b）所示，则称其为双曲柄机构。在此机构中，当主动曲柄 AB 作匀速转动时，从动曲柄 CD 则作变速运动。

在图 2-43 所示的惯性筛机构中，由构件 1、2、3、6 构成的铰链四杆机构为双曲柄机构。原动件曲柄 1 匀速转动，从动曲柄 3 作周期性变速回转运动，通过连杆 4 使筛子在往复运动中具有必要的加速度，从而使筛中的物料因惯性而进行分筛处理。

在铰链四杆机构中，当不相邻的两组构件分别平行并且相等时，该机构称为平行四边形机构。如图 2-44 所示，在平行四边形机构中，不论以哪个构件为机架，都是双曲柄机构。因此，可将平行四边形机构视为双曲柄机构的特例。图 2-45 所示移动摄影台的升降机构就是平行四边形机构的应用实例。

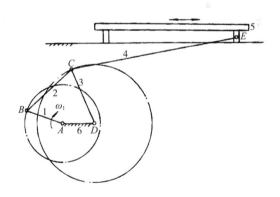

图 2-43　惯性筛机构

在平行四边形机构中，两个曲柄以等角速度同向转动。当曲柄转动到与机架共线位置时，机构处于运动不确定状态，可能出现图 2-46 所示的反向双曲柄机构。在反向双曲柄机构中，当原动件曲柄 1 以等角速度转动时，从动曲柄 2 则以变角速度反向转动。为了保证两曲柄始终同向转动，可采用增加构件的方法或依靠惯性来防止平行四边形机构转化成反向双曲柄机构。图 2-47 的车门启闭机构就是利用了反平行四边形机构两曲柄反向转动的特性。

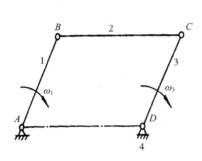

图 2-44 平行四边形机构

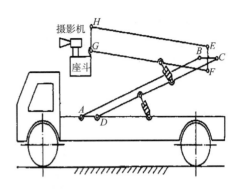

图 2-45 移动摄影台升降机构

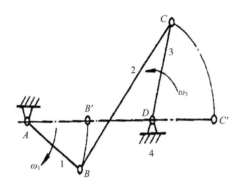

图 2-46 反向双曲柄机构

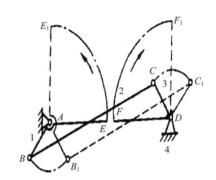

图 2-47 车门启闭机构

（三）双摇杆机构

若铰链四杆机构的两个连架杆都是摇杆，如图 2-37（c）所示，则称其为双摇杆机构，鹤式起重机的主体机构就是一个双摇杆机构，如图 2-48 所示。

在双摇杆机构中，若两摇杆长度相等并最短，则构成等腰梯形机构，如图 2-49（a）所示，图 2-49（b）为其在汽车、拖拉机前轮转向机构中的应用。

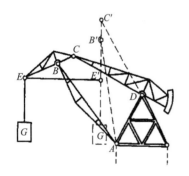

图 2-48 鹤式起重机主体机构

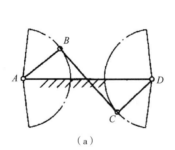

（a）   （b）

图 2-49 等腰梯形机构

图 2-50 所示为缝纫机送料机构的驱动机构，其采用双摇杆机构来推动摇杆摆动，由摇杆摆动作为缝纫机送料机构的一个主动输入。

图 2-51 所示为缝纫机的摆针机构，其采用双摇杆机构来实现摆针，以完成曲折缝线迹的缝制。

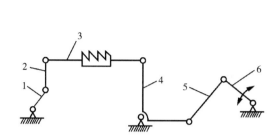

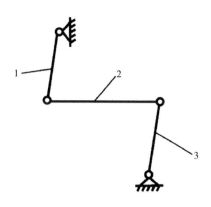

图 2-50 缝纫机送料机构的驱动机构

1—摇杆 2—小连杆 3—送料牙

4—送料摆杆 5—驱动连杆 6—驱动曲柄

图 2-51 针杆摆动驱动机构

1—送料轴右曲柄 2—针杆摆动连杆

3—针对摆动轴右曲柄

图 2-52 所示为 GN1-1 型包缝机双弯针机构。大弯针架 1 绕轴 O_1 往复摆动，通过连杆 2 传动小弯针架 3 绕轴 O_2 摆动，大弯针架 1、小弯针架 3 可视为摇杆，这类机构称为双摇杆机构。

三、平面四杆机构的演化

除上述三种类型的铰链四杆机构之外，在机械中还广泛地采用着其他类型的四杆机构。这些类型的四杆机构可认为是由上述基本类型演化而来的。机构的演化，不仅是为了满足运动方面的要求，还往往是为了改善受力状况以及满足结构设计上的需要。各种演化机构的外形虽然各不相同，但它们的性质以及分析和设计方法却常常是相同的或类似的。

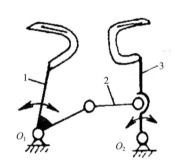

图 2-52 GN1-1 型包缝机双弯针机构

1—大弯针架 2—连杆 3—小弯针架

（一）改变构件的形状和运动尺寸

图 2-53（a）所示的曲柄摇杆机构运动时，铰链 C 将沿圆弧 $\beta\beta$ 往复运动。如图 2-53（b）所示，将摇杆 3 做成滑块形式，使其沿圆弧导轨 $\beta\beta$ 往复滑动，显然其运动性质不发生改变，但此时铰链四杆机构已演化为具有曲线导轨的曲柄滑块机构。

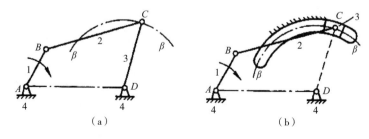

（a）

（b）

图 2-53 曲柄滑块机构演化

若将图 2-53（a）中摇杆 3 的长度增至无穷大，则图 2-53（b）中的曲线导轨将变成直线导轨，于是机构就演化成为曲柄滑块机构，如图 2-54 所示。图 2-54（a）为具有偏距 e 的偏置曲柄滑块机构，图 2-54（b）则为无偏距的对心曲柄滑块机构。曲柄滑块机构在缝纫机、电剪刀、冲床、内燃机、空压机等机器中得到了广泛的应用。

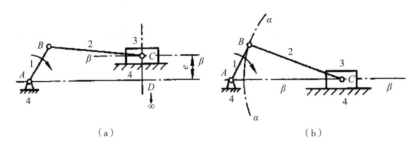

（a）　　　　　　　　　　（b）

图 2-54　曲柄滑块机构

图 2-54 所示的曲柄滑块机构还可进一步演化为图 2-55 所示的双滑块四杆机构。在图 2-55 所示的机构中，从动件 3 的位移与原动件 1 的转角的正弦成正比（$s = l_{AB}\sin\varphi$），故称为正弦机构。它在仪表和解算等装置中获得应用。

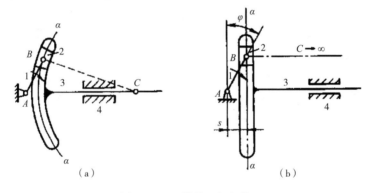

（a）　　　　　　　　　　（b）

图 2-55　双滑块四杆机构

（二）改变运动副的尺寸

图 2-56（a）所示的曲柄滑块机构中，当曲柄 AB 的尺寸较小时，由于结构的需要，常将曲柄

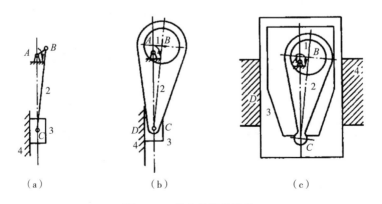

（a）　　　　　　（b）　　　　　　（c）

图 2-56　偏心轮机构演化

设计为如图 2-56（b）所示的偏心盘，其回转中心至几何中心的偏心距等于曲柄的长度，这种机构称为偏心轮机构，其运动特性与曲柄滑块机构完全相同。偏心轮机构可以认为是将曲柄滑块机构中的转动副 B 的半径扩大，使之超过曲柄长度演化而成。

图 2-56（c）所示滑块内置式偏心轮机构则可以认为是将图 2-56（b）所示移动副 D 的滑块尺寸扩大，使之超过整个偏心轮机构的尺寸演化所得，以改善移动副的受力情况。偏心轮机构在缝纫机、锻压设备和柱塞泵等机器中应用较广。

（三）选用不同的构件为机架

图 2-57（a）所示的曲柄滑块机构中，若改选构件 AB 为机架，如图 2-57（b）所示，此时构件 4 绕轴 A 转动，而构件 3 则沿构件 4 相对移动，构件 4 称为导杆，此机构称为导杆机构。

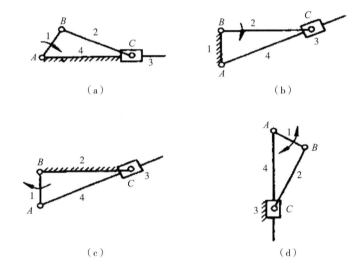

（a）　　　　　　　　　　　　（b）

（c）　　　　　　　　　　　　（d）

图 2-57　机架交换机构演化

在导杆机构中，如果导杆能够作整周转动，则称为回转导杆机构。图 2-58 所示的小型刨床中的 ABC 部分即为回转导杆机构。如果导杆仅能摆动，则称为摆动导杆机构，图 2-59 所示牛头刨床的导杆机构 ABC 即为一例。

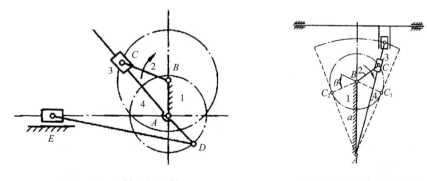

图 2-58　回转导杆机构　　　　　　图 2-59　摆动导杆机构

图 2-60（a）为缝纫机的摆梭钩线摆角扩大机构，其实也是一个摆动导杆机构。摆轴 1 上连接的叉形摆杆 2 在往复摆动中带动滑块 3，滑块在叉形摆杆的导槽中滑动，叉形摆杆 2 又称导杆，

导杆 2 绕轴 O_1—O_1 摆动，通过与之相对滑动的滑块 3 及与滑块铰连的摆杆 4 带动摆梭轴 5 往复摆动，最后通过执行机件摆梭托 6 推动摆梭完成摆动，图 2-60 中（a）、（b）分别为该机构的空间和平面传动示意图。

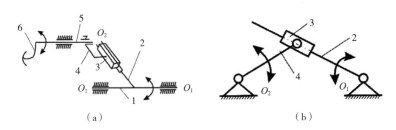

图 2-60 摆梭机构

1—摆轴 2—叉形摆杆 3—滑块 4—摆杆 5—摆梭轴 6—摆梭托

如果在图 2-57（a）中改选构件 BC 为机架，如图 2-57（c）所示，则演化成为曲柄摇块机构。其中，构件 3 仅能绕 C 点摇摆。图 2-61 所示的自卸卡车车厢的举升机构 ABC 即为一例，其中摇块 3 为油缸，用压力油推动活塞使车厢翻转。

若在图 2-57（a）中改选滑块 3 为机架，如图 2-57（d）所示，则演化成为直动滑杆机构。图 2-62 所示的手摇抽水机构即为一例。

由上述可见，四杆机构的类型虽然多种多样，但根据演化的概念可为归类研究这些四杆机构提供方便；反之，也可根据演化的概念设计出结构类型各异的四杆机构。

四、平面四杆机构的类型判别

铰链四杆机构是平面四杆机构的基本类型，其他的四杆机构可以认为是由它演化而来。平面四杆机构有曲柄的前提是其运动副中必有周转副存在，故下面先来确定转动副为周转副的条件。

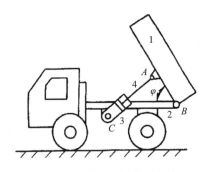

图 2-61 卡车车厢举升机构

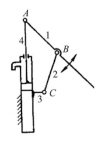

图 2-62 手摇抽水机构

如图 2-63 所示，设四杆机构各杆的长度分别为 a、b、c、d。要转动副 A 成为周转副，则 AB 杆应能处于图中任何位置。而当 AB 杆与 AD 杆两次共线时可分别得到 $\triangle DB'C'$ 和 $\triangle DB''C''$。而由三角形的边长关系可得：

$$a+d \leqslant b+c$$

$$b \leqslant (d-a)+c \quad 即 \quad a+b \leqslant c+d$$

$$c \leqslant (d-a)+b \quad 即 \quad a+c \leqslant b+d$$

将上述三式分别两两相加，则得 $a \leqslant b$，$a \leqslant c$，$a \leqslant d$，即 a 杆应为最短杆之一。

分析上述各式，可得出转动副 A 为周转副的条件是：

（1）最短杆长度+最长杆长度≤其他两杆长度之和。此条件称为杆长条件。

（2）组成该周转副的两杆中必有一杆为最短杆。

当四杆机构各杆的长度满足上述杆长条件时，由最短杆参与构成的转动副都是周转副，而其余的转动副则是摆转副。

由此可得出，四杆机构有曲柄的条件为：

（1）各杆的长度应满足杆长条件。

（2）其最短杆为连架杆或机架。当最短杆为连架杆时，机构为曲柄摇杆机构；当最短杆为机架时，则为双曲柄机构。

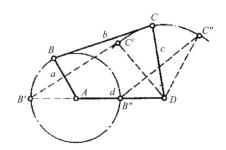

图 2-63 平面四杆机构

在满足杆长条件的四杆机构中，如以最短杆为连杆，则机构为双摇杆机构。但这时由于连杆上的两个转动副都是周转副，故该连杆能相对于两连架杆作整周回转。图 2-64 所示的风扇摇头机构就利用了它的这种运动特性，在风扇轴上装有蜗杆，风扇转动时蜗杆带动蜗轮（即连杆 AB）回转，使连架杆 AD 及固装于该杆上的风扇壳体绕 D 往复摆动，以实现风扇的摇头。

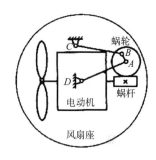

图 2-64 风扇摇头机构

如果铰链四杆机构各杆的长度不满足杆长条件，则无周转副，此时无论以何杆为机架，均为双摇杆机构。

五、平面四杆机构的工作特性

（一）铰链四杆机构的急回运动和行程速度变化系数

图 2-65 所示为一曲柄摇杆机构，设曲柄 AB 为原动件，在其转动一周的过程中，有两次与连杆共线，这时摇杆 CD 分别处于两极限位置 C_1D 和 C_2D。机构所处的这两个位置称为极位。机构在两个极位时，原动件 AB 所在两个位置之间的夹角 θ 称为极位夹角。

如图 2-65 所示，当曲柄以等角速度 ω_1 顺时针转过 $\alpha_1 = 180° + \theta$ 时，摇杆将由位置 C_1D 摆到 C_2D，其摆角为 φ，设所需要时间为 t_1，C 点的平均速度为 v_1；当曲柄继续转过 $\alpha_2 = 180° - \theta$ 时，摇杆又从位置 C_2D 回到 C_1D，摆角仍然是

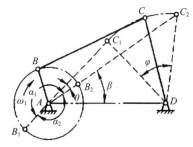

图 2-65 曲柄摇杆机构

φ，设所需时间为 t_2，C 点的平均速度为 v_2。由于曲柄为等角速度转动，而 $\alpha_1 > \alpha_2$，所以有 $t_1 > t_2$，$v_1 > v_2$。摇杆的这种运动性质称为急回运动。为了表明急回运动的急回程度，可用行程速度变化系数或称行程速比系数 K 来衡量，即：

$$K = \frac{v_1}{v_2} = (\widehat{C_1C_2}/t_2) / (\widehat{C_1C_2}/t_1) = \frac{t_1}{t_2} = \frac{\alpha_1}{\alpha_2} = (180° + \theta) / (180° - \theta)$$

当机构存在极位夹角 θ 时，机构便具有急回运动特性，θ 角越大，K 值越大，机构的急回运动性质也越显著。机构急回特性在工程上的应用有三种情况：第一种情况是工作行程要求慢速前进，

以利切削、冲压等工作的进行，而回程时为节省空回时间，则要求快速返回，如牛头刨床、插床等就是如此；第二种情况是对某些颚式破碎机，要求其动颚快进慢退，使以被破碎的矿石能及时退出颚板，避免矿石的过粉碎；第三种情况是一些设备在正、反行程中均在工作，故无急回要求，某些机载搜索雷达的摇头机构就是如此。

急回机构的急回方向与原动件的回转方向有关，为避免把急回方向弄错，在有急回要求的设备上应明显标识出原动件的正确回转方向。

对于有急回运动要求的机械，在设计时，应先确定行程速度变化系数 K，求出 θ 后，再设计各杆的尺寸。

$$\theta = 180° (K-1) / (K+1)$$

（二）铰链四杆机构的传动角和死点

1. 压力角和传动角　在图 2-66 所示的四杆机构中，若不考虑各运动副中的摩擦力及构件重力和惯性力的影响，则由主动件 AB 经连杆 BC 传递到从动件 CD 上 C 点的力 F 将沿 BC 方向，力 F 与 C 点速度正向之间的夹角 α 称为机构在此位置时的压力角。而连杆 BC 和从动件 CD 之间所夹的锐角 $\angle BCD = \gamma$，称为连杆机构在此位置时的传动角。γ 和 α 互为余角。传动角 γ 越大，对机构的传力越有利，在连杆机构中常用传动角的大小及变化情况来衡量机构传力性能的好坏。

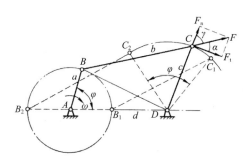

图 2-66　压力角和传动角

在机构运动过程，传动角 γ 的大小是变化的，为了保证机构传力性能良好，应使 $\gamma_{min} \geq 40°\sim 50°$；对于一些受力很小或不常使用的操纵机构，则可允许传动角小些，只要不发生自锁即可。

对于曲柄摇杆机构，γ_{min} 出现在主动曲柄与机架共线的两位置之一，这时有：

$$\gamma_1 = \angle B_1 C_1 D = \arccos \frac{b^2 + c^2 - (d-a)^2}{2bc}$$

$$\gamma_2 = \angle B_2 C_2 D = \arccos \frac{b^2 + c^2 - (d+a)^2}{2bc} \quad (\angle B_2 C_2 D < 90°)$$

$$或\ \gamma_2 = 180° - \arccos \frac{b^2 + c^2 - (d+a)^2}{2bc} \quad (\angle B_2 C_2 D > 90°)$$

γ_1 和 γ_2 中的小者即为 γ_{min}。

由以上各式可见，传动角的大小与机构中各杆的长度有关，故可按给定的许用传动角来设计四杆机构。

在设计受力较大的四杆机构时，应使机构的最小传动角具有最大值（用 $\max\gamma_{min}$ 表示），但最小传动角与四杆机构的其他性能参数（如摇杆摆角和行程速度变化系数等）是彼此制约的。摇杆摆动角大或行程速度变化系数大，最小传动角的值就必然小。因此在设计时，必须了解机构的内在性能关系，统筹兼顾各种性能指标，才能获得良好的设计。

2. 死点　在图 2-67 所示的曲柄摇杆机构中，若以摇杆 CD 为主动件，则当连杆与从动曲柄共线时（虚线位置），机构的传动角 $\gamma = 0$，这时主动件 CD 通过连杆作用于从动件 AB 上的力恰好通过其回转中心，出现了不能使构件 AB 转动的"顶死"现象，机构的这种位置称为死点。

为了使机构能顺利地通过死点而正常运转，必须采取适当的措施，如可采用将两组以上的相同机构组合使用，而使各组机构的死点相互错开排列的方法，也可采用安装飞轮加大惯性的方法，借惯性作用闯过死点等。

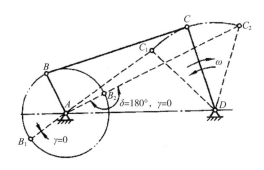 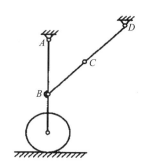

图 2-67　曲柄摇杆机构　　　　　　　　图 2-68　飞机起落架机构

另外，在工程实践中也常利用机构的死点来实现特定的工作要求。如图 2-68 所示的飞机起落架机构，在机轮放下时，杆 BC 与 CD 成一直线，此时机轮上虽然受到很大的力，但由于机构处于死点位置，加之液压系统的作用力维持起落架不会反转（折回），使飞机起落和停放更加可靠。

（三）铰链四杆机构的回路与分支及机构运动的连续性

在图 2-69 所示的曲柄摇杆机构中，当曲柄 AB 连续回转时，摇杆 CD 可以在 φ_3 范围内往复摆动，也可以在 φ_3' 范围内往复摆动。由式（2-20）可知，对给定的曲柄转角 φ_1，对应的 φ_3 有两个值，对应上述两个范围。在连杆设计时，要选择上述两个运动范围之一。不能要求其从动件在两个不连通的可行域内连续运动。例如，要求从动件从位置 CD 连续运动到位置 C'D，这是不可能的。这是四杆机构对应的两个回路，机构不能从一个回路运动到另一个回路，必须拆开重新装配，才能使其在另一个回路运动。

在图 2-70 所示的机构中，如果以 DC 为原动件，当原动件从一个极限位置向另一极限位置运动时，每一位置对应从动件 AB 的两个位置，两个位置角也可用类似式（2-20）的式子进行确定。这两个值是该回路对应的两个分支。机构运动时可以选择一个分支往复运动，也可以选择在两个分支上运动，因为这两个分支是连通的。但是要注意，两分支的连接点是机构的特殊位形点，在该点要对机构的运动分支进行选择，也就是对式（2-20）中选择"+"或"−"对应两个不同的分支。

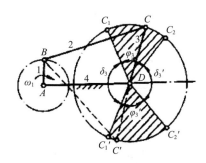 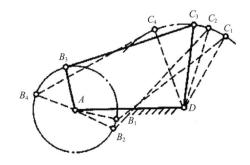

图 2-69　曲柄摇杆机构　　　　　　　　图 2-70　四杆机构

对复杂机构而言，如由四杆组以上杆组构成的机构，运动所在分支或回路要由运动的连续性确定，这是一个比较复杂的问题，因为复杂杆组都没有显示公式解。两个四杆组的位置解方程都是六次方程，更高阶的杆组是更高次的方程。我们知道四次以上的方程都无公式解，只能数值求得离散解。求得的离散解往往对应多回路或多分支，要确定它们所在分支或回路要根据运动连续性确定。

由上述分析可知，简单的四杆机构可直接由公式解确定从动件所在回路或分支，而复杂机构必须由机构运动的连续性确定不同的回路和分支，最终确定选定的正确运动。

六、平面连杆机构分析

平面连杆机构分析的基本问题，是在已知机构及相关参数值的前提下，通过机构运动和动力分析，检查机构是否满足装配和运行的要求。从机构分析的全过程看，它主要包括位置分析、速度分析、加速度分析和力分析、力平衡分析等。

（一）平面机构运动分析的复数矢量法

1. 复数矢量的基本运算 如图 2-71、图 2-72 所示，单位矢量为：

$$e^{i\theta_1} = \cos\theta_1 + i\sin\theta_1 \tag{2-12}$$

矢量
$$a_1 = ae^{i\theta_1} = a(\cos\theta_1 + i\sin\theta_1) = a_{1x} + ia_{1y} \tag{2-13}$$

式中：a 为矢量 $\boldsymbol{a}_1$ 的模；θ_1 为矢量 $\boldsymbol{a}_1$ 的方向角；a_{1x} 为矢量 $\boldsymbol{a}_1$ 在实轴上的投影；a_{1y} 为矢量 $\boldsymbol{a}_1$ 在虚轴上的投影。

矢量
$$\boldsymbol{a}_j = a_{jx} + ia_{jy} = a[\cos(\theta_1 + \theta_{1j}) + i\sin(\theta_1 + \theta_{1j})] = ae^{i(\theta_1 + \theta_{1j})} \tag{2-14}$$

设 $\theta_{1j} = 90°$，则有：

$$\boldsymbol{a}_j = ae^{i(\theta_1 + 90°)} = a[\cos(\theta_1 + 90°) + i\sin(\theta_1 + 90°)]$$
$$= a(-\sin\theta_1 + i\cos\theta_1) = ai(\cos\theta_1 + i\sin\theta_1) = aie^{i\theta_1}$$

设 $\theta_{1k} = 180°$，则有：

$$\boldsymbol{a}_k = ae^{i(\theta_1 + 180°)} = a[\cos(\theta_1 + 180°) + i\sin(\theta_1 + 180°)] \tag{2-15}$$
$$= a(-\cos\theta_1 - i\sin\theta_1) = -ae^{i\theta_1}$$

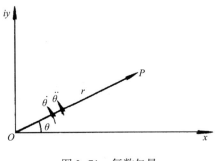

图 2-71 复数矢量

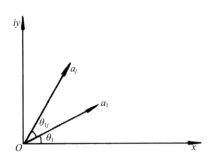

图 2-72 复数矢量对时间求导

这说明某复数矢量逆时针方向回转 90° 所得新矢量等于原矢量乘虚数 i，回转 180° 所得新矢量等于原矢量的反方向。

复数矢量对时间求导：

$$\frac{\mathrm{d}}{\mathrm{d}t}(re^{i\theta}) = (r\dot{\theta})ie^{i\theta} + \dot{r}e^{i\theta}$$

上式中右侧第一项表示 P 点的切向速度，而第二项表示 P 点的径向速度。

将上式对时间再求导：

$$\frac{\mathrm{d}^2}{\mathrm{d}t^2}(re^{i\theta}) = \frac{\mathrm{d}}{\mathrm{d}t}[(r\dot\theta)ie^{i\theta} + \dot{r}e^{i\theta}] = -(r\dot\theta^2)e^{i\theta} + (r\ddot\theta)ie^{i\theta} + \ddot{r}e^{i\theta} + (2\dot{r}\dot\theta)ie^{i\theta} \qquad (2-16)$$

此式中右侧第一、第三项是沿径向的加速度，第二、第四项是沿切向的加速度。如果 P 点为滑块的点，该滑块沿导杆 OP 移动，则前两项为点 P 的牵连向心加速度和切向加速度。第三项为点 P 对导杆的相对加速度，最后一项为哥氏加速度。

2. 平面四杆机构的运动分析　图 2-73 所示平面铰链四杆机构，设已知该机构的尺寸及主动件角位移 ϕ_1、角速度 $\dot\phi_1$ 及角加速度 $\ddot\phi_1$，求机构运动分析。

（1）位移分析。在图 2-73 中，按图中所示四边形
O_1ABO_2 有：

$$l_1 + l_2 + l_3 + l_4 = 0$$

或　　$$l_1e^{i\phi_1} + l_2e^{i\phi_2} + l_3e^{i\phi_3} + l_4e^{i\pi} = 0 \qquad (2-17)$$

区分出实部和虚部：

$$l_1\cos\phi_1 + l_2\cos\phi_2 + l_3\cos\phi_3 + l_4 = 0$$

$$l_1\sin\phi_1 + l_2\sin\phi_2 + l_3\sin\phi_3 = 0 \qquad (2-18)$$

消去 ϕ_2 后得：

$$E\cos\phi_3 + F\sin\phi_3 + G = 0 \qquad (2-19)$$

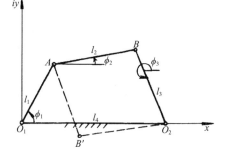

图 2-73　四杆机构运动分析

式中　　　　$$E = l_4 + l_1\cos\phi_1$$
$$F = l_1\cos\phi_1$$

$$G = \frac{E^2 + F^2 + l_3^2 - l_3^2}{2l_3}$$

令

$$\cos\phi_3 = \frac{1 - \tan^2\left(\dfrac{\phi_3}{2}\right)}{1 + \tan^2\left(\dfrac{\phi_3}{2}\right)}, \quad \sin\phi_3 = \frac{2\tan\left(\dfrac{\phi_3}{2}\right)}{1 + \tan^2\left(\dfrac{\phi_3}{2}\right)}$$

代入式（2-19）得：

$$\phi_3 = 2\arctan\frac{F \pm \sqrt{F^2 - G^2 + E^2}}{E - G} \qquad (2-20)$$

式中根号前"+"号适用于图 2-73 中实线所示位置，"-"号适用于虚线所示位置。然后按式（2-18）确定：

$$\phi_3 = \arctan\frac{F + l_3\sin\phi_3}{E + l_3\cos\phi_3}\phi_2 \qquad (2-21)$$

（2）速度分析。将式（2-17）对时间求导：

$$l_1\dot\phi_1ie^{i\phi_1} + l_2\dot\phi_2ie^{i\phi_2} + l_3\dot\phi_3ie^{i\phi_3} = 0 \qquad (2-22)$$

消去 $\dot\phi_2$，每项乘以 $e^{-i\phi_2}$ 取实部得：

$$\dot\phi_3 = \dot\phi_1\frac{l_1\sin(\phi_1 - \phi_2)}{l_3\sin(\phi_2 - \phi_3)} \qquad (2-23)$$

同理消去 $\dot\phi_3$ 得：

$$\dot{\phi}_2 = \dot{\phi}_1 \frac{l_1 \sin(\phi_1 - \phi_3)}{l_2 \sin(\phi_3 - \phi_2)} \qquad (2-24)$$

（3）加速度分析。将式（2-22）对时间求导：

$$l_1 \ddot{\phi}_1 ie^{i\phi_1} - l_1 \dot{\phi}_1^2 e^{i\phi_1} + l_2 \ddot{\phi}_2 ie^{i\phi_2} - l_2 \dot{\phi}_2^2 e^{i\phi_2} + l_3 \ddot{\phi}_3 ie^{i\phi_3} - l_3 \dot{\phi}_3^2 e^{i\phi_3} = 0 \qquad (2-25)$$

$$\ddot{\phi}_3 = \frac{l_2 \dot{\phi}_2^2 + l_1 \ddot{\phi}_1 \sin(\phi_1 - \phi_2) + l_1 \dot{\phi}_1^2 \cos(\phi_1 - \phi_2) + l_3 \dot{\phi}_3^2 \cos(\phi_3 - \phi_2)}{l_3 \sin(\phi_3 - \phi_2)} \qquad (2-26)$$

同理求得：

$$\ddot{\phi}_2 = \frac{l_3 \dot{\phi}_3^2 + l_1 \ddot{\phi}_1 \sin(\phi_1 - \phi_3) + l_1 \dot{\phi}_1^2 \cos(\phi_1 - \phi_3) + l_2 \dot{\phi}_2^2 \cos(\phi_2 - \phi_3)}{l_2 \sin(\phi_3 - \phi_2)} \qquad (2-27)$$

（二）机构位置分析的迭代求解

1. 迭代逼近的基本公式推导　设有 F 个自由度的机构，在位移分析中可以建立 N 个约束方程式，具有 N 个未知位置数，以及 F 个输入参数，则：

$$f_i(\phi_1, \phi_2, \cdots, \phi_N; q_1, q_1, \cdots, q_F) = 0 \quad (i = 1, 2, \cdots, N) \qquad (2-28)$$

由于输入参数 $q_1, q_1, \cdots, q_F$ 都是已知的，为了简化，上式中删去了这些参数，则：

$$f_i(\phi_1, \phi_2, \cdots, \phi_N) = 0 \quad (i = 1, 2, \cdots, N) \qquad (2-29)$$

要寻找解出上述方程组的未知位置矢量：

$$\phi = \{\phi_1, \phi_2, \cdots, \phi_N\}$$

在任意一个点 $\phi_i^{(r)}$ 的附近，方程组可以用泰勒级数的线性来近似地表达：

$$f_i(\phi_k) = f_i^{(r)} + \left(\frac{\partial f_i}{\partial \phi_1}\right)^{(r)} \Delta\phi_1 + \left(\frac{\partial f_i}{\partial \phi_2}\right)^{(r)} \Delta\phi_2 + \cdots + \left(\frac{\partial f_i}{\partial \phi_N}\right)^{(r)} \Delta\phi_N \ (i=1, 2, \cdots, N) \quad (2-30)$$

上式中 $f_i^{(r)}$ 及 $\left(\dfrac{\partial f_i}{\partial \phi_k}\right)^{(r)}$ 代表在作第 i 次迭代逼近时 f_i 方程的函数及它们的偏导数，且：

$$\Delta\phi_k = \phi_k^{(r+1)} - \phi_k^{(r)} \qquad (2-31)$$

为下一次试解 $\phi_k^{(r+1)}$ 所需的校正值，在式（2-30）中，如果公式所有右边各项皆设为零，函数 $f_i(\phi_k)$ 将接近于零，由此得出矩阵方程：

$$\boldsymbol{A}^{(r)} \Delta\phi = -f^{(r)} \qquad (2-32)$$

上式中 $f^{(r)}$ 为剩余矢量，$\boldsymbol{A}$ 为雅可比矩阵：

$$f^{(r)} = \{f_1, f_2, \cdots, f_N\}^{(r)} \qquad (2-33)$$

$$\boldsymbol{A} = \left(\frac{\partial f_i}{\partial \phi_k}\right) = \begin{bmatrix} \dfrac{\partial f_1}{\partial \phi_1} & \dfrac{\partial f_1}{\partial \phi_2} & \cdots & \dfrac{\partial f_i}{\partial \phi_N} \\[2mm] \dfrac{\partial f_1}{\partial \phi_2} & \dfrac{\partial f_2}{\partial \phi_2} & \cdots & \dfrac{\partial f_2}{\partial \phi_N} \\[2mm] \vdots & \vdots & \vdots & \vdots \\[2mm] \dfrac{\partial f_N}{\partial \phi_1} & \dfrac{\partial f_N}{\partial \phi_2} & \cdots & \dfrac{\partial f_N}{\partial \phi_N} \end{bmatrix}$$

由式（2-32）得

$$\Delta\phi = \boldsymbol{A}^{-1}[-f]$$

在运算时第一次估算 ϕ 值：

$$\phi^{(1)} = \{\phi_1, \phi_2, \cdots, \phi_k\}^{(1)}$$

根据 $\phi^{(1)}$ 求雅可比矩阵：

$$A^{(1)} = \left(\frac{\partial f_i}{\partial \phi_k}\right)_{\phi=\phi^{(1)}}$$

用式（2-33）算出：

$$f^{(1)} = \{f_1, f_2, \cdots, f_N\}^{(1)}$$

再由式（2-29）算出校正矢量：

$$\Delta\phi = \{\Delta\phi_1, \Delta\phi_2, \cdots, \Delta\phi_k\}$$

第二次估算 ϕ，用 $\phi^{(2)}$ 表示：

$$\phi^{(2)} = \phi^{(1)} + \Delta\phi = \{\phi_i^{(1)} + \Delta\phi_i\}$$

得出结果后再代入式（2-33）求出 f_i，并与规定 f_{tol} 比较，即验算：

$$|f_i| \leq f_{tol} \quad (i=1, 2, \cdots, N)$$

如果上式能满足就得解，如果不能满足，再继续运算。

2. 迭代求解实例

例20：图2-74所示的铰链四杆机构，输入角为 q，从动件角位移为 ϕ_1 及 ϕ_2。

解：机构位移方程式

$$f_1 = a_1\cos q + a_2\cos\phi_1 + a_3\cos\phi_2 - a_4 = 0$$
$$f_2 = a_1\sin q + a_2\sin\phi_1 + a_3\sin\phi_2 = 0$$

上式求导后的雅可比矩阵为：

$$A = \begin{bmatrix} \dfrac{\partial f_1}{\partial \phi_1} & \dfrac{\partial f_1}{\partial \phi_2} \\ \dfrac{\partial f_2}{\partial \phi_1} & \dfrac{\partial f_2}{\partial \phi_2} \end{bmatrix} = \begin{bmatrix} -a_2\sin\phi_1 & -a_3\sin\phi_2 \\ a_2\cos\phi_1 & a_3\cos\phi_2 \end{bmatrix}$$

由式（2-32）得：

$$A[\Delta\phi] = \begin{bmatrix} -a_2\sin\phi_1 & -a_3\sin\phi_2 \\ a_2\sin\phi_1 & a_3\sin\phi_2 \end{bmatrix} \begin{bmatrix} \Delta\phi_1 \\ \Delta\phi_2 \end{bmatrix} = \begin{bmatrix} -f_1 \\ -f_2 \end{bmatrix}$$

上式展开，如果用消元法直接求解，可得：

$$\Delta\phi_1 = \frac{f_1\cos\phi_2 + f_2\sin\phi_2}{a_2\sin(\phi_1 - \phi_2)}$$

$$\Delta\phi_2 = \frac{f_1\cos\phi_1 + f_2\sin\phi_1}{a_2\sin(\phi_2 - \phi_1)}$$

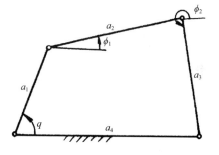

图2-74　铰链四杆机构

令 $a_1 = 5$，$a_2 = 9$，$a_3 = 7$，$a_4 = 10$ 单位量，对于 $q = 60°$时，求 ϕ_1，ϕ_2 的详细计算见表2-4。

表2-4　四杆机构位移分析迭代计算

q		迭代次数	ϕ_1		ϕ_2		f_1	f_2	$\Delta\phi_1$/rad	$\Delta\phi_2$/rad
(°)	rad		(°)	rad	(°)	rad				
60°	1.0472	1	19	0.3316	263	4.5902	0.1566	0.3124	-0.0407	-0.0381
		2		0.2909		4.5521	0.0048	0.0013	-0.0002	-0.0008
		3	16.65	0.2907	260.77	4.5513	$4e^{-3}$	$-2e^{-7}$	$-2e^{-7}$	$-e^{-7}$

例21：图2-75表示牛头刨床机构，由六杆双闭链组成，输入角为 θ_2，这种机构的结构类型

不属于两个四杆机构的串联结构。已知各杆尺度，求 r_1、r_3、θ_4 及 r_5。

解：机构有两个闭链 $BFEB$ 及 $BDOB$。在闭链 $BFEB$ 中得：

$$f_1 = a_4\cos\theta_4 - r_5 = 0$$
$$f_2 = a_4\sin\theta_4 - l - r_1 = 0$$

在闭链 $BDOB$ 中有：

$$f_3 = r_3\cos\theta_4 - a_2\cos\theta_2 = 0$$
$$f_4 = r_3\sin\theta_4 - a_2\sin\theta_2 - r_1 = 0$$

求导后得雅可比矩阵，代入式（2-32）：

$$
\begin{bmatrix} \Delta r_1 \\ \Delta r_3 \\ \Delta\theta_4 \\ \Delta r_5 \end{bmatrix} =
\begin{bmatrix}
0 & 0 & -a_4\sin\theta_4 & -1 \\
-1 & 0 & a_4\cos\theta_4 & 0 \\
0 & \cos\theta_4 & -r_3\sin\theta_4 & 0 \\
-1 & \sin\theta_4 & r_3\cos\theta_4 & 0
\end{bmatrix}^{-1}
\begin{bmatrix} -f_1 \\ -f_2 \\ -f_3 \\ -f_4 \end{bmatrix}
$$

解这方程需要 4×4 矩阵解。

一般来说，有 L 个闭链所组成的机构，用迭代法求解机构位移分析，就出现维数为 $2L$ 的雅可比矩阵，因此，整个迭代运算也就需要 $2L×2L$ 矩阵解。

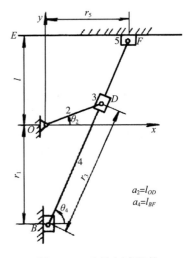

图 2-75　牛头刨床机构

在图 2-75 中，令 $q = \theta_2 = 30°$，$l = 16$，$a_4 = 33$，$a_2 = 10$ 单位量，求 r_1、r_3、θ_4、r_5 的计算过程见表 2-5。

表 2-5　牛头刨床位移分析迭代计算

q 迭代次数	1	2	3
r_1	14.000000	14.039340	14.038230
r_3	21.000000	20.915490	20.915410
$\theta_4/(°)$	65.000000	65.538770	65.539680
r_5	13.000000	13.665090	13.664000
f_1	0.946324	−0.000612	−0.000003
f_2	−0.091807	−0.001323	0.000001
f_3	0.214686	−0.000332	−0.000002
f_4	0.324760	−0.001174	0.000001
Δr_1	0.039336	−0.001107	−0.000001
Δr_3	−0.084513	−0.000077	−0.000001
$\Delta\theta_4/(°)$	0.538772	0.000904	−0.000006
Δr_5	0.665087	−0.001086	0.00000

（三）平面机构速度、加速度解析

根据式（2-28），对时间求导，得：

$$\sum_{k=1}^{N} \frac{\partial f_i}{\partial \phi_k} \dot{\phi}_k + \sum_{j=1}^{F} \frac{\partial f_i}{\partial q_j} \dot{q}_j = 0 \qquad (2\text{-}34)$$

上式写成矩阵形式：

$$A\dot{\phi} = B\dot{q} \qquad (2\text{-}35)$$

雅可比矩阵：

$$A = \left[\frac{\partial f_i}{\partial \phi_k} \right] \quad (i = 1, 2, \cdots, N; \ k = 1, 2, \cdots, N)$$

$$\dot{\phi} = [\dot{\phi}_1 \quad \dot{\phi}_2 \quad \cdots \quad \dot{\phi}_N]^{\mathrm{T}}$$

$$B = -\left[\frac{\partial f_i}{\partial q_j} \right] \quad (i = 1, 2, \cdots, N; \ j = 1, 2, \cdots, F)$$

上式中 A 与 B 中的元素是相对位移，或称为影响系数，其值取决于机构位置的。在求机构速度、加速度时，机构位置是已知的。如果机构不处于奇异位形，矩阵 A 就是非奇异的，上述公式可以求出 $\dot{\phi}$；此时所有输入速度是 $\dot{q}$ 已知的。

把式（2-34）对时间求导可得加速度解：

$$\sum_{k=1}^{N} \left[\frac{\partial f_i}{\partial \phi_k} \ddot{\phi}_k + \dot{\phi}_k \frac{\mathrm{d}}{\mathrm{d}t}\left(\frac{\partial f_i}{\partial \phi_k}\right) \right] = -\sum_{j=1}^{F} \left[\frac{\partial f_i}{\partial q_j} \ddot{q}_j + \dot{q}_j \frac{\mathrm{d}}{\mathrm{d}t}\left(\frac{\partial f_i}{\partial q_j}\right) \right] \qquad (2\text{-}36)$$

写成矩阵形式

$$A\ddot{\phi} = B\ddot{q} + \dot{B}\dot{q} - \dot{A}\dot{\phi} \qquad (2\text{-}37)$$

式中

$$\dot{A} = \left[\dot{A}_{ik} \right] = \left[\frac{\mathrm{d}}{\mathrm{d}t} \frac{\partial f_i}{\partial \phi_k} \right]$$

$$\dot{B} = \left[\dot{B}_{ij} \right] = \left[\frac{\mathrm{d}}{\mathrm{d}t} \frac{\partial f_i}{\partial q_j} \right]$$

式（2-37）等号右边各项取决于输入加速度 $\ddot{q}_j$、输入速度 $\dot{q}$ 以及各从动件速度 $\dot{\phi}$，它们都是已知的。

例22：图 2-76 所示 Whitworth 急回机构包含两个独立闭链 $ABCA$ 和 $CDEC$，其中 $\theta_1 = q$，为输入运动的参数，有四个待定参数 r_2、θ_3、θ_4、r_5。

解：在闭链 $ABCA$ 中，机构位移方程为：

$$a_1\cos q + r_2\cos\theta_3 = 0$$

$$a_1\sin q + r_2\sin\theta_3 + f = 0$$

由上述两方程式可解出 r_2 及 θ_3。

在闭链 $CDEC$ 中，机构位移方程为：

$$a_3\sin\theta_3 + a_4\sin\theta_4 = 0$$

$$a_3\cos\theta_3 + a_4\cos\theta_4 + r_5 = 0$$

由此可解出 θ_4 及 r_5。

求解速度时，在闭链 $ABCA$ 中

$$\dot{r}_2\cos\theta_3 - r_2\dot{\theta}_3\sin\theta_3 = a_1\dot{q}\sin q$$

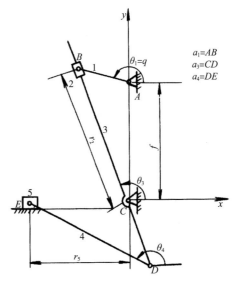

$a_1=AB$
$a_3=CD$
$a_4=DE$

图 2-76 急回机构

$$\dot{r}_2\sin\theta_3 + r_2\dot{\theta}_3\cos\theta_3 = -a_1\dot{q}\cos q$$

得 $\dot{r}_2 = a_1\dot{q}\sin(q-\theta_3)$

$$\dot{\theta}_3 = -\left(\frac{a_1}{r_2}\right)\dot{q}\cos(q-\theta_3)$$

在闭链 $CDEC$ 中

$$a_4\dot{\theta}_4\cos\theta_4 = -a_3\dot{\theta}_3\cos\theta_3$$

$$\dot{r}_5 = a_3\dot{\theta}_3\sin\theta_3 + a_4\dot{\theta}_4\sin\theta_4$$

由此可解出 $\dot{\theta}_4$ 及 $\dot{r}_5$。

由于此机构是两个双杆组 2-3 及 4-5 串联的机构，因此这两个闭链是独立的。在求第一个闭链中的两个运动参数时不需要介入第二个闭链，剩下的两个运动参数也只要从第二个闭链可单独求解。这种机构的结构类型称为二级机构，也称为由弱闭链所组成的机构。

如果用四个速度参数同时排成矩阵求解，则发现矩阵的形式是可区分的，且是三角形矩阵，试按 $\dot{r}_2$、$\dot{\theta}_3$、$\dot{\theta}_4$、$\dot{r}_5$ 排成矩阵如下：

$$\begin{bmatrix} \cos\theta_3 & -r_2\sin\theta_3 & 0 & 0 \\ \sin\theta_3 & r_2\cos\theta_3 & 0 & 0 \\ 0 & a_3\cos\theta_3 & a_4\cos\theta_4 & 0 \\ 0 & a_3\sin\theta_3 & a_4\sin\theta_4 & -1 \end{bmatrix}\begin{bmatrix} \dot{r}_2 \\ \dot{\theta}_3 \\ \dot{\theta}_4 \\ \dot{r}_5 \end{bmatrix} = \begin{bmatrix} a_1\sin q \\ -a_1\cos q \\ 0 \\ 0 \end{bmatrix}\dot{q}$$

加速度矩阵亦有同样性质。

例 23：图 2-75 所示的机构中，当构件 2 作为输入运动的构件时不属于二级机构，即所谓强闭链，当构件 5 作为输入运动的构件时机构是弱闭链。

解：在该机构速度分析中，若以 $\dot{\theta}_2$ 作为输入角速度，$\dot{r}_1$、$\dot{r}_3$、$\dot{\theta}_4$、$\dot{r}_5$ 作为待定的速度参数，则该机构为强闭链。若以 $\dot{r}_5$ 为输入速度，$\dot{r}_1$、$\dot{r}_3$、$\dot{\theta}_2$、$\dot{\theta}_4$ 为待求的速度参数，则为弱闭链。

为了说明上述强弱闭链的性质，根据 $EFDOE$ 及 $EFBE$ 两个闭链列出它们的封闭矢量方程，然后分析其位移方程，列成矩阵，判别其是否可呈区分形式。

封闭方程式

$$FE+FD+DO+OE=0$$

$$EF+FB+BE=0$$

位移方程

$$r_5 - (a_4-r_3)\cos\theta_4 - a_2\cos\theta_2 = 0$$

$$l - (a_4-r_3)\sin\theta_4 - a_2\sin\theta_2 = 0$$

$$r_5 - a_4\cos\theta_4 = 0$$

$$l + r_1 - a_4\sin\theta_4 = 0$$

速度方程

$$\dot{r}_5 + (a_4-r_3)(\sin\theta_4)\dot{\theta}_4 + \dot{r}_3\cos\theta_4 + a_2\dot{\theta}_2\sin\theta_2 = 0$$

$$-(a_4-r_3)(\cos\theta_4)\dot{\theta}_4 + \dot{r}_3\sin\theta_4 - a_2\dot{\theta}_2\cos\theta_2 = 0$$

$$\dot{r}_5 - a_4\dot{\theta}_4\sin\theta_4 = 0$$

$$\dot{r}_1 - a_4\dot{\theta}_4\cos\theta_4 = 0$$

如果以 $\dot{\theta}_2$ 为输入角速度，得下列速度矩阵：

$$
\begin{bmatrix}
0 & \cos\theta_4 & (a_4 - r_3)\sin\theta_4 & 1 \\
0 & \sin\theta_4 & -(a_4 - r_3)\cos\theta_4 & 0 \\
0 & 0 & a_4\sin\theta_4 & 1 \\
1 & 0 & -a_4\cos\theta_4 & 0
\end{bmatrix}
\begin{bmatrix}
\dot{r}_1 \\ \dot{r}_3 \\ \dot{\theta}_4 \\ \dot{r}_5
\end{bmatrix}
= \dot{\theta}_2
\begin{bmatrix}
-a_2\sin\theta_2 \\ a_2\cos\theta_2 \\ 0 \\ 0
\end{bmatrix}
$$

上列等式左边的速度系数矩阵不可区分，因此机构为强闭链，要解四个待求速度参数时必须用四阶矩阵。

如果以 r_5 为输入速度，则速度矩阵为：

$$
\begin{bmatrix}
0 & (a_4 - r_3)\sin\theta_4 & \cos\theta_4 & a_2\sin\theta_2 \\
0 & -(a_4 - r_3)\cos\theta_4 & \sin\theta_4 & -a_2\cos\theta_2 \\
0 & a_4\sin\theta_4 & 0 & 0 \\
1 & -a_4\cos\theta_4 & 0 & 0
\end{bmatrix}
\begin{bmatrix}
\dot{r}_1 \\ \dot{\theta}_4 \\ \dot{r}_3 \\ \dot{\theta}_2
\end{bmatrix}
= \dot{r}_5
\begin{bmatrix}
-1 \\ 0 \\ -1 \\ 0
\end{bmatrix}
$$

上述等式左边的速度系数矩阵是可区分的，可以先解出 $\dot{r}_1$ 及 $\dot{\theta}_4$，然后再解出 $\dot{r}_3$ 及 $\cdot\dot{\theta}_2$，运算只涉及二阶矩阵。

在加速度分析中，把上式再对时间求导一次，亦得可区分矩阵：

$$
[A][\ddot{\theta}] =
\begin{bmatrix}
0 & (a_4 - r_3)\sin\theta_4 & \cos\theta_4 & a_2\sin\theta_2 \\
0 & -(a_4 - r_3)\cos\theta_4 & \sin\theta_4 & -a_2\cos\theta_2 \\
0 & a_4\sin\theta_4 & 0 & 0 \\
1 & -a_4\cos\theta_4 & 0 & 0
\end{bmatrix}
\begin{bmatrix}
\ddot{r}_1 \\ \ddot{\theta}_4 \\ \ddot{r}_3 \\ \ddot{\theta}_2
\end{bmatrix}
$$

$$
=
\begin{bmatrix}
-\ddot{r}_5 - (a_4 - r_3)(\cos\theta_4)\dot{\theta}_4^2 + 2\sin\theta_4\dot{r}_3\dot{\theta}_4 - a_2(\cos\theta_2)\dot{\theta}_2^2 \\
-(a_4 - r_3)(\sin\theta_4)\dot{\theta}_4^2 - 2\dot{r}_3\dot{\theta}_4\cos\theta_4 - a_2(\sin\theta_2)\dot{\theta}_2^2 \\
-\ddot{r}_5 - a_4(\cos\theta_4)\dot{\theta}_4^2 \\
-a_4(\sin\theta_4)\dot{\theta}_4^2
\end{bmatrix}
$$

（四）平面机构分析基本杆组法

任何一个平面机构，除去输入杆和机架后，得到的运动链是从动运动链。从动运动链都可以分成若干基本杆组。可以对基本杆组建立运动分析公式，进而编成计算机子程序。在进行具体的机构运动分析时，只需顺序调用相应的基本杆组运动分析子程序，不必再对具体机构建立约束方程以及速度方程和加速度方程。杆数等于 2 的基本杆组有 5 种，最常见的是 RRR 杆组和 RPR 杆组，如图 2-77 所示。下面就来建立这两种基本杆组的运动分析公式。

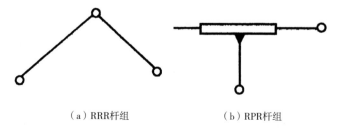

（a）RRR杆组　　　　　　　　　　（b）RPR杆组

图 2-77　常见二杆组

1. RRR 杆组 如图 2-78 所示，将 RRR 杆组置于直角坐标系中，已知其外副 P_1 和 P_2 的坐标、速度和加速度，并且杆组的几何参数即两个杆长也是已知的。需要求出内副 P_3 的坐标、速度、加速度，两个杆的角位移、角速度和角加速度。

（1）位移分析。位移分析可分成如下步骤：

①计算 P_1 和 P_2 两点间的距离 d。$d = \sqrt{(x_1 - x_2)^2 + (y_1 - y_2)^2}$，检查可装配性。如果 $d > (r_1 + r_2)$ 或 $d < |(r_1 - r_2)|$，杆组不可装配。

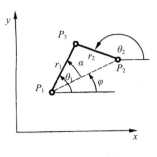

图 2-78　RRR 杆组

②计算 φ 角。$\varphi = \arctan\left(\dfrac{y_2 - y_1}{x_2 - x_1}\right)$ 或 $\varphi = \arctan\left(\dfrac{y_2 - y_1}{x_2 - x_1}\right) + \pi$，$\varphi$ 角所在象限判断法则如下：

若 $x_2 - x_1 > 0$，φ 角在 Ⅰ、Ⅳ 象限，直接取反正切函数主值，即 $\varphi = \arctan\left(\dfrac{y_2 - y_1}{x_2 - x_1}\right)$

若 $x_2 - x_1 < 0$，φ 角在 Ⅱ、Ⅲ 象限，取反正切函数主值加 π，即 $\varphi = \arctan\left(\dfrac{y_2 - y_1}{x_2 - x_1}\right) + \pi$

③计算 α 角。$\alpha = \pm \arccos[(r_1^2 + d^2 - r_2^2)/(2r_2 d)]$，$\alpha$ 角的两个值对应着杆组的两种装配形式，正负号可以利用机构运动连续性条件由杆组前一个位置确定。

④计算 θ_1 角。$\theta_1 = \varphi + \alpha$。

⑤计算 P_3 点的坐标。$x_3 = x_1 + r_1 \cos\theta_1$，$y_3 = y_1 + r_1 \sin\theta_1$。

⑥计算 θ_2 角。$\theta_2 = \arctan\left(\dfrac{y_3 - y_2}{x_3 - x_2}\right)$ 或 $\theta_2 = \arctan\left(\dfrac{y_3 - y_2}{x_3 - x_2}\right) + \pi$。$\theta_2$ 角所在象限判断法则如下：

若 $x_3 - x_2 > 0$，θ_2 角在 Ⅰ、Ⅳ 象限，直接取反正切函数主值，即：

$$\theta_2 = \arctan\left(\frac{y_3 - y_2}{x_3 - x_2}\right)$$

若 $x_3 - x_2 < 0$，θ_2 角在 Ⅱ、Ⅲ 象限，取反正切函数主值加 π，即：

$$\theta_2 = \arctan\left(\frac{y_3 - y_2}{x_3 - x_2}\right) + \pi$$

（2）速度分析和加速度分析。设 P_1、P_2、P_3 点的位置矢量分别为 $\vec{P_1}$、$\vec{P_2}$、$\vec{P_3}$，这 3 点的速度则为 $\dot{\vec{P_1}}$、$\dot{\vec{P_2}}$、$\dot{\vec{P_3}}$，杆 1 和杆 2 的角速度为 $\vec{\omega_1}$ 和 $\vec{\omega_2}$。可得速度公式：

$$\dot{\vec{P_3}} = \dot{\vec{P_1}} + \vec{\omega_1} \times (\vec{P_3} - \vec{P_1})$$

$$\dot{\vec{P_3}} = \dot{\vec{P_2}} + \vec{\omega} \times (\vec{P_3} - \vec{P_2})$$

对于平面机构，角速度矢量是垂直于纸面的，并以逆时针方向为正方向。由 $\dot{\vec{P_3}}$ 的两个等式得到角速度 $\dot{\theta_1}$ 和 $\dot{\theta_2}$ 的表达式。

$$\dot{\theta_1} = \frac{(\dot{x_2} - \dot{x_1})(x_3 - x_2) + (\dot{y_2} - \dot{y_1})(y_3 - y_2)}{(y_3 - y_1)(x_3 - x_2) - (y_3 - y_2)(x_3 - x_1)}$$

$$\dot{\theta_2} = \frac{(\dot{x_2} - \dot{x_1})(x_3 - x_1) + (\dot{y_2} - \dot{y_1})(y_3 - y_1)}{(y_3 - y_1)(x_3 - x_2) - (y_3 - y_2)(x_3 - x_1)}$$

将 $\dot{\vec{P_3}}$ 的两个等式对时间求导，可得：

$$\ddot{\vec{P_3}} = \ddot{\vec{P_1}} + \dot{\vec{\omega_1}} \times (\vec{P_3} - \vec{P_1}) + \vec{\omega_1} \times [\vec{\omega_1} \times (\vec{P_3} - \vec{P_1})]$$

$$\ddot{\vec{P_3}} = \ddot{\vec{P_2}} + \dot{\vec{\omega_2}} \times (\vec{P_3} - \vec{P_2}) + \vec{\omega_2} \times [\vec{\omega_2} \times (\vec{P_3} - \vec{P_2})]$$

由此可得到 $\ddot{\theta_1}$ 和 $\ddot{\theta_2}$ 的表达式：

$$\ddot{\theta_1} = \frac{E(x_3 - x_2) + F(y_3 - y_2)}{(y_3 - y_1)(x_3 - x_2) - (y_3 - y_2)(x_3 - x_1)}$$

$$\ddot{\theta_2} = \frac{E(x_3 - x_1) + F(y_3 - y_1)}{(y_3 - y_1)(x_3 - x_2) - (y_3 - y_2)(x_3 - x_1)}$$

式中：

$$E = (\ddot{x_2} - \ddot{x_1}) + \omega_1^2(x_3 - x_1) - \omega_2^2(x_3 - x_2)$$

$$F = (\ddot{y_2} - \ddot{y_1}) + \omega_1^2(y_3 - y_1) - \omega_2^2(y_3 - y_2)$$

2. RPR 杆组 如图 2-79 所示，将 RPR 杆组置于直角坐标系中，已知其外副 P_1 和 P_2 的坐标、杆长 e 和 r_3、点 P_1 和 P_2 的速度和加速度。需要求出 P_3 的坐标、速度、加速度，杆的角位移 θ、角速度 $\dot{\theta}$ 和角加速度 $\ddot{\theta}$，滑块的位移 r_2、线速度 $\dot{r_2}$ 和线加速度 $\ddot{r_2}$。

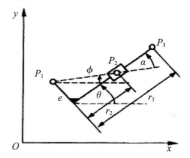

图 2-79 RPR 杆组

（1）位移分析。位移分析可分成如下步骤：

①计算 P_1 和 P_2 两点间的距离 d。

$$d = \sqrt{e^2 + r_2^2} = \sqrt{(x_2 - x_1)^2 + (y_2 - y_1)^2}$$

检查可装配性。如果 $d^2 < e^2$，则不可装配。

②计算 φ 角。

$$\varphi = \arctan\left(\frac{y_2 - y_1}{x_2 - x_1}\right) \quad \text{或} \quad \varphi = \arctan\left(\frac{y_2 - y_1}{x_2 - x_1}\right) + \pi$$

φ 角所在象限判断法则如下：

若 $x_2 - x_1 > 0$，φ 角在 I、IV 象限，直接取反正切函数主值，即 $\varphi = \arctan\left(\dfrac{y_2 - y_1}{x_2 - x_1}\right)$；

若 $x_2 - x_1 < 0$，φ 角在 II、III 象限，取反正切函数值加 π，即 $\varphi = \arctan\left(\dfrac{y_2 - y_1}{x_2 - x_1}\right) + \pi$

③计算 r_2 和 α 角。

$$r_2 = \sqrt{(x_2 - x_1)^2 + (y_2 - y_1)^2 - e^2}$$

$$\alpha = \pm \arctan\left(\frac{e}{r_2}\right)$$

α 角的两个值对应着杆组的两种装配形式，利用运动连续性条件，由杆组初始位置定正负号。

④计算 θ 角。$\theta = \varphi + \alpha$。

计算 P_3 点坐标。由图 2-79 可知 $\vec{P_3} = \vec{P_1} + \vec{e} + r_3\vec{e_r}$，其中，$\vec{e_r} = \vec{r_2}/|\vec{r_2}| = \vec{r_3}/|\vec{r_3}|$ 是 $\vec{r_2}$ 或 $\vec{r_3}$ 方向上的单位矢量。所以

$$x_3 = x_1 + e\sin\theta + r_3\cos\theta$$

$$y_3 = y_1 - e\cos\theta + r_3\sin\theta$$

（2）速度分析和加速度分析。设 P_1 点和 P_2 点的位置矢量为 $\vec{P_1}$ 和 $\vec{P_2}$，那么这两点的速度矢量是 $\dot{\vec{P_1}}$ 和 $\dot{\vec{P_2}}$。两点的相对速度是：

$$\vec{\dot{P_2}} - \vec{\dot{P_1}} = \vec{\omega} \times (\vec{P_2} - \vec{P_1}) + \dot{r_2}\vec{e}_{r2}$$

对于平面机构，角速度矢量垂直于纸面，并且以逆时针方向为正，由此得到加速度 ω 和线速度 $\dot{r_2}$ 公式为：

$$\omega = \dot{\theta} = \frac{(\dot{y_2} - \dot{y_1})\cos\theta - (\dot{x_2} - \dot{x_1})\sin\theta}{(x_2 - x_1)\cos\theta + (y_2 - y_1)\sin\theta}$$

$$\dot{r_2} = \frac{(\dot{y_2} - \dot{y_1})(y_2 - y_1) + (\dot{x_2} - \dot{x_1})(x_2 - x_1)}{(x_2 - x_1)\cos\theta + (y_2 - y_1)\sin\theta}$$

由于 $\vec{\dot{P_3}} = \vec{\dot{P_1}} + \vec{\omega} \times (\vec{e} + \vec{r_3})$，所以 P_3 点的速度分量分别为：

$$\dot{x_3} = \dot{x_1} - \dot{\theta}(r_3\sin\theta + e\cos\theta)$$

$$\dot{y_3} = \dot{y_1} + \dot{\theta}(r_3\cos\theta - e\sin\theta)$$

P_2 点的加速度公式为：

$$\vec{\ddot{P_2}} = \vec{\ddot{P_1}} + \vec{\dot{\omega}} \times (\vec{P_2} - \vec{P_1}) + \vec{\omega} \times (\vec{\omega} \times (\vec{P_2} - \vec{P_1})) + \ddot{r_2}\vec{e}_r + 2\dot{r_2}\vec{\omega} \times \vec{e}_r$$

杆组的角加速度 $\ddot{\theta}$ 和滑块的相对线加速度 $\ddot{r_2}$ 分别为：

$$\ddot{\theta} = \frac{E\sin\theta - F\cos\theta}{(x_2 - x_1)\cos\theta + (y_2 - y_1)\sin\theta}$$

$$\ddot{r_2} = \frac{E(x_2 - x_1) + F(y_2 - y_1)}{(x_2 - x_1)\cos\theta + (y_2 - y_1)\sin\theta}$$

其中

$$E = (\ddot{x_2} - \ddot{x_1}) + \omega^2(x_2 - x_1) - 2\omega\dot{r_2}\sin\theta = -\dot{\omega}(y_2 - y_1) + \ddot{r_2}\cos\theta$$

$$F = (\ddot{y_2} - \ddot{y_1}) + \omega^2(y_2 - y_1) - 2\omega\dot{r_2}\cos\theta = \dot{\omega}(x_2 - x_1) + \ddot{r_2}\sin\theta$$

P_3 点的加速度分量分别为：

$$\ddot{x_3} = \ddot{x_1} - \ddot{\theta}(r_3\sin\theta - e\cos\theta) - \dot{\theta}^2(r_3\cos\theta + e\sin\theta)$$

$$\ddot{y_3} = \ddot{y_1} + \ddot{\theta}(r_3\cos\theta + e\sin\theta) - \dot{\theta}^2(r_3\sin\theta - e\cos\theta)$$

（五）电脑刺绣机针杆机构运动分析

电脑刺绣机是一种全自动控制的多功能刺绣机械，它通过电脑控制系统与刺绣机械的有机结合，刺绣出各种美丽的图案，其机械上的旋梭、针杆、挑线杆是形成刺绣针迹的三要素，因此正确地选取针杆机构尺寸和分析针杆机构的运动特性，有利于解决主轴转速超过 750r/min 时断线率上升的问题，下面对电脑刺绣机针杆机构进行位移、速度和加速度分析。

1. 电脑刺绣机针杆机构位移矩阵迭代求解理论推导与分析 图 2-80 为刺绣机针杆机构的简图，其输入角为 φ_1，简图相关尺寸为 $a = 17$，$b = 38$，$c = 46$，$l_{OA} = l_1 = 9$，$l_{AB} = l_2 = 51.5$，$l_{CB} = l_3 = 25$，$l_{CD} = l_4 = 56$，$l_{DF} = l_5 = 21$，求解未知位移参数为连杆 AB 角位移 φ_2，摇杆 CD 角位移 φ_3，滑块连杆 ED 角位移 φ_5，滑块的垂直位移 y_6。

$$f_1 = l_1\sin\varphi_1 + l_2\sin\varphi_2 - l_3\sin\varphi_3 + a = 0$$
$$f_2 = l_1\cos\varphi_1 + l_2\cos\varphi_2 - l_3\cos\varphi_3 - c = 0 \tag{2-38}$$

在闭链 CDE 中有：

$$f_3 = l_4\sin\varphi_3 + l_5\sin\varphi_5 - a - b = 0$$
$$f_4 = -l_4\cos\varphi_3 - l_5\cos\varphi_5 + y_6 - c = 0 \tag{2-39}$$

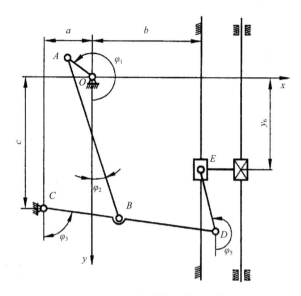

图 2-80 电脑刺绣机针杆机构

求导可得雅可比矩阵，求逆后可得：

$$
\begin{bmatrix} \Delta\varphi_2 \\ \Delta\varphi_3 \\ \Delta\varphi_5 \\ \Delta y_6 \end{bmatrix} = \begin{bmatrix} l_2\cos\varphi_2 & -l_3\cos\varphi_3 & 0 & 0 \\ -l_2\sin\varphi_2 & l_3\sin\varphi_3 & 0 & 0 \\ 0 & l_4\cos\varphi_3 & l_5\cos\varphi_5 & 0 \\ 0 & l_4\sin\varphi_3 & l_5\sin\varphi_5 & 0 \end{bmatrix}^{-1} \begin{bmatrix} -f_1 \\ -f_2 \\ -f_3 \\ -f_4 \end{bmatrix}
\tag{2-40}
$$

编制位移矩阵迭代求解 C 程序，就 φ_1 从 180°到 540°范围按 $\Delta\varphi_1 = 10°$ 进行了位移迭代计算，位移 φ_2、φ_3、φ_5、y_6 的迭代终值见表 2-6。此处也可以采用杆组法求解精确解。

表 2-6 针杆机构位移矩阵迭代终值

$\varphi_1/(°)$	190. 364	240. 364	290. 364	340. 364	390. 364	440. 364	490. 364	540. 364
$\varphi_2/(°)$	10. 364	17. 845	17. 7005	7. 89441	−0. 398694	−2. 0754	1. 26853	8. 62311
$\varphi_3/(°)$	99. 6563	93. 2749	75. 6557	57. 3476	57. 956	73. 8049	90. 7824	99. 3974
$\varphi_5/(°)$	180. 678	182. 48	177. 965	158. 048	159. 981	176. 663	182. 715	180. 678
y_6/mm	15. 6078	21. 8206	38. 872	56. 7368	56. 1092	40. 6546	24. 259	15. 8575

2. 电脑刺绣机针杆机构速度方程的推导与分析 根据式（2-38）、式（2-39）可得：

$$l_1\sin\varphi_1 + l_2\sin\varphi_2 - l_3\sin\varphi_3 + a = 0 \tag{2-41}$$

$$l_1\cos\varphi_1 + l_2\cos\varphi_2 - l_3\cos\varphi_3 - c = 0 \tag{2-42}$$

$$l_4\sin\varphi_3 + l_5\sin\varphi_5 - a - b = 0 \tag{2-43}$$

$$-l_4\cos\varphi_3 - l_5\cos\varphi_5 + y_6 - c = 0 \tag{2-44}$$

式（2-41）、式（2-42）、式（2-43）、式（2-44）对时间 t 求导并按矩阵法整理可得：

$$
\begin{bmatrix}
l_2\cos\varphi_2 & -l_3\cos\varphi_3 & 0 & 0 \\
-l_2\sin\varphi_2 & l_3\sin\varphi_3 & 0 & 0 \\
0 & l_4\cos\varphi_3 & l_5\cos\varphi_5 & 0 \\
0 & l_4\sin\varphi_3 & l_5\sin\varphi_5 & 0
\end{bmatrix}
\begin{bmatrix}
\dot\varphi_2 \\
\dot\varphi_3 \\
\dot\varphi_5 \\
\dot y_6
\end{bmatrix}
= \dot\varphi_1
\begin{bmatrix}
-l_1\cos\varphi_1 \\
l\sin\varphi_1 \\
0 \\
0
\end{bmatrix}
\tag{2-45}
$$

式（2-45）进行矩阵求逆、相乘可求出针杆机构各构件相应的速度 $\dot\varphi_2$、$\dot\varphi_3$、$\dot\varphi_5$、$\dot y_6$。编制速度矩阵求解 C 程序，就 φ_1 从 180°到 540°范围按 $\Delta\varphi_1=10°$ 进行了速度求解计算，速度 $\dot\varphi_2$、$\dot\varphi_3$、$\dot\varphi_5$、$\dot y_6$ 的计算值见表 2-7。

表 2-7　针杆机构各构件速度计算值

$\varphi_1/(°)$	190.364	240.364	290.364	340.364	390.364	440.364	490.364	540.364
$\dot\varphi_2/(\text{rad/s})$	13.7254	7.7053	-9.22002	-17.5986	-7.46764	1.6166	8.74575	13.5564
$\dot\varphi_3/(\text{rad/s})$	6.62415×10^{-5}	-19.7436	-33.3208	-17.199	16.9875	28.9017	21.9445	4.06219
$\dot\varphi_5/(\text{rad/s})$	-2.963×10^{-5}	3.01046	-22.0278	-26.6798	25.7481	21.5325	-0.79989	-1.76885
$\dot y_6/(\text{mm/s})$	-0.00366309	1106.07	1824.22	1020.37	-1000.3	-1580.59	-1229.57	-224.869

3. 电脑刺绣机针杆机构加速度方程的推导与分析　　加速度矩阵方程是通过对速度矩阵方程求导而得，对速度矩阵方程（2-45）求导并整理可得：

$$
\begin{bmatrix}
l_2\cos\varphi_2 & -l_3\cos\varphi_3 & 0 & 0 \\
-l_2\sin\varphi_2 & l_3\sin\varphi_3 & 0 & 0 \\
0 & l_4\cos\varphi_3 & l_5\cos\varphi_5 & 0 \\
0 & l_4\sin\varphi_3 & l_5\sin\varphi_5 & 0
\end{bmatrix}
\begin{bmatrix}
\ddot\varphi_2 \\
\ddot\varphi_3 \\
\ddot\varphi_5 \\
\ddot y_6
\end{bmatrix}
= \dot\varphi_1
\begin{bmatrix}
l_1\cos\varphi_1 \\
-l_1\sin\varphi_1 \\
0 \\
0
\end{bmatrix}
-
\begin{bmatrix}
l_2\sin\varphi_2\dot\varphi_2 & -l_3\sin\varphi_3\dot\varphi_3 & 0 & 0 \\
-l_2\cos\varphi_2\dot\varphi_2 & l_3\cos\varphi_3\dot\varphi_3 & 0 & 0 \\
0 & -l_4\sin\varphi_3\dot\varphi_3 & -l_5\sin\varphi_5\dot\varphi_5 & 0 \\
0 & l_4\cos\varphi_3\dot\varphi_3 & l_5\sin\varphi_5\dot\varphi_5 & 0
\end{bmatrix}
\begin{bmatrix}
\dot\varphi_2 \\
\dot\varphi_3 \\
\dot\varphi_5 \\
\dot y_6
\end{bmatrix}
$$

$$\tag{2-46}$$

对式（2-46）进行矩阵求逆、相乘及相加减运算可求出针杆机构各构件相应的加速度 $\ddot\varphi_2$、$\ddot\varphi_3$、$\ddot\varphi_5$、$\ddot y_6$，编制加速度矩阵求解 C 程序，就 φ_1 从 180°到 540°范围按 $\Delta\varphi_1=10°$ 进行了速度求解计算，加速度 $\ddot\varphi_2$、$\ddot\varphi_3$、$\ddot\varphi_5$、$\ddot y_6$ 的计算见表 2-8。

表 2-8　针杆机构各构件加速度计算值

$\varphi_1/(°)$	190.364	240.364	290.364	340.364	390.364	440.364	490.364	540.364
$\ddot\varphi_2/(\text{rad/s}^2)$	-10.9872	-1115.14	-1628.11	395.499	992.065	686.834	597.732	158.782
$\ddot\varphi_3/(\text{rad/s}^2)$	-1832.72	-1666.09	-366.656	3178.03	2198.58	96.7288	-1246.93	-1818.99
$\ddot\varphi_5/(\text{rad/s}^2)$	819.809	-784.338	-3129.87	3926.95	2378.87	-2097.69	1240.0	748.683
$\ddot y_6/(\text{mm/s}^2)$	101348.0	93873.1	17006.6	-175745.0	-117858.0	-5964.42	68969.8	100899.0

（六）平面机构动态静力分析

1. 平面机构受力分析基础知识　　平面连杆机构由一些刚性构件用低副连接所组成，机构的动态静力分析主要是求解各构件连接处低副内的约束力以及附加在原动件上的平衡力或平衡力矩。

在对机构进行受力分析时，需要先建立一直角坐标系，以便将各力都分解为沿两坐标轴的两个分力，然后分别就构件列出它们的力平衡方程式，为了便于列矩阵方程，规定在对各构件进行受力分析时，将各运动副中的反力表示为统一形式 R_{ij}，它表示构件 i 作用于构件 j 上的反力，且规定 $i \leqslant j$，构件 j 作用于构件 i 上的反力则用 $-R_{ij}$ 表示；如图 2-81 所示，在规定矩逆时针方向为正、顺时针方向为负时，作用于构件上任一点 I 上的力 P_I 对构件上另一点 K 的力矩表示为：

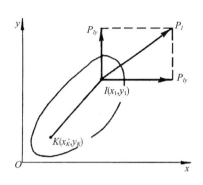

图 2-81　刚体受力示意图

$$M_k = (y_K - y_I) P_{Ix} + (x_I - x_K) P_{Iy}$$

式中：x_I、y_I 为力作用点 I 的坐标；x_K、y_K 为取矩点 K 的坐标。

在建立力平衡方程时，各力的分量与坐标轴同向时为正，反向时为负；力矩按逆时针方向为正，顺时针方向为负。在计算时，已知的外力（或力矩）按实际作用的方向取正负号代入，求得的未知力的方向由计算结果的正负号决定。

2. 平面机构受力分析矩阵法　如图 2-82 所示为一平面四杆机构，图中 P_1、P_2 及 P_3 分别为作用于各构件质心 S_1、S_2、S_3 处的已知外力（包括惯性力）；M_1、M_2、M_3 分别为作用于各构件上的已知外力偶矩（包括惯性力偶矩）；从动件上已知的生产阻力力偶矩为 M_r；现在需要确定各运动副中的反力及需加于原动件 1 上的平衡力偶矩 M_b。

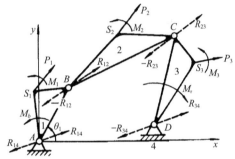

图 2-82　平面四杆机构受力分析简图

在图示构件中共有 4 个低副，每个低副中的反力都有大小及方向 2 个未知要素，此外，平衡力尚有 1 个力的未知要素，所以在此机构中共有 9 个力的未知要素待定；在此机构中对 3 个活动构件共可以列出 9 个力的平衡方程。

对构件 1 可分别根据 $\sum M_A = 0$、$\sum F_x = 0$ 及 $\sum F_y = 0$ 列出 3 个力平衡方程，并将未知要素项写在等号左边。

$$- (y_A - y_B) R_{12x} - (x_B - x_A) R_{12y} + M_b = - (y_A - y_{s_1}) P_{1x} - (x_{s_1} - x_A) P_{1y} - M_1$$

$$- R_{14x} - R_{12x} = - P_{1x}$$

$$- R_{14y} - R_{12y} = - P_{1y}$$

同理，对构件 2、3 也可以列出类似的力平衡方程。

$$- (y_B - y_C) R_{23x} - (x_C - x_B) R_{23y} = - (y_B - y_{s2}) P_{2x} - (x_{s_2} - x_B) P_{2y} - M_2$$

$$R_{12x} - R_{23x} = - P_{2x}$$

$$R_{12y} - R_{23y} = - P_{2y}$$

$$- (y_C - y_D) R_{34x} - (x_D - x_C) R_{34y} = - (y_C - y_{S3}) P_{3x} - (x_{s_3} - x_C) P_{3y} - M_3 + M_R$$

$$R_{23x} - R_{34x} = - P_{3x}$$

$$R_{23y} - R_{34y} = - P_{3y}$$

将上列各式按构件 1、2、3 上待定的未知力的次序整理成以下的矩阵形式：

$$
\begin{array}{c} \text{构件1} \\ \\ \\ \text{构件2} \\ \\ \\ \text{构件3} \\ \\ \end{array}
\begin{bmatrix}
1 & 0 & 0 & y_B - y_A & x_A - x_B & 0 & 0 & 0 & 0 \\
0 & 1 & 0 & -1 & 0 & 0 & 0 & 0 & 0 \\
0 & 0 & -1 & 0 & -1 & 0 & 0 & 0 & 0 \\
0 & 0 & 0 & 0 & 0 & y_C - y_B & x_B - x_C & 0 & 0 \\
0 & 0 & 0 & 1 & 0 & -1 & 0 & 0 & 0 \\
0 & 0 & 0 & 0 & 1 & 0 & -1 & 0 & 0 \\
0 & 0 & 0 & 0 & 0 & 0 & 0 & y_D - y_C & x_C - x_D \\
0 & 0 & 0 & 0 & 0 & 1 & 0 & -1 & 0 \\
0 & 0 & 0 & 0 & 0 & 0 & 1 & 0 & -1
\end{bmatrix}
\begin{bmatrix}
M_b \\ R_{14x} \\ R_{14y} \\ R_{12x} \\ R_{12y} \\ R_{23x} \\ R_{23y} \\ R_{34x} \\ R_{34y}
\end{bmatrix}
$$

$$
=
\begin{bmatrix}
1 & y_{s_1} - y_A & x_A - x_{s_1} & 0 & 0 & 0 & 0 & 0 & 0 \\
0 & -1 & 0 & -1 & 0 & 0 & 0 & 0 & 0 \\
0 & 0 & -1 & 0 & -1 & 0 & 0 & 0 & 0 \\
0 & 0 & 0 & -1 & y_{s_2} - y_B & x_B - x_{s_2} & 0 & 0 & 0 \\
0 & 0 & 0 & 1 & 0 & 0 & 0 & 0 & 0 \\
0 & 0 & 0 & 0 & 1 & -1 & -1 & 0 & 0 \\
0 & 0 & 0 & 0 & 0 & 0 & -1 & y_{s_3} - y_C & x_C - x_{s_3} \\
0 & 0 & 0 & 0 & 0 & 1 & 0 & -1 & 0 \\
0 & 0 & 0 & 0 & 0 & 0 & 1 & 0 & -1
\end{bmatrix}
\begin{bmatrix}
M_b \\ P_{1x} \\ P_{1y} \\ M_2 \\ P_{2x} \\ P_{2y} \\ M_3 - M_r \\ P_{3x} \\ P_{3y}
\end{bmatrix}
$$

　　上式为平面四杆机构的动态静力分析的矩阵方程。求解上述矩阵方程可求出所有运动副的反力 R_{ij} 和平衡力偶矩 M_b。

　　矩阵方程可简化成下列形式：

$$[C]\{R\} = [D]\{P\}$$

　　式中：$\{P\}$ 为已知力的列阵；$\{R\}$ 为未知力的列阵；$[C]$ 为未知力的系数矩阵；$[D]$ 为已知力的系数矩阵。

　　对于各种平面机构，都可以按顺时针对机构的每一活动构件写出其平衡方程式，然后整理成为一个线性方程组，并写成矩阵方程，从而求出各运动副中的反力和所需的平衡力。

（七）电脑刺绣机针杆机构动态静力分析

　　电脑刺绣机是一种全自动控制的多功能刺绣机构，它通过电脑控制系统与刺绣机构的有机结合，刺绣出美丽的图案，而其针杆机构是刺绣的主要执行机构之一，研究主轴转速超过 750r/min 时针杆机构的动力学规律，有助于找到减少作用在零件上交变应力的途径，延长零部件的疲劳寿命，消除振动和噪音，下面对电脑刺绣机针杆机构进行动力学分析，计算出针杆机构支反力的大小，为针杆机构的力学改进设计提供理论基础。

　　1. 针杆机构动态静力分析　图 2-83 给出了刺绣机针杆机构的动态静力分析的力学模型，其输入角 φ_1，力学模型相关尺寸为 $a = 17$，$b = 38$，$c = 46$，$l_{OA} = l_1 = 9$，$l_{AB} = l_2 = 51.5$，$l_{CB} = l_3 = 25$，

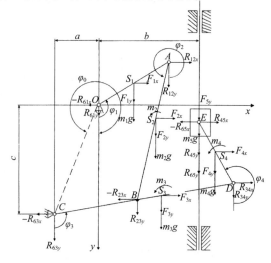

图 2-83　电脑刺绣机针杆机构力学模型

$l_{CD}=l_4=56$，$l_{DE}=l_5=21$，$l_{OC}=l_0$，曲柄 OA 角位移 φ_1，质心 S_1，$l_{os_1}=r_1$，质量为 m_1；连杆 AB 角位移 φ_2，质心 S_2，$l_{As_2}=r_2$，质量为 m_2；摇杆 CD 角位移 φ_3，质心 S_3，$l_{CS_3}=r_3$，质量为 m_3；滑块连杆 DE 角位移 φ_4，质心 S_4，$l_{Ds_4}=r_4$，质量为 m_4；滑块垂直位移 y_6，质量为 m_5，F_1、F_2、F_3、F_4、F_5 分别表示作用于各构件质心 S_1、S_2、S_3、S_4、S_5 处的已知惯性力，滑块 5 所受工作阻力为 F_r，利用解析法可确定各运动副的支反力 R_{ijx}、R_{ijy} 和需加于主动构件曲柄 OA 上的平衡力偶 M。

建立以转动副 O 为原点的直角坐标系 oxy，设与 x，y 轴指向一致的力具有 "+" 号，相反的为 "-" 号；以逆时针方向的力偶矩为 "+" 号，顺时针方向的为 "-" 号，把各力分解为沿 x，y 轴的两个反力，则可得出构件 1 至构件 5 的动态静力平衡方程：

构件 1 的平衡方程：

$$\sum F_x = R_{61x} + F_{1x} - R_{12x} = 0$$
$$\sum F_y = R_{61y} + F_{1y} - m_1g - R_{12y} = 0 \tag{2-47}$$
$$\sum M_A = F_{1x}r_1\cos\varphi_1 - R_{12x}l_1\cos\varphi_1 + R_{12y}l_1\sin\varphi_1 - (F_{1y}+m_1g)\,r_1\sin\varphi_1 - M = 0$$

构件 2 的平衡方程：

$$\sum F_x = R_{12x} + F_{2x} - R_{23x} = 0$$
$$\sum F_y = R_{12y} + F_{2y} + m_2g - R_{23y} = 0 \tag{2-48}$$
$$\sum M_B = - R_{12y}(-l_2\sin\varphi_2) - R_{12x}l_2\cos\varphi_2 - (F_{2y}+m_2g)(l_2-r_2)(-\sin\varphi_2) - $$
$$F_{2x}(l_2-r_2)\cos\varphi_2 + M_2 = 0$$

构件 3 的平衡方程：

$$\sum F_x = R_{63x} + R_{23x} + F_{3x} - R_{34x} = 0$$
$$\sum F_y = R_{63y} + R_{23y} + F_{3y} + m_3g - R_{34y} = 0 \tag{2-49}$$
$$\sum M_C = R_{34x}(-l_4\cos\varphi_3) + R_{34y}(l_4\sin\varphi_3) - F_{3x}(-r_3\cos\varphi_3) - (F_{3y}+m_3g)$$
$$(r_3\sin\varphi_3) - R_{23x}(-l_3\cos\varphi_3) - R_{23y}(l_3\sin\varphi_3) + M_3 = 0$$

构件 4 的平衡方程：

$$\sum F_x = - R_{45x} + F_{4x} + R_{34x} = 0$$
$$\sum F_y = - R_{45y} + F_{4y} + m_4g + R_{34y} = 0 \tag{2-50}$$
$$\sum M_D = R_{45x}(-l_5\cos\varphi_4) - R_{45y}(-l_5\sin\varphi_4) + (F_{4y}+m_4g)(-r_4\sin\varphi_4) - $$
$$F_{4x}(-l_4\cos\varphi_4) + M_4 = 0$$

构件 5 的平衡方程：

$$\sum F_x = R_{45x} + R_{65x} = 0$$
$$\sum F_y = F_{5y} + R_{45y} + m_5g \pm \mu R_{65x} - F_r = 0 \tag{2-51}$$

方程组（2-51）中 μR_{45x} 前 ± 号根据滑块的滑动速度 $\dot{y}_6$ 确定，整理方程组（2-47）~ 方程组（2-51）可得：

$$[A]\{R\} = [B]\{F\} \tag{2-52}$$

其中 $\{R\}_{14\times1}$ 为未知力列阵，即：

$$\{R\}_{14\times1} = \{R_{12x}, R_{12y}, R_{61x}, R_{61y}, R_{23x}, R_{23y}, R_{34x}, R_{34y}, R_{63x}, R_{63y}, R_{45x}, R_{45y}, R_{65x}, M\}^T$$
$$\{F\}_{14\times1} = \{F_{1x}, F_{1y}+m_1g, 0, F_{2x}, F_{2y}+m_2g, M_2, F_{3x}, F_{3y}+m_3g, m_3g, F_{4x}, F_{4y}+m_4g,$$

m_4g，$F_{5y} + m_5g$，$F_r\}^T \{F\}_{14 \times 1}$ 为惯性力、阻力和重力列阵，即：

$\{A\}_{14 \times 14}$ 为未知力系数矩阵，矩阵非零元素数值或表达式如下：

$$A(1, 1) = A(2, 2) = A(3, 3) = A(4, 5) = A(5, 6) = A(7, 7) = A(8, 8)$$
$$= A(10, 11) = A(11, 12) = -1 \quad A(3, 14) = -1$$
$$A(1, 3) = A(2, 4) = A(4, 1) = A(5, 2) = A(7, 5) = A(7, 9) = 1.0$$
$$A(8, 6) = A(8, 10) = A(10, 7) = A(11, 8) = A(13, 11) = A(13, 13) = 1.0$$
$$A(14, 14) = 1.0$$
$$A(14, 13) = \pm u$$
$$A(3, 1) = -l_1\cos\varphi_1, \quad A(3, 2) = l_1\sin\varphi_1, \quad A(6, 1) = -l_2\cos\varphi_2, \quad A(6, 2) = l_2\sin\varphi_2$$
$$A(9, 5) = l_3\cos\varphi_3, \quad A(9, 6) = -l_3\sin\varphi_3, \quad A(9, 7) = -l_4\cos\varphi_3, \quad A(9, 8) = l_4\sin\varphi_3$$
$$A(12, 11) = -l_5\cos\varphi_4, \quad A(12, 12) = l_5\sin\varphi_4$$

$[B]_{14 \times 14}$ 为已知力系数矩阵，矩阵非零元素数值或表达式如下：

$$B(1, 1) = B(2, 2) = B(4, 4) = B(5, 5) = B(5, 6) = B(7, 7) = -1.0$$
$$B(3, 1) = -r_1\cos\varphi_1, \quad B(3, 2) = r_1\sin\varphi_1, \quad B(6, 4) = (l_2 - r_2)\cos\varphi_2, \quad B(6, 5) = -(l_2 - r_2)\sin\varphi_3$$
$$B(8, 8) = B(9, 9) = B(10, 10) = B(11, 11) = B(12, 13) = B(14, 13) = -1.0$$
$$B(9, 7) = -r_3\cos\varphi_3, \quad B(9, 8) = r_3\sin\varphi_3, \quad B(12, 11) = r_4\sin\varphi_4, \quad B(12, 12) = -r_4\cos\varphi_4 B(14, 14) = 1.0$$

从矩阵方程中可解出所有运动副中的支反力和平衡力偶矩，即：

$$\{R\} = [A]^{-1}[B]\{F\} \tag{2-53}$$

式中：$[A]^{-1}$ 为系数矩阵 $[A]$ 的逆矩阵，至此推导出电脑刺绣机针杆机构的动力学求解方程式。

2. 针杆机构动力学计算与分析

（1）针杆机构基本参数测定。经实验和计算分析测定，针杆机构相关尺寸和质量参数见表2-9。

表2-9 电脑刺绣机针杆机构相关尺寸质量和转动惯量

构件	曲柄 OA	连杆 AB	摇杆 CD	滑块连杆 DE	滑块 E
长度/mm	9	51.5	56	21	
质心 r/mm	9	11.0	25.0	10.5	
质量 m/kg	110×10^{-3}	56×10^{-3}	27×10^{-3}	8×10^{-3}	50×10^{-3}
绕质心转动惯量 J_s/kg·m^2	8.91×10^{-6}	36.227×10^{-6}	7.199×10^{-6}	0.398×10^{-6}	

（2）针杆机构动力学计算。在针杆机构位移、速度和加速度分析的基础上，针对式（2-53）编制了针杆机构支反力求解C程序，就 φ_1 从180°到540°范围按 $\Delta\varphi_1 = 10°$ 进行支反力求解计算，针杆机构各运动副支反力分力见表2-10。

表2-10 电脑刺绣机针杆机构各运动副支反力分力

支反力及平衡力矩	$\varphi_1 / (°)$							
	190.364	240.364	290.364	340.364	390.364	440.364	490.364	540.364
R_{12x}	32.9708	38.4896	4.1698	73.8901	-1.8596	-1.6088	1.0199	26.9561

续表

支反力及平衡力矩	$\varphi_1 / (°)$							
	190. 364	240. 364	290. 364	340. 364	390. 364	440. 364	490. 364	540. 364
R_{12y}	173. 8271	111. 9405	3. 6100	514. 8990	312. 4202	16. 2441	69. 1330	171. 8911
R_{61x}	34. 0694	43. 7975	9. 8949	75. 94222	-4. 9465	-7. 6294	-3. 6331	26. 9949
R_{61y}	178. 7343	113. 8602	0. 3849	508. 9422	306. 0511	14. 1218	71. 9880	176. 8978
R_{23x}	32. 4391	36. 4525	2. 2265	508. 0474	-0. 8994	1. 0334	3. 0217	26. 8567
R_{23y}	171. 4418	110. 7874	4. 9967	72. 6302	315. 6928	17. 3108	67. 7348	169. 4688
R_{34x}	217. 9772	201. 4560	16. 2318	518. 6096	-306. 7199	-38. 0325	141. 7617	216. 9865
R_{34y}	40. 9837	37. 9975	5. 6362	-446. 6378	-50. 4686	-3. 8031	27. 5840	40. 8050
R_{63x}	-250. 2087	-238. 1069	-19. 2459	-74. 7833	308. 2416	36. 4759	-145. 0970	-243. 6537
R_{63y}	-129. 5086	-71. 9222	0. 4235	374. 9969	-367. 7927	-21. 6039	-39. 5748	127. 7207
R_{45x}	217. 9083	201. 5218	16. 4931	-595. 5768	-306. 9264	-37. 8588	141. 8658	216. 9237
R_{45y}	40. 2536	37. 4218	5. 8243	-73. 9661	-49. 4319	-3. 4770	27. 2284	40. 0835
R_{65x}	-217. 9083	-201. 5218	-16. 4931	446. 9661	306. 9264	37. 8588	-141. 8658	-216. 9237
M	0. 0122	-0. 6958	-0. 0342	-2. 1803	1. 4308	0. 1368	0. 4725	0. 2328

根据合力规则，将表2-10电脑刺绣机针杆机构各运动副支反力分力合成，可得各运动副支反力，具体分析如下：

①支反力 R_{12} 变化范围是 4.5123~669.4683N，当 φ_1 =285.364° 时，支反力取最小值；当 φ_1 = 360.364° 时，支反力达到最大值。

②支反力 R_{61} 变化范围是 9.6961~663.4723N，当 φ_1 =285.364° 时，支反力取最小值；当 φ_1 = 355.364° 时，支反力达到最大值。

③支反力 R_{23} 变化范围是 3.9531~674.3593N，当 φ_1 =285.364° 时，支反力取最小值；当 φ_1 = 355.364° 时，支反力达到最大值。

④支反力 R_{34} 变化范围是 4.2044~542.8200N，当 φ_1 =450.364° 时，支反力取最小值；当 φ_1 = 355.364° 时，支反力达到最大值。

⑤支反力 R_{63} 变化范围是 6.2825~907.5931N，当 φ_1 =450.364° 时，支反力取最小值；当 φ_1 = 360.364° 时，支反力达到最大值。

⑥支反力 R_{45} 变化范围是 4.1554~542.9933N，当 φ_1 =450.364° 时，支反力取最小值；当 φ_1 = 355.364° 时，支反力达到最大值。

⑦支反力 R_{65} 变化范围是 3.3755~535.7621N，当 φ_1 =450.364° 时，支反力取最小值；当 φ_1 = 355.364° 时，支反力达到最大值。

⑧平衡力矩 M 变化范围是 0.0122~2.2028N，当 φ_1 =190.364° 时，支反力取最小值；当 φ_1 = 355.364° 时，支反力达到最大值。

通过对电脑刺绣机针杆机构的力学研究，推导得出了针杆机构动态静力平衡方程式；在计算针杆机构位移、速度和加速度的基础上，分析了针杆机构的支反力变化规律，为改进针杆机构的设计、降低噪声、减轻磨损提供了理论分析基础。

（八）平面机构的力和力矩平衡分析

1. 平面连杆机构的力平衡 平面连杆机构设计的一个重要问题就是要确保机构作用在机架上的不平衡力和力矩尽可能小，由于这些力和力矩是随时间改变的，它们的存在将干扰机器的运行平稳；消除不平衡力和力矩有助于提高效率，减小作用在零件上的交变应力，提高疲劳寿命，消除振动和噪声；平面连杆机构的平衡最重要的是力的平衡，为了使连杆机构在循环周期中的任何时刻都能满足惯性力的合力等于零，即作用在机架上力的合力等于零，应该使杆系的质心位置在运动过程中保持不变，这种方法的实质是使表示质心运动轨迹的方程中与时间有关的各项系数等于零，为此必须使系统的质心运动轨迹方程中与时间有关的各项线性无关。

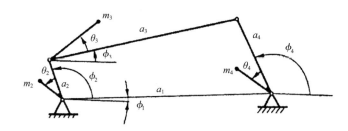

图 2-84 连杆机构质心位置

图 2-84 为平面连杆机构力平衡示意图，分别以矢量 r_{S_2}、r_{S_3}、r_{S_4} 表示质量 m_2、m_3、m_4 的质心位置，则杆系的质心位置矢量为：

$$r_S = \frac{1}{M}(m_2 r_{S_2} + m_3 r_{S_3} + m_4 r_{S_4})$$

其中：

$$M = m_2 + m_3 + m_4$$
$$r_{S_2} = r_2 e^{j(\phi_2 + \theta_2)}$$
$$r_{S_3} = r_3 e^{j(\phi_3 + \theta_3)} + a_2 e^{j\phi_2}$$
$$r_{S_4} = r_4 e^{j(\phi_4 + \theta_4)} + a_1 e^{j\phi_1}$$

代入上式得：

$$Mr_S = m_2 r_2 e^{j(\phi_2 + \theta_2)} + m_3 [r_3 e^{j(\phi_3 + \theta_3)} + a_2 e^{j\phi_2}] + m_4 [r_4 e^{j(\phi_4 + \theta_4)} + a_1 e^{j\phi_1}]$$

按 $e^{j\phi_1}$、$e^{j\phi_2}$、$e^{j\phi_3}$、$e^{j\phi_4}$ 整理可得：

$$Mr_S = (m_2 r_2 e^{j\theta_2} + m_3 a_3) e^{j\phi_2} + (m_3 r_3 e^{j\theta_3}) e^{j\phi_3} + (m_4 r_4 e^{j\theta_4}) e^{j\phi_4} + m_4 a_1 e^{j\phi_1}$$

当曲柄回转时 ϕ_2、ϕ_3、ϕ_4 随时在改变，即 $e^{j\phi_2}$、$e^{j\phi_3}$、$e^{j\phi_4}$ 都是与时间有关的，而根据机构回路得：

$$a_2 e^{j\phi_2} + a_3 e^{j\phi_3} - a_4 e^{j\phi_4} - a_1 e^{j\phi_1} = 0$$

由上式整理得：

$$e^{j\phi_3} = \frac{1}{a_3}(a_1 e^{j\phi_1} - a_2 e^{j\phi_2} + a_4 e^{j\phi_4})$$

代入杆系质心位置矢量表达式并整理可得：

$$Mr_S = \left(m_2 r_2 e^{j\theta_2} + m_3 a_2 - \frac{a_2}{a_3}m_3 r_3 e^{j\theta_3}\right)e^{j\phi_2} + \left(m_4 r_4 e^{j\theta_4} + \frac{a_4}{a_3}m_3 r_3 e^{j\theta_3}\right)e^{j\phi_4} + \left(m_4 a_1 + \frac{a_1}{a_3}m_3 r_3 e^{j\theta_3}\right)e^{j\phi_1}$$

为了使杆系质心的位置不变，必须使前两项与时间有关项 $e^{j\phi_2}$、$e^{j\phi_4}$ 的系数等于零，即：

$$m_2 r_2 e^{j\theta_2} + m_3 a_2 - \frac{a_2}{a_3}m_3 r_3 e^{j\theta_3} = 0$$

$$m_4 r_4 e^{j\theta_4} + \frac{a_4}{a_3}m_3 r_3 e^{j\theta_3} = 0$$

通过上式可以进行平面连杆机构的力平衡设计，连杆机构的长度 a_1、a_2、a_3、a_4 是根据其他设计要求预先确定的，因此力平衡的实现就是根据上式重新分配各杆的质量及质心位置。

对于连杆机构可以把一般表达式简化，即保持连杆的质量 m_3 及质心相对位置 r_3、θ_3 不变，调节 m_2、m_4 及 r_2、r_4，以满足力平衡条件，即平衡重加在曲柄 a_2 及摇杆 a_4 上。

2. 平面连杆机构的惯性力矩平衡

惯性力平衡仅仅使作用在机架上的运动构件惯性力矢量和为零，但并没有使作用在各个连架副上的反作用力为零。由于这些反力常常不在同一直线上，因此形成了一个周期性变化的纯力偶，即惯性力矩。它也是机构振动、产生噪声的原因。一般地说，惯性力平衡和惯性力矩平衡的要求是互相矛盾的，所以无法同时达到完全平衡。

平面机构运动时，机构的角动量发生变化，根据角动量定理，可知机构对某个固定参考点，例如，绝对坐标系原点 O 的角动量对时间的一阶导数等于作用在机构上所有外力对该点的力矩之和以及机构上所有外力偶矩的总和。如果机构各运动杆上无任何外力和外力矩作用，那么机构角动量对时间的导数等于机架对机构的总力矩。根据作用和反作用的原理，这个机构对机架会施加一个与之大小相等、符号相反的力矩，这个力矩就是机构的惯性力矩。

$$M_{SO} = -\dot{L}_O$$

对于任意平面四杆机构，有：

$$L_O = \sum_{i=2}^{4} m_i(x_i \dot{y}_i - y_i \dot{x}_i + k_i^2 \dot{\theta}_i)$$

式中：x_i，y_i 为构件 i 的质心坐标；k_i 为构件 i 的惯性回转半径。

现在考虑图 2-85 所示的平面四杆机构。设机架两转动副连线与 x 轴平行，输入杆连架副 A_O 的坐标 (x_O, y_O)。各运动杆质心坐标为：

$$x_2 = r_2\cos(\theta_2 + \varphi_2) + x_O$$
$$y_2 = r_2\sin(\theta_2 + \varphi_2) + y_O$$
$$x_3 = a_2\cos\theta_2 + r_3\cos(\theta_3 + \varphi_3) + x_O$$
$$y_3 = a_2\sin\theta_2 + r_3\sin(\theta_3 + \varphi_3) + y_O$$
$$x_4 = r_4\cos(\theta_4 + \varphi_4) + x_O + a_1$$
$$y_4 = r_4\sin(\theta_4 + \varphi_4) + y_O$$

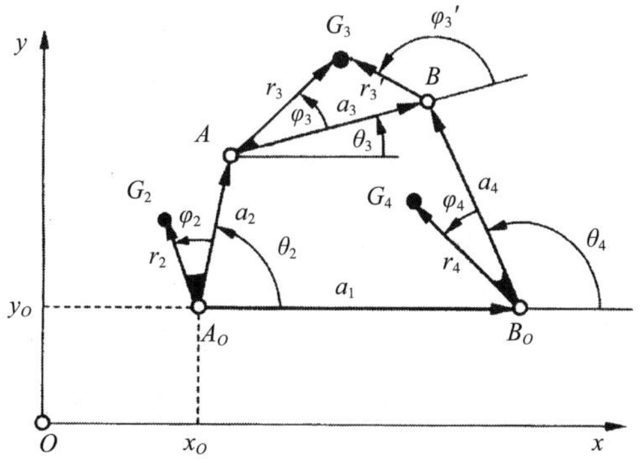

图 2-85　平面四杆机构的惯性力矩平衡

将此式代入，整理后可得：

$$L_O = L_{AO} + x_O \sum_{i=2}^{4} m_i \dot{y}_i - y_O \sum_{i=2}^{4} m_i \dot{x}_i$$

其中：

$$L_{AO} = m_2(k_2^2 + r_2^2)\dot{\theta}_2 + m_3\big[a_2^2\dot{\theta}_2 + (k_3^2 + r_3^2)\theta_3 + a_2r_2\cos(\theta_2 - \theta_3 - \varphi_3)(\dot{\theta}_2 + \dot{\theta}_3)\big] +$$

$$m_4\big[(k_4^2 + r_4^2) + r_4a_1\cos(\theta_4 + \varphi_4)\big]\dot{\theta}_4$$

将上式按 $\dot{\theta}_2$，$\dot{\theta}_3$，$\dot{\theta}_4$ 项重新组合，得：

$$L_{AO} = \sum_{i=2}^{4} m_i(k_i^2 + r_i^2)\dot{\theta}_i + A\dot{\theta}_2 + B\dot{\theta}_3 + C\dot{\theta}_4$$

式中：

$$A = m_3a_2^2 + m_3a_2r_3\cos(\theta_2 - \theta_3 - \varphi_3)$$
$$B = m_3a_2r_3\cos(\theta_2 - \theta_3 - \varphi_3)$$
$$C = m_4a_1r_4\cos(\theta_4 + \varphi_4)$$

假设机构已经实现了惯性力平衡，那么 $\sum m_ix_i$ 和 $\sum m_iy_i$ 都是常量，所以 $\sum m_i\dot{x}_i$ 和 $\sum m_i\dot{y}_i$ 都等于零。这样，由此可得：

$$L_O = L_{AO}$$

$$\lambda = \frac{a_2}{a_3}, \ \mu = \frac{a_4}{a_3}, \ \nu = \frac{a_1}{a_3}, \ \tau_2 = \sin(\theta_2 - \theta_3), \ \tau_3 - \lambda = \cos(\theta_2 - \theta_3)$$

如果 L_{AO} 保持不变，惯性力矩就平衡了。设：

由图 2-85 可知：

$$a_3 - r_3\cos\varphi_3 = -r_3{}'\cos\varphi_3{}'$$

将此式代入 L_{AO} 表达式，得：

$$L_{AO} = \sum_{i=2}^{4} m_i(k_i^2 + r_i^2)\dot{\theta}_i \cdot m_3a_2\lambda r_3{}'\cos\varphi_3{}'\dot{\theta}_2 - m_3r_3a_3\cos\varphi_3\dot{\theta}_3 - m_4r_4a_4\cos\varphi_4\dot{\theta}_4 + V + W$$

其中：

$$V = \left[m_3a_2r_3\tau_3\dot{\theta}_2 + m_3a_2r_3\left(\tau_3\lambda + \frac{1}{\lambda}\right)\dot{\theta}_3 + m_4r_4(a_4 + a_1\cos\theta_4)\frac{\cos\varphi_4}{\cos\varphi_3}\dot{\theta}_4\right]\cos\varphi_3$$

$$W = \left[m_3a_2r_3\tau_3(\dot{\theta}_2 + \dot{\theta}_3) - m_4r_4a_1\cos\theta_4\frac{\sin\varphi_4}{\cos\varphi_3}\dot{\theta}_4\right]\sin\varphi_3$$

由于机构已经实现了惯性力平衡，下列方程式成立，即：

$$m_2r_2 = m_3r'_3\frac{a_2}{a_3}$$

$$\varphi_2 = \varphi'_3$$

$$m_4r_4 = m_3r_3\frac{a_4}{a_3}$$

$$\varphi_4 = \varphi_3 + \pi$$

利用上述方程式，可以将 V 的表达式改写为：

$$V = m_3r_3\cos\varphi_3\left[\tau_3a_1\dot{\theta}_2 + \frac{\tau_3\lambda - \lambda^2 - 1}{\lambda}a_2\dot{\theta}_3 - \mu(a_4 + a_1\cos\theta_4)\dot{\theta}_4\right]$$

由机构运动学分析，可知：

$$\dot{\theta}_3 = \frac{\lambda}{\tau_4}\sin(\theta_1 - \theta_4)\dot{\theta}_1$$

$$\dot{\theta}_4 = \frac{\lambda\tau_2}{\mu\tau_4}\dot{\theta}_2$$

其中：

$$\tau_4 = \lambda\sin(\theta_2 - \theta_4) + \upsilon\sin\theta_4$$

$$\lambda^2 + \mu^2 + \upsilon^2 - 1 = 2\mu\lambda\cos(\theta_2 - \theta_2) + 2\upsilon(\lambda\cos\theta_2 - \mu\cos\theta_3)$$

将上述三个公式代入 V 表达式，可得：

$$V = 0$$

将惯性力平衡方程式的第一个公式代入 W 表达式，得：

$$W = m_3 a_3 r_3 \sin\varphi_3 (\lambda\tau_3\dot{\theta}_2 + \lambda\tau_2\dot{\theta}_3\mu\upsilon\sin\theta_3\dot{\theta}_4)$$

整理可得：

$$W = 2m_3 a_2 r_3 \sin\theta_3 \lambda\tau_2\dot{\theta}_2$$

所以对一个惯性力平衡的四杆机构，可以进一步简化得到：

$$L_{AO} = \sum_{i=2}^{4} m_i(k_i^2 + r_i^2 - a_i r_i\cos\varphi_i)\dot{\theta}_i + 2m_3 r_3 a_2\sin\varphi_3\tau_2\dot{\theta}_2$$

由此式可知此角动量与参考点无关。

因此可得：

$$M_{SO} = -\sum_{i=2}^{4} m_i(k_i^2 + r_i^2 - a_i r_i\cos\varphi_i)\ddot{\theta}_i - 2m_3 r_3 a_2\sin\varphi_3(\tau_2\ddot{\theta}_2 + \dot{\tau}_2\dot{\theta}_2)$$

除了特殊情况，一个惯性力平衡的机构不可能同时使惯性力矩完全平衡。在以下情况下可以减少惯性力矩：

（1）输入角速度 $\dot{\theta}_2$ 为常数，即 $\ddot{\theta}_2 = 0$。

（2）连杆质心位于两个铰链连线上，即连杆是对心的，$\varphi_3 = 0$。

（3）所有构件是物理摆，物理摆是一种对心构件，如图 2-86 所示，并且满足条件：

$$k^2 = rr'$$

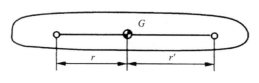

图 2-86 物理摆

（4）机构形状为平行四边形，即 $a_2 = a_4$，$a_3 = a_1$，或者是菱形，即 $a_2 = a_4 = a_3 = a_1$。

（5）机构形状为风筝形，即 $a_2 = a_1$，$a_4 = a_3$。

如果满足以下条件，可以实现惯性力矩的完全平衡：

（1）已经实现惯性力完全平衡的平行四边形机构或菱形机构，其连杆是对心的，且以匀速运转；

（2）已经实现震动力完全平衡的风筝形机构，其连杆是对心的，以匀速运转并且 $\ddot{\theta}_3$ 和 $\ddot{\theta}_4$ 项的系数相等。

对于对心的四杆机构，应用惯性配重和物理摆，可以在与输入角速度无关的条件下完全平衡惯性力和惯性力矩。所谓惯性配重是指配重对转轴是静平衡的。

（九）电脑刺绣机针杆机构力平衡分析

正确研究主轴转速超过 750r/min 时针杆机构的力平衡，有利于减少作用在零件上的交变应力，提高机构的工作效率和疲劳寿命，消除振动和噪音，对电脑刺绣机针杆机构进行力平衡分析，可得出针杆机构各平衡重参数，实现针杆机构在运动过程中杆系质心位置保持不变。

1. 电脑刺绣机针杆机构力平衡理论推导

图 2-87 示出了电脑刺绣机针杆机构的简图，其输入角为 ϕ_1，简图相关尺寸为：$a = 17$，$b = 38.0$，$c = 46.0$，$l_{OA} = l_1 = 9.0$，$l_{AB} = l_2 = 51.5$，$l_{CB} = l_3 = 25.0$，$l_{CD} = l_4 = 56.0$，$l_{DE} = l_5 = 21.0$，$l_{OC} = l_0$，曲柄 OA 角位移 ϕ_1，质心 S_1，$l_{OS_1} = r_1$，质量为 m_1；连杆 AB 角位移 ϕ_2，质心 S_2，$l_{AS_2} = r_2$，质量为 m_2；摇杆 CD 角位移 ϕ_3，质心 S_3，$l_{S_3} = r_3$，质量为 m_3；滑块连杆 DE 角位移 ϕ_4，质心 S_4，$l_{DS_4} = r_4$，质量为 m_4；滑块垂直位移 y_6，质量为 m_5；曲柄 OA 平衡重为 m_1^*；$l_{OG} = r_1^*$；曲柄 CD 平衡重为 m_3^*，$l_{CF} = r_3^*$；滑块连杆 DE 平衡重为 m_4^*，$l_{DI} = r_4^*$。

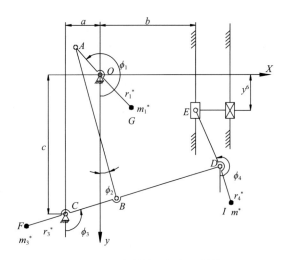

图 2-87 所示的针杆机构有两个闭链 $OABC$ 及 CDE。

图 2-87 电脑刺绣机针杆机构简图

在闭链 $OABC$ 中有：

$$l_1\sin\phi_1 + l_2\sin\phi_2 - l_3\sin\phi_3 + a = 0 \tag{2-54}$$

$$l_1\cos\phi_1 + l_2\cos\phi_2 - l_3\cos\phi_3 - c = 0 \tag{2-55}$$

在闭链 CDE 中有：

$$l_4\sin\phi_3 + l_5\sin\phi_4 - a - b = 0 \tag{2-56}$$

$$-l_4\cos\phi_3 - l_5\cos\phi_4 + y_6 - c = 0 \tag{2-57}$$

由式（2-54）、式（2-55）按复数法整理可得：

$$l_3e^{j\phi_3} = l_1e^{j\phi_1} + l_2e^{j\phi_2} - c + ia \tag{2-58}$$

由式（2-56）、式（2-57）按复数法整理可得：

$$y_6 = l_5e^{j\phi_4} + l_4e^{j\phi_3} + c - i(a+b) \tag{2-59}$$

设电脑刺绣机针杆机构质心位置矢量为 r_S，而 r_{S_1}，r_{S_2}，r_{S_3}，r_{S_4}，r_{S_5}，$r_{S_1^*}$，$r_{S_3^*}$，$r_{S_4^*}$ 则分别表示质量 m_1，m_2，m_3，m_4，m_5 及平衡重 m_1^*，m_3^*，m_4^* 的质心位置，则针杆机构质心位置矢量为：

$$r_S = \frac{1}{M}(m_1 \cdot r_{S_1} + m_2 \cdot r_{S_2} + m_3 \cdot r_{S_3} + m_4 \cdot r_{S_4} + m_5 \cdot r_{S_5} + m_1^* \cdot r_{S_1^*} + m_3^* \cdot r_{S_3^*} + m_4^* \cdot r_{S_4^*})$$

$$\tag{2-60}$$

其中，$M = m_1 + m_2 + m_3 + m_4 + m_5 + m_1^* + m_3^* + m_4^*$

根据针杆机构简图可得：

$$r_{S_1} = r_1e^{j\phi_1}$$

$$r_{S_2} = l_1e^{j\phi_1} + r_2e^{j\phi_2}$$

$$r_{S_3} = l_0e^{j\phi_0} + r_3e^{j\phi_3}$$

$$r_{S_4} = l_0e^{j\phi_0} + l_4e^{j\phi_3} + r_4e^{j\phi_4}$$

$$r_{S_5} = l_0e^{j\phi_0} + l_4e^{j\phi_3} + l_5e^{j\phi_4}$$

$$r_{S_1^*} = r_1^* e^{j(\phi_1 + \pi)} = -r_1^* e^{j\phi_1}$$

$$r_{S_3^*} = r_3^* e^{j(\phi_3 + \pi)} + l_0 e^{j\phi_0} - r_3^* e^{j\phi_3}$$

$$r_{S_4^*} = l_0 e^{j\phi_0} + l_4 e^{j\phi_3} + r_4^* e^{j(\phi_4 - \pi)} = l_0 e^{j\phi_0} + l_4 e^{j\phi_3} - r_4^* e^{j\phi_4}$$

将式（2-58）、式（2-59）及上述各方程代入式（2-60）并整理可得：

$$r_S = \frac{1}{M}(A \cdot e^{j\phi_1} + B \cdot e^{j\phi_2} + C \cdot e^{j\phi_4} + D) \tag{2-61}$$

其中：

$$A = (m_1 r_1 + m_2 l_1) + (m_3 r_3 + m_4 l_4 + m_5 l_4)\frac{l_1}{l_3} - m_1^* r_1^* - m_3^* r_3^* \frac{l_1}{l_3} + m_4^* l_4 \frac{l_1}{l_3}$$

$$B = m_2 r_2 + (m_3 r_3 + m_4 l_4 + m_5 l_4)\frac{l_2}{l_3} - m_3^* r_3^* \frac{l_2}{l_3} + m_4^* l_4 \frac{l_2}{l_3}$$

$$C = (m_4 r_4 + m_5 l_5) - m_4^* r_4^*$$

$$D = D_1 + D_2$$

$$D_1 = (m_3 + m_4 + m_5)l_0 e^{i\phi_0} + (m_3 r_3 + m_4 l_4 + m_5 l_4)\left(\frac{a}{l_3}i - \frac{c}{l_3}\right)$$

$$D_2 = (m_3^* + m_4^*)l_0 e^{j\phi_0} + (m_4^* l_4 - m_3^* r_3^*)\left(\frac{a}{l_3}j - \frac{c}{l_3}\right)$$

要使电脑刺绣机针杆机构质心不变，则必须使 $e^{i\phi_1}$，$e^{i\phi_2}$，$e^{i\phi_4}$ 前系数项为零，即：$A = B = C = 0$，于是得到：

$$m_1^* r_1^* + m_3^* r_3^* \frac{l_1}{l_3} - m_4^* l_4 \frac{l_1}{l_3} = (m_1 r_1 + m_2 l_1) + (m_3 r_3 + m_4 l_4 + m_5 l_4)\frac{l_1}{l_3}$$

$$m_3^* r_3^* \frac{l_2}{l_3} - m_4^* l_4 \frac{l_2}{l_3} = m_2 r_2 + (m_3 r_3 + m_4 l_4 + m_5 l_4) = \frac{l_2}{l_3} \tag{2-62}$$

$$m_4^* r_4^* = m_4 r_4 + m_5 l_5$$

上式可进一步化简得：

$$m_1^* r_1^* = m_1 r_1 + m_2 l_1 - \frac{l_1}{l_2}m_2 r_2$$

$$m_3^* r_3^* \frac{l_2}{l_3} - m_4^* l_4 \frac{l_2}{l_3} = m_2 r_2 + (m_3 r_3 + m_4 l_4 + m_5 l_4)\frac{l_2}{l_3} \tag{2-63}$$

$$m_4^* r_4^* = m_4 l_4 + m_5 l_5$$

通过式（2-63）可求解平衡重参数 $m_1^* r_1^*$、$m_3^* r_3^*$、$m_4^* r_4^*$ 然后根据结构设计的可行性，确定 m_1^*、r_1^*、m_3^*、r_3^*、m_4^*、r_4^* 的具体数值。

2. 电脑刺绣机针杆机构力平衡计算

（1）针杆机构基本参数测定。经实验测定针杆机构相关尺寸和质量参数见表2-11。

表 2-11　电脑刺绣机针杆机构相关尺寸和质量参数

构件	曲柄 OA	连杆 AB	摇杆 CD	滑块连杆 DE	滑块 E
长度/mm	9	51.5	56	21	
质心 r/mm	9	11.0	25.0	10.5	
质量 m/kg	110×10^{-3}	56×10^{-3}	27×10^{-3}	8×10^{-3}	50×10^{-3}

（2）针杆机构平衡重参数计算。将表 2-11 电脑刺绣机针杆机构相关尺寸和质量参数代入式（2-63）可得：

$$m_1^* r_1^* = 1.602(\text{kg} \cdot \text{mm})$$

$$m_3^* r_3^* \frac{l_2}{l_3} - m_4^* l_4 \frac{l_2}{l_3} = 8.697(\text{kg} \cdot \text{mm}) \tag{2-64}$$

$$m_4^* r_4^* = 1.134(\text{kg} \cdot \text{mm})$$

若取 $r_4^* = 6(\text{mm})$，则 $m_4^* = 0.189(\text{kg})$，代入方程式（2-64）可得：

$$m_3^* r_3^* = 14.806(\text{kg} \cdot \text{mm})$$

至此，已求出平衡重参数 $m_1^* r_1^* = 1.602(\text{kg} \cdot \text{mm})$，$m_3^* r_3^* = 14.806(\text{kg} \cdot \text{mm})$，$m_4^* r_4^* = 1.134(\text{kg} \cdot \text{mm})$。

通过对电脑刺绣机针杆机构进行力平衡分析，推导得出了带平衡重参数的针杆机构的质心位置矢量方程，得出了各平衡重参数 $m_1^* r_1^* = 1.602(\text{kg} \cdot \text{mm})$，$m_3^* r_3^* = 14.806(\text{kg} \cdot \text{mm})$，$m_4^* r_4^* = 1.134(\text{kg} \cdot \text{mm})$，所得结论应用于电脑刺绣机的改进设计，可减少作用在零件上的交变应力，提高零件的疲劳寿命，消除振动和噪音，提高针杆机构的运动和动力性能。

（十）电脑刺绣机针杆机构力矩分析

电脑刺绣机转速高，机构多，运动复杂，是一个具有多激励多响应的动态力学系统。电脑刺绣机工作时最主要的运动部件是上轴、下轴和绣框。由于机头、线架均固定在电脑刺绣机横梁上，机头内的凸轮挑线机构和针杆机构均存在偏心质量，都会引起横梁振动。横梁振动对形成高质量的刺绣线迹和刺绣断线率有直接重要的影响。随着工业发展及机器转速的提高，电脑刺绣机横梁振动和噪声都在增大，尤其是在高速度运转状态下，其横梁弯曲振动加剧，导致断线率上升，严重影响刺绣线迹的质量和刺绣机的工作效率。

当电脑刺绣机针杆机构运动时，其各运动构件所产生的惯性力可以合成一个通过机构质心的总惯性力和一个总惯性力偶矩，此总惯性力和总惯性力偶矩全部由安装于横梁机头的箱体承受，进而对横梁振动产生影响。为了消除针杆机构在机头箱体及横梁上引起的动压力，减小由此引起的横梁强迫振动，就必须详细分析总惯性力和总惯性力偶矩的变化规律，以设法部分平衡来减小在横梁上引起的动压力，减轻电脑刺绣机针杆机构对固定横梁的振动影响。

下面推导针杆机构振动力矩一般计算公式，针对振动力平衡及不平衡两种情况进行具体分析。以 Matlab 为编程计算工具，逐步计算出输入杆在每度时针杆机构的振动力矩，画出振动力矩曲线图。对比分析两种曲线，所得结论用于改进针杆机构的设计，以期采用优化设计的方法设置惯性力和惯性力偶矩减小为目标函数，并加上必要的约束条件来部分平衡针杆机构惯性力和惯性力矩，以改善电脑刺绣机横梁的振动状况，提高绣品的刺绣质量。

1. 电脑刺绣机针杆机构振动力矩理论推导　图 2-88 为电脑刺绣机针杆机构简图。针杆机构在运动时，其角动量发生变化。根据角

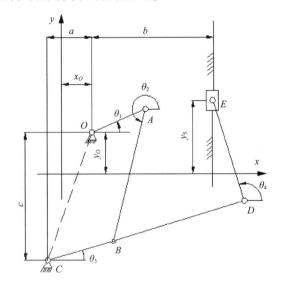

图 2-88　针杆机构简图

动量定理，可知针杆机构对某个固定参考点的角动量对时间的一阶导数，等于作用在机构上所有外力对该点的力矩之和以及机构上所有外力偶矩的总和。如果机构上无任何外力和外力矩作用，那么机构动量矩对时间的导数等于机架对机构的总力矩。根据作用与反作用的原理，这个机构对机架会施加一个与之大小相等、方向相反的力矩，这个力矩就是机构的振动力矩。

$$M = -\dot{L}_O \qquad (2\text{-}65)$$

由简图可以看出，此机构由四个连杆及一个滑块组成：

令：

$$L_O = L_1 + L_2 + L_3 + L_4 + L_5 \qquad (2\text{-}66)$$

其中：

$$L_i = m_i(x_i\dot{y}_i - y_i\dot{x}_i + k_i^2\dot{\theta}_i) \qquad (2\text{-}67)$$

式中：m_i 为构件 i 质量；x_i，y_i 为构件 i 的质心坐标；k_i 为构件 i 的惯性回转半径。

设输入杆连架副 A_O 的坐标为 (x_O, y_O)，则各运动杆质心坐标为：

$$x_1 = x_O + r_1\cos\theta_1$$
$$y_1 = y_O + r_1\sin\theta_1$$
$$x_2 = x_O + a_1\cos\theta_1 + r_2\cos\theta_2$$
$$y_2 = y_O + a_1\sin\theta_1 + r_2\sin\theta_2$$
$$x_3 = x_O - a + r_3\cos\theta_3$$
$$y_3 = y_O - c + r_3\sin\theta_3$$
$$x_4 = x_O - a + a_3\cos\theta_3 + r_4\cos\theta_4$$
$$y_4 = y_O - c + a_3\sin\theta_3 + r_4\sin\theta_4$$
$$x_5 = x_O + b$$
$$y_5 = y_5$$

将上述质心坐标代入式（2-75）后整理可得：

$$L_1 = m_1(x_O\dot{y}_1 - y_O\dot{x}_1) + m_1(r_1^2 + k_1^2)\dot{\theta}_1$$
$$L_2 = m_2(x_O\dot{y}_2 - y_O\dot{x}_2) + m_2(r_2^2 + k_2^2)\dot{\theta}_2 + m_2a_1[a_1 + r_2\cos(\theta_1 - \theta_2)]\dot{\theta}_1$$
$$L_3 = m_3(x_O\dot{y}_3 - y_O\dot{x}_3) + m_3(r_3^2 + k_3^2)\dot{\theta}_3 + m_3r_3(-a\cos\theta_3 - c\sin\theta_3)\dot{\theta}_3$$
$$L_4 = m_4(x_O\dot{y}_4 - y_O\dot{x}_4) + m_4(r_4^2 + k_4^2)\dot{\theta}_4 + m_4a_3[-a\cos\theta_3 - c\sin\theta_3 + r_4\cos(\theta_3 - \theta_4)]\dot{\theta}_3 +$$
$$m_4r_4[-a\cos\theta_4 - c\sin\theta_4 + r_4\cos(\theta_3 - \theta_4)]\dot{\theta}_4$$
$$L_5 = m_5x_O\dot{y}_5 + m_5b\dot{y}_5$$

（1）力不平衡下针杆振动力矩计算。假设针杆机构没有实现振动力平衡，我们把坐标原点取在 O 点上，推导针杆机构对固定梁产生的振动力矩 M。

此时有 $X_O = Y_O = 0$，将 L_i 代入式（2-67）整理后，由式（2-66）得：

$$L_O = \sum_{i=1}^{4} m(r_i^2 + k_i^2)\dot{\theta}_i + m_5b\dot{y}_5 + A\dot{\theta}_1 + B\dot{\theta}_2 + C\dot{\theta}_3 + D\dot{\theta}_4$$

其中：

$$A = m_2[a_1^2 + r_2a_1\cos(\theta_1 - \theta_2)]$$
$$B = m_2a_1r_2\cos(\theta_1 - \theta_2)$$
$$C = m_3r_3(-a\cos\theta_3 - c\sin\theta_3) + m_4a_3[-a\cos\theta_3 - c\sin\theta_3 + r_4\cos(\theta_3 - \theta_4)]$$
$$D = m_4r_4[-a\cos\theta_4 - c\sin\theta_4 + a_3\cos(\theta_3 - \theta_4)]$$

对 L_O 求导后可得:

$$\dot{L_O} = \sum_{i=1}^{4} m(r_i^2 + k_i^2)\ddot{\theta}_i + m_5 b\ddot{y}_5 + A\ddot{\theta}_1 + B\ddot{\theta}_2 + C\ddot{\theta}_3 + D\ddot{\theta}_4 + E\dot{\theta}_1 + F\dot{\theta}_2 + G\dot{\theta}_3 + H\dot{\theta}_4$$

其中:

$$E = m_2 r_2 a_1(\dot{\theta}_2 - \dot{\theta}_1)\sin(\theta_1 - \theta_2)$$

$$F = m_2 a_1 r_2(\dot{\theta}_2 - \dot{\theta}_1)\sin(\theta_1 - \theta_2)$$

$$G = m_3 r_3\dot{\theta}_3(a\sin\theta_3 - c\cos\theta_3) + m_4 a_3[a\dot{\theta}_3\sin\theta_3 - c\dot{\theta}_3\cos\theta_3 + r_4(\dot{\theta}_3 - \dot{\theta}_4)\sin(\theta_3 - \theta_4)]$$

$$H = m_4 r_4[a\dot{\theta}_4\sin\theta_4 - c\dot{\theta}_4\cos\theta_4 + a_3(\dot{\theta}_3 - \dot{\theta}_4)\sin(\theta_3 - \theta_4)]$$

由 $\dot{L_O}$ 可知,为求得针杆机构振动力矩,需要求得各主动角位移、角速度下对应的各杆角位移、角速度、角加速度。下面对 $\dot{L_O}$ 中各参数 θ_i,$\dot{\theta}_i$,$\ddot{\theta}_i$ 进行推导。

如图 2-88 所示,在闭链 $OABC$ 及 CDE 中有:

$$a_1\sin\theta_1 + a_2\sin\theta_2 - d\sin\theta_3 + c = 0$$
$$a_1\cos\theta_1 + a_2\cos\theta_2 - d\cos\theta_3 + a = 0$$
$$a_3\sin\theta_3 + a_4\sin\theta_4 - y_5 + y_O - c = 0$$
$$a_3\cos\theta_3 + a_4\cos\theta_4 - a - b = 0 \tag{2-68}$$

对应任意主动角位移 θ_1,解此方程可以求得此时各连杆角位移及滑块线位移矩阵 $[\theta_2 \quad \theta_3 \quad \theta_4 \quad y_5]$。

将位移方程组对时间 t 求导,整理后有速度矩阵:

$$\begin{bmatrix} \dot{\theta}_2 \\ \dot{\theta}_3 \\ \dot{\theta}_4 \\ \dot{y}_5 \end{bmatrix} = \dot{\theta}_1 [R]^{-1} \begin{bmatrix} -a_1\cos\theta_1 \\ a_1\sin\theta_1 \\ 0 \\ 0 \end{bmatrix}$$

$$[R] = \begin{bmatrix} a_2\cos\theta_2 & -d\sin\theta_3 & 0 & 0 \\ -a_2\sin\theta_2 & d\sin\theta_3 & 0 & 0 \\ 0 & a_3\cos\theta_3 & a_4\cos\theta_4 & 0 \\ 0 & a_3\sin\theta_3 & a_4\sin\theta_4 & 1 \end{bmatrix}$$

再将速度矩阵对 t 求导,整理后有此时各连杆加速度矩阵:

$$\begin{bmatrix} \ddot{\theta}_2 \\ \ddot{\theta}_3 \\ \ddot{\theta}_4 \\ \ddot{y}_5 \end{bmatrix} = [R]^{-1}\left(\dot{\theta}_1^2 \begin{bmatrix} a_1\sin\theta_1 \\ a_1\cos\theta_1 \\ 0 \\ 0 \end{bmatrix} - [S] \begin{bmatrix} \dot{\theta}_2 \\ \dot{\theta}_3 \\ \dot{\theta}_4 \\ \dot{y}_5 \end{bmatrix} \right)$$

$$[S] = \begin{bmatrix} -a_2\dot{\theta}_2\sin\theta_2 & -d\dot{\theta}_3\sin\theta_3 & 0 & 0 \\ -a_2\dot{\theta}_2\cos\theta_2 & d\dot{\theta}_3\cos\theta_3 & 0 & 0 \\ 0 & -a_3\dot{\theta}_3\sin\theta_3 & -a_4\dot{\theta}_4\sin\theta_4 & 0 \\ 0 & a_3\dot{\theta}_3\cos\theta_3 & a_4\dot{\theta}_4\cos\theta_4 & 0 \end{bmatrix}$$

把所求参数 θ_i,$\dot{\theta}_i$,$\ddot{\theta}_i$ 代入 $\dot{L_O}$,即可求出主动角位移 θ_1 对应下的针杆机构振动力矩。

经实验测定针杆机构相关尺寸和质量参数见表 2-12。

表 2-12　电脑刺绣机针杆机构相关尺寸和质量参数

构件	长度/mm	质心/mm	质量/kg	回转半径/m
曲柄 OA	9	9	0.11	9
连杆 AB	51	11	0.056	3
摇杆 CD	56	25	0.027	32
滑块连杆 DE	21	11	0.008	12
滑块 E			0.05	

设输入杆以转速 $n=750\mathrm{r/min}$ 转动，用 Matlab 计算主动角 θ_1 从 0 按 0.1° 递增至 360° 的每个振动力矩值，振动力矩曲线图如图 2-89 所示，表 2-13 为每 50° 的振动力矩值。

表 2-13　针杆机构力不平衡下振动力矩计算结果

主动角位移/（°）	振动力矩/kg·m	主动角位移/（°）	振动力矩/kg·m
0	39.6	200	132.4
50	187.6	250	-525.0
100	227.5	300	-375.5
150	260.1	350	-1.2

（2）力平衡下振动力矩计算。假设针杆机构在配重后实现力的平衡，即机构运动时重心位置保持不变。那么有 $\sum\limits_{i=1}^{4}X_O y_i$，$\sum\limits_{i=1}^{4}Y_O x_i$ 为常量，$\sum\limits_{i=1}^{4}X_O \dot{y}_i$，$\sum\limits_{i=1}^{4}Y_O \dot{x}_i$ 都等于 0，所以力平衡下的振动力矩与所选取的坐标原点无关。易知，其振动力矩推导公式与上等同。

经实验测出，针杆机构实现力平衡后的各平衡重参数见表 2-14。

表 2-14　针杆机构平衡重参数

构件	长度/mm	质心/m	质量/kg	回转半径/m
曲柄 OA	20	20	0.08	20
摇杆 CD	40	40	0.37	40
滑块连杆 DE	60	60	0.189	60

设输入杆以转速 $n=750\mathrm{r/min}$ 转动，用 Matlab 计算输入角 θ_1 从 0° 按 0.1° 递增至 360° 的每个振动力矩值，振动力矩曲线图见图 2-89，表 2-15 为每 50° 的振动力矩值。

表 2-15　针杆机构力平衡下振动力矩计算结果

主动角位移/（°）	振动力矩/kg·m	主动角位移/（°）	振动力矩/kg·m
0	522.3	200	1089.8
50	1373.6	250	-3942.4
100	1275.9	300	-2726.6
150	1638.6	350	219.7

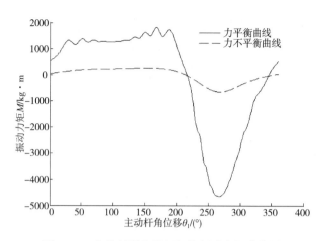

图 2-89 电脑刺绣机针杆机构振动力矩曲线图

2. 分析 从图中可以看出，两条振动力矩曲线在 0°～200° 变化比较平缓，在 200°～350° 发生剧烈激变。我们从针杆机构分析可以得出，主动杆位移 θ_1 运动在 0～200° 之间时，滑块 E 处在收针阶段，速度、加速度变化不大，对固定梁产生的振动力矩较平稳。而当主动杆角位移 θ_1 转至 200°～350° 区间时，滑块 E 完成出针、收针两动作。在出针与收针之间，滑块 E 速度瞬间反向，加速度剧增，对固定横梁产生强烈振动。因此，加装减振橡胶垫片及减振弹簧，在滑块 E 到达位移最大处时能减弱针杆机构对固定横梁产生的振动。

实现振动力平衡后针杆机构总质心的位置是保持不变的。但是它并不能实现振动力矩的平衡。相反，为实现振动力平衡所加配重后，其产生的振动力矩要远远大于没有实现振动力平衡时的针杆机构。因此，根据振动力矩计算公式，合理地配置各杆平衡重参数，才能在一定程度上减轻对固定横梁振动的影响。

通过上述计算和分析可得如下结论：

（1）一般来说，振动力平衡和振动力矩平衡的要求是互相矛盾的，是无法同时完全平衡的。振动力平衡仅使作用在机架上的反力为零。由于这些反力常常不在同一直线上，因此形成了一个周期性变化的纯力偶，即振动力矩，它是机构产生振动、噪音的原因。

（2）针对滑块 E 加速度过大引起较强烈振动的问题，一方面可以加装减振橡胶垫片及减振弹簧，减小其加速度变化的影响，还可以适度减小滑块 E 的质量。另一方面，为抑制针杆机构引起的横梁振动，可以采用横梁减振的方法，在横梁上适当位置设置减振器来衰减和转移横梁振动的能量。

（3）本计算方法及所编制的 Matlab 程序对力平衡及力不平衡下的针杆机构是适用的。若针杆机构各构件参数发生变化，只需在 Matlab 程序力的常量设置中做出相应调整即可，为设计出小振动针杆机构提供实验依据。

（4）实验所得数据可以用于对固定横梁弯曲振动振型特征的研究，如横梁弯曲振动的位移、速度和加速度等，为从另一个角度减小针杆机构引起横梁振动及噪音提供理论依据。

（十一）电脑刺绣机针杆机构质心轨迹分析

电脑刺绣机是高智能、高速化的工业刺绣设备，它通过电脑控制系统与刺绣机械的有机结合，刺绣出各种美丽的图案。其针杆机构是刺绣的主要机构之一，正确研究现有电脑刺绣机针杆机构质心轨迹，有利于找到电脑刺绣机振动、噪声的根源，为电脑刺绣机针杆机构的改进设计、系列化设计和提高电脑刺绣机工作性能提供依据，对电脑刺绣机针杆机构质心轨迹进行研究，可得出质心轨迹线图，从而求出针杆机构质心速度、加速度和惯性力大小，为在现有针杆机构基础上进行质心轨迹改进提供理论基础。

1. 电脑刺绣机针杆机构质心轨迹理论推导

图 2-90 为电脑刺绣机针杆机构的简图，其输入角为 ϕ_1，简图相关尺寸为：$a = 17.0$，$b = 38.0$，$c = 46.0$，$l_{OA} = l_1 = 9.0$，$l_{AB} = l_2 = 51.5$，$l_{CB} = l_3 = 25.0$，$l_{CD} = l_4 = 56.0$，$l_{DE} = l_5 = 21.0$，$l_{OC} = l_0$，曲柄 OA 角位移 ϕ_1，质心 S_1，$l_{OS_1} = r_1$，质量为 m_1；连杆 AB 角位移 ϕ_2，质心 S_2，$l_{AS_2} = r_2$，质量为 m_2；摇杆 CD 角位移 ϕ_3，质心 S_3，$l_{S_2} = r_3$，质量为 m_3；滑块连杆 DE 角位移 ϕ_3，质心 S_4，$l_{DS_4} = r_4$，质量为 m_4；滑块垂直位移 y_6，质量为 m_5。

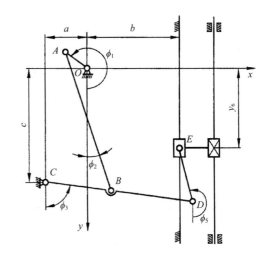

图 2-90 所示的针杆机构有两个闭链 $OABC$ 及 CDE。

图 2-90　刺绣机针杆机构简图

$$l_1\sin\phi_1 + l_2\sin\phi_2 - l_3\sin\phi_3 + a = 0 \quad (2\text{-}69)$$

在闭链 $OABC$ 中有：

$$l_1\cos\phi_1 + l_2\cos\phi_2 - l_3\cos\phi_3 - c = 0 \quad (2\text{-}70)$$

在闭链 CDE 中有：

$$l_4\sin\phi_3 + l_5\sin\phi_4 - a - b = 0 \quad (2\text{-}71)$$

$$-l_4\cos\phi_3 - l_5\cos\phi_4 + y_6 - c = 0 \quad (2\text{-}72)$$

由式 (2-69)、式 (2-70) 按复数法整理可得：

$$l_3\mathrm{e}^{j\phi_3} = l_1\mathrm{e}^{j\phi_1} + l_2\mathrm{e}^{j\phi_2} - c + ja \quad (2\text{-}73)$$

由式 (2-71)、式 (2-72) 按复数法整理可得：

$$y_6 = l_5\mathrm{e}^{j\phi_4} + l_4\mathrm{e}^{j\phi_3} + c - j(a + b) \quad (2\text{-}74)$$

设电脑刺绣机针杆机构质心位置矢量为 r_S，而 r_{S_1}，r_{S_2}，r_{S_3}，r_{S_4}，r_{S_5} 分别表示质量 m_1，m_2，m_3，m_4，m_5 的质心位置，则针杆机构质心位置矢量为：

$$r_S = \frac{1}{M}(m_1 r_{S_1} + m_2 r_{S_2} + m_3 r_{S_3} + m_4 r_{S_4} + m_5 r_{S_5}) \quad (2\text{-}75)$$

其中：

$$M = m_1 + m_2 + m_3 + m_4 + m_5$$

根据针杆机构简图可得：

$$r_{S_1} = r_1\mathrm{e}^{j\phi_1}$$

$$r_{S_2} = l_1\mathrm{e}^{j\phi_1} + r_2\mathrm{e}^{j\phi_2}$$

$$r_{S_3} = l_0\mathrm{e}^{j\phi_0} + r_3\mathrm{e}^{j\phi_3}$$

$$r_{S_4} = l_0\mathrm{e}^{j\phi_0} + l_4\mathrm{e}^{j\phi_3} + r_4\mathrm{e}^{j\phi_4}$$

$$r_{S_5} = l_0\mathrm{e}^{j\phi_0} + l_4\mathrm{e}^{j\phi_3} + l_5\mathrm{e}^{j\phi_4}$$

其中：

$$l_0 = \sqrt{a^2 + c^2}$$

$$\phi_0 = 270° + \arctan \frac{c}{a}$$

将式（2-73）、式（2-74）及以上各式代入式（2-75）并整理可得：

$$r_S = \frac{1}{M}(Ae^{j\phi_1} + Be^{j\phi_2} + Ce^{j\phi_4} + D) \tag{2-76}$$

其中：

$$A = (m_1 r_1 + m_2 l_1) + (m_3 r_3 + m_4 l_4 + m_5 l_4)\frac{l_1}{l_3}$$

$$B = m_2 r_2 + (m_3 r_3 + m_4 l_4 + m_5 l_4)\frac{l_2}{l_3}$$

$$C = m_4 r_4 + m_5 l_5$$

$$D = (m_3 + m_4 + m_5) l_0 e^{i\phi_0} + (m_3 r_3 + m_4 l_4 + m_5 l_4)\left(\frac{a}{l_3}i - \frac{c}{l_3}\right)$$

由欧拉公式展开 $e^{j\phi} = \cos\phi + i\sin\phi$，将式（2-76）实部和虚部分离可得质心 r_S 的直角坐标为：

$$Y_S = \frac{1}{M}\left[A\cos\phi_1 + B\cos\phi_2 + C\cos\phi_4 + (m_3 + m_4 + m_5) l_0\cos\phi_0 + (m_3 r_3 + m_4 l_4 + m_5 l_4)\left(-\frac{c}{l_3}\right)\right]$$

$$X_S = \frac{1}{M}\left[A\sin\phi_1 + B\sin\phi_2 + C\sin\phi_4 + (m_3 + m_4 + m_5) l_0\sin\phi_0 + (m_3 r_3 + m_4 l_4 + m_5 l_4)\left(\frac{a}{l_3}\right)\right]$$

至此，已推导出电脑刺绣机针杆机构质心坐标方程，而质心坐标 X_S，Y_S 分别对时间求一阶、二阶导数可求出质心速度、加速度及惯性力大小。

2. 电脑刺绣机针杆机构质心轨迹计算

（1）针杆机构基本参数测定。经实验测定针杆机构相关尺寸和质量参数见表 2-16。

表 2-16　电脑刺绣机针杆机构相关尺寸和质量参数

构件	曲柄 OA	连杆 AB	摇杆 CD	滑块连杆 DE	滑块 E
长度/mm	9	51.5	56	21	
质心/mm	9	11.0	25.0	10.5	
质量/kg	110×10^{-3}	56×10^{-3}	27×10^{-3}	8×10^{-3}	50×10^{-3}

（2）针杆机构质心轨迹、速度、加速度及惯性力计算与分析。根据式（2-69）~式（2-72），可进行机构多位移矩阵迭代求解或采用单一位移精确求解方法来确定曲柄 OA 处于任意转角 ϕ_1 时，其他构件的角位移 ϕ_2，ϕ_3；编制位移求解 C 程序就 ϕ_1 从 180° 到 540° 范围按 $\Delta\phi_1 = 10°$ 进行位移计算，在此基础上根据质心坐标方程进行针杆机构质心轨迹坐标、速度、加速度及惯性力计算；质心轨迹坐标、速度、加速度及惯性力见表 2-17。

表 2-17　电脑刺绣机针杆机构质心轨迹坐标

$\phi_1/(°)$	190.364	240.364	290.364	340.364	390.364	440.364	490.364	540.364
X_S/mm	8.977	5.230	4.712	7.428	12.103	15.294	14.246	9.939
Y_S/mm	4.997	9.564	19.344	27.857	27.243	18.876	9.450	4.983

续表

$\phi_1/(°)$	190.364	240.364	290.364	340.364	390.364	440.364	490.364	540.364
$\dot{X}_S/(\mathrm{mm/s})$	-426.721	-209.126	11.55	364.279	417.316	111.091	-282.374	-436.956
$\dot{Y}_S/(\mathrm{mm/s})$	78.041	709.202	953.23	434.413	-503.214	-900.198	-699.793	-64.752
$V_S/(\mathrm{mm/s})$	433.799	739.393	959.35	566.934	653.741	907.027	754.616	441.727
$\ddot{X}_S/(\mathrm{mm/s^2})$	7596.55	28210.1	26373.3	18444.9	-12822.0	-37289.7	-28177.0	1556.11
$\ddot{Y}_S/(\mathrm{mm/s^2})$	63942.20	45088.7	-7814.76	-83431.9	-64378.7	-8541.63	42886.0	64355.6
$a_S/(\mathrm{mm/s^2})$	64391.8	53186.5	27506.8	85446.5	65643.1	38255.5	51314.2	64374.4
M_{a_S}/N	16.10	13.35	6.90	21.45	16.48	9.60	12.83	16.16

通过对电脑刺绣机针杆机构质心轨迹进行研究，推导出了针杆机构质心轨迹矢量方程，在计算针杆机构位移的基础上，得出了针杆机构质心轨迹线图，在此基础上进行了针杆机构质心速度、加速度和惯性力的分析，为现有针杆机构的改进设计、降低振动和噪音提供了理论基础。

七、平面连杆机构设计

（一）概述

1. 连杆机构设计的基本问题 根据生产工艺所提出的动作和运动规律等要求，确定机构的运动简图及其尺度参数。从机构设计的全过程看，它主要包括三方面的内容：

（1）机构的型设计，即选择能完成给定功能的机构类型，它们可以是平面连杆机构、空间连杆机构等。

（2）机构的数设计，即根据所选择的机构类型和自由度数，决定构件和运动副的数目。

（3）机构的尺度设计，即确定机构中各构件的长度或角度等影响机构运动学性能（位移速度、加速度）的结构参数。

2. 平面连杆机构的尺度设计 根据所要实现的从动件的运动规律不同，一般将连杆机构尺度设计分为下列三个基本问题：

（1）刚体导引机构设计，或称为位置设计，该设计要求能引导某个构件（刚体）按次序经过若干个给定的位置。如图 2-91 所示的手术椅，工作中需要它能处于图示的三个位置。若用连杆机构来实现该功能时，就是一个三位置刚体导引机构设计问题。

（2）函数生成机构设计，该设计要求连杆机构的输入和输出构件间的位移关系满足预先给定的函数关系。例如，设计一个仪表用四连杆机构，在自变量 x 某一区间上，近似实现函数 $y = ax^3$，要求输入构件转角 θ 和自变量 x 对应，输出构件转角 ϕ 和函数值 y 对应。

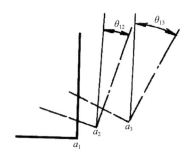

图 2-91 手术椅的三个位置

（3）轨迹生成机构设计，该设计要求机构中连杆上某点沿给定的轨迹运动。例如，缝纫机挑线机构，挑线杆穿线孔中心点 K 应沿特定形状的轨迹运动，以适应挑线工作的需要。可设计一个如图 2-92 所示的平面铰链四杆机构，利用其连杆上 K 点的曲线运动近似实现所要求的轨迹。

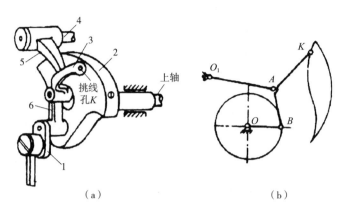

图 2-92　缝纫机挑线机构示意图

连杆机构的解析设计根据所用的数学工具不同而有不同的表达方式，且各有其特点。应用位移矩阵法设计机构，可用于平面机构的刚体导引、函数生成及轨迹生成三种类型的设计。用位移矩阵法设计机构的主要步骤是先建立设计方程，它可以是线性方程组或非线性方程组，然后用数值方法在计算机上求解该方程。

（二）刚体位移矩阵

1. 刚体绕坐标原点的旋转矩阵　刚体上的一个矢量就能完全确定此刚体在平面中的位置。图 2-93 表示刚体上一个矢量 v，由位置 v_1 绕原点旋转 α 角到位置 v_2。两者的关系为：

$$v_{2x} = v_{1x}\cos\alpha - v_{1y}\sin\alpha$$
$$v_{2x} = v_{1x}\sin\alpha + v_{1y}\cos\alpha$$

考虑到垂直于 xy 平面的 z 轴方向的坐标保持不变，用三阶矩阵形式表示，有：

$$\begin{bmatrix} v_{2x} \\ v_{2y} \\ 1 \end{bmatrix} = \begin{bmatrix} \cos\alpha & -\sin\alpha & 0 \\ \sin\alpha & \cos\alpha & 0 \\ 0 & 0 & 1 \end{bmatrix} \begin{bmatrix} v_{1x} \\ v_{1y} \\ 1 \end{bmatrix} \qquad (2-77)$$

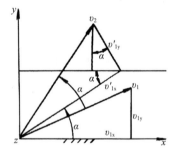

图 2-93　矢量的旋转

或整理为：

$$\begin{bmatrix} v_2 \\ 1 \end{bmatrix} = [R_\alpha] \begin{bmatrix} v_1 \\ 1 \end{bmatrix} \qquad (2-78)$$

式中：$[R_\alpha]$ 为平面旋转矩阵，规定 α 角逆时针方向为正。

2. 刚体位移矩阵　如图 2-94 所示，平面上某刚体由初始位置 Σ_1 运动到末位置 Σ_j。该一般位移可以分解为随同基点的平动和相对基点的转动。

设由于平动 d，基点 P_1 运动到 P_j，q_1 点运动到 q'_j，即：

$$P_j = P_1 + d \qquad q'_j = q_1 + d \qquad (2-79)$$

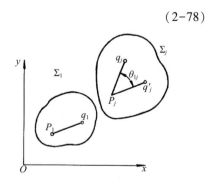

图 2-94　平面刚体位移

由于绕基点 P_j 转过 θ_{1j} 角，q'_j 运动到 q_j，即：

$$\begin{bmatrix} q_j - P_j \\ 1 \end{bmatrix} = \begin{bmatrix} R_{\theta_{1j}} \end{bmatrix} \begin{bmatrix} q'_j - P_j \\ 1 \end{bmatrix} \tag{2-80}$$

式（2-79）代入式（2-80）的右端，得：

$$\begin{bmatrix} q_j - P_j \\ 1 \end{bmatrix} = \begin{bmatrix} R_{\theta_{1j}} \end{bmatrix} \begin{bmatrix} q_1 - P_1 \\ 1 \end{bmatrix} \tag{2-81}$$

式（2-81）可以展开为：

$$\begin{bmatrix} q_{jx} \\ q_{jy} \\ 1 \end{bmatrix} = \begin{bmatrix} \cos\theta_{1j} & -\sin\theta_{1j} & 0 \\ \sin\theta_{1j} & \cos\theta_{1j} & 0 \\ 0 & 0 & 1 \end{bmatrix} \begin{bmatrix} q_{1x} - P_{1x} \\ q_{1y} - P_{1y} \\ 1 \end{bmatrix} + \begin{bmatrix} P_{jx} \\ P_{jy} \\ 0 \end{bmatrix}$$

上式可以进一步整理为：

$$\begin{bmatrix} q_{jx} \\ q_{jy} \\ 1 \end{bmatrix} = \begin{bmatrix} \cos\theta_{1j} & -\sin\theta_{1j} & (P_{jx} - P_{1x}\cos\theta_{1j} + P_{1y}\sin\theta_{1j}) \\ \sin\theta_{1j} & \cos\theta_{1j} & (P_{jy} - P_{1x}\sin\theta_{1j} - P_{1y}\cos\theta_{1j}) \\ 0 & 0 & 1 \end{bmatrix} \begin{bmatrix} q_{1x} \\ q_{1y} \\ 1 \end{bmatrix}$$

将上式写成矩阵形式：

$$\begin{bmatrix} q_j \\ 1 \end{bmatrix} = \begin{bmatrix} D_{1j} \end{bmatrix} \begin{bmatrix} q_1 \\ 1 \end{bmatrix} \tag{2-82}$$

式中：$\begin{bmatrix} D_{1j} \end{bmatrix}$ 为刚体从位置 1 到位置 j 的位移矩阵。

为了简明表达，$\begin{bmatrix} D_{1j} \end{bmatrix}$ 中的元素可写为：

$$\begin{bmatrix} D_{1j} \end{bmatrix} = \begin{bmatrix} d_{11j} & d_{12j} & d_{13j} \\ d_{21j} & d_{22j} & d_{23j} \\ 0 & 0 & 1 \end{bmatrix} = \begin{bmatrix} \cos\theta_{1j} & -\sin\theta_{1j} & (P_{jx} - p_{1x}\cos\theta_{1j} + P_{1y}\sin\theta_{1j}) \\ \sin\theta_{1j} & \cos\theta_{1j} & (P_{jy} - P_{1x}\sin\theta_{1j} - P_{1y}\cos\theta_{1j}) \\ 0 & 0 & 1 \end{bmatrix} \tag{2-83}$$

当参考点 P 的位移和刚体转角 θ 已知时，就可算出 $\begin{bmatrix} D_{1j} \end{bmatrix}$ 中各元素的值。

作为一个简单应用，下面利用位移矩阵求出平面运动刚体的转动极。作一般平面运动的刚体自位置 1 运动至位置 j，在该运动平面内总可找到刚体上位移为零的点，此点称为转动极。刚体的位移可认为绕此极点纯转动来达到。若位移矩阵 $\begin{bmatrix} D_{1j} \end{bmatrix}$ 已知，就可用解析法求出该转动极。设转动极 $P_o(P_{ox}, P_{oy})$ 为基点，即 $P_{1x} = P_{jx} = P_{ox}$，$P_{1y} = P_{jy} = P_{oy}$，则按式（2-83）中矩阵列对应元素相等得：

$$\begin{bmatrix} d_{11j} & d_{12j} & d_{13j} \\ d_{21j} & d_{22j} & d_{23j} \\ 0 & 0 & 1 \end{bmatrix} = \begin{bmatrix} \cos\theta_{1j} & -\sin\theta_{1j} & P_{ox} - P_{ox}\cos\theta_{1j} + P_{oy}\sin\theta_{1j} \\ \sin\theta_{1j} & \cos\theta_{1j} & P_{oy} - P_{ox}\sin\theta_{1j} - P_{oy}\cos\theta_{1j} \\ 0 & 0 & 1 \end{bmatrix}$$

即：

$$\begin{aligned} P_{ox}(1 - \cos\theta_{1j}) + P_{oy}\sin\theta_{1j} &= d_{13j} \\ -P_{ox}\sin\theta_{1j} + P_{oy}(1 - \cos\theta_{1j}) &= d_{23j} \end{aligned} \tag{2-84}$$

解得：

$$P_{ox} = \frac{d_{13j}(1 - \cos\theta_{1j}) - d_{23j}\sin\theta_{1j}}{2(1 - \cos\theta_{1j})} \tag{2-85}$$

$$P_{oy} = \frac{d_{23j}(1 - \cos\theta_{1j}) + d_{13j}\sin\theta_{1j}}{2(1 - \cos\theta_{1j})}$$

（三）刚体导引机构设计

1. 刚体导引机构的位移约束方程　刚体导引机构是能使连杆通过一系列给定位置的机构。刚

体导引机构设计的关键在于设计相应的连架
杆。由于平面连杆机构的运动副只有转动副
和移动副，因而作为导引杆的连架构件也只
有 $R—R$ 和 $P—R$ 杆两种形式，下面分别讨论
其位移约束方程。

（1）$R—R$ 导引杆。如图 2-95 所示，给
定刚体的若干个位置 $\varSigma_1$，$\varSigma_2$，…，$\varSigma_j$，其上
某点 a 相应位置为 a_1，a_2，…，a_j，若它们位
于一圆弧上，则该点称为圆点，可作为连架
杆与连杆的铰接点，而该圆弧的圆心 a_0 可作
为连架杆与机架的铰接点。即各相关点 $a_j (j =$
1，2，…，n) 在以 $a_0 a_1$ 为半径的圆周上。由

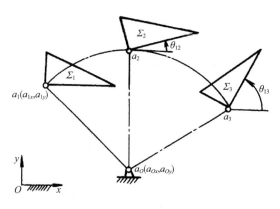

图 2-95　$R—R$ 导引杆

此可得平面 $R—R$ 导引杆的位移约束方程——定长方程。

$$(a_{jx} - a_{Ox})^2 + (a_{jy} - a_{Oy})^2 = (a_{1x} - a_{Ox})^2 + (a_{1y} - a_{Oy})^2 \quad (j = 2, 3, \cdots, n) \quad (2-86)$$

（2）$P—R$ 导引杆。设连架杆为 $P-R$ 杆，它与连杆和机架分别组成转动副和移动副，如图 2-
96 所示。给定刚体的若干个位置 $\varSigma_1$，$\varSigma_2$，…，$\varSigma_j$，其上某点 b 相应位置为 b_1，b_2，…，b_j，若这
些点位于同一直线上，则该点可作为连架杆与连杆的铰接点，而该直线代表连架杆与机架组成移
动副的方位线。这就要求 b_1，b_2，…，b_j 中每两点的连线的斜率相等，有：

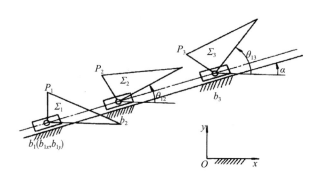

图 2-96　$P—R$ 导引杆

$$\tan\alpha = \frac{b_{jy} - b_{1y}}{b_{jx} - b_{1x}} = \frac{b_{2y} - b_{1y}}{b_{2x} - b_{1x}} \quad (j = 3, 4, \cdots, n) \quad (2-87)$$

上式就是 $P—R$ 导引杆的位移约束方程——定斜率方程。

2. 连杆三位置设计

（1）$R—R$ 导引杆。给定连杆的三个位置，确定四杆机构的两个连架杆，这就是连杆的三个
位置综合问题。给定连杆的三个位置，这时式（2-86）中的 $j=2$、3，连架 $R—R$ 导引杆的长度约
束方程为：

$$\begin{aligned}(a_{2x} - a_{ox})^2 + (a_{2y} - a_{oy})^2 = (a_{1x} - a_{ox})^2 + (a_{1y} - a_{oy})^2 \\ (a_{3x} - a_{ox})^2 + (a_{3y} - a_{oy})^2 = (a_{1x} - a_{ox})^2 + (a_{1y} - a_{oy})^2\end{aligned} \quad (2-88)$$

式中：a_o 为固定铰位置矢量，a_1，a_2，a_3 分别为动铰点的三个位置。根据式（2-82），第二、
第三位置与第一位置有关系式：

$$\begin{bmatrix} a_2 \\ 1 \end{bmatrix} = \begin{bmatrix} D_{12} \end{bmatrix} \begin{bmatrix} a_1 \\ 1 \end{bmatrix} \tag{2-89}$$

$$\begin{bmatrix} a_3 \\ 1 \end{bmatrix} = \begin{bmatrix} D_{13} \end{bmatrix} \begin{bmatrix} a_1 \\ 1 \end{bmatrix}$$

式中：$[D_{12}]$ 和 $[D_{13}]$ 为平面位移矩阵，可以由受导构件上一点 P 所给定的三个位置 P_1、P_2 及 P_3 和转角 θ_{12} 及 θ_{13} 计算出来。将式（2-89）代入式（2-88）即可消去 a_2，a_3 得到具有两个未知矢量 a_1 及 a_0 或者 4 个标量 a_{1x}，a_{1y}，a_{0x} 及 a_{0y} 的两个连架杆位移设计方程：

$$(d_{11j}a_{1x} + d_{12j}a_{1y} + d_{13j} - a_{0x})^2 + (d_{21j}a_{1x} + d_{22j}a_{1y} + d_{23j} - a_{0y})^2$$
$$= (a_{1x} - a_{0x})^2 + (a_{1y} - a_{0y})^2 \tag{2-90}$$

这里有 4 个未知量 a_{1x}，a_{1y}，a_{0x}，a_{0y}，而方程只有两个，故求解时可任选取两个未知量。通常选定导引杆的固定铰链坐标 a_{0x}，a_{0y}，求解动铰链在第一个位置的坐标 a_{1x}，a_{1y}，将式（2-90）对 a_{1x}、a_{1y} 展开并化简后，可得两个线性方程式：

$$a_{1x}[d_{11j}d_{13j} + d_{21j}d_{23j} + (1 - d_{11j})a_{0x} - d_{21j}a_{0y}] + a_{1y}[d_{12j}d_{13j} + d_{22j}d_{23j} + (1 - d_{22j})a_{0y} - d_{12j}a_{0y}]$$
$$= d_{13j}a_{0x} + d_{23j}a_{0y} - (d_{12j}^2 + d_{23j}^2)/2 \quad (j = 2, 3) \tag{2-91}$$

由式（2-91）可解出未知量 a_{1x}，a_{1y}。

例 24：已知连杆的三个位置，即连杆上 P 点的三个位置及连杆的两个转角：

$$P_1 = (1.0, 1.0)$$
$$P_2 = (2.0, 0.5) \quad \theta_{12} = 0$$
$$P_3 = (3.0, 1.5) \quad \theta_{13} = 45.0°$$

试综合该四杆导引机构。

解：如图 2-97 所示，根据 $P_1 = (1.0, 1.0)$，$P_2 = (2.0, 0.5)$ 和 $\theta_{12} = 0°$ 可定出位移矩阵：

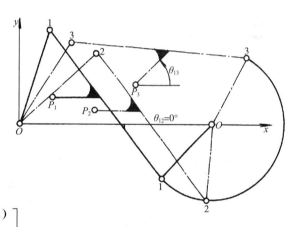

图 2-97 四杆导引机构

$$[D_{12}] = \begin{bmatrix} \cos\theta_{1j} & -\sin\theta_{1j} & (p_{jx} - p_{1x}\cos\theta_{1j} + p_{1y}\sin\theta_{1j}) \\ \sin\theta_{1j} & \cos\theta_{1j} & (p_{1y} - p_{1x}\sin\theta_{1j} - p_{1y}\cos\theta_{1j}) \\ 0 & 0 & 1 \end{bmatrix}$$

$$= \begin{bmatrix} 1 & 0 & (2.0 - 1.0\cos0 + 1.0\sin0) \\ 0 & 1 & (0.5 - 1.0\sin0 - 1.0\cos0) \\ 0 & 0 & 1 \end{bmatrix}$$

$$= \begin{bmatrix} 1 & 0 & 1.0 \\ 0 & 1 & -0.5 \\ 0 & 0 & 1 \end{bmatrix} = \begin{bmatrix} d_{112} & d_{122} & d_{132} \\ d_{212} & d_{222} & d_{232} \\ 0 & 0 & 1 \end{bmatrix}$$

同理可得：

$$[D_{13}] = \begin{bmatrix} 0.707 & -0.707 & 3.0 \\ 0.707 & 0.707 & 0.086 \\ 0 & 0 & 1 \end{bmatrix} = \begin{bmatrix} d_{113} & d_{123} & d_{133} \\ d_{213} & d_{223} & d_{233} \\ 0 & 0 & 1 \end{bmatrix}$$

根据连架杆位移设计方程：

$$(d_{11j}a_{1x} + d_{12j}a_{1y} + d_{13j} - a_{ox})^2 + (d_{21j}a_{1x} + d_{22j}a_{1y} + d_{23j} - a_{oy})^2$$

$$= (a_{1x} - a_{ox})^2 + (a_{1y} - a_{oy})^2 \qquad (j = 2, 3)$$

令 $a_{ox} = a_{oy} = 0$，按 $j = 2$，$j = 3$ 分别列出，可得如下方程：

$$(d_{112}a_{1x} + d_{122}a_{1y} + d_{132})^2 + (d_{212}a_{1x} + d_{222}a_{1y} + d_{232})^2 = a_{1x}^2 + a_{1y}^2$$

$$(d_{113}a_{1x} + d_{123}a_{1y} + d_{133})^2 + (d_{213}a_{1x} + d_{223}a_{1y} + d_{333})^2 = a_{1x}^2 + a_{1y}^2$$

代入具体数值并整理可得：

$$(a_{1x} + 1.0)^2 + (a_{1y} - 0.5)^2 = a_{1x}^2 + a_{1y}^2$$

$$(0.707a_{1x} - 0.707a_{1y} + 3)^2 + (0.707a_{1x} + 0.707a_{1y} + 0.086)^2 = a_{1x}^2 + a_{1y}^2$$

将上两式联立求解可得：

$$a_{1x} = 0.994$$

$$a_{1y} = 3.238$$

令 $a_{ox} = 5.0$，$a_{oy} = 0$，按 $j = 2$，$j = 3$ 代入连架杆位移设计方程可得：

$$(a_{1x} + 1.0 - 5.0)^2 + (a_{1y} - 0.5)^2 = (a_{1x} - 5.0)^2 + a_{1y}^2$$

$$(0.707a_{1x} - 0.707a_{1y} + 3.0 - 5.0)^2 + (0.707a_{1x} + 0.707a_{1y} + 0.086)^2$$

$$= (a_{1x} - 5.0)^2 + a_{1y}^2$$

将上两式联立解可得：

$$a_{1x} = 3.548$$

$$a_{1y} = -1.655$$

由上式可得四杆机构如图 2-97 所示，其四个铰链点坐标为 $O(0, 0)$，$A_1(0.994, 3.238)$，$B_1(3.548, -1.655)$，$C_1(5.0, 0.0)$。

（2）P—R 导引杆。若给定连杆的三个位置，这时式（2-87）中 $j = 3$，只有一个约束方程。将式（2-87）展开：

$$b_{1x}(b_{2y} - b_{3y}) - b_{1y}(b_{2x} - b_{3x}) + (b_{2x}b_{3y} - b_{3y}b_{2x}) = 0 \qquad (2-92)$$

给定连杆三个位置，可求得两个位移矩阵 $[D_{12}]$ 和 $[D_{13}]$，再根据式（2-82），可求出 b_{2x}，b_{2y}，b_{3x}，b_{3y} 与 b_{1x}，b_{1y} 的关系式，将它们代入式（2-92）可得设计方程。

式中：

$$Ab_{1x}^2 + Ab_{1y}^2 + Bb_{1x} + Cb_{1y} + D = 0 \qquad (2-93)$$

$$A = Fd_{212} - Ed_{213}$$

$$E = 1 - d_{112} = 1 - \cos\theta_{12}$$

$$F = 1 - d_{113} = 1 - \cos\theta_{13}$$

$$B = Fd_{232} - Ed_{233} + d_{132}d_{213} - d_{133}d_{212}$$

$$C = Ed_{133} - Fd_{132} + d_{232}d_{213} - d_{233}d_{212}$$

$$D = d_{132}d_{233} - d_{133}d_{232}$$

式中：d_{ikj} 为位移矩阵 $[D_{1j}]$ 中第 i 行 k 列的元素。

式（2-93）是圆的一般方程式，它表示满足连杆的三个给定位置时，导引滑块铰链点 B_1（b_{1x}，b_{1y}）可在该圆上任取。导引滑块铰链点 B_1 的这个位置分布圆称为滑块轨迹圆。将式（2-93）改写成圆的标准形式：

$$\left(b_{1x} + \frac{B}{2A}\right)^2 + \left(b_{1y} + \frac{C}{2A}\right)^2 = \frac{B^2 + C^2 - 4AD}{4A^2} \qquad (2-94)$$

于是可知，滑块轨迹圆的圆心坐标 C_{ox}，C_{oy} 和圆的半径分别为：

$$C_{ox} = -\frac{B}{2A}$$

$$C_{oy} = -\frac{C}{2A} \tag{2-95}$$

$$R = \sqrt{\frac{B^2 + C^2 - 4AD}{4A^2}}$$

根据式（2-83）位移矩阵中元素和式（2-93）系数 A 的表达式，可以看出，当 $\theta_{12} = 0°$ 时有：

$$d_{212} = \sin\theta_{12} = 0 \text{ 和 } E = 1 - \cos\theta_{12} = 0$$

当 $\theta_{13} = 0°$ 时，有：

$$d_{213} = \sin\theta_{13} = 0 \text{ 和 } F = 1 - \cos\theta_{13} = 0$$

这两种情况均导致式（2-93）中二次项的系数 $A=0$，这说明当被引导的刚体第 2 或第 3 位置相对于第 1 位置为平动时，滑块轨迹圆方程式（2-93）退化为直线方程。

由上述可知，给定连杆的三个位置时，可得无数个满足给定位置要求的导引滑块，我们可根据其他条件，选取一个适当的解。

例 25：设计一曲柄滑块机构，要求能导引连杆平面通过以下三个位置：

$$P_1 = (1.0, 1.0)$$
$$P_2 = (2.0, 0) \quad \theta_{12} = 30°$$
$$P_3 = (3.0, 2.0) \quad \theta_{13} = 60°$$

解：（1）导引滑块的综合。

①求滑块铰链中心 B_1 的轨迹圆，由式（2-83）得：

$$[D_{12}] = \begin{bmatrix} d_{112} & d_{122} & d_{132} \\ d_{212} & d_{222} & d_{232} \\ 0 & 0 & 1 \end{bmatrix} = \begin{bmatrix} 0.866 & -0.5 & 1.634 \\ 0.5 & 0.866 & -1.366 \\ 0 & 0 & 1 \end{bmatrix}$$

$$[D_{13}] = \begin{bmatrix} d_{113} & d_{123} & d_{133} \\ d_{213} & d_{223} & d_{233} \\ 0 & 0 & 1 \end{bmatrix} = \begin{bmatrix} 0.5 & -0.866 & 3.366 \\ 0.866 & 0.5 & 0.634 \\ 0 & 0 & 1 \end{bmatrix}$$

将各元素值代入式（2-93）下面的系数表达式得到：

$$E = 0.134 \quad F = 0.5 \quad A = 0.134$$
$$B = -1.036 \quad C = 1.866 \quad D = 5.634$$

将其代入式（2-94），得轨迹圆方程：

$$(b_{1x} - 3.8657)^2 + (b_{1y} - 6.9627)^2 = 4.6236^2$$

由此可知滑块轨迹圆的圆心坐标为：

$$C_{ox} = 3.8657 \quad C_{oy} = 6.9627$$

轨迹圆半径为 $R = 4.623$。

②选定滑块铰链中心 B_1 的位置坐标 b_{1x}，b_{1y}。设 B_1 点取在轨迹圆与 y 轴的交点上，则 $b_{1x}=0$，代入轨迹圆方程，得：

$$(b_{1y} - 6.96272)^2 = 2.5365^2$$

解上式，得 b_{1y} 的两个解：

$$b_{1y} = 4.4262 \quad \text{或} \quad b_{1y} = 9.4992$$

今选取 B_1 $(0, 4.4262)$。

③求滑块导路的倾角 a。滑块铰链点的第二、第三个位置 B_2，B_3 可按式（2-82）求得：

$$(b_{2x} \quad b_{2y} \quad 1)^{\mathrm{T}} = [D_{12}](b_{1x} \quad b_{1y} \quad 1)^{\mathrm{T}} = (-0.5791 \quad 2.4671 \quad 1)^{\mathrm{T}}$$

$$(b_{3x} \quad b_{3y} \quad 1)^{\mathrm{T}} = [D_{13}](b_{1x} \quad b_{1y} \quad 1)^{\mathrm{T}} = (-0.4671 \quad 2.8471 \quad 1)^{\mathrm{T}}$$

代入式（2-87），得：

$$\tan\alpha = \frac{b_{2y} - b_{1y}}{b_{2x} - b_{1x}} = \frac{2.4671 - 4.4262}{-0.5791 - 0} = 3.3830$$

即

$$\alpha = \arctan 3.3830 = 73.53°$$

（2）导引曲柄的综合。

①求动铰链点 A_1 的位置坐标 a_{1x}，a_{1y}，设取曲柄的固定铰链中心 $A_o = (0, -2.4)$ 代入式（2-91）得方程组：

$$1.9320a_{1x} - 2.3216a_{1y} = 1.0104$$

$$4.3104a_{1x} - 3.7980a_{1y} = -7.3876$$

解此线性方程可得：

$$a_{1x} = -7.8630 \qquad a_{1y} = -6.9787$$

②求动铰链点 A 的其他两个位置 A_2，A_3。

$$(a_{2x} \quad a_{2y} \quad 1)^{\mathrm{T}} = [D_{12}](a_{1x} \quad a_{1y} \quad 1)^{\mathrm{T}} = (-1.6860 \quad -11.3411 \quad 1)^{\mathrm{T}}$$

$$(a_{3x} \quad a_{3y} \quad 1)^{\mathrm{T}} = [D_{13}](a_{1x} \quad a_{1y} \quad 1)^{\mathrm{T}} = (5.4781 \quad -9.6647 \quad 1)^{\mathrm{T}}$$

（3）计算机构各构件的相对尺寸。

连杆 $\qquad \overline{A_1B_1} = \sqrt{(a_{1x} - b_{1x})^2 + (a_{1y} - b_{1y})^2} = 13.8527$

R—R 导引杆 $\qquad \overline{A_0A_1} = \sqrt{(a_{1x} - a_{0x})^2 + (a_{1y} - a_{0y})^2} = 9.099$

偏距 $\qquad e = (b_{1y} - a_{0y})\sin(90° - \alpha) = 1.9350$

由于 $\overline{A_1B_1} > \overline{A_0A_1} + e$，故有曲柄存在。设计所得机构为曲柄滑块机构，其运动简图如图 2-98 所示。

3. 连杆四个、五个位置的综合 给定连杆的四个位置综合 P—R 导引杆时，式（2-86）中的 $j = 2, 3, 4$，于是可得一组三个设计方程：

$$\left.\begin{array}{l} (a_{2x} - a_{ox})^2 + (a_{2y} - a_{oy})^2 - (a_{1x} - a_{ox})^2 - (a_{1y} - a_{oy})^2 = 0 \\ (a_{3x} - a_{ox})^2 + (a_{3y} - a_{oy})^2 - (a_{1x} - a_{ox})^2 - (a_{1y} - a_{oy})^2 = 0 \\ (a_{4x} - a_{ox})^2 + (a_{4y} - a_{oy})^2 - (a_{1x} - a_{ox})^2 - (a_{1y} - a_{oy})^2 = 0 \end{array}\right\}$$

其中的 a_{jx}，$a_{jy}(j = 2, 3, 4)$ 可以利用关系式消去。

$$\begin{bmatrix} a_j \\ 1 \end{bmatrix} = [D_{1j}]\begin{bmatrix} a_1 \\ 1 \end{bmatrix}$$

其中，$[D_{1j}](j = 2, 3, 4)$ 可以利用已知条件计算出来。这样式（2-83）便成为只包含四个未知量 a_{ox}，a_{oy}，a_{1x} 及 a_{1y} 的三个方程的非线性代数方程组。它们不容易化成像式（2-91）那样的线性方程组。因此，常用迭代方法求数解。如可用牛顿—罗夫森方法。因为只有三个方程，所以可给定四个未知量中的任一个而求其余三个。也可以给定其中任一个以一系列的值，而求一系列的其他三个值。我们知道，点 (a_{1x}, a_{1y}) 是在以点 (a_{0x}, a_{0y}) 为圆心的圆周上运动的点，

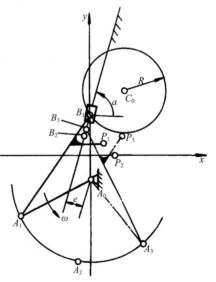

图 2-98 曲柄滑块导引机构

称为圆点，而点 (a_{0x}, a_{0y}) 称为圆心点。因此，将求出的一系列值绘成曲线，那就是圆心曲线与圆点曲线。这一系列工作可由计算机完成。

例26：在例24中再加上连杆的第四个位置：

$$P_4 = (2.0, 2.0) \qquad \theta_{14} = 90°$$

试决定四杆机构简图尺寸。

解：按上述方法，由计算机画出圆心曲线及圆点曲线，如图 2-99 所示。每一对对应的圆心及圆点都可能成为一个曲柄或摇杆。但这样组成的四杆机构并不一定能导引连杆顺序通过四个给定位置，必须进行校核。本例所确定的机构如图 2-99 所示。

如果给定了连杆的五个位置，这时将求解一组四个式（2-86）形式的非线性方程。为了便于求解，通常仍采用计算两个四个位置问题的办法，即求 1，2，3，4 位置和 1，2，3，5 位置圆点曲线（或圆心曲线）的交点。但也有可能得不到交点，即无解。

至于 P—R 导引的四位置综合，由于这时需求解的是两个式（2-94）形式的二次方程（滑块圆方程）。故其迭代解法与 R—R 导引杆综合相类似，只不过所求的解将位于两个滑块圆（如 1，2，3 位置和 1，2，4 位置滑块圆）的交点。

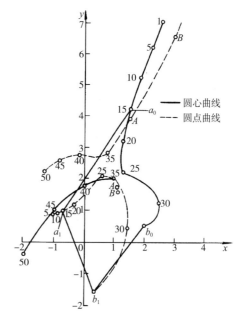

图 2-99　圆心及圆点曲线

（四）函数生成机构综合

函数生成机构是指这样一类机构，它可以近似实现所要求的输出构件相对输入构件的某种函数关系。输入和输出的构件可以是曲柄，也可以是滑块。

1. 再现函数精确点的确定　如图 2-100 所示，设给定规律以函数 $y = F(x)$ 表示，机构所能实现的函数以 $y = P(x)$ 表示。只有在极个别的情况下，才能在自变量 x 的整个区间上 $[x_0, x_m]$ 实现 $P(x)$ 和 $F(x)$ 完全相等。实际中两者仅在若干个有限点上具有相同的函数值，这些点称为精确点或插值结点。精确点以外的位置，两函数间则存在偏差 Δy，Δy 的大小取决于插值结点的数目和分布情况。精确点越多，则计算越复杂。精确点数目不能超过待定机构参数的数目。通常应使精确点数少于机构参数的总数，以便有选择的余地。精确点的数目和位置一般可根据工艺要求来选取，即选择工艺上必须保证的几个位置作为精确点。如工艺上无特殊要求，则式（2-82）可根据函数逼近理论，按下式确定：

$$x_j = x_0 + 0.5\Delta x[1 - \cos(j\theta - 0.5\theta)] \ (j=1, 2, \cdots, n)$$

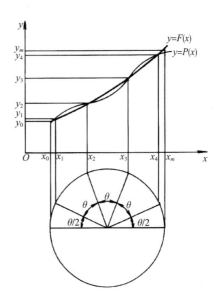

图 2-100　插值结点的分析

式中：n 为插值结点数目；$\Delta x = x_m - x_0$；$\theta = 180°/n$。其几何关系如图 2-100 所示。

若取 3 个精确点，则 $n = 3$，$\theta = 180°/3 = 60°$，则：

$$x_1 = x_0 + 0.5\Delta x[1 - \cos(60° - 30°)] = x_0 + 0.067\Delta x$$

$$x_2 = x_0 + 0.5\Delta x[1 - \cos(120° - 30°)] = x_0 + 0.5\Delta x$$

$$x_3 = x_0 + 0.5\Delta x[1 - \cos(180° - 30°)] = x_0 + 0.933\Delta x$$

若取 4 个精确点，则 $n = 4$，有：

$$x_1 = x_0 + 0.038\Delta x \quad x_2 = x_0 + 0.309\Delta x$$

$$x_3 = x_0 + 0.691\Delta x \quad x_4 = x_0 + 0.962\Delta x$$

上述取法得到的精确点，称切贝雪夫（Chebyshev）精确点。切贝雪夫精确点简称为切氏区间，它也可作为进一步用优化方法选择精确点时的初值。

为了使输入和输出构件的转角 θ，ϕ 分别与所需生成函数的自变量 x 和函数值 $y = F(x)$ 对应起来，还需引入下列比例因子：

$$k_\theta = \frac{\Delta \theta}{\Delta x} = \frac{\theta_m - \theta_0}{x_m - x_0} \tag{2-96}$$

$$k_\phi = \frac{\Delta \phi}{\Delta y} = \frac{\phi_m - \phi_0}{F(x_m) - F(x_0)} \tag{2-97}$$

于是和给定精确点对应的曲柄转角为：

$$\theta_j = \theta_0 + k_\theta(x_j - x_0) \tag{2-98}$$
$$\phi_j = \phi_0 + k_\phi[F(x_j) - F(x_0)]$$

在设计时常要用到相对第一位置的转角：

$$\theta_{1j} = \theta_j - \theta_1 \tag{2-99}$$
$$\phi_{1j} = \phi_j - \phi_1$$

2. 平面相对位移矩阵　图 2-101（a）为一四杆函数机构，其第 1 和第 j 位置分别为实线和虚线所示。输入构件转角 θ_{1j} 和输出构件转角 ϕ_{1j} 的对应关系是按所要求的函数关系计算出的。问题写成：已知 θ_{1j} 和 ϕ_{1j}，共 $j-1$ 对角，设计铰接四杆机构。在该机构中各杆长度按同一比例增减时，并不影响它们角位移间的关系，所以可用相对杆长表示。这样，取 $a_0 b_0 = 1$，且设 a_0 为坐标系的原点，x 轴沿 $a_0 b_0$。此时，$a_0 = (0, 0)$，$b_0 = (1, 0)$，待求的设计变量为 $a_1(a_{1x}, a_{1y})$ 和 $b_1(b_{1x}, b_{1y})$，共 4 个未知数。应用运动倒置的原理可将四杆机构函数生成问题转化为刚体导引问题。在图 2-101（b）中，如果把机构的第 j 个位置 $b_j b_0 a_0 a_j$ 看成一刚体并绕 b_0 点转过 $-\phi_{1j}$ 角度，使从动连架杆 $b_j b_0$ 与 $b_1 b_0$ 重合，则机构将由位置 $b_j b_0 a_0 a_j$ 转到假想的新位置 $b'_j b_0 a'_0 a'_j$。结果原来的输出连架杆变成新的机架，原来的机架和连杆变为新连架杆，于是我们用运动倒置法（也称转换机架法）把设计函数机构的问题转化成了按给定的新连杆的位置 $a_0 a_1$，$a'_0 a'_j (j = 1, 2, \cdots, n)$ 设计刚体导引机构问题。由于已假定了 $a_0 b_0$ 的坐标，故这时仅有一个假想导引杆 $b_1 a'_j$ 要设计。关于刚体导引机构的设计问题上节已讨论过，这里的关键问题是要给出描述新连杆 $a'_0 a'_j$ 上的任意点 a_1 相对于新机架 $b_1 b_0$ 位移关系的相对位移矩阵 $[D_{r1j}]$，使：

$$\begin{bmatrix} a_j' \\ 1 \end{bmatrix} = [D_{r1j}] \begin{bmatrix} a_1 \\ 1 \end{bmatrix}$$

参考图 2-101（b），a_1 到 a'_j 的位移可看成两个运动的合成：

① $a_0 a_1$ 杆绕参考点 $a_0(0, 0)$ 转过 θ_{1j} 到 $a_0 a_j$。

② 刚化了的 $a_j a_0 b_0 b_j$ 绕参考点 $b_0(1, 0)$ 转过 $-\phi_{1j}$ 使 $a_0 a_j$ 到 $a'_0 a'_j$，前一运动可用旋转矩阵描述为：

$$\begin{bmatrix} a_{jx} \\ a_{jy} \\ 1 \end{bmatrix} = \begin{bmatrix} R_{\theta 1j} \end{bmatrix} \begin{bmatrix} a_{1x} \\ a_{1y} \\ 1 \end{bmatrix} = \begin{bmatrix} \cos\theta_{1j} & -\sin\theta_{1j} & 0 \\ \sin\theta_{1j} & \cos\theta_{1j} & 0 \\ 0 & 0 & 1 \end{bmatrix} \begin{bmatrix} a_{1x} \\ a_{1y} \\ 1 \end{bmatrix} \tag{2-100}$$

后一运动可用旋转矩阵描述为：

$$\begin{bmatrix} a'_{jx} - b_{0x} \\ a'_{jy} - b_{0y} \\ 1 \end{bmatrix} = \begin{bmatrix} R_{-\phi_{1j}} \end{bmatrix} \begin{bmatrix} a_{jx} - b_{0x} \\ a_{jy} - b_{0y} \\ 1 \end{bmatrix} \tag{2-101}$$

将 b_0 点的坐标 $b_{0x} = 1$，$b_{0y} = 0$ 代入上式，整理后得：

$$\begin{bmatrix} a'_{jx} \\ a'_{jy} \\ 1 \end{bmatrix} = \begin{bmatrix} \cos\phi_{1j} & \sin\phi_{1j} & (1 - \cos\phi_{1j}) \\ -\sin\phi_{1j} & \cos\phi_{1j} & \sin\phi_{1j} \\ 0 & 0 & 1 \end{bmatrix} \begin{bmatrix} a_{jx} \\ a_{jy} \\ 1 \end{bmatrix} = \begin{bmatrix} D_{-\phi_{1j}} \end{bmatrix} \begin{bmatrix} a_{jx} \\ a_{jy} \\ 1 \end{bmatrix} \tag{2-102}$$

于是得到了我们所需要的相对位移矩阵：

$$\begin{bmatrix} D_{r1j} \end{bmatrix} = \begin{bmatrix} D_{-\phi_{1j}} \end{bmatrix} \begin{bmatrix} R_{\theta 1j} \end{bmatrix} = \begin{bmatrix} \cos(\theta_{1j} - \phi_{1j}) & -\sin(\theta_{1j} - \phi_{1j}) & (1 - \cos\phi_{1j}) \\ \sin(\theta_{1j} - \phi_{1j}) & \cos(\theta_{1j} - \phi_{1j}) & \sin\phi_{1j} \\ 0 & 0 & 1 \end{bmatrix} \tag{2-103}$$

同样，也可以导出曲柄滑块机构的相对位移矩阵。图 2-102 是一曲柄滑块函数机构，曲柄转角 θ_{1j} 和函数的自变量成比例，滑块位移和函数值成比例。新连杆 $a'_0 a'_j$ 上任意点 a_1 到 a'_j 的位移可看成两个运动的合成：

① $a_0 a_1$ 杆绕参考点 $a_0(0, 0)$ 转过 θ_{1j} 到 $a_0 a_j$；

② 刚化了的 $a_0 a_j b_j$ 沿导槽 α 的方向移过 $(-s_{1j})$。

前一运动可用旋转矩阵描述为：

$$\begin{bmatrix} a_{jx} \\ a_{jy} \\ 1 \end{bmatrix} = \begin{bmatrix} R_{\theta 1j} \end{bmatrix} \begin{bmatrix} a_{1x} \\ a_{1y} \\ 1 \end{bmatrix} \tag{2-104}$$

后一运动可用矢量关系表示为：

$$\begin{bmatrix} a'_{jx} \\ a'_{jy} \\ 1 \end{bmatrix} = \begin{bmatrix} a_{jx} \\ a_{jy} \\ 1 \end{bmatrix} + \begin{bmatrix} -s_{1j}\cos\alpha \\ -s_{1j}\sin\alpha \\ 0 \end{bmatrix} \tag{2-105}$$

加以整理，可得相对位移矩阵：

$$\begin{bmatrix} D_{r1j} \end{bmatrix} = \begin{bmatrix} \cos\theta_{1j} & -\sin\theta_{1j} & -s_{1j}\cos\alpha \\ \sin\theta_{1j} & \cos\theta_{1j} & -s_{1j}\sin\alpha \\ 0 & 0 & 1 \end{bmatrix} \tag{2-106}$$

从而得到：

$$\begin{bmatrix} a'_j \\ 1 \end{bmatrix} = \begin{bmatrix} D_{r1j} \end{bmatrix} \begin{bmatrix} a_1 \\ 1 \end{bmatrix}$$

3. 三个精确点的综合　图 2-101 的函数发生铰接四杆机构，经转换机架后，原来的连杆变成平面 R—R 导引杆，因此可按刚体导引机构进行设计。若给定三个精确点，可根据假想导引杆 ab 的定长条件建立两个设计方程：

$$\begin{aligned} (a'_{2x} - b_{1x})^2 + (a'_{2y} - b_{1y})^2 &= (a_{1x} - b_{1x})^2 + (a_{1y} - b_{1y})^2 \\ (a'_{3x} - b_{1x})^2 + (a'_{3y} - b_{1y})^2 &= (a_{1x} - b_{1x})^2 + (a_{1y} - b_{1y})^2 \end{aligned} \tag{2-107}$$

其中：

$$[a'_{jx} \quad a'_{jy} \quad 1]^T = [D_{r1j}][a_{1x} \quad a_{1y} \quad 1]^T \quad (j = 2, 3) \tag{2-108}$$

将式（2-108）代入式（2-107）可得一个具有 4 个未知数 a_{1x}，a_{1y}，b_{1x}，b_{1y} 的二阶线性方程组。给定 b_{1x}，b_{1y}，可解出 a_{1x}，a_{1y}。

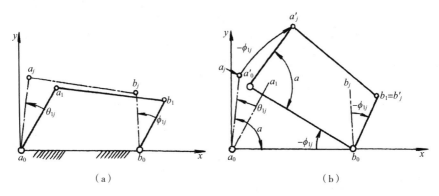

（a）　　　　　　　　　　　（b）

图 2-101　机架转换

例 27：设计一铰链四杆机构，使能近似实现给定的函数 $y = \lg x (1 \leqslant x \leqslant 2)$，主、从动连架杆的最大摆角分别为 60° 和 90°。

解：（1）按三个精确点计算对应的 θ_j 和 ϕ_j 角。

①由 $x = 1$，$x_m = 2$，得 $F(x_0) = \lg x_0 = 0$ 和 $F(x_m) = \lg x_m = 0.301$

②由式（2-96）、式（2-97）算得比例系数：

$$k_\theta = 60° \qquad k_\phi = 299°$$

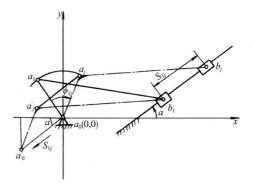

图 2-102　曲柄滑块函数机构

③由式（2-82）可算得 $x_1 = 1.067$，$x_2 = 1.5$，$x_3 = 1.933$，再由式（2-98）计算 θ_j，ϕ_j，当取 $\theta_j = 86°$，$\phi_0 = 23.5°$ 时得：

$$\theta_1 = 90.02° \qquad \phi_1 = 31.93°$$
$$\theta_2 = 116° \qquad \phi_2 = 76.15°$$
$$\theta_3 = 141.98° \qquad \phi_3 = 109.07°$$

④由式（2-99）计算 θ_{1j}，ϕ_{1j} 得：

$$\theta_{12} = 25.98° \quad \phi_{12} = 44.22°$$
$$\theta_{13} = 51.96° \quad \phi_{13} = 77.14°$$

（2）计算相对位移矩阵，由式（2-103）得：

$$[D_{r12}] = \begin{bmatrix} 0.9498 & 0.3130 & 0.2833 \\ -0.3130 & 0.9498 & 0.6974 \\ 0 & 0 & 1 \end{bmatrix}$$

$$[D_{r13}] = \begin{bmatrix} 0.905 & 0.4255 & 0.7757 \\ -0.4255 & 0.905 & 0.9745 \\ 0 & 0 & 1 \end{bmatrix}$$

（3）由式（2-107）、式（2-108）建立设计方程组，当取 $b_{1x} = 1.348$，$b_{1y} = 0.217$ 时，得：

$$\begin{cases} 0.1864a_{1x} + 0.3401a_{1y} = 0.2498 \\ 0.5078a_{1x} + 0.659a_{1y} = 0.4814 \end{cases}$$

解出 $\qquad\qquad a_{1x} = 0.018 \qquad a_{1y} = 0.7435$

（4）计算各杆的长度。因已假定固定铰链的坐标 $(a_{0x}, a_{0y}) = (0, 0)$，$(b_{0x}, b_{0y}) = (1, 0)$，故可得各杆的相对长度为：

$$a_0a = \sqrt{(a_{1x} - a_{0x})^2 + (a_{1y} - a_{0y})^2} = 0.7437$$

$$ab = \sqrt{(a_{1x} - b_{1x})^2 + (a_{1y} - b_{1y})^2} = 1.4304$$

$$b_0b = \sqrt{(b_{1x} - b_{0x})^2 + (b_{1y} - b_{0y})^2} = 0.4101$$

$$a_0b_0 = 1$$

所得机构简图如图 2-103 所示：

$$l_{ab} = 100 \times ab = 143.04\text{mm}$$
$$l_{b_0b} = 100 \times b_0b = 41.01\text{mm}$$

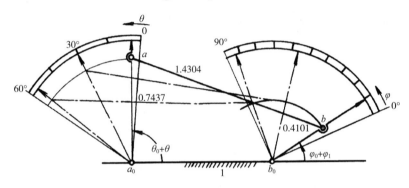

图 2-103　函数发生机构

例 28：织机传动综框的曲柄滑块机构如图 2-104 所示。按工艺要求和机器位置给定（长度单位：mm）：$b_1(420, 15)$，$\theta_{12} = -30°$，$\theta_{13} = 30°$，$s_{12} = 40$，$s_{13} = -40$。要求确定 $a_1(a_{1x}, a_{1y})$，a_0a 和 ab。

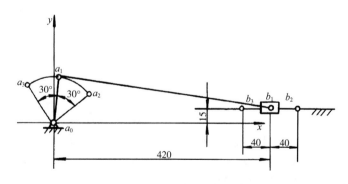

图 2-104　曲柄滑块机构

解：该设计属三个精确点问题。取坐标系如图 2-104 所示。导路偏角 $\alpha = 0°$。

（1）由式（2-107）计算相对位移矩阵。

$$[D_{r12}] = \begin{bmatrix} \cos\theta_{12} & -\sin\theta_{12} & -s_{12}\cos\alpha \\ \sin\theta_{12} & \cos\theta_{12} & -s_{12}\sin\alpha \\ 0 & 0 & 1 \end{bmatrix} = \begin{bmatrix} \cos30° & \sin30° & -40 \\ -\sin30° & \cos30° & 0 \\ 0 & 0 & 1 \end{bmatrix}$$

$$[D_{r13}] = \begin{bmatrix} \cos\theta_{13} & -\sin\theta_{13} & -s_{13}\cos\alpha \\ \sin\theta_{13} & \cos\theta_{13} & -s_{13}\sin\alpha \\ 0 & 0 & 1 \end{bmatrix} = \begin{bmatrix} \cos30° & -\sin30° & 40 \\ \sin30° & \cos30° & 0 \\ 0 & 0 & 1 \end{bmatrix}$$

（2）将上述相对位移矩阵代入式（2-108），再代入式（2-107），得：

$$\begin{cases} 29.12832a_{1x} - 227.9904a_{1y} = -17600 \\ 83.41035_{1x} + 192.0096a_{1y} = 16000 \end{cases}$$

解得：$a_{1x} = 10.9094$，$a_{1y} = 78.5900$。由于 $b_{1x} = 420$，$b_{1y} = 15$，曲柄 a_0a 和连杆 ab 的长度分别为：

$$a_0a = \sqrt{a_{1x}^2 + a_{1y}^2} = 79.344\text{mm}$$

$$ab = \sqrt{(a_{1x} - b_{1x})^2 + (a_{1y} - b_{1y})^2} = 414.003\text{mm}$$

4. 四个精确点的综合　综合铰接四杆函数机构时，若给定四个精确点，则可根据假想导引杆 ab 的定长条件建立三个设计方程：

$$(a'_{jx} - b_{1x})^2 + (a'_{jy} - b_{1y})^2 = (a_{1x} - b_{1x})^2 + (a_{1y} - b_{1y})^2 \qquad (j = 2, 3, 4) \qquad (2-109)$$

其中

$$[a'_{jx} \quad a'_{jy} \quad 1]^T = [D_{r1j}][a_{1x} \quad a_{1y} \quad 1]^T \qquad (2-110)$$

式（2-110）代入式（2-109）可得一组含有四个未知量 a_{1x}，a_{1y}，b_{1x}，b_{1y} 的非线性设计方程，其中有一个未知量可预先选定。用数值迭代法求解时，若使预先选定的这一量的值不断增长，可得到一系列的解。用它们可画出相对圆点曲线和相对圆心曲线，在其上适当选取两组对应的圆点、圆心点，即可得所需的机构。例29：在例27中如再增加一个精确点 $x_1 = 1$，$y_1 = 0$ 试设计此近似实现给定函数 $y = \lg x(1 \le x \le 2)$ 的铰接四杆机构。

解：给定一个精确点，再加上例27中已算出的三个，共有四个精确点：

$$\theta_1 = \theta_0 + 0° \qquad \phi_1 = \phi_0 + 0°$$
$$\theta_2 = \theta_0 + 4.02° \qquad \phi_2 = \phi_0 + 8.43°$$
$$\theta_3 = \theta_0 + 30° \qquad \phi_3 = \phi_0 + 52.65°$$
$$\theta_4 = \theta_0 + 55.98° \qquad \phi_4 = \phi_0 + 85.57°$$

相对于第一位置的转角为：

$$\theta_{12} = 4.02° \qquad \phi_{12} = 8.43°$$
$$\theta_{13} = 30° \qquad \phi_{13} = 52.65°$$
$$\theta_{14} = 55.98° \qquad \phi_{14} = 85.57°$$

利用牛顿—罗夫森法解非线性方程组的计算机程序进行迭代求解，当预先选定 $b_{1x} = 1.35$，并不断给 b_{1x} 以增量0.2时，可得一系列解见表2-18。取表中第一组数值作为机构的解，可画出图2-105所示的机构简图，其中各杆的相对长度为：

$$a_0a = \sqrt{(a_{1x} - a_{0x})^2 + (a_{1y} - a_{0y})^2} = 0.97051$$
$$ab = \sqrt{(b_{1x} - a_{1x})^2 + (b_{1y} - a_{1y})^2} = 1.67269$$
$$b_0b = \sqrt{(b_{1x} - b_{0x})^2 + (b_{1y} - b_{0y})^2} = 0.42325$$

$$l_{ab} = 100 \times ab = 143.04\text{mm}$$
$$l_{b_0b} = 100 \times b_0b = 41.01\text{mm}$$

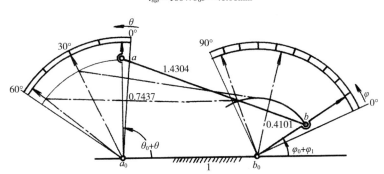

图 2-105 四杆函数发生机构

表 2-18 连杆两铰链中心坐标值

序号	坐标			
	b_{1x}	b_{1y}	a_{1x}	a_{1y}
1	1.35	0.2380	−0.1602	0.9572
2	1.55	0.2070	−0.1309	1.3626
3	1.75	0.0942	−0.8940	1.7866
4	1.95	−0.1179	−0.1151	2.3872
5	2.15	−0.4960	−1.2660	5.0660
6	2.35	−0.9850	2.1890	−0.5966
…	…	…	…	…

（五）轨迹生成机构综合

轨迹生成机构可以使连杆上某点通过某一预先给定的轨迹而完成一定的功能。一般来说连杆机构不可能使连杆上某点精确地通过这一轨迹，而只能通过轨迹上的几个点从而近似地再现轨迹。用解析法综合轨迹实现机构，同综合刚体导引机构和函数发生机构一样，首先要建立设计方程，然后求解该方程，求解待定参数。

1. 平面铰接四杆轨迹生成机构 图 2-106 为一平面铰接四杆机构。设连杆 ab 上一点 P 在坐标系 xOy 中沿着平面轨迹上一系列给定的有序点 P_1，$P_j(j=2，3，4，\cdots)$ 运动。这时 P_j 点的坐标 $(P_{jx}，P_{jy})$ 为已知，设计该机构的任务在于确定四个铰点 a_0，a_1，b_0，b_1 的坐标。

按连架杆 a_0a 和 b_0b 等长约束条件有：

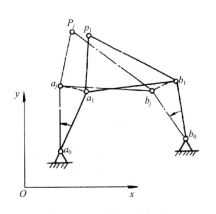

图 2-106 轨迹生成机构

$$(a_{jx} - a_{0x})^2 + (a_{jy} - a_{0y})^2 = (a_{1x} - a_{0x})^2 + (a_{1y} - a_{0y})^2$$

$$(b_{jx} - b_{0x})^2 + (b_{jy} - b_{0y})^2 = (b_{1x} - b_{0x})^2 + (b_{1y} - b_{0y})^2 \quad (j = 2, 3, 4, \cdots)$$

据式（2-82），有：

$$[a_{jx} \quad a_{jy} \quad 1]^{\mathrm{T}} = [D_{1j}] [a_{1x} \quad a_{1y} \quad 1]^{\mathrm{T}}$$

$$[b_{jx} \quad b_{jy} \quad 1]^{\mathrm{T}} = [D_{1j}] [b_{1x} \quad b_{1y} \quad 1]^{\mathrm{T}}$$

其中位移矩阵如式（2-111）中所示，即：

$$[D_{1j}] = \begin{bmatrix} \cos\theta_{1j} & -\sin\theta_{1j} & (P_{jx} - P_{1x}\cos\theta_{1j} + P_{1y}\sin\theta_{1j}) \\ \sin\theta_{1j} & \cos\theta_{1j} & (P_{jy} - P_{1x}\sin\theta_{1j} + P_{1y}\cos\theta_{1j}) \\ 0 & 0 & 1 \end{bmatrix} \tag{2-111}$$

式（2-111）中 P_{1x}，P_{1y}，P_{jx}，P_{jy} 为参考点的坐标，这时即为轨迹上已知给定点的坐标值，θ_{1j} 为连杆的相对转角，这时为未知量（注意，在刚体导引机构综合时，θ_{1j} 是已知量）。消去 a_{jx}，a_{jy}，b_{jx}，b_{jy}，即得所需的非线性设计方程组。其中共有八个未知的结构参数（a_{0x}，a_{0y}，a_{1x}，a_{1y}，b_{0x}，b_{0y}，b_{1x}，b_{1y}）和（$j-1$）个未知的运动参数（θ_{12}，θ_{13}，$\cdots$，θ_{1j}），即总共有 $8+(j-1)$ 个未知参数，而设计方程的数目为 $2(j-1)$。由 $8+(j-1) \geqslant 2(j-1)$，可得 $j \leqslant 9$，即最多可实现轨迹上九个给定的设计点。通常并不希望按最多可实现的轨迹点数目进行设计，因为这时没有可自由选取的参数，而给非线性方程求解收敛造成困难。若 $j<9$，设计时可预先选定某些参数。铰链四杆机构轨迹综合时给定的设计点数目的关系如表 2-19 所示。由表 2-19 可见，$j \leqslant 5$ 时，可预先选定四个以上参数，若将所有的连杆相对转角 θ_{1j} 均预先选定，则此时轨迹机构的综合转化成刚体导引机构的综合，从而可对两个连架杆分别独立求解其铰链中心的坐标。

表 2-19　设计点数目与可预选的参数数目的关系

设计点数目 j	设计方程总数 $2j-9$	参数总数 $8+(j+1)$	预先可选定的参数数目
2	2	9	7
3	4	10	6
4	6	11	5
5	8	12	4
6	10	13	3
7	12	14	2
8	14	15	1
9	16	16	0

根据切贝雪夫—罗伯茨（Chebyshev-Roberts）定理，同一条连杆曲线可以由三个不同尺寸的四杆机构画出来，这三个能描绘出同一条连杆曲线的四杆机构称为同源机构，如图 2-107 所示 $A_0AB'B_0$、$A_0A'CC_0$ 和 $B_0BC'C_0$，它们连杆上的 M 点描出的轨迹是相同的。由于同源机构的尺寸之间满足图 2-107 中的平行四边形关系，故其中一个的连杆转角与另外两个机构的一个连架杆的转角相同，例如，$A_0AB'B_0$ 机构的连杆转过 φ 角，则 A_0A' 和 B_0B 也转过 φ 角。这样，当我们的设计要求 A_0A 转过 a_2，a_3，a_4，$\cdots$，a_n 时，M 点经过 M_2，M_3，M_4，$\cdots$，M_n，我们可以把 α 当作 $A_0A'CC_0$ 机构的连杆转角，以此设计刚体导引机构 $A_0A'CC_0$，而其余两个同源机构就是所要求的轨迹机构。

例30：设计一铰接四杆轨迹生成机构，使其通过 5 个精确点。这 5 个精确点是：

$P_1 = (1.00,1.00)$，$P_2 = (2.00,0.50)$，$P_3 = (3.00,1.50)$，$P_4 = (2.00,2.00)$，$P_5 = (1.50,1.50)$

解：从表 2-19 知，当给定 5 个精确点时，可任意指定 4 个参数。我们选定两个定铰点的值，令 $a_0 = (2.10,0.60)$，$b_0 = (1.50,4.2)$，解设计方程式得：

$$a_1 = (0.607, -1.127)$$
$$b_1 = (-0.586, 0.997)$$

求解结果如图 2-108 所示。图中给出了当 b_0 的值沿着一条直线变化时，所得的一组解。请注意这里连杆相对转角也是作为未知量一块求出的，其值略去。根据计算结果，可进一步求出：

$$a_0a = \sqrt{(a_{1x} - a_{0x})^2 + (a_{1y} - a_{0y})^2} = 2.283$$
$$b_0b = \sqrt{(b_{1x} - b_{0x})^2 + (b_{1y} - b_{0y})^2} = 3.822$$
$$ab = \sqrt{(a_{1x} - b_{1x})^2 + (a_{1y} - b_{1y})^2} = 2.436$$
$$ap = \sqrt{(a_{1x} - P_{1x})^2 + (a_{1y} - P_{1y})^2} = 2.163$$
$$bp = \sqrt{(b_{1x} - P_{1x})^2 + (b_{1y} - P_{1y})^2} = 1.586$$

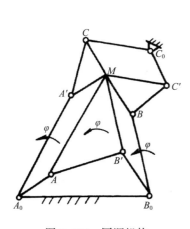

图 2-107　同源机构

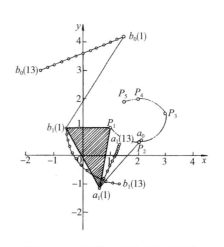

图 2-108　铰接四杆轨迹生成机构

2. 曲柄滑块轨迹实现机构　图 2-109 所示为曲柄滑块机构 $a_0a_1b_1$。设连杆 ab 上一点 P 在坐标系 xOy 中沿着平面轨迹上一系列给定的有序点 P_1，$P_j(j = 2,3,4,\cdots)$ 运动，这时由于 P_j 点的坐标 (P_{jx}, P_{jy}) 为已知，故设计该机构的任务为确定三个铰链中心 a_0，a_1，b_1 的坐标和滑块导槽的倾角 α。

列出两连架杆的约束方程：

$$(a_{jx} - a_{0x})^2 + (a_{jy} - a_{0y})^2 = (a_{1x} - a_{0x})^2 + (a_{1y} - a_{0y})^2$$
$$\tan\alpha = \frac{b_{jy} - b_{1y}}{b_{jx} - b_{1x}}$$
$$j = 2,3,4,\cdots \qquad (2-112)$$

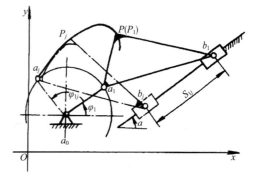

图 2-109　曲柄滑块轨迹机构

其中

$$[a_{jx} \quad a_{jy} \quad 1]^{\mathrm{T}} = [D_{1j}][a_{1x} \quad a_{1y} \quad 1]^{\mathrm{T}}$$
$$[b_{jx} \quad b_{jy} \quad 1]^{\mathrm{T}} = [D_{1j}][b_{1x} \quad b_{1y} \quad 1]^{\mathrm{T}}$$

$$(2-113)$$

式中：$[D_{1j}]$ 是以 P 点为参考点时连杆 ab 的平面位移矩阵，其中连杆的相对转角 θ_{1j} 为未知量，将式（2-113）代入式（2-112）消去 a_{jx}，a_{jy}，b_{jx}，b_{jy}，即得所需的非线性设计方程组。它们共有 7 个未知结构参数（a_{0x}，a_{0y}，a_{1x}，a_{1y}，b_{1x}，b_{1y}，α）和 $(j-1)$ 个未知运动参数（θ_{12}，θ_{13}，…，θ_{1j}），即总共有 $7+(j-1)$ 个未知参数，而设计方程的数目仍为 $2(j-1)$。由 $7+(j-1) \geqslant 2(j-1)$ 可得 $j \leqslant 8$，即最多可实现轨迹上 8 个给定的设计点。$j \leqslant 4$ 时，轨迹机构的综合可转化为导引机构的综合，从而可对两个连架杆分别独立求解求知参数。

思考题

1. 平面四杆机构有几种基本类型？试说明它们的运动特点并举出应用实例。

2. 什么是平面连杆机构的死点位置？用什么办法克服机构的死点位置？试举例说明。

3. 试述平面四杆机构类型的判别方法。根据下图所注明的尺寸判别平面四杆机构的类型。

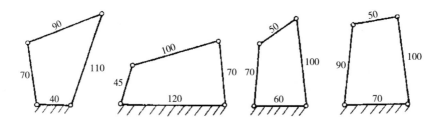

4. 如下图所示的平面四杆机构中，机架 $l_{AD} = 40\text{mm}$，两连架杆长度分别为 $l_{AB} = 18\text{mm}$，$l_{CD} = 45\text{mm}$，则当连杆 l_{BC} 的长度在什么范围内时，该机构为曲柄摇杆机构？

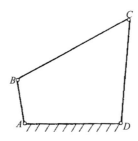

5. 机器具有什么特征？

6. 机构运动简图的定义是什么？

7. 机构具有确定的运动条件是什么？

8. 如何计算平面机构的自由度？

9. 如何计算空间机构的自由度？

10. 平面连杆机构的传动特点有哪些？

11. 平面四杆机构的演化方式有几种？具体演化的机构有哪些？

12. 平面四杆机构的工作特性包括哪几个方面？并分析工作特性的优劣指标。

13. 在计算机构自由度时，应注意哪些事项？

14. 简述机构的组成原理。什么是基本杆组？它具有什么特性？

15. 选择一种缝纫机作为分析对象，画出其针杆机构、钩线机构、送料机构、挑线机构和抬压脚机构、剪线机构、拨线机构、针距调节机构、倒顺缝机构的运动示意图，并计算机构的自由度。

16. 结合具体的平缝机机型，开展机构分析和设计研究，提出机构创新改进的建议。

第三章　缝纫机线迹形成原理

第一节　线迹分类及标准

一、概述

线迹是由一根或一根以上的缝线采用自连、互连、交织，在缝料上或穿过缝料形成的一个单元。线迹的形成有无缝料、在缝料的内部、穿过缝料、在缝料表面四种情况，其用途是将衣片连接缝合成服装、保护面料边缘不脱散、对服装的某些部位进行加固、装饰美化服装。诚然目前缝合已扩大到鞋、帽、箱包、沙发、床垫和汽车、飞机内饰等非服装领域。

自连是指缝线的线环依次穿入同一根缝线形成的前一个线环，如图 3-1 所示；互连是指一根缝线的线环穿入另一根缝线所形成的线环，如图 3-2 所示；交织是指一根缝线穿过另一根缝线的线环，或者围绕另一根缝线，如图 3-3 所示。

图 3-1　自连　　　　　　图 3-2　互连　　　　　图 3-3　交织

二、线迹的分类

根据 GB/T 4515—2008《线迹的分类和术语标准》，线迹可分为以下六类：

（1）100 类——链式线迹。由一根或一根以上针线自连形成的线迹。其特征是一根缝线的线环穿入缝料后，依次与一个或几个线环自连。

（2）200 类——手缝线迹。起源于手工缝纫的线迹。其特征是由一根缝线穿过缝料，而把缝料固结。

（3）300 类——锁式线迹。一组（一根或数根）缝线的线环，穿入缝料后与另一组缝线（一根或数根）交织而形成的线迹。

（4）400 类——多线链式线迹。一组（一根或数根）缝线的线环，穿入缝料后，与另一组缝线（一根或数根）互连而形成的线迹。

（5）500 类——包边链式线迹。一组（一根或数根）或一组以上缝线以自连或互连方式形成的线迹，至少一组缝线的线环包绕缝料边缘，一组缝线的线环穿入缝料以后，与一组或一组以上缝线的线环互连。

（6）600 类——覆盖链式线迹。由两组以上的缝线互连，并且其中两组缝线是将缝料上、下覆盖的线迹，第一组缝线的线环穿入固定于缝料表面的第二组缝线的线环后，再穿入缝料与第二组缝线的线环在缝料底面互连。但是601线迹例外，它只用两组缝线，第三组缝线的功能是由第一组缝线中的一根缝线来完成。

三、典型线迹类型

（1）100类。101，102，103，104，105，107，108。

（2）200类。201，202，204，205，206，209，211，213，214，215，217，219，220。

（3）300类。301，302，303，304，305，306，307，308，309，310，311，312，313，314，315，316，317，318，319，320，321，322，323，324，325，326，327，328，329，351。

（4）400类。401，402，403，404，405，406，407，408，409，410，411，412，413，414，415，416，417。

（5）500类。501，502，503，504，505，506，507，508，509，510，511，512，513，514，521，522。

（6）600类。601，602，603，604，605，606，607，608，609。

四、几种常用的线迹类型的图解

101，202，301，304，401，501，601线迹类型图解及说明如下：

1. 101线迹（图3-4）　101线迹是由一根针线（1）所形成。它的一个线环从机针一面穿入缝料，在缝料另一面进行自连。

2. 202线迹（图3-5）　202线迹是由一根针线（1）所形成，该线穿过缝料后，向前适当长度回穿过缝料，再向后方拉出向前长度的1/2，再一次穿过缝料。这种线迹型式常用于其他线迹形成的起始和结束。

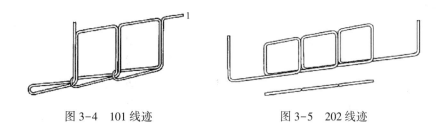

图3-4　101线迹　　　　　　　　　　图3-5　202线迹

3. 301线迹（图3-6）　301线迹是由一根针线（1）和一根梭线（a）所形成。线（1）的一个线环从机针一面穿入缝料，露出在另一面与线（a）进行交织，收紧线使交织的线环处于缝料层的中间部位。该线迹型式有时用一根线形成，在这种情况下，第一个线迹与其后依次连续的线迹有所差异。

4. 304线迹（图3-7）　304线迹是由一根针线（1）和一根梭线（a）所形成，线（1）的线不从机针一面穿入缝料，露出在另一面与线（a）进行交织。该线迹型式与301线迹相同，只是连续的线迹排列成Z字形。

5. 401线迹（图3-8）　401线迹是由一根针线（1）和一根钩梭线（a）所形成。线（1）的线环从机针一面穿入缝料，露出于另一面后穿入线（a）的前一个线环，然后与线（a）的线环进行互连。这些互连线环都相对于缝料而被收紧。

6. 501线迹（图3-9）　501线迹是由一根针线（1）所形成。线（1）的线环在机针一面从已包绕缝料边缘的前一个线环中穿入缝料，然后拉出包绕过缝料的边缘到机针一面，处于下一个机针穿刺点上。

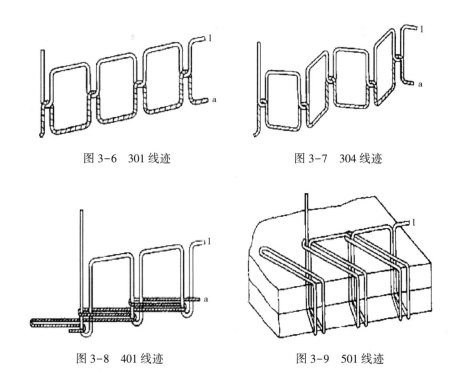

图 3-6 301 线迹   图 3-7 304 线迹

图 3-8 401 线迹   图 3-9 501 线迹

7. 601 线迹（图 3-10）   601 线迹是由两根针线（1）和（2）及一根钩梭线（a）所形成。线（2）的线环从机针一面穿入缝料，以及线（1）的线环从已被拉至其机针穿刺点的线（2）前一个线环中穿入缝料后，进入线（a）的前一个线环中分离的两个线环，再与线（a）的线环进行互连，这些互连线环都是相对缝料而被收紧。

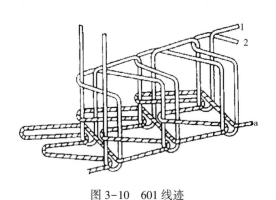

图 3-10 601 线迹

第二节 常用线迹的形成原理

常见的线迹有双线锁式线迹、单线链式线迹、双线链式线迹、三线包缝线迹、三针四线绷缝线迹、单线链式缲边线迹等。

一、双线锁式线迹

双线锁式线迹（如图 3-11 所示为 300 系列锁式线迹），是由底线和面线在面料上锁套而形成的线迹，它是由一根或数根缝线的线环穿入缝料后与另一根或数根缝线交织而形成的，家用机、平缝机、曲折缝机型、平头锁眼机、套结机上所形成的线迹均为 301 锁式线迹。

（一）双线锁式线迹的特点

这种线迹的特点是线迹不易脱散，结构简单、坚固，用线量少。由于缝料正反面线迹呈现的形态完全一样，其在服装、鞋帽、箱包等缝制中获得广泛应用。这种线迹的缺点是弹性差，其抵抗拉伸能力低，容易被拉断；且梭体容量有限，生产中要经常换底线。目前由于缝纫机计算机控制技术的发展，已有成熟的换底线自动化装置产品出现，极大地减轻了换底线梭芯的工作量，特别是对刺绣机而言。

图 3-11　双线锁式线迹

双线锁式线迹是由面线和底线组成，其交织点位于缝料厚度中央。该线迹是由带面线的机针上下直线往复运动和带底线梭子的摆动（摆梭）或转动（旋梭）准确的运动配合来完成的。

摆梭往复转动与机针上下运动的准确配合形成锁式线迹，摆梭常用在家用缝纫机、套结机上。

（二）摆梭与机针运动配合形成线迹

摆梭与机针运动配合形成线迹的过程如图 3-12 所示。

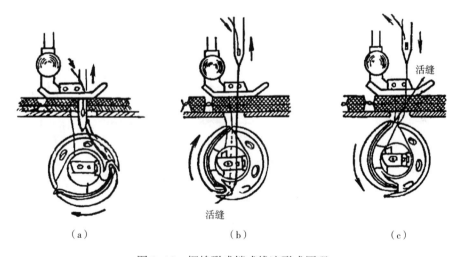

（a）　　　　　　　　（b）　　　　　　　　（c）

图 3-12　摆梭形成锁式线迹形成原理

第一步：机针引导面线穿刺通过缝料，运动到最低位置后，随机针回升，由于机针浅槽一侧缝料对缝线的摩擦力作用，面线在随机针回升的时候，在缝料下方形成滞留现象，在机针回升 2mm 左右时，面线滞留到一定程度，形成一个线环，顺时针转动摆梭梭尖钩住线环，并拉长扩大，线环从摆梭与摆梭托的间隙中滑入梭尖根部，如图 3-12（a）所示。

第二步：摆梭继续顺时针转动，梭根推动线环绕过摆梭并接近摆梭的逆时针回摆的初始点，如图 3-12（b）所示。

第三步：挑线杆向上收线运动，挑线孔引导面线沿特定的连杆曲线轨迹，拉动线环从摆梭翼上脱出，与底线形成穿套；此时，摆梭逆时针转动；摆梭托与摆梭在上方出现间隙，挑线杆上的挑线孔引导面线和被套住的底线从此间隙脱出，随着挑线杆进一步向上收线，底线和面线交织收紧于缝料厚度中间，形成锁式线迹，如图3-12（c）所示。

随后送料牙运动推送缝料完成一个针距的移动，机针再次向下运动，刺穿缝料、回升、摆梭梭尖钩住线环、拉长扩大线环、再次使底线和面线交织点位于缝料厚度中间，如此循环，形成线迹，缝合缝料。

（三）旋梭与机针运动配合形成线迹

旋梭与机针运动配合形成锁式线迹的过程如下（图3-13）。

第一步：机针引导缝线穿过缝料，运动至最低位置后回升2mm左右时，由于机针浅槽一侧缝料对缝线的摩擦力作用，面线滞留在缝料下方并形成较好线环形态，顺时针旋转的旋梭梭尖钩住线环，线环被拉长扩大。如图3-13（a）所示。

第二步：机针回升，旋梭继续顺时针转动，使线环进一步扩大，挑线杆向下运动拉松缝线，供应扩大线环所需要的面线。如图3-13（b）所示。

第三步：梭尖带动面线环绕过梭轴中心时，挑线杆迅速上升，形成收线运动，挑线孔引导面线沿特定的连杆曲线轨迹拉动面线，使线环从旋梭上滑落并与底线完成交织。如图3-13（c）、（d）所示。

第四步：机针上升至最高点再次下降，挑线杆继续上升抽紧线迹，使面、底线交织于缝料厚度中间，此时送料牙推送缝料完成一个针距的移动，其间旋梭正在转第二转，此转为空转，在机针再次到达最低位置时，转完第二转。如图3-13（e）所示。

第五步：依次循环往复，形成缝纫锁式线迹。

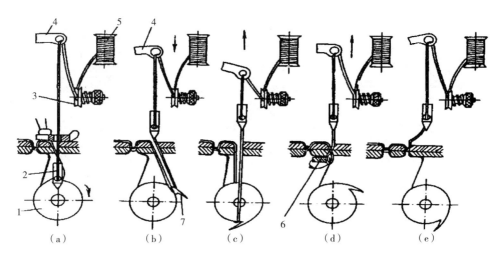

图3-13 旋梭形成锁式线迹原理

1—旋梭 2—直针 3—夹线器 4—挑线杆 5—线轴 6—送料牙 7—梭尖

二、单线链式线迹

单线链式线迹（如图3-14所示为100系列线迹），是由一根缝线往复循环穿套而成的链条状线迹，它的一个线环从机针一面穿入缝料，在缝料另一面进行自连。这种线迹用线量不多，拉伸性一般，拉伸线迹的终缝一端或缝线断裂均会引起线迹的脱散，所以应用不广泛。但有的钉扣机采用了这种线迹，因为钉扣时缝线的相互穿套是在纽扣的扣眼间完成的，缝线的叠加和挤压提高了线迹的抗脱散性能。

单线链式线迹是由一根缝线自身往复循环穿套而成的链条状线迹。它是由带线机针的上下往复运动和不带线的旋转线钩的转动配合实现的。

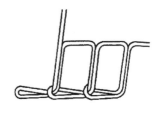

单线链式线迹的形成过程如下（图3-15）。

图3-14 单线链式线迹

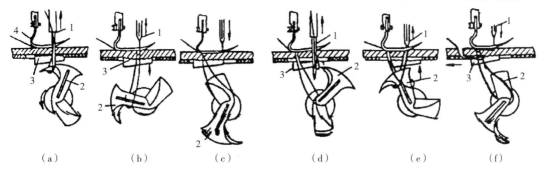

（a）　　　（b）　　　（c）　　　（d）　　　（e）　　　（f）

图3-15 单线链式线迹形成原理

1—机针 2—旋转线钩 3—送料牙 4—压脚

第一步：如图3-15（a）所示，机针向下运动穿刺缝料，运动至最低位置回升到2mm左右时，由于机针浅槽一侧缝料对缝线的摩擦力作用，面线滞留在缝料下方并形成较好线环形态，线环随即被逆时针旋转的旋转线钩钩取。

第二步：如图3-15（b）所示，机针回升退出缝料后，旋转线钩拉长扩大线环，并使线环滑至旋转线钩的中部，此时送料牙进入上升运动，开始推送缝料。

第三步：如图3-15（c）所示，当送料牙运动上升推送缝料前进一个针距的距离时，机针再次向下运动穿刺缝料，此时旋转线钩转过180°。

第四步：如图3-15（d）所示，机针再次从最低位置回升到2mm左右时，由于机针浅槽一侧缝料对缝线的摩擦力作用，面线滞留在缝料下方并形成较好线环形态，旋转线钩继续运转，准备再次钩取机针线环。

第五步：如图3-15（e）所示，旋转线钩转过360°时，旋转线钩第二次钩入线环并拉长扩大，使新线环穿套进入前一个线环。

第六步：如图3-15（f）所示，旋转线钩继续旋转，前一个线环从旋转线钩上滑脱并套在被钩住的新线环上，此时挑线杆上升，挑线孔引导面线沿特定的连杆曲线轨迹运动，收紧前一个线环，完成单线链式线迹的一个单元。

第七步：如此循环往复，形成连续不断的单线链式线迹。

三、多线链式线迹

如图3-16所示，400系列多线链式线迹是由一根弯针线和多根机针线在缝料中往复穿套而形成的线迹。图3-16中，406号线迹为双针三线绷缝线迹，407号线迹为三针四线绷缝线迹。其中由一根弯针线和一根机针线在缝料中往复穿套而形成的线迹命名为双线链式线迹，如图3-16中401号及404号。多线链式线迹，正面线迹形态与锁式线迹相同，拉伸性和强度均比锁式线迹好。

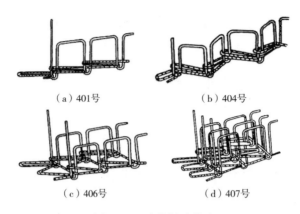

(a) 401号   (b) 404号

(c) 406号   (d) 407号

图 3-16 多线链式线迹

(一) 双线链式线迹

双线链式线迹的形成是由一根带线机针和一个带线弯针相互运动准确配合而实现的。

双线链式线迹的形成过程如下 (图 3-17), 其中如图 3-17 (a) 所示为弯针针尖的运动轨迹。

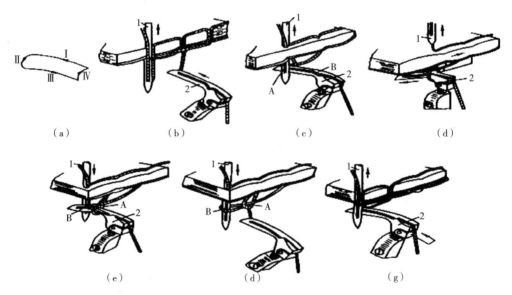

图 3-17 双线链式线迹形成原理

1—机针 2—带线弯针 A—机针线 B—弯针线

第一步: 如图 3-17 (b)、 (c) 所示, 机针向下运动穿刺缝料, 运动至最低位置后回升到 2mm 左右时, 由于机针浅槽一侧缝料对缝线的摩擦力作用, 面线滞留在缝料下方并形成较好线环形态, 此时弯针沿轨迹 I 向左方运动, 穿入机针线环中。

第二步: 如图 3-17 (d)、 (e) 所示, 机针回升退出缝料后, 弯针由沿轨迹 I 运动转为沿轨迹 II 运动, 此时送料牙运动上升推送缝料前进一个针距的距离。弯针从机针后侧移向机针前侧, 机针再次向下运动穿刺缝料, 并穿过弯针头部形成的弯针三角形态线环, 此时弯针已开始沿轨迹 III 回退。

第三步: 机针回升运动到 2mm 左右时, 由于机针浅槽一侧缝料对缝线的摩擦力作用, 面线滞留在缝料下方并形成较好线环形态，此时弯针已按轨迹Ⅳ完成复位，弯针又沿轨迹Ⅰ运动，并再次穿入机针线环中，同时挑线机构运动，相应的收紧前一个线迹。

第四步：如此循环往复，完成连续的双线链式线迹。

（二）三线包缝线迹

三线包缝线迹是由一根带线机针和两根带线弯针的运动配合，使三根缝线相互循环穿套在缝料的边缘而形成的。

三线包缝线迹的形成过程如下（图3-18）。

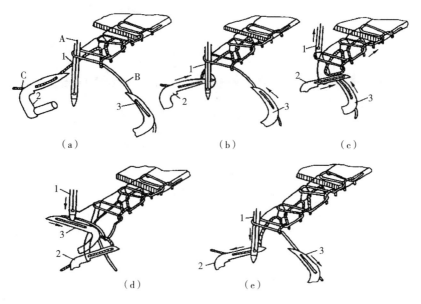

（a）　　　　　　　　（b）　　　　　　　　（c）

（d）　　　　　　　　（e）

图3-18　三线包缝线迹形成原理

1—机针　2—小弯针　3—大弯针　A—机针线　B—大弯针线　C—小弯针线

第一步：如图3-18（a）、（b）所示，机针向下运动，引导面线穿过缝料，机针从最低位置回升到2mm左右时，由于机针浅槽一侧缝料对缝线的摩擦力作用，面线滞留在缝料下方并形成较好线环形态，小弯针带线从左向右穿入机针线环。

第二步：如图3-18（c）所示，机针向上运动退出缝料，机针线环被继续向右摆动的小弯针拉长，此时大弯针带线沿图示方向向左方摆动，穿入小弯针线，并与小弯针线形成三角形态线环。

第三步：如图3-18（d）所示，送料牙向上运动，将缝料推送一个针距距离后，机针再次向下运动，此时大弯针已运动至左上方极限位置并开始往回摆动，机针向下运动过程中，先穿入大弯针线环中，再刺入缝料。

第四步：如图3-18（e）所示，大、小弯针带线同时向相反方向摆动，大弯针线留在机针上，大、小弯针脱下各自穿套的线环，机针线和大、小弯针线相互交织。机针继续向下运动，挑线机构或装置分别收紧机针线和大、小弯针线，形成三线包缝线迹。

第五步：如此循环往复，完成连续的三线包缝线迹。

（三）绷缝线迹

绷缝线迹有双针、三针、四针等，但无论针数多少，其形成线迹的原理是相同的，都是在双线链式线迹形成的基础上，通过扩展机针数量或添加绷针来实现。绷缝线迹形成要求一个弯针依次穿过几根机针回升 2mm 左右时形成的线环。

三针四线绷缝线迹的形成过程如下（图 3-19）。

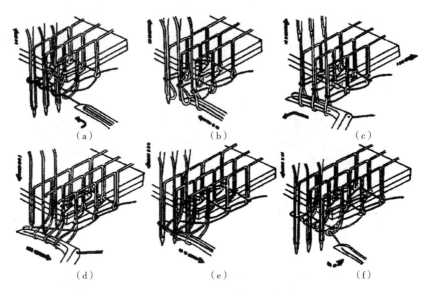

图 3-19　三针四线绷缝线迹形成原理

第一步：弯针在向左前方摆动时，先穿入安装位置最高的机针回升 2mm 左右时形成的线环。

第二步：随着弯针摆动角增大，再穿入安装位置稍低的机针回升 2mm 左右时形成的线环。

第三步：弯针最后穿入安装位置最低的机针回升 2mm 左右时形成的线环。

第四步：机针向上运动回升退出缝料，此时送料牙运动推送缝料前进一个针距的距离，弯针完成让针运动，机针再次向下运动刺穿缝料并穿入弯针线环中，弯针继续回退。

第五步：机针再次由最低位置向上回升运动，并形成线环；此时复位后的弯针再次由右向左摆动，依次穿入机针线环。相应的挑线机构或装置收紧前一个线迹。

第六步：如此循环往复，形成绷缝线迹。

四、单线链式缲边线迹

单线链式缲边线迹（如图 3-20 所示为 100 系列线迹），是由一个线环从机针一面穿入缝料，并通过缝料的一部分，然后在缝料的另一面进行自连而形成的。主要用于对上衣下摆、裙摆及裤脚进行缲边。既要求能将服装的折边与衣身缝合在一起，又要求保证在服装正面不露缝线线迹。

图 3-20　单线链式缲边线迹

单线链式缲边线迹是由弯针和成圈叉及缝纫机其他机构的相互运动配合实现的，单线链式缲边线迹的形成过程如下（图 3-21）。

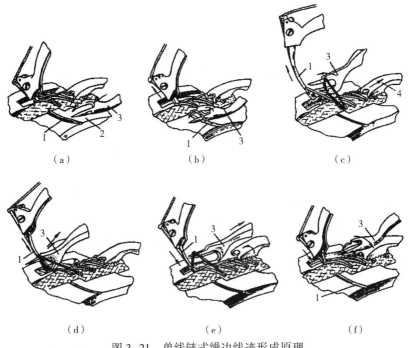

图 3-21 单线链式缲边线迹形成原理
1—弯针 2—针板 3—成圈叉 4—送料牙

　　第一步：如图 3-21（a）所示，带有缝线的弯针从左向右摆动，在送料牙送料即将结束前，弯针带线在顶料轮上方穿过缝料进入针板上的右面弯针槽内，如图 3-22 所示。缝料边缘到弯针针孔间的这段缝线因此处于张紧状态，弯针线与弯针针身之间产生间隙，与此同时，成圈叉开始沿图示箭头方向运动。

　　第二步：如图 3-21（b）所示，弯针继续摆动摆至最右位置时，成圈叉继续向沿图示方向运动，当弯针向左往回摆动时，弯针线与弯针针身之间间隙进一步加大，此时成圈叉穿入弯针线与弯针针身的间隙。

　　第三步：弯针向左摆动摆至最左位置时，成圈叉挑起弯针线，并逆时针旋转 90°形成一个线环，随着弯针从最右位置摆到最左位置，送料牙在缝料上方运动，并推送缝料前进，如图 3-21（c）所示。

　　第四步：弯针带线从最左位置向右摆动，穿入成圈叉挑起的线环中，成圈叉开始回退，如图 3-21（d）所示。

　　第五步：成圈叉继续从左向右摆动，送料牙推送缝料前进一个针距距离，完成送料动作，此时弯针带线再次刺入缝料，如图 3-21（e）所示。弯针继续向右摆动，成圈叉顺时针旋转退出线环，如图 3-21（f）所示。

　　第六步：如此循环往复，形成单线链式缲边线迹。

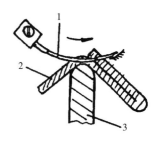

图 3-22 弯针与顶料轮配合示意图
1—弯针 2—缝料 3—顶料轮

第三节 缝纫机的主要成缝构件

在缝纫机复杂的运动中,成缝构件是指在面料上形成各种线迹所必需的基本构件,其作用是钩住线环、拉长扩大线环、引导线轴旋转供线,实现缝线之间的交织、自连或互连,以形成各种不同的线迹。成缝构件主要包括:机针、成缝器、缝料输送装置和收线装置等。

一、机针

(一) 机针的构造

机针是主要的成缝构件之一,它的作用是带线穿刺缝料,在回升约 2mm 时,形成最佳线环形态以便其他成缝器钩取线环,随着相应的运动继续,拉长扩大线环,完成缝线之间的交织、自连或互连,最终收紧形成线迹。

如图 3-23 (a) 和图 3-23 (b) 所示,机针主要有直针和弯针两种类型,大多数缝纫机都使用直针,暗缝机等使用弯针,直针详细结构如图 3-24 所示。

(a) 直针   (b) 弯针

图 3-23 机针类型

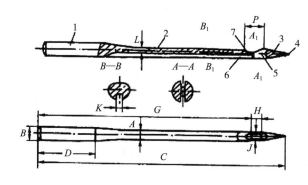

图 3-24 直针结构图

1—针柄 2—针身 3—针刃 4—针尖 5—针孔 6—长针槽 7—短针槽

1. 针柄 针柄是机针与缝纫机针杆相连接的部位。为了通用,相同型号机针的针柄长度和直径均相等。工业缝纫机机针针柄均为圆柱形,家用缝纫机机针针柄一侧为平面,以便和针杆上的装针槽配合安装。按形态,针柄可分为扁端针柄、有凹口针柄、有槽针柄、螺旋针柄、无柄针柄以及小针柄等。针柄越长,抗弯力就越高,因此小号针的针柄应略长;缝厚料时,应采用短针柄,以防刺孔过大和避免压脚与针柄相接触。

2. 针身　针身是指从针孔的上沿至针柄下方一段长度，针身形状有直、弯、锥体、缩颈和有加强节的几种，以实现针柄和针身之间的结构过渡，增加机针抗弯强度。

3. 针刃　针刃是指从针尖至针孔的上沿部分，缝纫中该部分将挤开缝料并引导面线穿过缝料。

4. 针尖　针尖是穿刺缝料的重要部分，不同用途的机针有不同形状的针尖，针尖形式多种多样，主要有圆锥形针尖、球形针尖、棱边形针尖等；在选用针尖形式时，还应考虑缝料的组织结构。

5. 针孔　针孔是指供穿线用的小孔，针孔的周围应光滑无锐边，导引缝线在针孔中能流畅地往复运动，以完成缝纫线迹的形成过程。

6. 长针槽　长针槽是指针柄下方至针孔处的凹槽。长针槽深度和宽度均应大于缝线直径，缝线嵌入长槽后可自由滑动，缝纫时面线容纳于槽内减少了缝料对面线的摩擦力，在机针穿入缝料后，线环被钩住并拉长扩大时，长针槽能保护缝线以减轻缝料对缝线的高强度摩擦。

7. 短针槽　短针槽在针孔上方与长针槽相对，短针槽位于机针面向梭钩一侧。该槽浅而且短，其槽宽和槽深均小于缝线的直径，作用是在机针穿刺缝料时导引面线，由于缝线未全部嵌入槽内，在机针回升 2mm 左右时，由于面线部分露出短针槽外，缝料对其产生较大的摩擦力，阻止面线随针上升，起到促进线环形成的作用。

（二）机针的型号规格

在选用机针时，必须根据所使用的缝纫机来选择机针的型号，根据缝料的性质和厚薄来选择机针的规格。表 3-1 列出了几种常用缝纫机所使用的机针的型号及针号，平缝缝纫机用 GC3×1 型机针，刺绣机及双针平缝机用 GC3×5 型机针，包缝机用 GN×1 型机针，绷缝机采用 GK 型机针。

表 3-1　机针型号

型号	针号									
GC3×1	55	60	65	70	75	80	85	90	95	100
GC3×5										
GN×1										
GK	60	65	70	75	80	90	100	110	120	130

我国常用的机针针号有"号制""公制""英制"三种表示方法。

1. 号制　用若干号码表示，号码越大，针身越粗，机针分为 6、7、8、9、10、11、12、13、14、15、16 等号。

2. 公制　公制针号的表示方法是针身直径 d（mm）乘以 100，公制针号每档间隔为 5，机针分为 55、60、65、70、75、80、85、90、100 等号。

3. 英制　英制针号的表示方法是将针身直径 d（英寸）乘以 1000。

国内机针型号与日本机针型号的对应关系见表 3-2。

表 3-2　国内机针型号和日本机针型号对照

分类	机针型号		
国内	GC3×1	GC3×5	GN×1
日本	DB×1	DP×5	DC×1

国外机针针号规格对照表见表3-3。

表3-3　国外机针针号规格对照表

针号规格			国外针号规格						
号制	公制	英制	PFAFF	SINGER	WILLCOX	MUSER	REECE	LEWIS	COLUMBIA
7	55	022		6		5/0			
8	60		6	7, 8	2/0			2	
9	65	025		9	0	4/0			
10	70	027	7	10	1	3/0	3/0	$2\frac{1}{2}$	0
11	75	029		11					1
12	80	032	8	12	2	2/0	2/0	3	$1\frac{1}{2}$
13	85	034		13					2
14	90	036	9	14	3	0	0	$3\frac{1}{2}$	$2\frac{1}{2}$
15	95	038		15					3
16	100	040	10	16	4	1	1	4	$3\frac{1}{2}$

二、成缝器

成缝器是摆梭、旋梭、旋转线钩、带线弯针及不带线弯针等基本成缝构件的总称。其作用是钩取机针回升2mm左右时，形成的较佳形态线环并拉长扩大，在和其他成缝构件的运动配合中实现缝线的相互交织、自连或互连，在缝料上形成各种线迹。图3-25所示为各种常见成缝器。

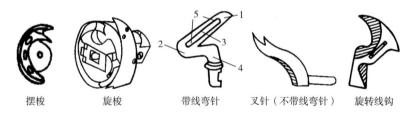

图3-25　成缝器
1—针尖　2—针杆　3—线槽　4—针柄　5—穿线孔

(一) 梭子

梭子是常见的成缝器之一，主要用在锁式线迹缝纫机上，根据运动特性，又分为摆梭和旋梭两大类型。摆梭由于在工作中做往复摆动，所以惯性冲击较大，因此主要用于家用缝纫机以及少数低速工业缝纫机上；旋梭为匀速旋转运动，运转平稳，噪音小，广泛用于现代高速工业缝纫机上，目前在一些家用缝纫机上也有应用。

1. 旋梭　旋梭结构如图3-26所示，旋梭组件的主要零部件及其作用如下。

（1）梭壳。用螺钉紧固在缝纫机下轴上，沿梭架上的环形导轨C高速旋转，其上的梭尖A穿进线环，梭壳内壁的凹槽D与梭架上凸起的导向齿C相配合。

（2）脱线钩。用螺钉固定在梭壳上，其作用一是用来压住环形导轨C，使之与凹槽D相配合，防止梭架从梭壳上脱落；二是利用其弯形尖尾，在针线环收缩过程中，按住从针尖上脱出的线环，在挑线杆挑线时对线环起着导向的作用。

（3）导向片（大梭皮）。用螺钉紧固在梭壳的外侧，用来限制被梭尖钩住的针线环，以防在梭根B处向外滑脱，其弧形边缘用于收紧线迹中的底线。

（4）梭架。其环形导轨C的2个尖端是用来钩住针线环的一支，起到控制分线、脱线时间的作用，梭架端面有定位槽E，由固定在机壳底板上的定位钩卡在槽内，当梭壳随下轴高速旋转时，梭架不会转动。梭架底部中心处的芯轴F是用来支撑梭芯套和梭芯的。

（5）梭芯。其活套在梭芯套的心轴上，是一个绕有梭线的线架。在缝纫的时候，梭线被抽动，梭芯绕心轴自由转动以供线。

（6）梭芯套。容纳并支撑梭芯，其中央有一空心轴，套在梭架心轴F上，并由梭门把它固定在梭架上，工作时不随梭壳转动，梭芯套外表装有梭皮簧，以调节梭线的张力。

（7）梭架定位钩。一端固定在机壳底板上，另一端凸缘嵌在梭架定位槽E中，以防止梭架转动，使其固定在正确的位置上。

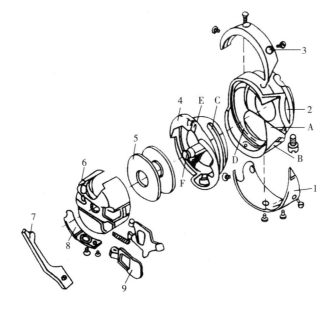

图3-26　旋梭结构

1—导线片　2—梭壳　3—脱线钩　4—梭架　5—梭芯　6—梭芯套　7—梭架定位钩　8—梭皮簧　9—梭门

2. 摆梭　摆梭结构如图3-27所示，摆梭组件的主要零部件及其作用如下：

（1）梭床圈。通过销钉孔与梭床上的销钉连成一体，为摆梭导轨槽的一部分。

（2）梭盖。用螺钉固定在梭床上，切口G供机针通过以及面线环从摆梭中抽出。

（3）梭床。用螺钉固定安装在缝纫机的底板上，其内导轨槽F与摆梭上的导轨环D相配合。

（4）梭芯套定位圈。用螺钉固装在梭床上，使梭芯套静止不动。

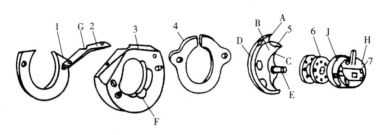

图 3-27　摆梭结构

1—梭床圈　2—梭盖　3—梭床　4—定位圈　5—摆梭　6—梭芯　7—梭芯套

（5）摆梭。在梭床的导轨槽中往复摆动，钩线尖 A 用来钩住面线环，以便形成线迹，锥面 B 使面线环顺利绕过梭芯套，弧面 C 用来收紧线迹中的底线，并从梭芯中抽出底线。

（6）梭芯。其活套在梭芯套的心轴上，是一个绕有梭线的线架。在缝纫的时候，梭线被抽动，梭芯绕心轴自由转动以供线。

（7）梭芯套。其中部空心轴套在摆梭轴 E 上，定位圈使其不能绕梭轴转动，梭门 H 将其固定在梭轴上，其外表装有梭皮簧 J 以调节底线张力。

（二）带线弯针

带线弯针由针尖、针杆、线槽、针柄及穿线孔组成，如图 3-25 所示。针尖用来穿过直针或其他成缝线钩所形成的线环，线槽用以导引弯针线，针柄用来将弯针固装在弯针架上。带线弯针是形成包缝、双线链缝和绷缝线迹的主要成缝构件。

（三）叉针（不带线弯针）

如图 3-25 所示，叉针本身不带缝线，只是把其他弯针上的缝线叉送到直针的运动位置上，以便于直针穿入。它是形成双线包缝线迹必不可少的成缝构件。

（四）旋转线钩

如图 3-25 所示，旋转线钩本身不带缝线，其钩尖用来钩取直针线环并拉长扩大，以便于直针二次穿刺缝料后再穿入其形成的线环，完成单线链式线迹。它是单线链缝机和钉扣机的主要成缝构件之一。

三、缝料输送装置

缝料输送装置的作用是在一针缝纫结束后推送缝料前进或后退一个针距距离，以便于下一次穿刺缝料，形成线迹。针距的长度由缝料输送装置的送料量决定，各种缝纫机均可对送料量大小进行调节，以满足不同的缝纫要求。送料一般由送料牙与压脚配合运动实现，有些机种缝针或其他构件也参与送料，以满足不同性质的缝料对送料机构的要求。

缝料输送方式很多，概括起来主要有以下几种送料方式，如图 3-28 所示。

（一）单牙下送料方式

如图 3-28（a）所示，工作时压脚将缝料压在缝纫机针板上，送料牙在送料机构的驱动下完成上升、送料、下降、回退的循环运动，推送缝料前进或后退一个针距的距离，以实现送料。这种送料方式适用于缝制中等厚薄的缝料，对过厚或过薄的缝料及多层缝料的缝纫来说，容易产生缝料的皱缩或移位。

（二）针牙同步送料方式

如图 3-28（b）所示，机针刺入缝料后和送料牙同步运动，共同实现送料。这种送料方式适

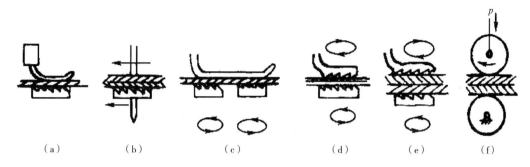

图3-28　送料方式类型示意图

合缝制粗厚缝料和多层缝料，以防止各缝料间的错移。

（三）差动下送料方式

如图3-28（c）所示，在针板下有两个分开传动的送料牙，沿缝纫方向分别装在机针前面和后面，称为主送料牙和差动送料牙。送料牙的送料速度可以单独调节，当缝制伸缩性较大的缝料时，可将差动送料牙速度调得比主送料牙速度稍快一些，以达到推送缝料进行缝纫的目的，防止缝料被拉长；而在缝制轻薄缝料时，可将差动送料牙速度调得比主送料牙速度稍慢，形成拉动缝料进行缝纫，防止缝料形成皱缩，当需要在缝料上缝出均匀的皱褶时，只需将差动送料牙速度调得明显快于主送料牙速度即可。这种送料方式广泛用于高速包缝机中。

（四）上下送料方式

如图3-28（d）所示，这是一种由带牙送料压脚与下送料牙共同夹住缝料进行送料运动的送料方式，可以实现缝料上下平衡输送，保证线迹的美观，同时防止线迹歪斜。

（五）上下差动送料方式

如图3-28（e）所示，在这种送料方式中，上送料牙是带牙的送料压脚，也参与送料运动。上下送料牙的送料量大小均可以单独进行调节，可用于缝制不同性质的缝料，既可上下同速度同步输送缝料，防止缝料起皱，又可通过机构调节形成不同的送料速度，实现缝料的"缩缝"，比如绱袖可使袖山部位产生少许的"缩缝"，绱袖机多采用这种送料方式。

（六）滚轮送料方式

如图3-28（f）所示，上滚轮一般为主动轮，其作用是将缝料压在下被动滚轮上，并通过主动轮的驱动实现送料，上滚轮由送料机构传动完成步进送料运动或直接由伺服电动机驱动以完成送料。这类送料方式多用于多针机和装饰缝纫机。目前还有用于皮革制品缝制的上下滚轮皆有驱动动力的滚轮送料方式。

除了上述送料的基本方式之外，对于大型的刺绣机、模板机、花样机等机种，一般采用伺服电动机直接驱动滚珠丝杆装置或齿形同步带装置来完成缝料的 X、Y 方向的输送任务。

四、收线装置

收线装置的作用是供给机针或弯针形成线环所需的缝线并能收紧线迹。缝纫机的收线装置种类很多，如图3-29所示。

图3-29（a）为连杆式收线装置，即利用连杆曲线的形状来完成放线和收线功能，适用于普通平缝机；图3-29（b）为滑杆式收线装置，其利用滑杆孔的变速摆动来实现挑线功能，适用于双针平缝机；图3-29（c）为异形旋转轮收线装置，利用异形旋转轮的形状来完成挑线功能，这

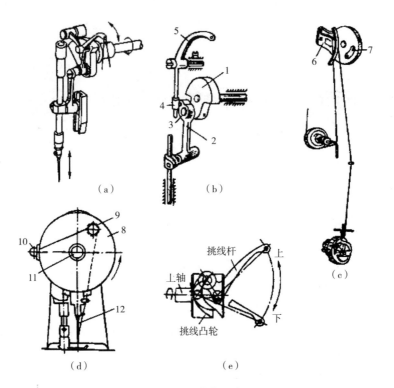

图 3-29　收线装置类型

1—主轴曲柄　2—连杆　3—曲柄销　4—滑套　5—挑线杆　6—异形轮　7—平衡块
8—旋转轮　9—导线销轴　10—导线器　11—主轴　12—机针

三种收线装置多用于高速缝纫机中。

图 3-29（d）为轮式收线装置，其利用旋转轮上的导线销轴的运动轨迹实现挑线功能，适用于曲折缝缝纫机；图 3-29（e）为凸轮式收线装置，利用空间凸轮机构的摆动挑线杆来回摆动实现挑线功能，多用于低速缝纫机，凸轮式收线装置虽然难以适应高速，但因结构简单、造价低，尤其是挑线杆的运动与缝针、摆梭机构的运动配合较理想，所以家用缝纫机仍然广泛使用。

思考题

1. 缝纫线迹分为几种系列？试述各种系列的名称、线迹特点及适用范围。
2. 试述摆梭缝纫机形成锁式线迹的过程。
3. 试述旋梭缝纫机形成锁式线迹的过程。
4. 试述三线包缝线迹形成过程。
5. 在完成双线链式线迹时，弯针运动有何特点？
6. 缝纫设备中主要成缝构件有哪几类？它们在缝纫中各有什么作用？
7. 试述机针机构及机针线环的成环原理。
8. 成缝器有哪些类型？各用于哪些线迹的形成过程中？
9. 缝料输送器有哪些送料方式？各有什么特点？

第四章　工业平缝机机构分析

第一节　概述

平缝机能够缝纫出 301 双线锁式线迹，具有正反面形状相同、线迹平整、牢固可靠的优点（图 4-1），在服装、鞋帽、箱包以及其他多种制品缝制加工领域得到广泛应用。

平缝机最早可以追溯到 1850 年美国列察克·梅里特·胜家所发明的世界第一台实用缝纫机，那是一台手摇的双线锁式线迹缝纫机，具备现代平缝机的线迹特点和四大机构，真正实现了用机器代替手工缝纫。缝纫机的诞生受到人们的广泛欢迎，从此开始走进千家万户和缝制工厂。

图 4-1　双线锁式线迹

平缝机经历了从手摇、脚踏到电动机驱动的发展，机构越来越完善、性能越来越好，缝纫速度和缝制厚度不断提高和扩展，还发明出双针平缝机、三针平缝机以及各种变化的特殊平缝机种，为缝制生产提供了有力支持。

1975 年第一台采用电脑控制的缝纫机在胜家公司诞生，从此揭开了缝纫机自动化新篇章，实现了人们梦寐以求的自动切线功能以及自动倒缝、自动定针缝等实用功能，不但大幅提高了工效，同时极大地降低了人工要求。

在数字化、信息化日益普及的今天，平缝机开始全面智能化新发展，在不断提高设备性能、生产效率及节省人力的同时，通过感知生产状态、进行实时处理和反应，同时双向进行信息交换，实现生产指令下发、工艺分解、问题提示、远程协助、生产状态信息回传、产线联网的智能信息化缝制生产系统（图 4-2）。

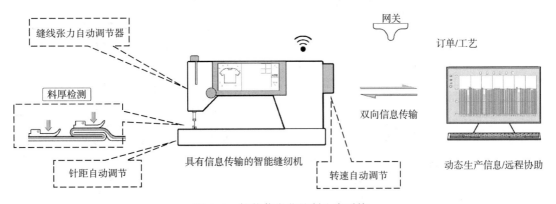

图 4-2　智能信息化缝制生产系统

平缝机有多种类型以及派生机型，见表 4-1。

表 4-1 平缝机分类

分类方式	针数	机头类型	送料类型	控制方式	派生机型
平缝机类型	单针平缝机、双针平缝机、三针平缝机（结构复杂极为罕见）	平板式、平台式、筒式、立柱式	下送料、针送料、上下送料（二同步）、综合送料（三同步）、滚轮送料	机械型、电脑型、智能型	侧刀机、差动送料机、长臂机、跳缝机
用途	适应不同制品需求、提高品质效率	适应不同形状制品缝制	适应不同厚度、质地缝料的缝制	提高操作便捷性、增加自动功能	满足各种功能缝制需求

第二节 整机构成

各类平缝机因品牌和型号不同而各有特点，但基本结构均由缝纫机头、台板、机架、驱动装置和附件等部分组成。电脑缝纫机增加了电脑控制系统，包括电脑控制箱、调速器、操作盒以及操作开关、信号检测装置、驱动装置等构成。目前正在发展中的智能化机型是以数字化、信息化电脑机型为基础，增加各机构的"数字化"调节装置、多状态感知系统、信息传输系统、网络系统等部分组成。

常见平缝机机体构成如图 4-3 所示，图 4-3（a）为新型智能单针平缝机整机组成，图 4-3（b）为双针电脑平缝机整机组成，缝纫机头内包含有各自动机构驱动系统，电控箱装在台板下方或与机头整合的一体式。

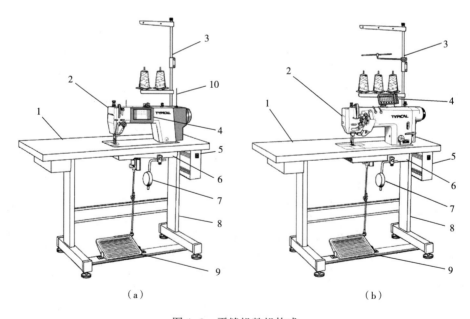

（a）   （b）

图 4-3 平缝机整机构成

1—台板 2—缝纫机头 3—线架 4—操作盒 5—控制箱 6—油盘 7—膝碰 8—机架 9—踏板 10—天线

智能电脑缝纫机是在数字化、信息化电脑缝纫机基础上，增加各种传感器、数字化调节机构、信息传输装置，在运行中能自行感知缝纫状态、自我调整机构运行，达到最优工作状态，从而获得高品质缝制效果。其主要控制系统构成如下：

1. 主控系统　以微电脑芯片为核心的控制电路、可编制缝制程序的操作系统。

2. 机构驱动　目前电脑缝纫机广泛应用伺服电动机驱动主轴、电磁铁或气缸驱动各功能动作的模式，随着智能化发展，机构数字采用步进电动机驱动针距调节机构以及切线机构、抬压脚机构、缝线张力调节机构、送料机构等。

3. 自动功能　缝速、针位、定针数缝、功能缝（加固、折返）、编程缝（多段缝、变针距缝）等，以及切线、倒缝、夹线、松线、抬压脚等自动机构。

4. 信号检测　主轴检测（编码器）、料厚传感、缝线张力检测、断线检测、缝线余量检测、位置检测、限位传感、侧倾传感以及电路各功能检测。

5. 操作控制　脚踏控制器（运行启停、调速、功能控制）、LCD 屏触控操作盒（功能、参数、编程）、动作操作开关、膝控开关。

6. 信息传输　USB 接口、网关+wifi、蓝牙系统、天线。

智能化缝纫机（单针）电控系统及自动机构组成如图 4-4 所示。

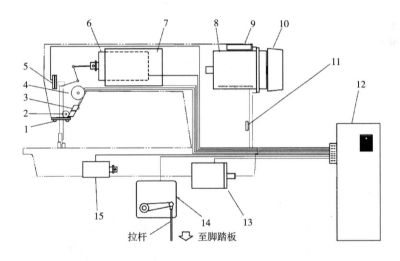

图 4-4　电控系统及自动机构组成

1—机头灯组件　2—自动夹线器电磁铁　3—按钮开关组件（倒缝/补缝/机头灯）
4—松线电磁铁　5—料厚检测器　6—抬压脚电磁铁（步进电动机）7—操作盒
8—主轴电动机　9—信息传输模块（wifi 或蓝牙）　10—手轮　11—USB 插口
12—电脑控制箱（或内置式电脑控制板）　13—针距调节电动机
14—脚踏控制器　15—切线电磁铁（步进电动机）

第三节　主要机构及其工作原理

传统缝纫机机构分为重点和辅助两大类机构组成，重点机构是实现缝纫的四大机构，新型电脑缝纫机以此为基础加入电脑控制系统及其执行机构，并且在自动化、数字化、智能化、信息化方面不断进步发展，各机构关系和作用如图 4-5 所示。

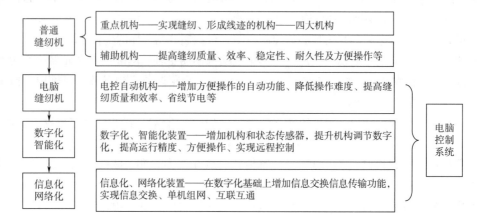

图 4-5 各机构关系和作用

下面以国内典型的单针平缝机为主线，分别介绍其工作原理和机构组成。

如图 4-6 所示是 GC6-1 型单针平缝机，由中国标准缝纫机公司（现中国标准工业集团有限公司）生产，是国内早期研制的高速单针平缝机，1982 年上市伊始一炮打响，持续生产 30 年时间，成为红遍全国的明星机种。

图 4-6 GC6-1 型单针平缝机

图 4-7 是 GC6-1 型单针平缝机结构图，GC6-1 型整体采用轻量化设计、上下轴采用螺旋锥形齿轮组传动、连杆

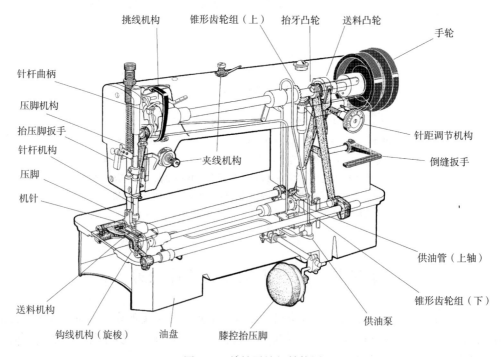

图 4-7 单针平缝机结构图

挑线、旋梭钩线、油泵强制供油润滑的整机结构，有效降低振动和声响的同时实现高速化稳定运行。采用送料牙下送料方式，送料上下运动采用凸轮连杆机构、水平运动采用凸轮滑叉机构传动，扳手式倒缝控制、旋钮式调节针距，使用操作非常方便。

图 4-8 为机构简图，主要机构包括刺料、钩线、挑线和送料四大机构。

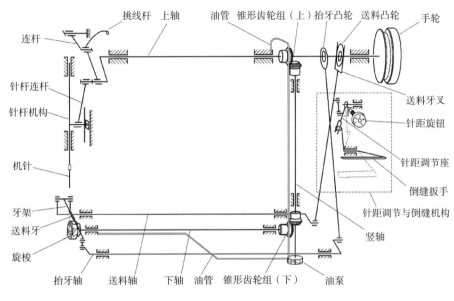

图 4-8　单针平缝机机构简图（GC6-1）

一、刺料机构

刺料机构又称针杆机构，用来穿刺缝料、携带面线与钩线机构配合形成线迹。GC6-1 单针平缝机采用曲柄连杆滑块式刺料机构，也是缝纫机中普遍采用的类型，其结构组成如图 4-9（a）所示。

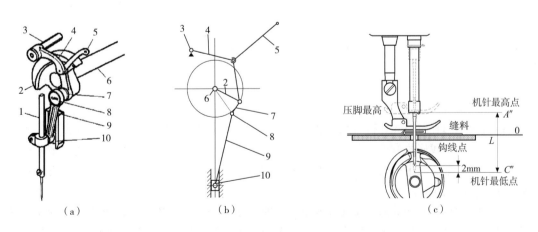

（a）　　　　　　　　（b）　　　　　　　　（c）

图 4-9　刺料机构（针杆机构）

1—针杆　2—针杆曲柄　3—挑线轴　4—连架杆　5—挑线杆　6—上轴　7—挑线曲柄　8—螺钉　9—连杆　10—滑块

工作原理：上轴带动针杆曲柄转动，通过针杆连杆传递至针杆、带动针杆在固定滑槽中做上下往复直线运动，使针杆最下端机针穿刺缝料至针板下方，与旋梭配合进行钩线，从而形成正常锁式线迹，如图 4-9 所示。

针杆曲柄转动的最高点与最低点的距离是针杆行程 L，针杆行程数值大小与缝纫料厚成正比，参数 L 主要考虑机针刺料过程的全部需要，以针板平面为基准分成上下两段距离，上段主要考虑压脚的最高抬起高度，下段主要考虑钩线点。

二、钩线机构

钩线机构的作用是配合机针进行钩线，形成线迹。平缝机均使用梭式装置钩线、梭芯存储并供应底线［图 4-10（a）］，形成 301 锁式线迹。梭式钩线最早使用滑梭，之后发展出摆梭和旋梭，现代高速单针平缝机大多使用卧式旋梭（垂直旋转），双针平缝机使用立式旋梭（水平旋转）。

GC6-1 单针平缝机钩线机构如图 4-10（b）。旋梭的动力来自上轴，由上轴锥形齿轮组经竖轴和下轴锥形齿轮组传递给下轴，使装在下轴前端的旋梭旋转。上下轴传动比 1:2，即上轴旋转一周、下轴转动两周。这是因为旋梭无法在一圈内连续完成"钩线-脱线-再钩线"动作，只能空转一周进行下一个钩线动作。

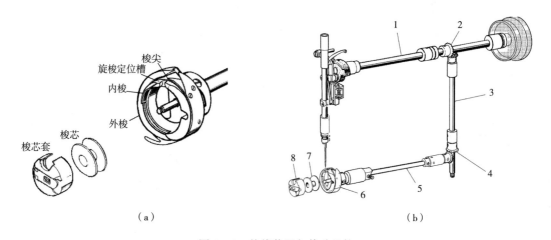

图 4-10 钩线装置与传动机构

1—上轴 2—锥形齿轮组（上） 3—竖轴 4—锥形齿轮组（下） 5—下轴 6—旋梭 7—梭芯 8—梭芯套

三、挑线机构

挑线机构作用是对缝线进行收线（收紧）和供线（放线）。严格来说"挑线机构"多指面线收放机构，通过挑线杆收放线配合刺料和钩线机构形成高质量线迹。高速单针平缝机多采用连杆式挑线杆，特点是放线平稳收线快、冲击小、噪声低、运行速度高，适合与高速缝纫机与垂直旋梭配合使用，如图 4-11（a）。

图 4-11（b）为机构简图，挑线杆 5 由针杆曲柄 2 驱动，通过连杆 4 以挑线轴 3 为支点进行上下摆动运动，带动连杆 5 实现挑线功能，向上运动时进行收线，向下运动时为供线（放线）动作，从图 4-11（c）中可看出挑线杆运动轨迹。

挑线杆孔运动至最高点 a'' 与最低点 b'' 的距离 L 是"挑线行程"，挑线行程与钩线装置的收放线量成正比关系，收放线量大则挑线行程大，收放线量小则挑线行程小。

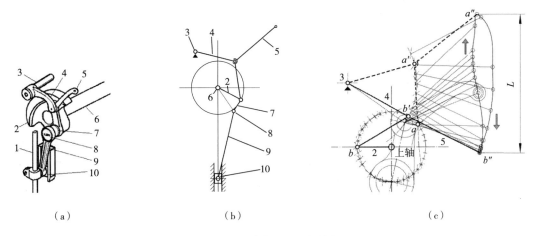

（a）　　　　　　　　　　　（b）　　　　　　　　　　　（c）

图 4-11　单针平缝机挑线杆

1—针杆　2—针杆曲柄　3—挑线轴　4—连架杆　5—挑线杆　6—上轴　7—挑线曲柄　8—螺钉　9—连杆　10—滑块

决定挑线行程 L 的因素有很多，主要有两方面：一是针杆曲柄 2 的长度，二是挑线杆 5 的长度，通过修改这两个参数可改变挑线行程。

四、送料机构

送料机构的作用是运送缝料。向前或向后（倒缝）运送缝料，每送过一个距离即为一个针距，同时形成一个线迹。送料机构与刺料、钩线机构协同配合动作，同时必须有压脚的辅助才能实现送料动作。

（一）平缝机送料机构类型

送料机构类型有多种形式，常见类型如图 4-12 所示。

（1）下送料型：有单送料牙［图 4-12（a）］和双送料牙差动式（适合弹性料）［图 4-12（b）］两种。

（2）针送料型：机针摆动与送料牙共同送料，适合光滑、薄厚多种缝料［图 4-12（c）］。

（3）上下送类型：压脚摆动与送料牙共同送料，适合厚料缝制［图 4-12（d）］。

（4）综合送料型：机针、压脚、送料牙共同送料，适合厚料、超厚料缝制［图 4-12（e）］。

（5）滚轮送料型：利用滚轮旋转送料，有上滚轮、下滚轮和上下滚轮三种［图 4-12（f）］。

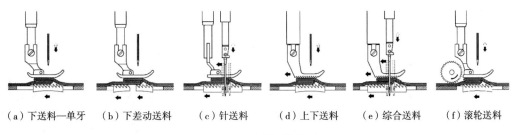

（a）下送料—单牙　　（b）下差动送料　　（c）针送料　　（d）上下送料　　（e）综合送料　　（f）滚轮送料

图 4-12　送料机构类型

服装类和家纺类制品缝制多采用下送和针送料类型。

（二）送料机构组成与工作原理

缝纫机送料包含"方向"和"行程"两个基本要素。"方向"决定了送料是向前送还是向后送，即正缝还是倒缝；"行程"决定针距的大小。

GC6-1 型采用送料牙的下送料方式，送料机构由牙叉连杆式水平运动机构和凸轮连杆式上下运动机构组成，如图 4-13（a）所示。

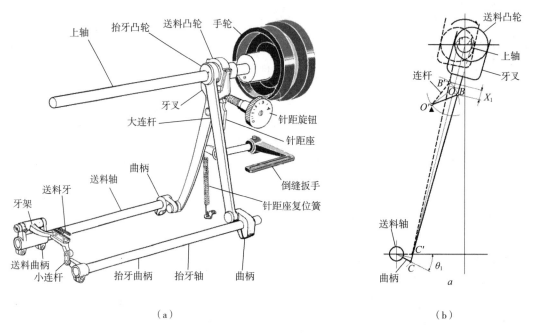

（a）　　　　　　　　　　　　　　（b）

图 4-13　送料机构

工作原理：缝纫机送料动作是在送料牙露出针板时进行送料，当机针穿刺缝料时送料牙下沉不送料（在针板下反向运动），当机针上升离开缝料时才进行送料。无论向前或向后送料运动，每送一个距离（一个针距）就形成一个线迹。

送料牙动力来源于上轴的送料凸轮和抬牙凸轮，送料凸轮通过牙叉传动至送料曲柄，推动送料轴摆动产生水平运动。抬牙凸轮通过长连杆与抬牙曲柄相连，凸轮带动连杆做上下运动，推动抬牙轴摆动产生上下运动。

图 4-13（b）为送料动作原理图，支点 O' 相对固定，通过连杆在牙叉 B 点相连。

送料凸轮旋转时，牙叉受连杆约束进行摆动，形成上下运动量 X_1，从而推动下端 C 连接的曲柄摆动，最终通过送料轴传递至送料牙，形成送料水平运动。

通过改变支点 O' 的不同位置，能够实现改变针距的作用。针距调节的具体内容见后续"针距调节与倒缝机构"部分介绍。

送料牙安装在送料牙架上，受水平摆动和上下摆动的共同作用形成类似椭圆形的复合运动。送料牙水平运动产生送料作用，上下运动起辅助作用，决定着送料方向。当送料牙上升到针板上面时，水平运动向前则为正缝送料，水平运动向后则为倒缝送料。

（三）凸轮连杆式送料机构

凸轮连杆式送料机构是另一种送料结构，具有倒缝精度高的特点，在电脑平缝机中广泛采用，如标准的 GC61、GC67、GC69 等系列平缝机均采用了这种结构。凸轮连杆式送料机构原理如图 4-14 所示。

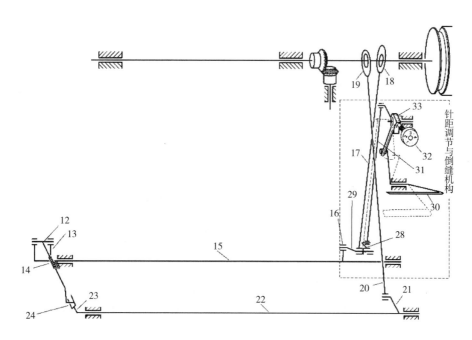

图 4-14 送料机构原理图

12—送料牙架 13—送料曲柄左 14—送料牙 15—送料轴 16—送料曲柄右 17—送料大连杆
18—送料凸轮 19—抬牙凸轮 20—抬牙连杆 21—抬牙曲柄 22—抬牙轴 23—抬牙叉 24—牙架滑块
28—短连杆 29—长连杆 30—倒缝扳手 31—针距调节连杆 32—针距旋钮 33—针距座

第四节 辅助机构及其工作原理

平缝机包含许多辅助机构，目的是提高缝纫质量、稳定运行、方便操作。单针平缝机最常见的辅助机构有：压脚机构、针距调节与倒缝机构、夹线过线机构、绕线机构、润滑机构等。有别于四大机构长期稳定不变的状况，辅助机构则一直在不断发展变化和新增之中。

一、压脚机构

压脚的作用是压紧缝料，提高线迹形成质量，同时提供给送料牙可靠的反作用力，获得良好的送料质量。

单针平缝机采用压脚底板压紧缝料，通过压紧杆及其上部设置的弹簧提供压脚压力，弹簧 5 上方装有螺杆 6 可调节压脚的压力大小，以适应不同缝料达到最佳缝纫效果（图 4-15）。

普通平缝机的抬压脚有手动抬压脚扳手和膝控抬压脚装置两种基本方式，电脑缝纫机型在此基础上又增加了自动抬压脚装置，采用电脑程序控制、电磁铁、气缸或电动机驱动自动抬压脚，大大减轻了人工操作强度、提高了作业效率，三种抬压机构既相互关联又均可独立使用互不影响，如图 4-15 所示。

二、针距调节与倒缝机构

针距调节与倒缝机构的作用，一是方便针距长短调整，以达到生产工艺要求；二是方便倒缝

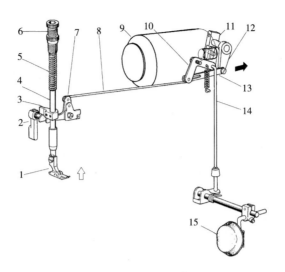

图 4-15　压脚机构

1—压脚　2—抬压扳手　3—导架　4—压紧杆　5—弹簧　6—螺杆　7—曲柄　8—连杆
9—电磁铁　10—曲柄　11—驱动曲柄　12—曲柄　13—拉杆　14—顶杆　15—膝碰

操作，通过倒缝的往复缝纫，可以对制品局部进行加固，提高缝制品的缝制强度。在服装各部位的起始缝纫段和终止缝纫段，包括其他的缝制品如家纺家居、箱包等多种缝制品的普通缝纫的起始和终止段都有倒缝的要求。

　　平缝机针距调节与倒缝装置是一套联动机构，相互紧密关联。采用连杆机构组成，GC6-1 型单针平缝机采用旋钮式针距调节、压杆式倒缝操作方式，结构构成如图 4-16 所示。图 4-16（a）是正缝状态、图 4-16（b）是倒缝状态。

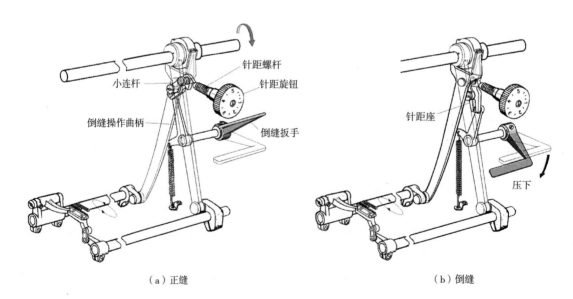

（a）正缝　　　　　　　　　　　　　　　　　　　　　（b）倒缝

图 4-16　GC6-1 型单针平缝机针距调节与倒缝机构

　　倒缝机构工作原理如图 4-17 所示。其中（a）和（b）为正向送料的大针距和小针距状态，（c）为不送料状态即零针距，（d）为反向送料即倒缝。四种状态的变化均来自支点 O' 的变化：

（1）O'在最左侧为正向送料最大，如图4-17（a）（b）所示。

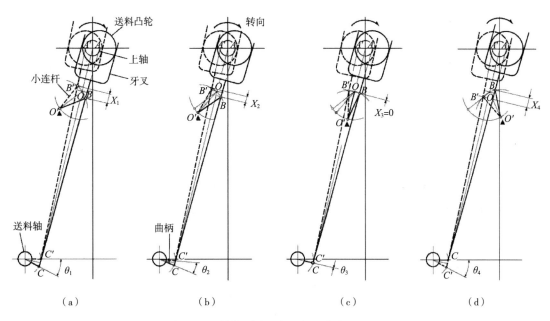

图4-17　单针平缝机针距调节与倒缝原理

（2）O'在最右侧为反向送料最大，如图4-17（d）所示。

（3）O'在上轴中心与C点连线为零，既无正向运动也不反向运动，如图4-17（c）所示。

支点O'的位置受两方面控制：一方面是受针距螺杆控制，实现针距大小调节；另一方面受倒缝扳手控制，反向动作形成倒缝，如图4-17（d）所示。

支点O'的变化由针距座摆动而产生，图4-18（a）是针距座在最大针距时正缝和倒缝（倒缝扳手按下时）状态变化：针距旋钮旋至刻度最大、针距螺杆向右侧移动，针距座在弹簧作用下O'点摆至最左极限。牙叉在送料凸轮作用下左右摆动，同时带动小连杆以O'点为圆心做上下摆动，牙叉下端带动曲柄摆动最终通过送料轴传递至送料牙进行最大针距正向送料运动，如图4-17

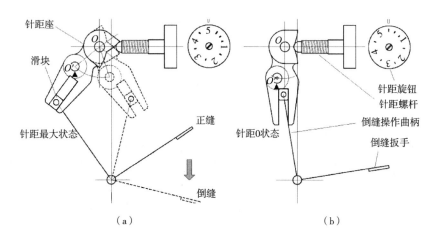

图4-18　针距座是产生针距变化形成倒缝的关键机构

（a）。在这种状态时压下倒缝扳手至最低位，针距座 O' 点向右摆至右极限，形成图4-17（d）所示的倒缝状态。

图4-18（b）是零针距状态：针距旋钮置于0，针距螺杆向左移动一直顶到针距座中心，此时 O' 点在牙叉摆动正中心位置，小连杆两侧摆动相等，牙叉无上下运动（$X=0$），形成如图4-17（c）所示的零针距状态。

三、夹线过线机构

夹线机构的作用是给缝线提供可调可控的张力，以获得良好的线迹。过线装置则是为缝线提供导向和约束、防止干扰、分解捻度等，为缝纫提供稳定良好的缝线。

单针平缝机通常至少装有一个夹线器，结构上一般采用夹板夹紧缝线、弹簧提供压力、螺杆螺母调节方式，达到缝线张力大小调整作用。电脑平缝机则增设了一个副夹线器3（小夹线器），辅助调整缝线张力，以改变自动切线后遗留线头长度。

过线装置有多种类型：过线柱、过线板、过线环、线钩等，如图4-19所示。

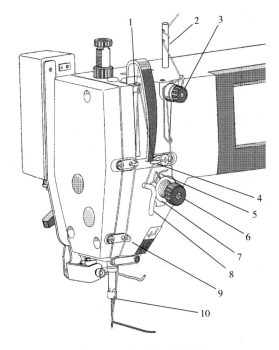

图4-19　夹线与过线装置

1—挑线杆　2—过线柱　3—副夹线器　4—过线钩　5—挑线簧
6—夹线旋钮　7—夹线板　8—大线钩　9—过线钩　10—过线环

过线柱或板上的小孔是穿引和回绕缝线，起着引导和分解捻度的作用。环状过线主要是作为导向或配合调整用。钩状过线主要是改变缝线方向和位置，与其他机构配合达到调整缝线张力、方向的作用。

四、绕线机构

绕线机构的作用是给梭芯绕制缝线，是平缝机专有标配装置。主要有两大类型，采用皮带传动的平缝机多使用分体式外置绕线器，通过手轮或皮带摩擦提供动力驱动绕线轴旋转绕线，如

图 4-20（a）所示。近年来随着缝纫机直驱化广泛应用，绕线机构在机头的安装一体式内置绕线器，如图 4-20（b）所示。

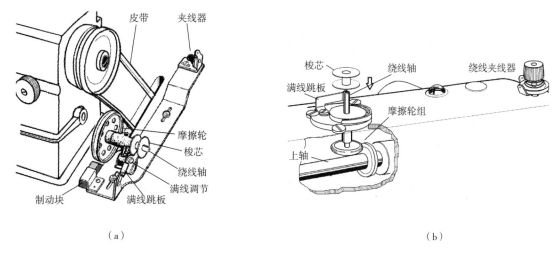

（a）　　　　　　　　　　　　　　　　　（b）

图 4-20　摩擦轮式绕线装置

工作原理（分体式）：梭芯插入绕线轴，推下绕线按钮，此时连杆与满线跳板呈一条直线的"死点"状态，摩擦轮向右与皮带接触，并从皮带上拾取动力，驱动绕线轴旋转开始绕线。随着绕线量不断增加，满线触头被缝线逐步顶起不断向左移动，当达到满线跳板离开原直线状态时，绕线轮失去支撑被弹簧推向左侧起始位置，摩擦轮完全脱离皮带失去动力，同时与制动块相触而停止转动，绕线完全停止，如图 4-21 所示。

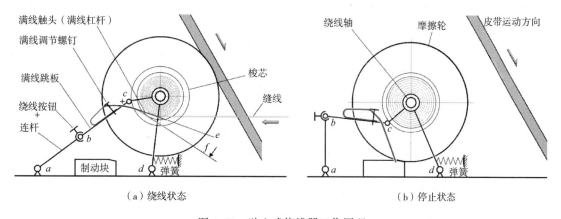

（a）绕线状态　　　　　　　　　　　　　　（b）停止状态

图 4-21　独立式绕线器工作原理

"满线触头"为弹性片，通过"满线调节螺钉"调整位置，达到调整锁芯绕线量目的。"制动块"为橡胶块，在摩擦轮回弹时起制动作用，防止摩擦轮空转。

五、润滑机构

缝纫机属轻载高速设备，为保证各个机构高速稳定运转，高速机设有专用润滑装置。润滑装置有两大类型：油泵供油强制润滑装置和储油盒微量供油润滑装置。

油泵式润滑系统采用油泵供油、油盘储油、油线（绳）油毡辅助供油相结合的方式，分别对不同机构、不同部位进行润滑，如图 4-22 所示。

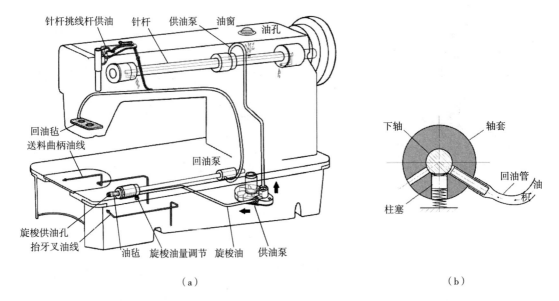

（a）　　　　　　　　　　　　　　（b）

图 4-22　单针平缝机油泵供油强制润滑系统（标准 GC6-1 型单针平缝机）

供油泵采用离心式叶片泵，供油量随转速变化成正比，非常适合高速机型使用。油泵出油口分为两路，一路在下部向旋梭供油，通过下轴前套、旋梭油量调节、滤油塞至旋梭。另一路向上经过中轴套进入上轴，通过空心的上轴将润滑油送至上部各个轴套部位，并利用上轴中部的油孔喷射出润滑油，随上轴旋转飞溅到上下齿轮组、送料凸轮、连杆、曲柄等运动部件，对这些机构充分润滑。设在顶部的油窗，是为了操作人员目视观察油泵供油工作状况。

对针杆、挑线杆、送料轴等需油量较少部位，则使用油线（绳）和油毡吸油提供微量油润滑，既满足润滑要求又可防止过多油量造成渗漏对缝制品产生污染。

此外，平缝机还设置了回油系统，作用是将机头前部最低处的积油抽回油盘内，防止积油过多造成的渗漏油问题。具体结构是，用毛毡设在机头前部最低处，吸附积油，通过油管连至下部回油泵。单针平缝机广泛使用结构简单的柱塞式回油泵，如图 4-22（b）所示，靠下轴偏心驱动柱塞进行往复运动，产生负压将机头前部积油源源不断抽回至油盘。

六、单针平缝机技术参数

表 4-2 是不同时代、不同结构单针平缝机的代表机型技术参数表。

表 4-2　平缝机代表机型技术参数

项目	单针平缝机 GC6-1	单针平缝机 GC6150M	单针侧刀平缝机 GC6717MD	电脑单针平缝机 GC6920MD3	智能单针平缝机 GC6930AMD3
缝制速度	5000 针/min	5000 针/min	4500 针/min	5000 针/min	5000 针/min
线迹类型	301 双线锁式线迹				
针杆行程	31.8mm				

续表

项目	单针平缝机 GC6-1	单针平缝机 GC6150M	单针侧刀平缝机 GC6717MD	电脑单针平缝机 GC6920MD3	智能单针平缝机 GC6930AMD3
使用机针	DBX1　11~14#	DBX1　11~14#	DBX1　11~14#	DBX1　11~14#	DBX1　11~16#
钩线装置	垂直标准旋梭	垂直标准旋梭	垂直标准旋梭	垂直标准旋梭	垂直标准旋梭
挑线装置	连杆式挑线杆	连杆式挑线杆	连杆式挑线杆	连杆式挑线杆	连杆式挑线杆
挑线行程	61mm				
送料方式	送料牙下送式	送料牙下送式	送料牙下送式	送料牙下送式	送料牙下送式
最大针距	5mm	5mm	4mm	5mm	5mm
针距机构	旋钮调节曲柄连杆式			步进电动机调节曲柄连杆式	
缝线张力	0~400cN	0~400cN	0~400cN	0~400cN	0~400cN
切料方式	—	—	上刀上下裁切	—	—
切料刀行程	—	—	6mm	—	—
切料刀抬起	—	—	手动6mm	—	—
切线功能	—	—	—	自动切线，电磁铁+凸轮驱动旋刀切线	
双动刀切线	—	—	—	可选购装置	
倒缝机构	手动/曲柄连杆式倒缝机构			手动/自动（电磁铁驱动）曲柄连杆式	
拨线机构	—	—	—	电磁铁驱动拨钩	
自动夹线器	—	—	—	电磁铁驱动夹板式	
压脚抬高/mm	手动6/膝控13	手动6/膝控13	手动5/膝控10	手动6/膝控13/电动9	
自动抬压脚	—	—	选配外置电磁铁	内置电磁铁驱动	内置电磁铁驱动
上下轴传动	锥形齿轮组轴传动				齿形同步带传动
驱动方式	外置机械离合电动机370W皮带传动		伺服电动机直驱450W		伺服电动机直驱500W
储油方式	油盘			密闭油盘	油盒储油
润滑方式	离心泵强制供油润滑				微油润滑
缝纫感知类型	—			料厚感应	
信息传输方式	—			wifi/蓝牙（选购）	
控制系统	—		微电脑程序控制	智能型微电脑程序控制	
电源	三相380V/50Hz			单相220V/50Hz	
选购装置			不同宽度套件	双动刀、"小鸟巢"、自动夹线	

第五节　平缝机其他机构与机型

一、双针平缝机

　　双针机是平缝机一大类别，典型的双针平缝机具有双机针刺料、双旋梭钩线，能够形成平行的两条双线锁式线迹，缝制质量好、生产效率高，在需要双线锁式线迹缝纫的制品生产中获得广泛应用，例如工装、牛仔装、休闲装、户外用品等，图4-23是国内不同时代双针平缝机代表机型。

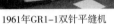
1961年GR1-1双针平缝机　　1990年GC20202双针平缝机　　2004年GC6240双针平缝机　　2015年GC9D系列双针平缝机

图4-23　国内不同时代双针平缝机代表机型

双针平缝机历经百余年发展形成了显著特点，有单针杆、双针杆两大类型。四大机构也有独自特点：双机针刺料机构、双水平旋梭钩线机构、滑杆式挑线机构和针与送料牙同步送料即"针送料"机构。辅助机构有双针杆离合机构、针杆摆动机构、针位变换机构等。

双针平缝机整机构成，包括机头、台板、机架、驱动、附件（线架、油盘、膝控等）等基本部分，电脑机型则增加了控制器、操作盒、驱动装置、调速器等部件。其他辅助机构与单针平缝机相同或相似，包括压脚机构、针距调节与倒缝机构、夹线机构、润滑机构、绕线机构等。图4-24是双针电脑平缝机整机结构图（标准 GC6220MD3），图4-25为整机机构简图（标准 GC9450MD）。

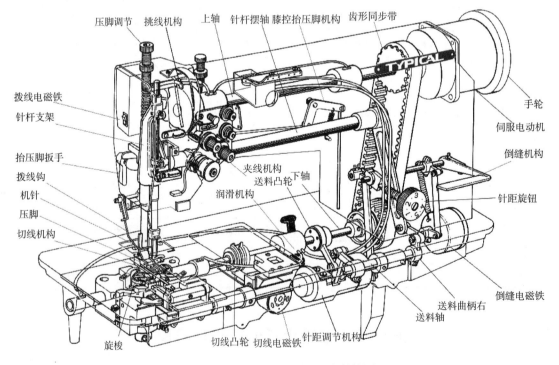

图4-24　电脑双针平缝机机头结构图

双针平缝机传动路线图4-25：电动机直驱上轴11，前端通过针杆曲柄10、针杆连杆7、针杆接头 6，带动针杆机构与挑线机构进行穿刺缝料和收放缝线动作。上轴后部通过齿形同步带轮 14，用齿形同步带 15 传给下轴，提供动力的同时确保上下轴配合同步。

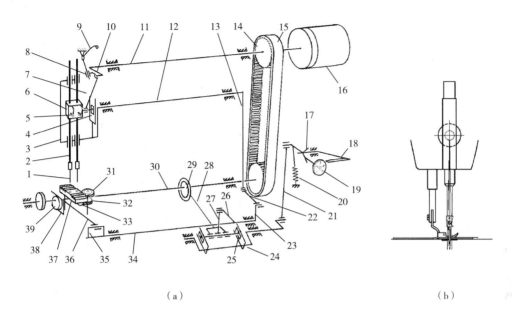

（a）　　　　　　　　　　　　　　　　（b）

图 4-25　双针离合式平缝机机构简图

1—机针　2—针杆　3—针杆支架　4—针杆滑块　5—针杆离合机构　6—针杆接头　7—针杆连杆

8—滑块　9—挑线杆　10—针杆曲柄　11—上轴　12—针杆摆轴　13—针杆摆曲柄　14—齿形同步带轮

15—齿形同步带　16—主轴电动机　17—针距座　18—倒缝扳手　19—针距调节旋钮　20—拉簧

21—连杆　22—连杆　23—送料曲柄右　24—倒缝架　25—滑块　26—送料曲柄　27—短连杆

28—送料大连杆　29—送料凸轮　30—下轴　31—旋梭　32—小齿轮　33—大齿轮　34—送料轴

35—送料曲柄（左）　36—牙架　37—送料牙　38—凸轮叉　39—抬牙凸轮

在下轴 30 中段设有送料凸轮 29 通过送料大连杆 28 和短连杆 27，推动送料曲柄 26 使送料轴 34 摆动，送料轴左端牙架送料曲柄 35 推动牙架 36 做前后运动，使送料牙 37 具有送料/倒缝功能。送料轴右端装有送料曲柄右 23 将摆动动作通过连杆 22 推动针杆摆动曲柄 13，使针杆摆轴 12 摆动。针杆摆轴带动针杆支架 3 做前后摆动，使机针与送料牙共同运动进行送料，如图 4-25（b）所示。装在下轴左侧的抬牙凸轮 39，通过凸轮叉 38 带动牙架 36 产生送料牙 37 的上下运动。

下轴左侧抬牙凸轮两侧装有斜齿轮组，通过大齿轮 33、小齿轮 32 换向与增速，驱动旋梭 31 转动（2 倍速）进行钩线。

（一）双针平缝机主要机构

1. 刺料机构　刺料采用曲柄滑块机构，上轴前端针杆曲柄通过连杆带动针杆上下运动产生刺料动作。二根机针装于针杆下部针夹头上，机针间距通常出厂标准为 1/4″（6.4mm），通过更换不同间距针夹头以及相关零部件，可缝制不同宽度制品。

双针平缝机有单针杆与双针杆两大类型，单针杆［图 4-26（a）］双针机结构简单、售价低、工作稳定，适合长距离以及大弧形双线平行缝纫，但无法进行角形缝纫。双针杆［图 4-26（b）、（c）、（d）］双针机则拥有双针杆离合变位机构，使用两根独立运动的针杆结构，通过针杆离合变位机构分别控制两个针杆运动或停止，所以不仅可进行普通双线平行线迹缝纫，还能够在锐角部位缝出漂亮的转角平行线迹，尤其适合领子等转角部位双线缝纫，如图4-26所示。

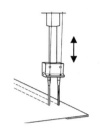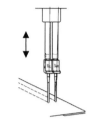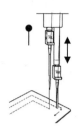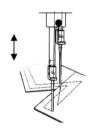

（a）单针杆双针机，同时缝纫　（b）双针杆双针机，双针杆同时　（c）双针杆双针机，左针　　（d）双针杆双针机，右针
　出两条平行锁式线迹　　　　运动状态，缝纫两条平行线迹　停止右针运动状态，缝出左尖角　停止左针运动状态，缝出右尖角

图4-26　单、双针杆双针机缝纫特点

不同于常见单针平缝机的结构，双针平缝机的针杆是安装在"针杆支架"上的。针杆支架的作用一是支撑针杆，二是能够整体摆动，带动机针纵向运动与送料牙一起同步送料，即"针送料"方式。针杆支架动力由针杆摆轴提供，并通过连杆与送料轴相连接，保证机针与送料牙同步运动，如图4-27所示。

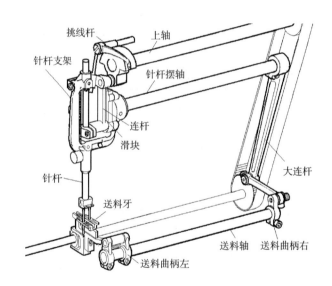

图4-27　双针平缝机针送料机构

2. 钩线机构　双针平缝机采用左右两个水平旋梭钩线，配合两根机针形成平行双线锁式线迹。使用水平旋梭的优点，一是方便更换梭芯，二是容易调整更换针间距宽度。水平旋梭结构如图4-28所示，旋梭上的凸起部2作用是旋梭定位，装于针板下凹槽处。凸起部1是配合拨线钩动作，保证钩线顺畅通过"旋梭定位与针板凹槽处"。旋梭的动力传动来自下轴，通过一组斜齿轮连接下轴，齿轮的速比为2∶1，下轴每转一圈旋梭转二圈。

3. 挑线机构　双针平缝机采用滑杆式挑线杆，特点是收线速度较快，适合与水平旋梭配合进行收线。滑杆式挑线杆结构非常简单，但是由于采用了滑杆、滑套的配合结构，高速运动中容易产生摩擦发热的问题，严重时会发生"咬死"故障，因此要求制造精度高，同时还要保证工作中充分润滑，滑杆挑线杆结构如图4-29（a）所示。滑杆式挑线杆运动轨迹为一段圆弧线，如图4-

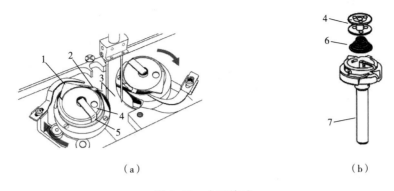

（a） （b）

图4-28 水平旋梭

1—拨线凸台 2—定位凸台 3—旋梭尖 4—梭芯 5—梭芯锁紧板 6—梭芯止动簧 7—旋梭轴

29（b）所示，图中针杆曲柄 R 以上轴 O 为圆心进行圆周旋转，a 为挑线杆最低点、b 为针杆最高点、c 为挑线杆最高点、d 为针杆最低点、e 为钩线点（针杆从最低点上升2.2mm）。

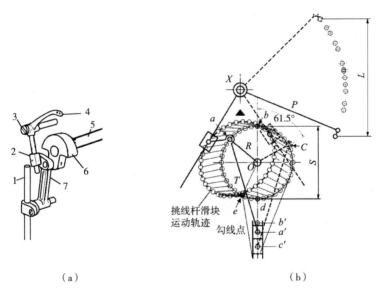

挑线杆滑块
运动轨迹
勾线点

（a） （b）

图4-29 滑杆式挑线杆

1—针杆 2—滑套 3—挑线杆轴 4—挑线杆 5—上轴 6—针杆曲柄 7—连杆

挑线杆行程 L 与针杆曲柄长度 R、挑线杆长度 P 成正比，与挑线杆轴心距 OX、连杆长度 T 成反比。设计时，首先根据旋梭直径确定挑线行程数值的最小范围，再通过调整挑线杆长度、改变挑线杆轴 X 位置，改变挑线杆最高最低位置点以及挑线行程。

4. 送料机构 双针平缝机普遍采用针送方式，即送料牙与机针同步运动送料。为此加入了针杆摆动机构，通过针杆摆动轴、连杆、下轴，将机针摆动与送料牙摆动连接为一体，达到针与送料牙同步送料的目的。

送料运动的传动：下轴带动水平送料凸轮旋转，使送料连杆推动送料曲柄摆动，送料曲柄带动送料轴摆动，一路通过连杆向上推动针杆摆动，另一路通过送料曲柄左带动送料牙架使送料牙做前后送料运动。送料牙的上下运动，是下轴前部装置的偏心轮产生，直接推动牙架做上下运动，送料机构如图4-30所示。

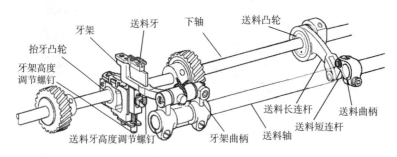

图4-30 双针平缝机送料机构

(二) 辅助机构

1. 双针杆离合机构 双针杆离合是双针平缝机最具特色的功能，通过离合控制可使双针杆同步运动或左右针杆任意单独运动，使双针缝纫机不仅能够缝制平行双线迹，还能够进行转角缝纫。目前常见的双针杆离合机构有两大类型，即内置式离合机构和外置式离合机构。下面分别介绍两种离合机构的组成与工作原理。

（1）内置式双针杆离合机构（图4-31）。特点是针杆为空心圆管、内置上下钢球离合机构，利用上下联动的圆锥体，分别控制三个钢球的伸出与收缩，使针杆接头与针杆分离或同步运动。变位控制是用变位扳手左、中、右位置的拨动，通过轴、曲柄和拉杆的传动，控制变位滑块的位置，使针杆在最高点时被滑块"顶下"或"放开"离合顶杆（下联圆锥体），达到针杆离合目的。

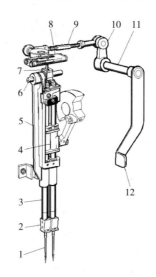

图4-31 内置式双针杆离合机构
1—机针 2—针夹 3—针杆 4—针杆接头 5—针杆支架 6—轴 7—滑块
8—变位导板 9—拉杆 10—曲柄 11—变位扳手轴 12—变位扳手

变位原理（图4-32）如下：双针同时运动状态，变位扳手在中间位置，变位滑块被置于中位。左右针杆均为上钢球顶出、下钢球自由的状态，即针杆接头与两针杆均为锁死相连，因此双针杆随针杆接头一同运动，如图4-32（a）所示。

左针停右针动状态，向左拨动变位扳手，变位滑块被推至左极限位。左针杆运动到最高位时，左针杆顶杆被滑块顶住向下运动，推动内部机构同时向下，上钢球失去锥体支持向内缩，下钢球受下锥体挤压向外伸出顶住针杆支架下沿，左针杆处于停止状态。右针杆未受任何影响，内部机构被弹簧向上推，上钢球被上升的上锥体顶出卡在针杆接头下沿，与针杆接头形成牢固整体，下部钢球受下锥体上升而脱离受压成为自由状态。所以形成左针杆停止、右针杆被针杆曲柄带动做上下刺料运动，如图4-32（b）所示。

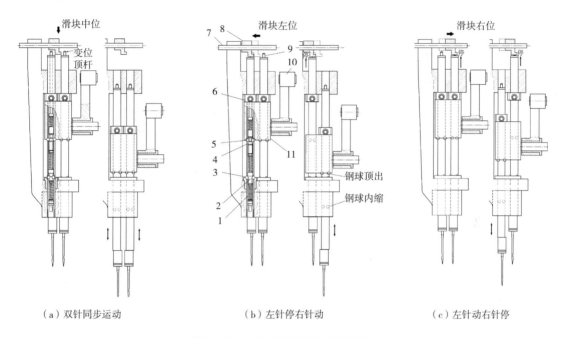

图4-32　内置式针杆机构变位原理
1—弹簧　2—下锥体　3—下钢球　4—上锥体　5—上钢球
6—定位块　7—轴　8—滑块　9—顶杆　10—针杆连杆　11—针杆接头

　　反之，拨动变位扳手使滑块向右，针杆上升最高点时，右针杆上端顶杆顶到滑块，顶杆向下带动内部机构全部向下移动，上部三个钢球因上锥形体向下而失去支撑脱离针杆接头下沿，使针杆接头可以自由上下运动，下部三个钢球受下锥形体下压而向外顶出至针杆下套上沿，使右针杆固定在最高位置。这样，只有左针杆能够被针杆曲柄带动、做上下运动，形成右针停左针动状态，如图4-32（c）所示。

　　（2）外置式双针杆离合机构。外置式双针离合变位机构的特点是零部件多在针杆外部、针杆为实心体，针杆停止与运动依靠上下两个卡销分别与针杆支架连接或与针杆接头相连接。上卡销装在针杆支架上，作用是对针杆支架与针杆进行连接或脱离。下卡销装在针杆接头上，作用是对针杆接头进行连接或脱离。上下卡销为互锁关系，只能为"上进下出"或"上出下进"。

　　针杆离合控制，通过顶杆和杠杆控制下卡销进出动作，达到控制针杆停止或运动的目的。外置式双针杆离合机构组成如图4-33所示。

　　外置离合式针杆结构为两根实心圆柱体，针杆上下各有一个凹槽分别对应上卡销（在针杆支架上）和下卡销（在针杆接头上）。两凹槽间装有一个"跷跷板"式互锁板，同时只能有一个卡销进入针杆凹槽，如图4-34所示。控制重点是"下卡销与针杆离合（进出）"状态，下卡销进入针杆即针杆上下动作，下卡销离开针杆即针杆停止。左右下卡销均进入针杆则双针杆同时运动。

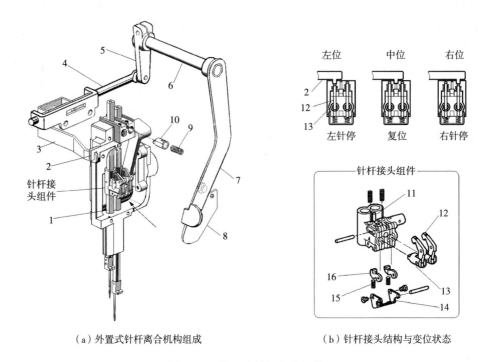

（a）外置式针杆离合机构组成　　　　（b）针杆接头结构与变位状态

图4-33　外置式针杆离合机构

1—针杆　2—变位杆　3—变位拨杆　4—滑轴　5—曲柄　6—变位扳手轴　7—变位扳手　8—复位按键
9—弹簧　10—上卡销　11—复位顶杆　12—离合曲柄　13—下卡销　14—弹簧挡板　15—弹簧　16—锁板

通过变位扳手左右移动即可控制左右针杆离合，实现两针杆分别停止或同时运动的目的。

　　工作时，当针杆接头"下卡销"进入针杆凹槽，互锁板上部向外顶出上卡销，使其无法进入针杆凹槽。此时，针杆被针杆接头带动一同运动。当左右两个针杆下卡销均进入针杆下凹槽，则两针杆同时被针杆接头带动做同步上下运动，即刺料运动，如图4-33（b）所示的"中位"。

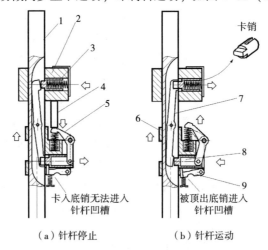

（a）针杆停止　　　　（b）针杆运动

图4-34　针杆离合原理图

1—针杆　2—针杆支架　3—上卡销　4—变位杆　5—离合曲柄　6—针杆接头　7—互锁板　8—下卡销　9—锁板

左针动右针停，手拨变位扳手向右，变位杆被拨向右侧位，如图4-33（b）所示的"右位"。当针杆运动至最高点时，针杆接头右侧离合曲柄被变位杆顶住向下，离合曲柄另一端带动下卡销拔出针杆凹槽，下卡销随即被锁板卡住，无法再返回针杆凹槽。同时，上卡销在弹簧作用下进入针杆上凹槽，针杆被卡住处于停止状态，如图4-34（a）所示。此时，针杆接头只能带动左侧针杆做上下运动。

向左侧变位时，原理相同，只是左针杆被卡住停止、右针杆正常运动。

复位，手动按下复位按键，变位顶杆被左右弹簧同时顶住恢复中间位置，如图4-33（b）所示，上图"中位"。此时当针杆升至最高位时，针杆接头中间复位顶杆被变位杆顶住向下运动，复位顶杆向下顶锁板使下卡销解锁，下卡销被弹簧作用卡入针杆下凹槽，使针杆与针杆接头连接，而上卡销被互锁板顶起向外脱离针杆上凹槽。这样，针杆恢复随针杆接头做上下运动，如图4-34（b）所示。

上下卡销与针杆的运动关系见表4-3。

表4-3 上下卡销与针杆的运动关系

针杆状态	双针运动	左停右动	左动右停
上卡销	左右均离开针杆	卡入左针杆，脱离右针杆	脱离左针杆，卡入右针杆
下卡销	左右均卡入针杆	脱离左针杆，卡入右针杆	卡入左针杆，脱离右针杆
针杆状态简图	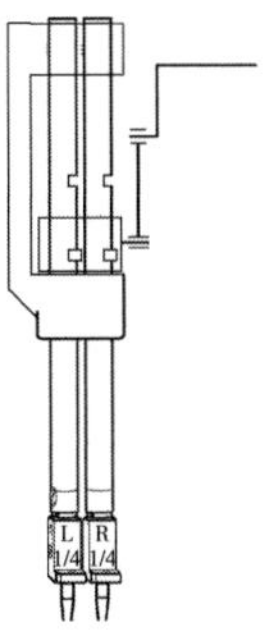	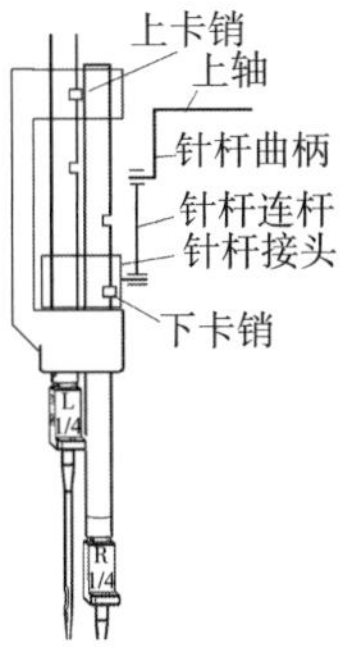	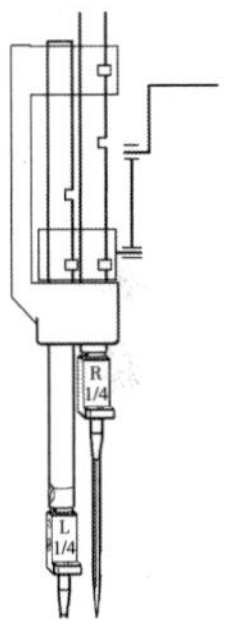

2. 针距调节与倒缝机构 针距调节机构采用双开线针距座与球头针距调节杆配合，用针距调节杆进出位置改变针距调节座夹角，通过针距连杆控制倒缝架角度，达到调节针距的目的。

倒缝架的位置变化是产生倒缝和改变针距的关键，当针距旋钮为0值（针距调节杆顶到针距调节座中心），倒缝架滑块移动轨迹线与送料曲柄平行，送料为0即无送料动作。当针距旋钮为大于0值，倒缝架逆时针偏转一定角度为正缝，角度越大则针距越大。此时压下倒缝扳手，倒缝架反向偏转（顺时针方向）相同角度，即产生反向送料运动，如图4-35所示。

3. 压脚机构 与单针平缝机压脚机构几乎相同，手动使用抬压扳手，通过凸轮顶起压紧杆导架，带动压紧杆向上动作从而抬起压脚。膝控抬压脚是通过顶杆上升、左曲柄逆时针转动、拉杆向右、右曲柄逆时针转动，向上推起压紧杆导架，如图4-36所示。浮动调节螺钉14可使压脚不完全压紧缝料，以达到某些工艺要求。

4. 夹线与过线机构 双针平缝机夹线机构为两路独立的系统，小夹线、夹线器、挑线簧均为

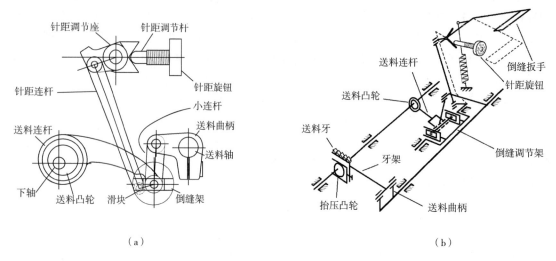

（a） （b）

图 4-35 针距调节与倒缝机构

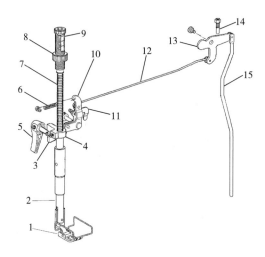

图 4-36 双针平缝机压脚机构

1—压脚 2—压紧杆 3—抬压脚凸轮 4—导架 5—抬压脚扳手 6—曲柄拉簧 7—弹簧 8—锁紧螺母
9—调压螺杆 10—曲柄左 11—松线曲柄 12—拉杆 13—曲柄右 14—浮动调节螺钉 15—膝控顶杆

独立两套，可分别穿线和调节缝线张力，整个夹线机构装在一个底板上。后部装有与抬压脚机构联动的松线板，靠顶杆顶起夹线板进行松线动作，如图 4-37 所示。

5. 绕线机构 双针平缝机绕线器目前都在朝着机头一体配置的方向发展，主要原因一是直驱方式广泛普及，二是方便统一各类机型的改型。绕线器的结构属于上轴摩擦轮式驱动、绕满自停式绕线器，结构与单针平缝机相同，如图 4-38 所示。

6. 润滑机构 现代双针平缝机运行速度高、机构复杂，为保证长期稳定的工作，均装有润滑机构，按照润滑方式的不同可分为两大类型：一是采用油泵供油的强制润滑方式，二是采用无油泵的微油供油方式。

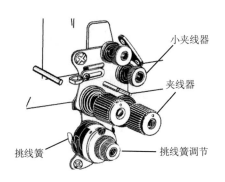
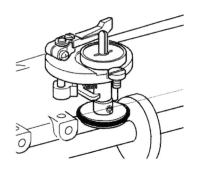

图 4-37 双针平缝机夹线机构　　　　图 4-38 摩擦轮式绕线器

（1）强制供油机型。在机头下部油盘储油，采用柱塞泵进行吸油，输出的一路给两个旋梭供油，输出的另一路向上至油盒，再经过油绳分别给上轴套、挑线杆、针杆等部位润滑。下部的旋梭轴、送料轴等轴套均由油绳供油润滑。另外，在机头前部最下端设有回油用油毡和油绳（外套塑料管），将此处的积油传送回底板油盘内，确保机头前部不会因积油过多而产生的漏油现象，如图 4-39（a）所示。

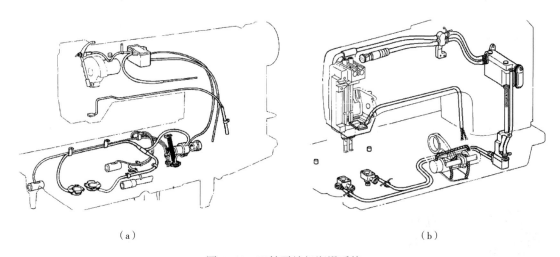

（a）　　　　　　　　　　　　　　　（b）

图 4-39 双针平缝机润滑系统

（2）微油润滑机型。主油盒储油，向上通过油绳给挑线杆和针杆润滑。向下到达副油盒分两路油绳给旋梭润滑。用油绳和油毡给送料机构、倒缝架润滑。机头前部最下端设有油毡和油绳（外套塑料管），可将此处积油传回油盘，如图 4-39（b）所示。

表 4-4 是几种双针平缝机技术参数表。

表 4-4　双针平缝机技术参数

机型	GC6220M	GC6240M	GC9451MD3	GC9751MD3
缝制速度	4000 针/min	3000 针/min	3000 针/min	3000 针/min
针间距	$^{3}/_{32}''\sim1^{1}/_{2}''$	$^{1}/_{8}''\sim1''$	$^{1}/_{8}''\sim1''$	$^{1}/_{4}''\sim^{1}/_{2}''$

续表

机型	GC6220M	GC6240M	GC9451MD3	GC9751MD3
使用机针	DPX5 14#	DPX5 14#	DPX5 14#	DPX5 16#
钩线	标准水平旋梭	2倍水平旋梭	标准水平旋梭	2倍水平旋梭
挑线	滑杆挑线	滑杆挑线	滑杆挑线	滑杆挑线
送料方式	送料牙+针送	送料牙+针送	送料牙+针送	送料牙+针送
切线功能	—	—	电磁铁发生—凸轮驱动—钩刀切线	
倒缝	手动操作,曲柄连杆式倒缝机构		手动/电磁铁驱动,曲柄连杆式倒缝	
拨线			电磁铁驱动,拨钩	
压脚动程	手动7mm,膝控13mm,20~55N		手动7mm,膝控13mm,电动10mm	
针杆离合	—	内置钢球式	外置杠杆卡销式	
针杆自动复位	—	手动	手动/自动(电磁铁驱动)	
自动抬压脚	—	—	选配,后置电磁铁驱动装置	
驱动方式	机械离合电动机外置,皮带驱动手轮		伺服电动机内置直驱,功率550W	
润滑方式	柱塞泵强制供油润滑		储油盒微油润滑	

二、侧切刀平缝机

这种平缝机在机针右侧装有切料机构,与包缝机功能相同,可同时实现缝料边缘"裁切"和"缝纫"功能,被称为侧切刀平缝机,具有生产效率高、缝制质量好的特点,广泛应用于缝制工厂。此外还有机针后置切刀类型,主要用于缝条、饰带的裁断等,不同时代侧切刀单针平缝机如图4-40所示。

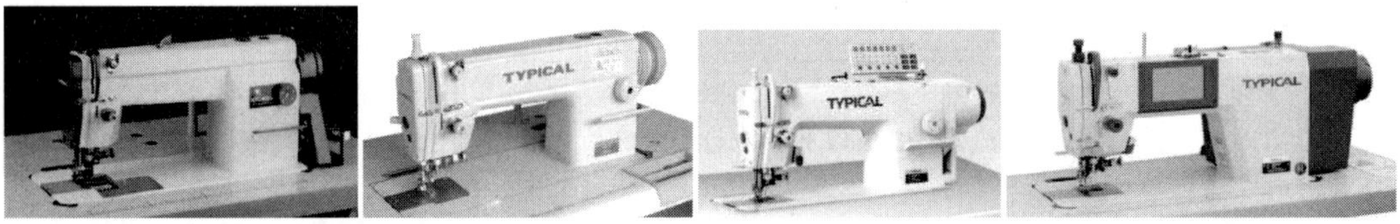

GC40-2(1988年)   GC6170(2004年)   GC6717(2012年)   GC6927(2020年)

图4-40 各时代侧切刀单针平缝机

目前,切料机构从最初的简单的上下切刀机构,逐步发展为离合式切刀机构、卷边组合式切刀机构,驱动方式也从主轴凸轮连杆式传动到独立电动机驱动式。功能也从单一的侧切刀裁边,发展出加卷边器的裁边包条型以及双针机型。

切刀由上下两个刀片组成,上刀为动刀、下刀为定刀装在针板上。动刀传动机构装于机头前部,由针杆曲柄后部的切刀凸轮,通过连杆带动动刀上下运动进行裁切,如图4-41(b)所示。

切刀一般装于机针右侧(有少数装于机针左侧)部位,定刀装于针板上面,如图4-41(a)所示,动刀通过可调整刀座与整体切刀架组合为一体,沿着两个切刀架轴可上下滑动,如图4-42

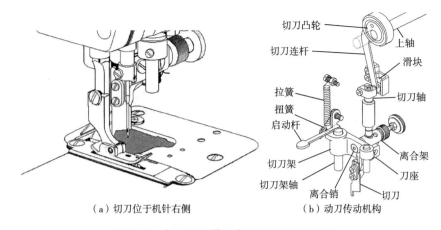

（a）切刀位于机针右侧　　　　　　　（b）动刀传动机构

图 4-41　侧切刀机构（标准 GC6XX7 系列）

（a）所示。动力通过上轴—切刀凸轮—切刀连杆—切刀轴接头—切刀轴，带动离合架做上下运动，如图 4-41（b）所示。

按下启动杆后，切刀架向下滑动、离合销被内部弹簧顶出进入切刀架孔。这样，切刀架与离合架合体开始上下运动，带动切刀切料，如图 4-42（a）所示。

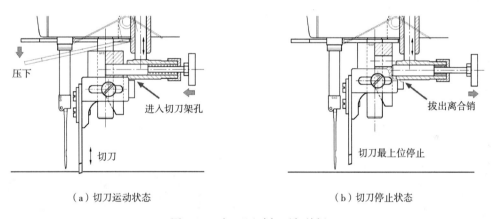

（a）切刀运动状态　　　　　　　　　（b）切刀停止状态

图 4-42　切刀运动打开与关闭

无须切料时，可将离合销从切刀架孔拔出，切刀架被拉簧向上复位，离合销无法再次进入切刀架孔，切刀在上位停止状态，如图 4-42（b）所示。

切刀的行程取决于切刀凸轮偏心距的大小，确定行程数值时需要考虑缝料的最大厚度（设计值）。切刀提升高度应不低于压脚抬起高度数值。

三、差动送料机构

差动送料一般装有前后两个（两组）送料牙，采用两套独立机构进行传动和调节，使前后送料牙的行程分别可调，以适应不同类型弹性缝料的送料，实现高质量缝制的目的。图 4-43（a）为单针差动平缝机送料牙机构图，送料轴设计成双轴同轴的"套轴"结构。

差动送料机构在平缝机中使用较少，而在链式线迹缝纫机中使用普遍。原因是平缝机面对的制品主要为梭织缝料，弹性很小，而链式线迹缝纫机的制品主要是弹性大的针织缝料，差动送料机构可以有效应对不同弹性缝料。

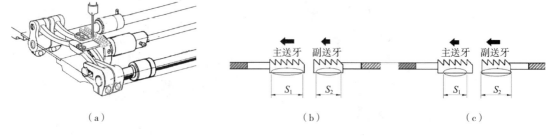

（a）　　　　　　　　　　（b）　　　　　　　　　　（c）

图 4-43　差动送料原理

单送料牙只能以固定行程送料，对于各种弹性缝料就容易出现送料不均问题。使用差动送料机构就能够很好地解决这一问题，图 4-43（b）是副送料牙行程小于主送料牙行程，缝料会被拉伸。图 4-43（c）则是副送料牙行程大于主送料牙，缝料被前拥，形成起皱状态。通过对副送料牙行程的调节，可以实现最佳的送料质量。

第六节　电脑平缝机机构原理

自人类发明电脑并进入工业自动控制领域，从此揭开了一个崭新的电脑时代。1975 年美国胜家发明电脑缝纫机，实现自动切线和自动倒缝功能，以及简单的程序缝纫，率先将电脑应用于传统的缝纫机中。之后，各种电脑控制缝纫机的自动化功能不断出现和发展，自动切线、自动倒缝、自动拨线、自动加固缝、自动定针缝、自动停针位等实用功能不断推出，这一切为缝制工作带来巨大变化，在提高缝制生产效率和质量的同时，也极大地降低了人工操作难度和劳动强度，受到缝制市场的广泛欢迎。1986 年西安标准引进技术成功生产第一台电脑单针平缝机 GC6-1-D3，到目前为止已经经历了数代发展，图 4-44 为不同时代的电脑平缝机。

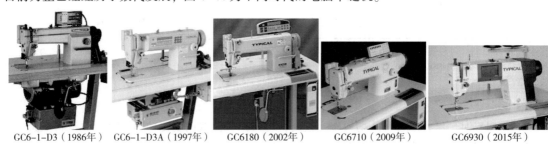

GC6-1-D3（1986年）　GC6-1-D3A（1997年）　GC6180（2002年）　GC6710（2009年）　GC6930（2015年）

图 4-44　不同时代单针电脑平缝机

图 4-45 为典型单针电脑平缝机机头结构图（标准 GC6710MD3），是在连杆式单针平缝机基础上发展而来，曾经有过牙叉式结构电脑平缝机，但由于先天不足、问题较多而逐渐消失。西安标准自 GC6-1-D3 以来，在保持基本结构和优点的基础上不断改进和发展，陆续推出 GC6-1-D3A、GC6180、GC62、GC6710、GC6910、GC6920、GC9 系列机型，从最早使用粗大笨重的涡流调速电动机到变频电动机，再到如今体积小巧功率强大的交流伺服电动机，传动由皮带到直驱，电路系统从"慢、大、重"到现在的"快、小、轻"，机构改进、驱动升级、系统进步、功能增多、性能更加优异，代表了国内电脑平缝机的发展历程。

电脑缝纫机具有自动切线、自动倒缝、自动拨线、自动停针位、自动加固缝、自动定针缝等

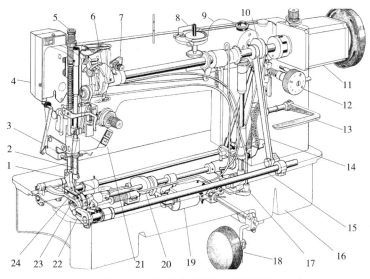

图 4-45　单针电脑平缝机结构图

1—压脚　2—针杆部件　3—拨线部件　4—拨线电磁铁　5—调压螺杆　6—挑线杆　7—夹线部件
8—绕线器　9—倒缝电磁铁　10—送料凸轮　11—电动机　12—针距调节　13—倒缝机构
14—抬牙连杆　15—抬牙轴　16—油盘　17—供油泵　18—膝控抬压　19—切线电磁铁
20—切线凸轮　21—控制开关　22—抬牙叉　23—旋梭　24—送料牙

多种自动功能，采用小型伺服电动机直驱主轴、步进电动机或电磁铁驱动各功能、分体（或一体）操作盒、调速控制器、安全开关等驱动和控制，具有操作简单、节省人力、高效节能的特点，是目前市场广受欢迎的机型。

图 4-46 是单针电脑平缝机机构简图。

下面分别介绍电脑平缝机主要自动机构组成。

一、自动切线机构（标准 GC6-1-D3/6180/6710/6910 单针电脑平缝机）

"切线"是电脑缝纫机实现的最重要功能，解决了长期以来机械机构难以进行高速切线的大问题。通过电脑系统控制切线机构动作，将缝线准确切断，达到减少人工、节约缝线、提高工效和缝纫质量的目的。

目前单针电脑平缝机切线刀主要有旋转式推刀和平摆式钩刀两类，双针电脑平缝机切刀均使用钩刀，有直动式和摆动式两类。

（一）单针电脑平缝机自动切线原理

下面以标准 GC6710 旋转式切刀机构为例，介绍切线机构工作原理。

（1）旋梭钩线后旋至最低点时面线环张开最大，此时动刀始动，动刀分线尖插入线环进行拢线并将面线前后段分开，如图 4-47（a）所示。

（2）动刀继续旋转，将面线和底线收拢于动刀刃前线槽内，分线尖则将面线环另一侧推开更远，确保此侧线段不被切断，如图 4-47（b）所示。

（3）动刀继续旋转，当挑线杆至最高点时，动刀刃与定刀刃部完全啮合，将面线与底线切断，如图 4-47（c）所示。

（二）切线机构相关特殊部件

1. 切线动刀　切线动刀在长期使用中不断改善形成如今形状复杂、设计讲究的特殊零件，各

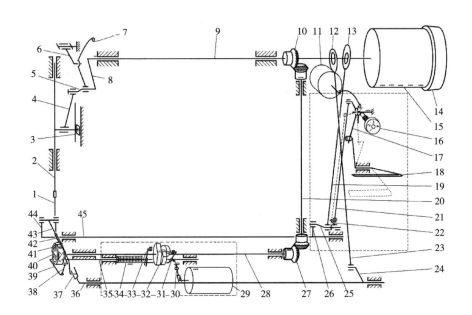

图 4-46　单针电脑平缝机机构简图（标准 GC6710/6910 系列单针电脑平缝机）

1—机针　2—针杆　3—滑块　4—连杆　5—挑线曲柄　6—挑线连杆　7—挑线杆　8—针杆曲柄　9—上轴

10—上锥形齿轮组　11—倒缝电磁铁　12—抬牙凸轮　13—送料凸轮　14—手轮　15—主轴电动机

16—针距旋钮　17—针距座　18—倒缝扳手　19—送料连杆　20—竖轴　21—针距调节连杆

22—针距调节曲柄　23—抬压连杆　24—抬牙曲柄　25—长连杆　26—送料曲柄（右）

27—下锥形齿轮组　28—下轴　29—电磁铁　30—杠杆　31—切线凸轮曲柄　32—切线凸轮

33—切线复位曲柄　34—复位弹簧　35—切刀驱动轴　36—抬牙轴　37—抬牙叉　38—连杆

39—切线驱动曲柄　40—旋梭　41—动刀　42—送料牙　43—牙架　44—送料曲柄　45—送料轴

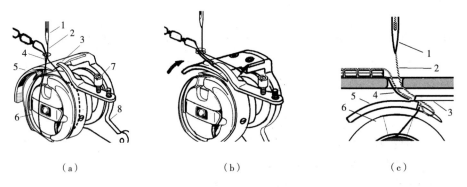

（a）　　　　　　　　　　　（b）　　　　　　　　　　　（c）

图 4-47　电脑单针平缝机切线原理

1—机针　2—面线　3—定刀　4—底线　5—动刀　6—旋梭　7—定刀调整钉　8—动刀曲柄

部位均有不同作用和功能，图 4-48（a）为切刀组俯视展开图，详细介绍如下：

（1）分线尖。作用是将面线环分成为两部分，将与缝料相连线段推入刀刃切断，排除与机针相连线段。其目的有两个，一是避免同时切断三根缝线；二是保证机针遗留线头长度，防止再次起缝即发生飞线（缝线从机针孔抽出）。

（2）收线区。可使被切缝线稳定进入线槽，保证不散落在外面、造成脱线。

（3）线槽。作用是进一步收拢缝线在槽内直至动刀刃部，保证准确切线。

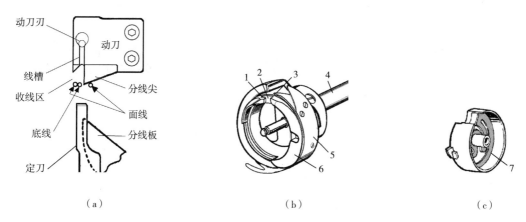

（a）　　　　　　　　　　（b）　　　　　　　　　　（c）

图4-48　电脑单针平缝机切刀与旋梭

1—缝线稳定槽　2—定位槽　3—梭尖　4—下轴　5—外环　6—内环　7—弹簧片

2. 电脑单针平缝机旋梭　如图4-48（b）所示，设有缝线稳定槽，保证切线时缝线稳定进入动刀刃部被切割。梭芯套设有阻尼弹簧片，以降低梭芯可能发生的空转，减小每次起针时出现底线凌乱现象（俗称"鸟窝线迹"），如图4-48（c）所示。

梭芯则用轻合金材料制成，以减轻自重，减少运动惯性，防止产生"鸟窝线迹"。

（三）自动切线机构组成

自动切线机构由切刀组、传动机构、动作发生机构、机电转换装置和松线机构构成。

1. 切刀组及传动机构　切刀组置于针板与旋梭之间，既方便切线又能使切后遗留线头达到最短。切刀组由旋转的弧形动刀和定刀组成，装有动刀片的刀架在曲柄和连杆的作用下发生旋转动作。

2. 动作发生机构　切线动作是由切线凸轮发生，通过切线凸轮曲柄、切刀轴、动刀驱动曲柄、连杆的传动，拉动动刀架旋转、动刀切线，如图4-49所示。

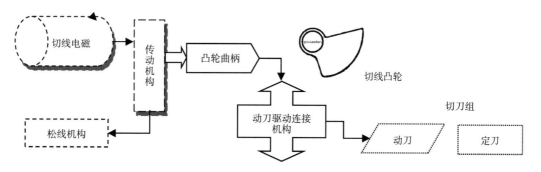

图4-49　切线动作发生与传动图

切线机构工作原理如图4-50（a）所示，电脑控制器发出切线指令，在缝制结束前一针输出电路启动，切线电磁铁吸合使杠杆动作，杠杆另一端推动切线曲柄滑动并进入切线凸轮工作范围内，随即被凸轮驱动产生摆动动作（凸轮装于下轴，缝纫机工作中一直处于旋转状态），通过动刀轴和动刀曲柄拉动动刀旋转摆动进行切线，图4-50（b）为切线机构组成图。

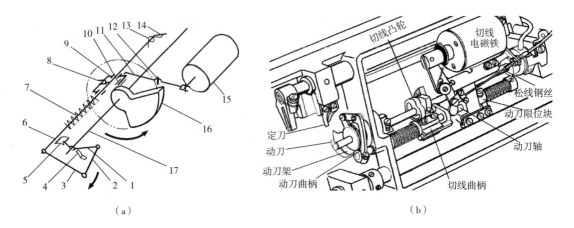

（a）　　　　　　　　　　　　　　（b）

图 4-50　自动切线机构

1—动刀架　2—连杆　3—动刀曲柄　4—定刀　5—动刀　6—动刀轴　7—弹簧　8—滑槽曲柄　9—切线曲柄
10—滚子　11—杠杆　12—轴　13—复位扭簧　14—动刀限位块　15—下轴　16—切线电磁铁　17—切线凸轮

3. 机电转换装置　将电控系统切线指令转换为机械动作，一般采用电磁铁，少数使用气缸。

电磁铁拉动杠杆使切线曲柄移动，进入切线凸轮旋转范围，凸轮推动切线曲柄滚柱旋转，使机构动作进行切线，机构组成如图 4-51（a）、（b）所示。

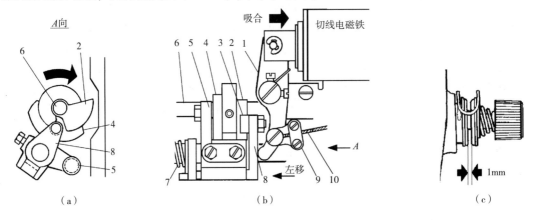

（a）　　　　　　　　　　　（b）　　　　　　　　　　　（c）

图 4-51　切线发生机构

1—杠杆　2—切线凸轮　3—滚柱　4—复位凸轮　5—复位曲柄
6—下轴　7—弹簧　8—切线曲柄　9—松线架　10—松线钢丝

4. 松线机构　作用是切线时取消面线张力，使面线处于自然状态，保证切线后面线不因张力从针孔飞脱。

切线杠杆上装有松线用钢丝，电磁铁吸合时同时拉动钢丝，钢丝向上一直连接到机头夹线器，使夹线板张开，面线张力被完全释放，如图 4-51（c）所示。

（四）自动切线机构动作顺序

（1）切线始动。电脑发出切线信号，切线电磁铁吸合拉动杠杆，杠杆另一端推切线曲柄向左移动（固定于下轴的曲柄滑槽内移动），如图 4-50、图 4-51 所示。

（2）切线曲柄向左移动，滚柱进入切线凸轮旋转范围，随即被凸轮带动而摆动。

（3）切线凸轮装于下轴随缝纫机工作转动，是动刀的动力和定位来源。切线凸轮带动动刀轴，将切线曲柄的旋转动作传递带动动刀旋转。

（4）动刀曲柄摆动通过连杆拉动动刀转动。

（5）切线。动刀顺时针转到极限位置时，动定刀啮合，切断缝线，如图4-47（c）所示。

（五）双针平缝机自动切线机构

双针平缝机切线原理与单针平缝机相同，也是电磁铁动作、凸轮驱动切刀。但双针平缝机结构复杂、空间有限，特别是针间距较小的两旋梭之间，狭小的空间只能采用体形小巧的钩刀，进行回钩切线方式，即动刀伸出时进行分线，返回时钩住缝线一直回到原始位，与定刀刀刃啮合将缝线切断。

1. 切线机构组成　动刀驱动由装在下轴的圆柱槽型凸轮产生，通过调节杆和连杆传动至两个动刀曲柄摆动，带动左右两个动刀同时摆动产生切线动作，机构组成如图4-52所示。

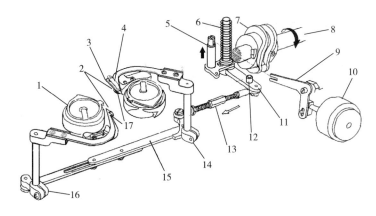

图4-52　双针平缝机切线机构

1—旋梭　2—动刀　3—定刀　4—定刀簧片　5—切线提杆　6—复位弹簧　7—切线凸轮　8—下轴
9—电磁铁曲柄　10—切线电磁铁　11—切线曲柄　12—滚子　13—调节杆　14—动刀曲柄右
15—连杆　16—动刀曲柄左　17—动刀簧片（夹线簧片）

2. 工作原理　当电脑控制系统发出切线指令，切线电磁铁通电产生吸合动作，铁芯推动曲柄摆动，带动切线提升杆向上运动，使切线曲柄向上，带动滚子进入凸轮槽范围。

旋转的凸轮带动滚子、切线曲柄摆动，带动调节杆、连杆向左，推动动刀曲柄摆动，动刀向前伸出。动刀伸出时分线，分别将缝料的面线和底线收拢至分线尖内侧，机针的面线被分至刀背侧（动刀外），如图4-53（b）所示。

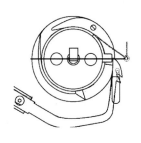
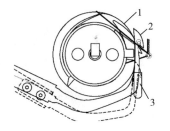
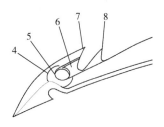

（a）动刀开始伸出　　　　　　　（b）动刀至极限　　　　　　　（c）动刀尖

图4-53　双针平缝机动刀与切线过程

1—旋梭　2—动刀尖　3—定刀　4—刃部凸起　5—动刀刃　6—线槽　7—钩线尖　8—钩线尖

动刀回程时将分至动刀两个钩线尖 7、8 内钩住的底面线通过动刀线槽 6 收拢于动刀刃 5 处与定刀 3 啮合，从而准确、可靠地切断底面线，如图 4-53（c）所示。

定刀簧片的作用是为定刀提供一定弹力，保证动定刀啮合力，提高切线可靠性。动刀簧片的作用是在动刀切线后夹住梭芯线头并保持，确保二次缝纫钩线正常。

切线最佳时机和条件是在挑线杆至最高点时动定刀啮合、同时面线无张力，动定刀具有一定相向压力并有一定啮合度。

二、自动倒缝机构

平缝机针距调节与倒缝机构是相互关联的一套联动机构，作用一是方便调整针距，二是方便倒缝操作，通过倒缝提高缝制品局部的缝制强度。

（一）单针电脑平缝机自动倒缝机构

1. 结构特点　单针平缝机针距调节与倒缝装置采用连杆机构组成，如图 4-54 所示（标准 GC6180/6710/6910 单针电脑平缝机）。

2. 倒缝动作原理分析　当针距曲柄连杆推动针距曲柄向下，使支点 O 从中心线上方对称移动到下方位置，如图 4-55（b）所示。这样，送料连杆上下运动从 a 至 b 时，受到短连杆限制，使长连杆推动送料右曲柄从 b' 向 a' 运动，送料牙反向运动，即"倒缝"。

这种结构操作非常简单，手动压下倒缝扳手即可进行倒缝动作，同时电磁铁驱动也可倒缝，使电脑平缝机具有"手动/自动倒缝"功能而互不影响。

3. 正缝动作原理分析　松开倒缝扳手，针距座在拉簧作用下顺时针转至原始状态，针距调节连杆拉动针距调节曲柄向上，使支点 O 偏移至中心线上方。送料连杆上下运动 a 至 b 时，长连杆推动送料右曲柄从 a' 向 b' 运动，即送料牙正向运动，如图 4-54（a）所示。

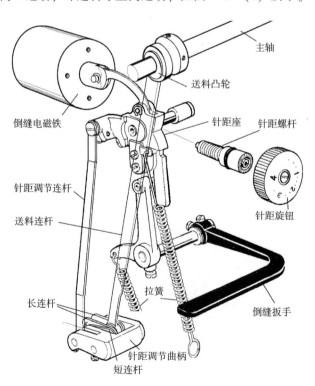

图 4-54　单针平缝机倒缝机构

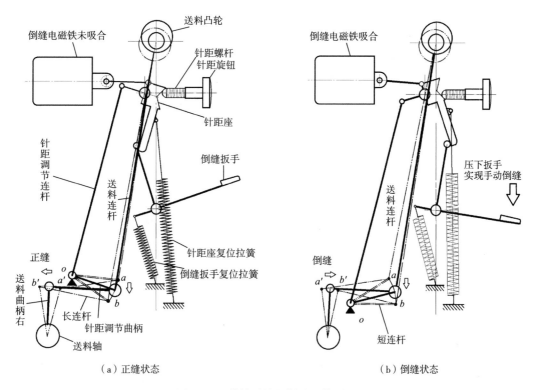

（a）正缝状态 （b）倒缝状态

图 4-55 单针平缝机倒缝工作原理

（二）双针电脑平缝机自动倒缝机构

通过电脑控制实现了自动"前后加固缝"功能，而且速度快、质量高、操作简单上手容易，完全消除了手工操作倒缝加固时的低效率和低质量问题。结构采用直拉式电磁铁驱动、曲柄连杆传动，如图 4-56（a）所示。

自动倒缝时，电脑发出指令电磁铁吸合，通过驱动曲柄和连杆直接拉倒缝轴反向摆动，从而产生与倒缝扳手带动针距调节座反向摆动相同的作用，达到倒缝运动的目的。图 4-56（b）中实线部分为正缝状态，虚线部分为倒缝状态。

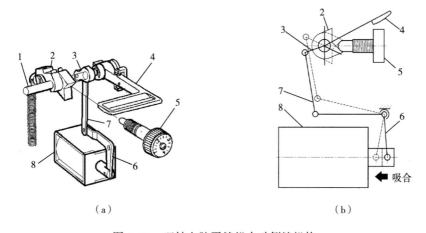

（a） （b）

图 4-56 双针电脑平缝机自动倒缝机构

1—轴 2—针距座 3—倒缝曲柄 4—倒缝扳手 5—针距旋钮 6—电磁铁驱动曲柄 7—连杆 8—电磁铁

三、自动拨线机构

平缝机切线是在针板下方进行，切线结束面线线头夹在缝料中并遗留针板下方，拨线就是将线头从缝料拨出至压脚上面，不仅便于取缝料，还可杜绝各种不良现象产生，例如：拉皱缝料，特别是薄料；拉弯机针，使机针变形甚至折断；拉长面线，产生缝线浪费等问题。

（一）单针电脑平缝机自动拨线机构

如图 4-57（a）所示，由一个前端为钩状的钢丝进行拨线，静止时拨钩位于针杆右侧上部。当切线结束时拨线电磁铁动作，驱动拨钩向左侧摆动，从针尖下方摆过，将线头直接打出或在返回时将线头钩出。

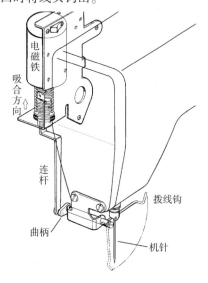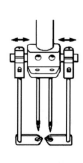

（a）单针电脑平缝机拨线机构　　　（b）双针电脑平缝机拨线机构　　（c）双针机拨线钩

图 4-57　电脑平缝机自动拨线机构

1—电磁铁　2—长连杆　3—拉簧　4—曲柄　5—短连杆　6—摇臂　7—拨线钩

拨钩驱动由电磁铁拉动曲柄，使装在轴另一端的拨钩摆动。标准牌 GC6 系列各型单针电脑平缝机均采用横摆拨钩式拨线机构。

（二）双针电脑平缝机自动拨线机构

双针电脑平缝机拨线机构，采用直拉式电磁铁、连杆曲柄机构驱动形式，如图 4-57（b）所示。拨线钩为纵摆式双拨钩结构，如图 4-57（c）所示。

拨线时电磁铁吸合，铁芯带动大连杆向上运动，通过曲柄转换，拨线钩向前下方运动，在到达最低点（位于机针下方）后受拨线摇臂 6 的连接，拨线钩有一个向上动作，以挑起线头。此时电磁铁运动完成，断电释放铁芯，在弹簧作用下铁芯向下复位，拨线钩按原来运动轨迹返回至最高点。这个过程中，拨线钩通过前进时的"推"和返回时的"钩"两个动作，将机针线头拨出缝料。

四、自动夹线机构

1. 自动夹线机构的作用　自动夹线机构装在挑线杆与机针中间，作用是在缝纫的各阶段通过适时夹紧与放松面线，控制线迹状况，缩短遗留线头，对降低"鸟窝线迹"、提高缝纫质量有一定效果。

2. 工作原理　缝纫机开始缝纫，机针由最低位回升一定距离时，旋梭开始钩线。当梭尖钩住缝线时［图 4-58（a）］，自动夹线器电磁铁吸合，夹板夹住面线。此时旋梭所需缝线只能从机针遗留的线段部分抽出，将之前留下的线头拉入缝料下面。在旋梭钩线过程结束前，自动夹线器提前释放，松开缝线。此时挑线杆已进收线过程，随之进入正常的缝制阶段。

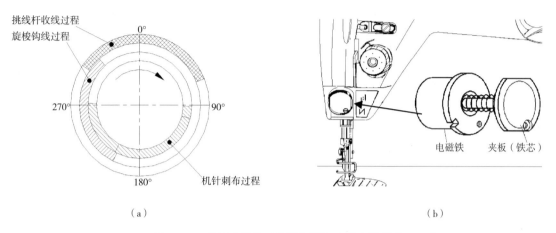

图 4-58　单针平缝机工作循环图与自动夹线机构

工作时，面线从"夹板"与电磁铁端面的中间通过，当电磁铁通电铁芯吸合，夹板合住夹紧面线，起到控制机针下部面线长度的作用。电磁铁断电时，通过自带弹簧复位。

3. 结构与特点　自动夹线机构非常简单，装在机头下部、针杆上方、面线必经位置，由一个小型直拉式电磁铁驱动，电磁铁铁芯前部即为"夹板"，如图 4-58（b）所示。特点如下：

（1）夹板电磁铁吸合与开放动作，受程序控制，可微调以达到理想线迹效果；

（2）夹板的夹线动作在缝制中同时进行，不会影响到缝纫操作过程；

（3）整体结构简单，没有突出的外部构造和动作，动作稳定、安全性好。

五、自动抬压脚机构

电脑平缝机自动抬压脚装置一般采用电磁铁驱动，结构简单、通用性强。

1. 机构组成与动作原理　电磁铁芯工作吸合时推动曲柄 6 通过传动轴使曲柄 8 向右摆动，带动连杆拉动曲柄右向右运动，使压脚抬起。由于连杆上设有长槽，所以电磁铁未动时，不影响手动或膝控抬压脚动作，如图 4-59 所示。

2. 自动抬压脚动作时序　自动抬压脚动作是在拨线动作结束后进行，是缝纫结束后的最后一个自动功能。

外置式电磁铁抬压脚装置的缺点是体积大、造价高，一般采用选配方式销售。

六、双针离合自动复位机构

这是双针电脑平缝机特有装置，通过预先在系统中设定针数，双针离合自动复位机构在缝纫到预定针数时，针杆自动准确复位，使复位操作实现自动化，有效降低人工操作、提高生产效率，使机构运行更加稳定。

双针离合自动复位机构采用系统针数预设、电磁铁输出直接吸合复位按键的简单结构，如图

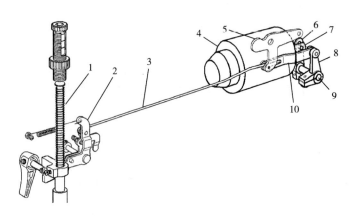

图 4-59　电脑平缝机自动抬压脚机构

1—压脚机构　2—曲柄左　3—拉杆　4—电磁铁　5—曲柄右
6—驱动曲柄　7—电磁铁铁芯　8—曲柄　9—轴　10—连杆

4-60 所示。工作原理如下：

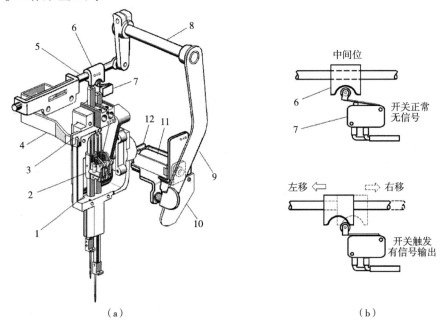

（a）　　　　　　　　　　　　　　　（b）

图 4-60　双针杆自动复位机构

1—针杆　2—针杆接头　3—变位杆　4—变位拨杆　5—滑轴　6—滑块
7—微动开关　8—变位扳手轴　9—变位扳手　10—复位按键　11—复位电磁铁　12—复位板

1. 变位操作　当手动操作变位扳手向右拨，复位按键弹起卡住变位扳手，同时右针杆至最高位停止。变位完成，此时只有左针杆上下运动。

2. 自动复位　先在操作盒上设置变位针数，正常缝纫至转角位时手动推变位扳手进行变位操作，滑轴向左或右移动，带动内凹形滑块移动触发微动开关，开关提供给电脑计数（针数）信号，如图 4-60（b）所示。当缝纫至预先设定针数时，电脑发出复位指令，复位电磁铁吸合推动复位板向左运动，使复位键按松开变位扳手，在弹簧作用下变位扳手回到中间位置，右针杆复位，与左针杆一同上下运动，如图4-60（a）所示。

3. 手动复位　用手按下复位按键使变位扳手阻挡取消，在弹簧作用下变位扳手回到中间位置，右针杆复位，与左针杆一同上下运动。

七、电脑控制系统组成

（一）系统组成

单、双针电脑平缝机控制系统大同小异，各部分组成如图4-4所示。目前电脑缝纫机控制系统的主要特点体现在：

（1）采用先进的FOC技术控制伺服电动机，动态性能优、高精度、低能耗。

（2）采用先进的CAN总线通信技术，人性化人机界面。

（3）高智能化水平、多交互信息，如控制器检测、故障记录、信息统计。

（4）更多路外围驱动接口及数据采集通道，方便后续升级和功能扩充。

（二）电脑控制系统整体功能

如图4-61所示，以YSC-8320工业缝纫机控制系统为例，主要由以下四部分组成：

1. 主控制箱　包括CPU在内的主控制电路装在控制箱中。后面板设置了全部接口，除了采用新式操作盒外，其他接口与老系统兼容，保持了系统的通用性，同时增加一个3×5芯扩展功能

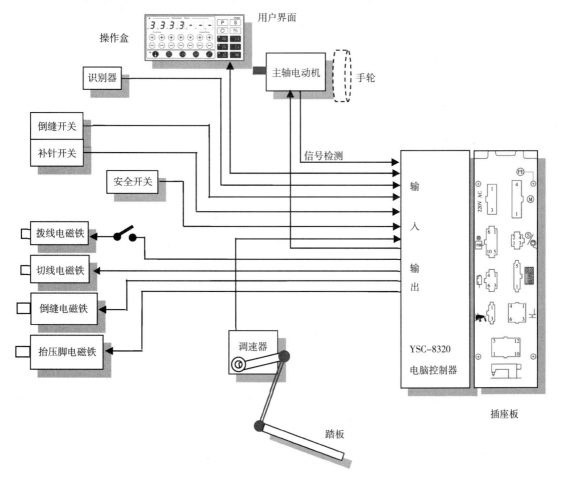

图4-61　电脑平缝机控制系统框图

接口。

2. 操作部分 包括操作盒、脚踏控制器、按键开关（补针、针位、倒缝）等。

操作盒具有所有功能开关和参数调节。采用智能化调速器，单片机数字控制，检查功能方便，稳定性优良。机头触摸式双开关，集成内嵌式无影机头灯。

3. 输入部分 由检测器、机头识别器、倾倒感应器、变位信号开关组成。

4. 输出部分 由主轴驱动电动机、切线电磁铁、倒缝电磁铁、拨线电磁铁、夹线电磁铁、抬压脚电磁铁、针杆变位复位电磁铁组成。

（三）电脑控制系统操作盒功能

电脑控制系统操作盒能够设置多种实用功能，以标准 P104 操作盒（图 4-62）为例介绍如下：

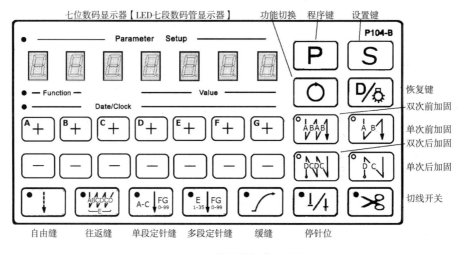

图 4-62 电控系统操作盒面板

1. 前后加固缝 起始缝的正倒缝纫或终止缝的正倒缝纫。

2. 自动停针位 可程序设定和针位开关控制，其含义及用途见表 4-5。

3. 缓启动 慢速启动、逐步提速的功能，按键开闭。

表 4-5 电脑缝纫机上下针位含义及用途

针位	含 义	用 途
上停针位	缝纫机停止时，机针自动停在上位，一般是挑线杆最高点	系统默认设在自动切线后，机针停止到上针位。方便取出缝料以及放入新缝料
下停针位	缝纫机停止时，机针自动停在下位，一般是机针最低点	系统默认设在缝纫中途停止，如转弯点、添料点，需机针在下位以保持缝料位置不错位

4. 单段定针缝 特别适合商标、口袋等尺寸精确、长度要求严格的部件缝纫。单段定针缝只设定单独一段缝纫针数。

5. 多段定针缝 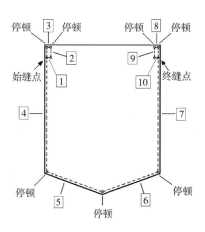 。可连续分段设定针数，每段针数任意设定。GC6910MD3 电脑平缝机可设定 35 个缝段，每段可设定最多 99 针。如缝纫图 4-63 所示衬衫口袋，共有 10 个缝段，均可分段设定针数，每段缝完自动停下针位，方便转向操作。最后段缝纫结束自动停在上针位。

6. 折返缝 可自动"来回"缝纫，结束后自动切线。最大可设 15 次缝纫、每次 15 针。

（四）自动控制动作时序

缝纫机各机构工作都有着严格的动作时间顺序要求，电脑单针平缝机动作时序如图 4-64 所示。

图 4-63　具有 10 个缝段衬衫口袋

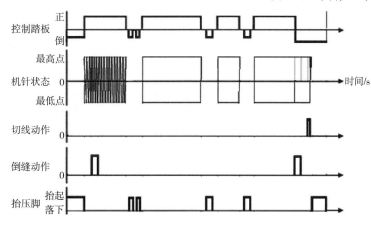

图 4-64　自动控制功能时序

八、智能化、信息化缝纫机

智能化信息化缝纫机是近年来的新发展，是运用各种传感器对影响缝纫过程的各类信息进行检测，例如参数类的缝纫速度、主轴角度、机针位置、缝料厚度、缝料密度、缝料批号、缝线张力、缝线参数，状态类的缝料形状（边缘）、缝线状态等各种缝制信息进行全面检测和信号反馈，通过电脑控制系统处理，输出至数字化的钩线、挑线、送料、针距、倒缝、压脚升降与压力、缝线张力等机构，实时进行相应调节和改善，以获得高质量的缝制品质，达到缝纫问题自动调整处理的智能化控制新阶段。图 4-65 是影响缝纫与控制的各种因素示意图。

（一）智能化信息化缝纫机的特点

1. 智能化　近年来新开发成功的"料厚感应与针距校正"系统、"压脚压力对材料厚度控制"系统、"压脚压力对缝纫速度控制"系统、"缝线张力校正对料厚控制"系统，均为平缝机智能化发展的新体现。由安装在设备上的传感系统，对缝料厚度以及缝线、缝料状态等参数进行检测，将信号反馈至电脑系统处理，通过对数字化针距调节和缝线张力调节机构进行精确地控制调整，实现针距长度稳定不变、线迹一致的优异结果，保证了高速缝纫中各种指标的稳定性和缝纫质量。典型机型有：威腾 5000、标准 GC6920/6930A、兄弟 S-7300A、重机 DDL-9000C，如图 4-66 所示。

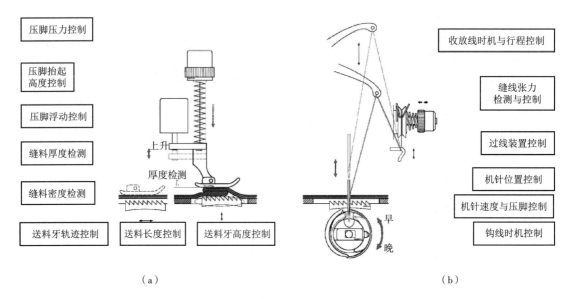

图 4-65 影响缝纫与控制的各种因素

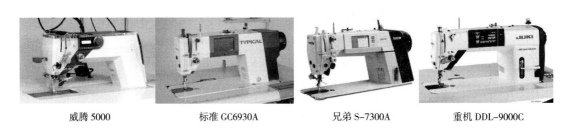

威腾 5000　　　　标准 GC6930A　　　　兄弟 S-7300A　　　　重机 DDL-9000C

图 4-66 智能平缝机

2. 数字化　缝纫机实现智能化的基础和前提是调节机构的"数字化"，将缝纫机中各种机械调节机构改为数字化调节，采用微电脑控制和伺服控制技术，达到对各机构进行精确调整、量化调整的目的。数字化升级将有助于大幅提高缝纫机的精确控制、远程控制、动态缝纫性能，实现缝制设备智能化和缝制生产管理系统智能化。

得益于电子技术电脑控制技术的飞速发展，以及伺服驱动、步进电动机技术的广泛普及应用，极大地降低了数字化技术应用的成本。目前数控技术正在从缝纫机主轴电动机的速度控制、停止位置等方面，向着针距调节、缝线张力调节、过线装置调节、挑线杆收放线调节、压脚压力调节、送料量调节、送料牙运动轨迹调节、钩线时机调节等全功能全方位发展，运用电脑控制系统的协调作用，使缝纫质量更加完美，使中间控制和调节更加简单与可靠。

目前，缝纫机数字化调节机构与应用见表 4-6。

表 4-6　缝纫机数字化调节机构与应用

类型	数字化调节机构	作用	应用机型
送料机构	送料牙高度调节	提高送料效率质量	威腾 5000、兄弟 7300、重机 9000C
	送料牙平度调节	提高不同弹性料缝纫质量	威腾 5000
	送料运动轨迹调节	同上	兄弟 7300A、重机 9000C
	送料针距调节	提高不同厚度、密度缝料缝纫质量	标准 6930、威腾 5000、兄弟 7300、重机 9000C

续表

类型	数字化调节机构	作用	应用机型
钩线机构	旋梭独立驱动	优化钩线提高缝纫质量	TC162 全自动模板缝纫机
	钩线机构检测		威腾 5000
挑线机构	挑线杆调节	根据缝料厚度自动调节挑线行程、速度，改善缝纫线迹质量	
缝线缝料	缝线检测与调节	通过对缝线、缝料密度厚度弹性、缝纫速度方向等参数的检测判断，自动调节缝线张力，改善线迹质量	威腾 5000、标准 6930、重机 9000C
	自动夹线板控制		威腾 5000、标准 6930、重机 9000C
	缝料检测		威腾 5000
	缝线检测		威腾 5000
	过线钩调节		
压脚机构	压脚提升	自动调整最为合适的压力，适应缝料厚度密度和弹性	威腾 5000、重机 9000C
	压力调节		威腾 5000、兄弟 7300、重机 9000C

3. 网络信息化　运用网络传输，实现缝纫机各种信息、功能和参数远程传输与管理功能。

（1）信息输入的作用。能够实现缝纫速度、针距、缝线张力、缝纫厚度、缝纫程序等一系列参数的调整，达到缝纫的最佳状态。对于每次更换缝料、缝线、厚度后必须进行烦琐的调整等起到简化作用，可极大地降低人工要求。

可实现程序及时更新与升级操作，方便进行远程联机调控与故障判断。

（2）信息输出的作用。方便管理者及时查看生产详细参数，了解实时生产状况。

收集生产线机器运行状况数据，分析解决生产配置和工艺问题。

（二）智能化信息化缝纫机构成

1. 威腾 5000 单针智能电脑平缝机　该机曾连续获得 2011～2017 年德国 texprocess 国际缝制设备展会创新大奖，如图 4-67 所示。该机采用模块化设计理念，具有料厚检测、面线张力感应和面线张力线环闭合控制、wifi 与 USB 信息传输交换特点，设备根据缝纫速度和缝料厚度变化，自动调整缝纫参数的动态参数，能够取得高质量的缝制效果，同时显著降低缝纫所需时间，并具有如下功能：

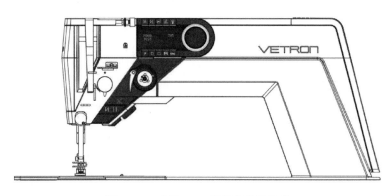

图 4-67　威腾 5000 智能电脑平缝机

（1）持续测量材料厚度。

（2）恒定压脚。

（3）压力对材料厚度的检测与自动调整（包括即时调整和预设程序自动调整。）

（4）压脚压力对缝纫速度的影响与自动调整，如图4-68（a）所示。

（5）针距校正对材料厚度的检测与自动调整。

（6）缝线张力校正对材料厚度的检测与自动调整，如图4-68（b）所示。

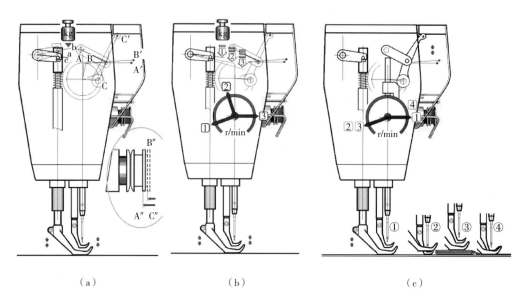

（a）　　　　　　　　　　（b）　　　　　　　　　　（c）

图4-68　威腾5000智能电脑平缝机功能

（7）通过缝纫速度调节内外压脚交替量，具有自动"交叉缝"等功能，如图4-68（c）所示。

2. 威腾5700单针智能电脑平缝机　威腾5700单针智能电脑平缝机（图4-69）是5000系列更高智能化集成产品，保持了模块化设计理念和料厚检测、面线张力和针距校正控制功能，新增功能为：

（1）面线视频检测、面线罩壳识别。

（2）底线视频检测、底线罩壳识别。

（3）梭芯视频监测、旋梭壳传感器。

（4）跳针检测。

（5）裁片扫描摄像头（条码信息）。

（6）电子挡边器（集成光电池，可识别和记录缝纫机启动/停止）。

（7）操作者射频识别器。

（8）安全罩感应检测。

（9）条码打印机（缝制品信息）。

（10）大型SBC彩色触控操作显示屏、"缝纫新设计师-触摸屏指导"系统。

实现缝纫机对每个针迹、机针、缝线的系统测量，并根据相应的规格进行监控，可以满足汽车工业中相关安全质量保障体系对缝纫的严格要求，适合汽车安全气囊的缝纫生产。能够保证"接缝"工序的精确控制和记录，一旦气囊被触发，所有详细的记录数据都可作为参考缝纫的预定断裂点。

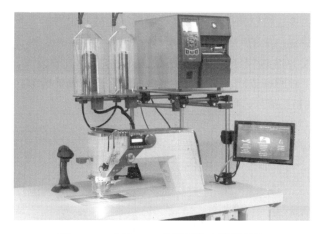

图 4-69 威腾 5700 单针智能电脑平缝机

威腾单针智能电脑平缝机充分考虑了操作的方便性,除操作盒外,另在机头上设置多个可直接操作、方便顺手的控制件和传感器。

图 4-70 为威腾 5700 气囊缝纫机操控部分示意图。

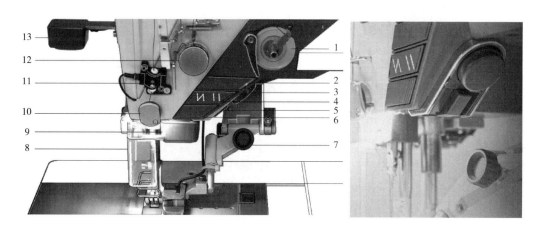

图 4-70 威腾 5700 单针智能平缝机操控部分示意图

1—电子绕线器 2—停止键 3—电子手轮 4—正向/反向电子滑块 5—正向/反向选择键
6—可设置按钮 7—电子挡边器 8—感应式安全罩 9—缝料监测器 10—自动夹线板
11—断线检测器 12—缝线张力自动调节器 13—扫描摄像头

3. 标准牌 GC6930 单针智能电脑平缝机 设有料厚传感器、针距数字化调整机构,能够连续检测"料厚"信号并传递给缝纫机电脑,能够自动对送料机构、缝线张力机构做出实时调整,取得完美的缝纫效果。同时具备初级网络功能,将机内多种运行参数和应用功能等信息通过 wifi 和蓝牙传递至网络,与"标准智云 T-IMMS 缝制生产智能管理系统"无缝连接,实现缝制生产的远程管理,体现出智能缝纫机的突出特点。

GC6930 单针智能电脑平缝机机构组成如下:

(1)主要机构:刺料机构、挑线机构、钩线机构、送料牙送料机构。

（2）辅助机构：压脚机构、针距调节与倒缝机构、夹线过线机构、绕线机构、润滑机构。

（3）智能化控制及自动化机构。

①检测装置：机器速度、机针角度与位置、缝料厚度、缝线张力。

②数字化针距驱动装置：主轴伺服电动机、针距调节步进电动机、其他电磁铁驱动机构。

③易操作装置：触控 LCD 操作屏、脚踏控制器、功能按钮、膝控开关。

④自动机构：切线、针距、拨线、抬压脚、缝线张力、小鸟巢机构等。

（4）信息化装置：wifi、蓝牙、USB 接口。

（5）软件系统：T-IMMS 缝制生产智能管理。

GC6930 单针智能电脑平缝机整机结构如图 4-71 所示。

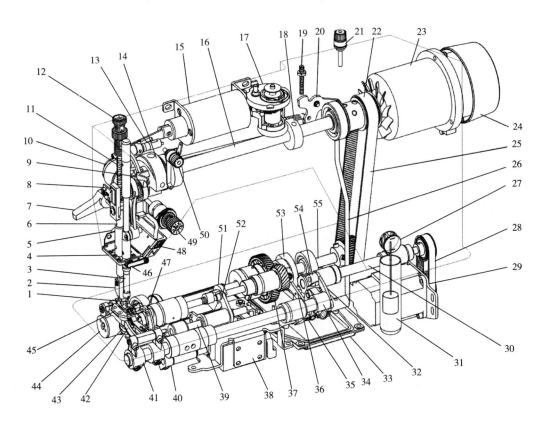

图 4-71　标准牌 GC6930AMD3 单针智能电脑平缝机机头结构图

1—机针　2—压脚　3—针杆机构　4—机头灯　5—自动夹线器电磁铁　6—压紧杆　7—抬压扳手
8—料厚感应器　9—挑线杆　10—松线电磁铁　11—压紧杆弹簧　12—调压螺杆　13—挑线杆轴
14—针杆曲柄　15—抬压脚电磁铁（步进电动机）　16—上轴　17—绕线器　18—摩擦轮
19—压脚高度调节钉　20—膝控抬压曲柄　21—绕线夹线器　22—齿形同步轮　23—主轴电动机
24—手轮　25—齿形同步带　26—膝控顶杆　27—油量指示窗　28—针距调节同步带
29—针距调节电动机　30—针距调节传动轴　31—浮油标　32—针距调节连杆　33—油盘
34—送料曲柄右　35—针距调节曲柄（切换器）　36—送料连杆　37—齿轮组
38—切线电磁铁组件　39—切刀驱动轴　40—切刀曲柄　41—送料曲柄左　42—送料牙架
43—旋梭　44—抬牙曲柄　45—送料牙　46—自动夹线器　47—切刀连杆　48—按键开关组件
49—缝线张力调节器　50—缝线副夹线器　51—切线凸轮　52—切线凸轮曲柄　53—送料凸轮
54—针距调节驱动曲柄　55—下轴

GC6930 单针智能电脑平缝机机构简图如图 4-72 所示。

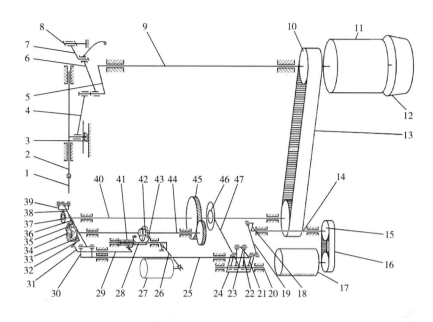

图 4-72　GC6930 单针智能电脑平缝机机构简图

1—机针　2—针杆　3—滑块　4—针杆曲柄　5—连杆　6—挑线杆　7—挑线连杆　8—挑线杆轴　9—上轴
10—齿形同步轮组　11—驱动电动机　12—手轮　13—齿形同步带　14—针距调节轴　15—针距调节齿形同步轮组
16—齿形同步带　17—步进电动机　18—针距调节驱动曲柄　19—针距调节连杆　20—针距调节曲柄轴
21—短连杆　22—长连杆　23—送料曲柄右　24—针距调节曲柄　25—送料轴　26—切线曲柄
27—切线电磁铁　28—切线凸轮曲柄轴　29—切线驱动曲柄轴　30—送料曲柄左　31—切线驱动曲柄
32—切刀连杆　33—切刀架　34—旋梭　35—动刀　36—送料牙架　37—送料牙　38—抬牙凸轮
39—抬牙曲柄　40—下轴　41—弹簧　42—切线凸轮　43—切线凸轮曲柄　44—旋梭轴
45—齿轮组　46—送料凸轮　47—送料连杆

（三）智能化机构组成与工作原理

1. 数字化针距调节机构（图 4-73）

（1）特点：GC6930A 采用步进电动机驱动针距调节曲柄，通过电脑系统控制和操作盒触控屏（或按键），实现了"以电控制"的"针距调节"和"倒缝"数字化调节，彻底改变了百年来机构复杂、操作沉重的机械调节方式，实现了质的飞跃。一是使针距调节和倒缝操作变为电控方式，即可手动触屏调节（或按键）轻松操作，也可程序控制自动进行；二是针距精度高达 0.1mm；三是可在缝纫运行中任意改变针距，实现针距多样化缝纫。

（2）工作原理。数值化针距调节与倒缝机构采用了步进电动机驱动针距调节曲柄，如图 4-73 所示。电动机通过传动轴、曲柄摆动，用连杆与针距调节曲柄相连。

①正缝动作形成，如图 4-74（b）所示。电动机向左旋转一个角度 α_1，带动针距调节曲柄向左摆动至 P_1 点。送料凸轮转动从 b 点到 a 点时，送料连杆带动长短连杆从 b' 点至 a' 点，其中短连杆以 P_1 点为圆心摆动，通过长连杆使送料曲柄摆动 b'' 到 a'' 点。

注意：此时点 a'' 与点 b'' 的上下位置，点 a'' 在下位，点 b'' 在上位。

送料曲柄带动送料轴摆动，形成一定行程 L_1 的正缝动作。P_1 点向左摆动角度越大，正缝行程

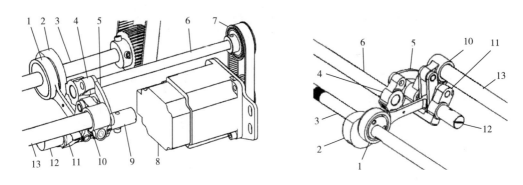

图4-73 数字化送料调节机构

1—送料连杆 2—送料凸轮 3—下轴 4—针距驱动曲柄 5—连杆 6—传动轴 7—齿形同步带
8—步进电动机 9—短轴（右） 10—送料曲柄 11—针距调节曲柄 12—短轴左 13—送料轴

越大，即针距越大。

②倒缝动作形成，如图4-74（c）所示。当步进电动机向右转动一个角度 α_2，带动针距调节曲柄向左摆动至 P_2 点。送料凸轮转动从 b 点到 a 点时，送料连杆带动长短连杆从 b' 点至 a' 点，其中短连杆以 P_2 点为圆心摆动，通过长连杆使送料曲柄摆动 b'' 到 a'' 点。

注意：此时点 a'' 在上位，点 b'' 在下位，与正缝状态刚好相反，如图4-74（c）所示。

送料曲柄带动送料轴摆动，形成一定行程 L_2 的反向动作。P_2 点向右摆动角度越大，倒缝行程越大。

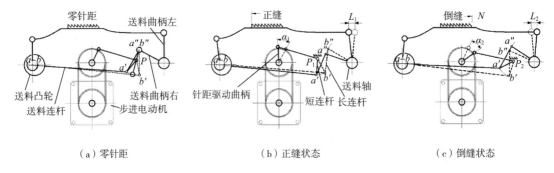

（a）零针距　　　　　　　　（b）正缝状态　　　　　　　　（c）倒缝状态

图4-74 智能化缝纫机针距与倒缝机构

③零针距状态，电动机转动使针距曲柄摆动至 P 点，即短连杆和长连杆重合状态，此时送料凸轮带动送料连杆从 a' 点至 b' 点来回摆动，由于长短连杆完全重合，点 a'' 与 b'' 位置无任何变化，因此送料曲柄不动、无送料动作，如图4-74（a）所示。

影响针距的大小与多种因素有关，成正比的有送料凸轮偏心距、电动机转动角，成反比关系的因素有针距调节曲柄（短连杆长度）、长连杆长度、送料曲柄（左）长度、送料曲柄（右）长度。

2. 信息化装置 智能电脑缝纫机在信息参数采集方面，GC6930A除原有的各种检测器外，新增缝料厚度传感器、指纹感应器、感应工具盒等，具备对缝料厚度检测、人员登录、工具管理等感知能力，通过对缝料厚度信号检测和传递，运用缝纫机电脑处理，控制"数字化针距调节机构"和"夹线器"做出相应动作，获得高品质缝制质量。

威腾智能缝纫机具备更多信息检测项目，如缝料（批号、厚度、密度、边缘）和缝线（线号、批号）检测、安全罩检测、跳针检测、线迹记录等，为高品质缝制奠定信息基础。

信息传输采用 wifi、蓝牙、USB 等方式双向传输数据，通过保密性强的专用网关与管理层电脑组网，形成生产线、生产车间乃至整个工厂的缝制生产管理、工艺管理与指导、设备管理，提高生产管理的效率和质量，如图 4-75 所示。

图 4-75　缝制设备信息化

3. 新型操作盒（操作面板）　GC6930A 采用新型彩色液晶触控屏，图形化、汉字化，显示直观、操作方便、功能强大，在功能调用、信息提示、参数调整、故障报警、维修测试各方面都显示出易用性和先进性，见图 4-76。

（a）工作界面　　　　　　　　（b）功能设置　　　　　　　　（c）维修与测试

图 4-76　GC6930A 彩色液晶触控屏

（四）智能化信息化缝纫机的扩展应用

智能化信息化缝纫机为建设"智能缝制物联网"奠定了优质可靠的生产设备基础，运用交互网络将用户所有生产设备互联互通，实时采集数据经过云计算智能分析，实现缝制品工厂的设备管理、生产管理和智能决策，帮助用户提质增效、数字化转型、智能工厂建设，有效提高制品产量和质量、缩短交期，提高企业竞争力。

信息化则有效解决"上令下达"和"信息回传"两方面传送信息的及时性和准确性。智能化信息化缝纫机组建的"智能缝制物联网"与功能示意如图 4-77 所示。

用智能化信息化缝纫机组建"智能缝制物联网"具有先天优势，因为收集的所有信息均来源于"缝制过程"，即"缝速、针数、缝型、缝厚、启动/停顿/停止、针位、缝纫段数、缝制功能、压脚升降、用时"等缝制过程信息参数，所有这些缝制过程的参数都会通过网关上传至管理系统，经过后续的软件处理分析提供多种类、高精度数据。智能缝纫设备可以精确到识别每一个工序加工，对于试缝、维修试车等非正常加工运转均不会计入生产信息上传。相比其他系统采用的"捆包扫描""单片扫描""吊挂计件"等较为粗犷、简单、费时的方式，"智能化缝纫机"要准确、可靠和简便得多。

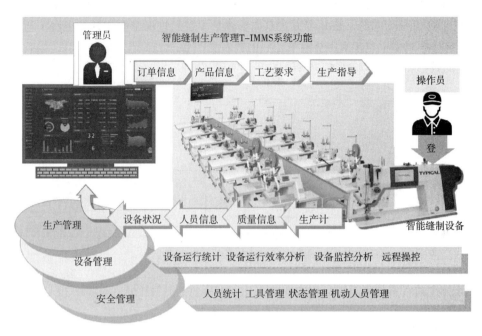

图 4-77 缝制生产智能管理 T-IMMS 系统功能

第七节 机构调整与使用

一、缝纫机的安装

1. 安装 安装机架台板，装电控制箱（一体机无须安装），装油盘，装机头铰链，装膝控提升顶杆，安装缝纫机头，装操作盒（一体机无须此项），装线架组件，装膝控垫，调整抬压杠杆使膝控抬起压脚 13mm，安装机针并注意长槽处于左侧。

2. 润滑 注意必须使用缝纫机专用润滑油，自动润滑机型直接向油盘中加注，油量至油盘内上限刻线 H 以下。全封闭储油式机型，用油壶从注油孔加油，观察油窗内油面不超过上刻线，平时注意油面低于下刻线时需补充润滑油。其他加油脂部位请参照机器说明书加注。

3. 穿线 转动手轮使挑线杆最高以方便穿线，且防止起缝时面线抽出脱落。按图 4-78 所示从上到下将缝线依次穿过各过线和夹线装置，最后从针孔左侧穿入并留 35~40mm 线头。

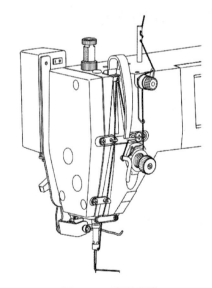

图 4-78 穿引缝线

4. 梭芯套与梭芯装取 转动手轮将机针升至针板上方，拉开梭芯套插销 4，向外取出梭芯套，松开插销即可取出梭芯，如图 4-79（a）、（b）所示。

　　穿线方法是底线穿过线槽 1 和夹线簧 2 下方，再从导线器 3 中拉出，注意梭芯应顺时针转动，如图 4-79（c）所示。将梭芯装入梭芯套，再将梭芯套插入旋梭。

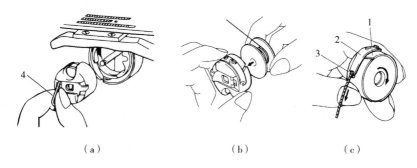

（a）　　　　　　　　　　（b）　　　　　　　　　　（c）

图 4-79　装取梭芯套和梭芯

5. 注意事项

（1）需委托出售方或受过培训的专业人员安装缝纫机和电器配线；

（2）缝纫机较重，安装时必须由两人以上共同完成；

（3）机器安装完成前请勿接通电源，以免误按开关启动缝纫机导致受伤；

（4）缝纫机机头放下或者倒下时，请务必用双手进行操作以免意外受伤；

（5）勿将缝纫机置于其他电器特别是射频设备附近，否则会产生干扰；

（6）缝纫机电源线避免使用中间延长线缆连接，否则容易产生安全隐患。

二、正确使用

（一）注意事项

（1）检查电源导线和插头可靠无破损，否则应立即更换；

（2）检查缝纫机工作电压与电源相适应，插座应符合国家标准；

（3）人体或物体不可触及任何运动部件，易造成人员受伤或机器受损。

（二）操作顺序

　　用台板最下部的踏板［图 4-80（a）］控制机器运行状态，表 4-7 是踏板位置与机器状态对照表，参考图 4-80（b）。

表 4-7　踏板位置与机器状态对照表

踏板位置	A—最高位	B—中间位	C—最低位	D—反踩
机器状态	静止（停转）	低速运转	最高速运转	切线后停止（机针停至上位）

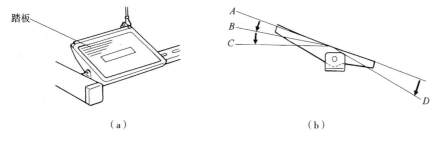

（a）　　　　　　　　　　　　（b）

图 4-80　踏板操作

（三）绕底线

（1）将梭芯 1 置于卷线轴 2 上，按箭头所示将缝线在梭芯上卷绕几圈（免预绕线器无须此项），将梭芯压臂柄 3 推向梭芯，如图 4-81（a）所示。

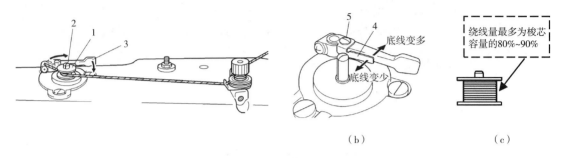

图 4-81 绕底线

（2）抬起压脚、抽掉挑线杆面线。打开电源开关，轻踩踏板机器运转，开始绕线至底线绕满，压臂柄 3 自动弹回，取下梭芯，在割刀处回绕线头割断缝线。

注意：调节夹线器使绕线平整。平时将空梭芯插上。绕线量为 80%~90%，如图 4-81（c）所示。

（四）针距调整

按下针距止动按钮 1，顺时针或逆时针转动针距旋钮 2，使所需针距处于旋钮最上端。数字越大，针距越长（旋钮上数字为参考，实际针距应在缝纫后测量确认），如图 4-82（a）所示。

数字化机型使用操作盒调节针距，如图 4-82（b）所示。

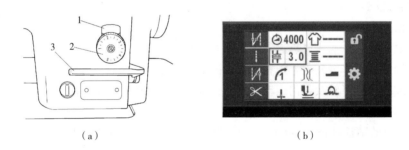

图 4-82 调节针距

（五）线迹调整

（1）底线张力调节。线迹调整时本着先底线后面线的顺序。

在梭芯套外壳上转动调节螺钉，顺时针张力大，逆时针张力小。最佳张力应以手提线头下垂梭芯套，梭芯套慢慢垂落为宜，如图 4-83（a）所示。

（2）面线张力调节。降下压脚，转动夹线旋钮顺时针增大张力，逆时针减小张力。

（3）挑线簧位置调节。放下压脚，松开固定螺钉，旋转夹线器组件，使挑线簧最低点与大线钩上方距离 6~8mm（H/B 型 4~6mm），如图 4-83（b）所示。

（4）挑线簧强度调节。将螺丝刀插入夹线螺杆槽，顺时针旋转增大张力，反之减少，如图 4-83（c）所示。根据规格，挑线簧的标准强度见表 4-8。

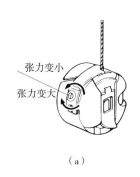
（a）

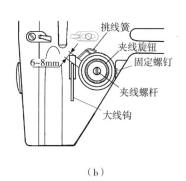
6~8mm
挑线簧
夹线旋钮
固定螺钉
夹线螺杆
大线钩
（b）

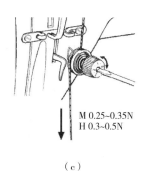
M 0.25~0.35N
H 0.3~0.5N
（c）

图 4-83　底面线张力调整

表 4-8　挑线簧的标准强度对照表

机　型	挑线簧强度	机　型	挑线簧强度
M 规格	0.25~0.35N	H、B 规格	0.3~0.5N

（六）缝纫运行

1. 试机　开电源开关，确认设备正常，抬起压脚，抽出挑线杆缝线，轻踩踏板使机器低速运转，观察机顶油窗直到出现喷油，停止运行，关闭开关，重穿缝线。

2. 试缝　确认机针、缝线、压脚安放正确，穿线、针距设置无误。手动旋转手轮一周使机针穿刺缝料引出底线，抬起压脚，将底面线放置压脚后边，然后放置缝料。踩下踏板，低速运行5cm 左右，停止，抬压脚取出缝料，检查缝纫效果。

（七）倒缝操作

平缝机中特有倒缝功能，可采用手动、自动进行控制。

1. 手动　按下倒缝扳手到最低，送料牙反向运动使缝纫机反向送料。电脑机型可按钮开关手动操作倒缝，也可按下倒缝扳手（数字化机型无）进行倒缝，如图 4-84 所示。

2. 自动倒缝　通过电脑机型预设倒缝功能及针数，自动实现预定缝段的倒缝。

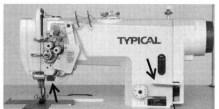

图 4-84　倒缝操作

（八）停止运行

停止踩踏板，机器即停止运转。倒踩踏板，机器自动加固缝、自动切线、自动拨线、自动抬压脚，取出缝料，一个缝纫过程结束。最后关闭电源开关。

普通平缝机倒踩是"刹车"，缝纫机立即停止转动，无以上自动动作。然后手动抬压脚（或膝控）、取缝料、手动剪线。最后关闭电源开关。

三、机构调整

(一) 机针调整（针杆定位）

用针杆刻线可方便定位，针杆上有两组 4 根刻线，上面 2 根一组为 DBX1 和 DPX5 机针定位用，下面 2 根一组为 DAX1 机针用。调整方法如下：调整针杆至最低点，从面板取下橡皮塞，用螺丝刀从面板孔伸进去，松开针杆接头螺钉，调整针杆上下位置，使每组上刻线与针杆轴套下沿对齐（依机针型号选择刻线组），如图 4-85 所示。

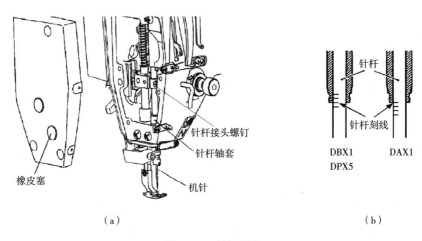

（a）　　　　　　　　　　　　　　（b）

图 4-85　针杆调整

(二) 钩线调整

机针从最低点上升 1.5～2.5mm 时，调整旋梭使旋梭尖对准机针凹槽中心处即可，如图 4-86 (b) 所示。缝薄料机针可低一些，缝厚料机针可高一些。

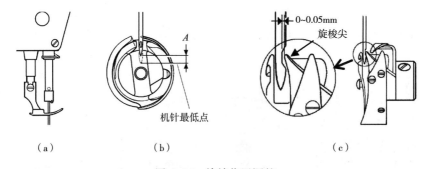

（a）　　　　　　　　（b）　　　　　　　　（c）

图 4-86　旋梭位置调整

(三) 送料机构调整（送料同步、送料牙位置、针距、倒缝）

1. 送料同步调整一　［轴传动机型（GC6180/GC6710/GC6910/GC6920 系列）］

(1) 转动手轮使机针下降至针板平面，调整送料凸轮使送料牙下降至针板平面，针尖与针板上平面平齐或下方 3mm 之间范围为最佳，如图 4-87 (a) 所示。

(2) 参考值：M 型 0～1mm，H/B 型 -1～-3mm。

(3) 调整完毕紧固送料凸轮螺钉，如图 4-87 (b) 所示。

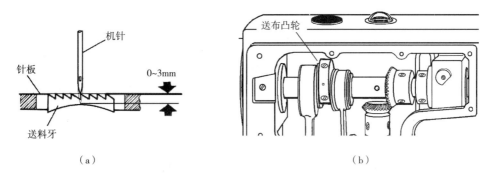

图 4-87　送料牙与机针位置调整（轴传动机型）

2. 送料同步调整二　［同步带传动机型（GC6720/GC6730/GC6760/GC6930 系列）］

（1）松开两个螺钉 3，旋转调整上下偏心轮 2，如图 4-88（b）所示。

（2）调整到标准时，上下偏心轮上的○标记与下轴的标记对齐，如图 4-88（a）所示。为防止重叠缝纫时布料不一致（缝线不重合），可适当将机针调晚；为使收线良好，可将机针时序调早（旋转上下偏心轮）。

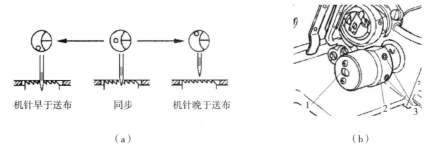

图 4-88　调节机针与送料牙同步（同步带传动机型）

（3）参考值：M 型约-1mm，H/B 型约+3mm，如图 4-89 所示。

（4）调整结束拧紧螺钉 3。

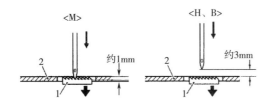

图 4-89　送料牙与机针位置调整（同步带传动机型）
1—送料牙　2—针板

3. 送料牙高度调整　送料牙最高时，M 型为 0.8mm，H、B 型为 1.2mm，如图 4-90（a）所示。

调整方法：转动手轮使送料牙至针板上最高点，轴传动机型上下调整抬牙叉使送料牙高度改变，如图 4-90（b）所示；同步带传动机型将上下送料轴 3 根据刻线 4 在 90°范围内旋转摆动，即可调整送料牙上下高度，如图 4-90 （c）所示。

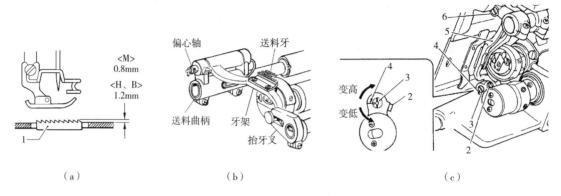

图 4-90　送料牙高度调节

1—送料牙　2—螺钉　3—偏心轴　4—刻度　5—牙架　6—偏心轴（水平调节）

4. 送料牙倾斜调节　送料牙升最高时，左右要求平行，上下方向有三种状态：平行、前高、前低。按机型结构不同，采用以下两种调整方法：

（1）轴传动机型，将送料牙上升到最高，松开送料曲柄紧固螺钉，旋转调节偏心轴，使送料牙平行或自行要求前端高度，如图 4-91 （a）所示。

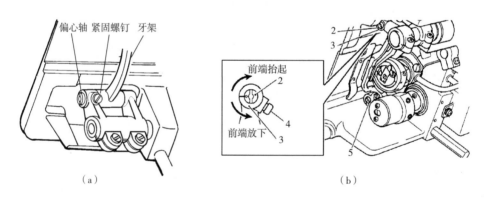

图 4-91　调整送料牙倾斜度

（2）同步带机型，松开两个螺钉 4，根据标准位置，在 90°范围内按箭头方向调整偏心轴 2，调整完毕将 2 个螺钉 4 拧紧，如图 4-91 （b）所示。

送料牙调节规律：

①为防止缝料起皱，可降低送料牙前端。

②为防止重叠缝纫时布料不一致（缝线不合），可抬高送料牙前端。

③调整送料牙倾斜后，送料牙高度也会改变，因此需要再次调整高度。

（四）压脚调整

1. 压脚高度调节　用抬压脚扳手 2 抬起压脚的高度是 6mm，如图 4-92 所示。调整时先取下橡皮塞 5，用螺丝刀放松螺钉 6，上下调整压紧杆 7 使压脚 1 抬起高度达到标准值。

注意测量高度时，送料牙不得在针板上面。另外，智能化平缝机调整压脚高度或更换压脚后，需重新调整压脚高度检测参数值进行"缝料厚度校准"。

2. 压脚压力调节 压力不合适，易产生各种缝纫问题，压力太轻易产生跳针、针距不匀，压力太大易产生起皱等问题。实际使用中应尽量减小压脚压力，以降低对缝料摩擦、阻碍等影响，但须有合适压力，保证面料不滑动。

调节方法：松开锁紧螺母 3，旋转螺杆 4 调节压脚压力，顺时针旋转增大压力，反之减小压力，如图 4-92。

（五）润滑调整

平缝机旋梭因转速最高，所以润滑调整最为重要，润滑不足会造成旋梭"咬死"大故障，润滑太大会产生"油污染"，对缝制品造成影响。

旋梭润滑油量检测方法，通常用白纸条检测。取长 7～8cm、宽 2cm 左右白纸，放置旋梭下，如图 4-93（a）所示。空载运转 30s 取出白纸条，观察飞溅的油滴进行判断，如图 4-93（b）所示。油量过多或过少时，需要调整油量螺钉进行旋梭油量调节，如图 4-94（a）、（b）所示。

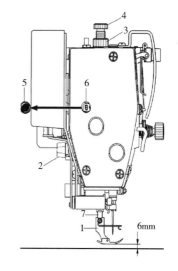

图 4-92 压脚调整
1—压脚 2—压脚扳手 3—锁紧螺母
4—螺杆 5—橡皮塞 6—螺钉 7—压紧杆

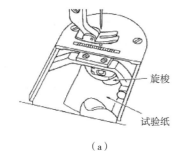

（a）

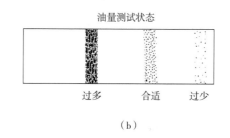

（b）

图 4-93 旋梭油量检测方法

双针机型旋梭油量检测时，依次将白纸条放在左右旋梭的侧面。2 个调油钉分别在左右旋梭架上，如图 4-94（c）所示。调整油量时顺时针调节增加油量，逆时针方向调节减少油量。

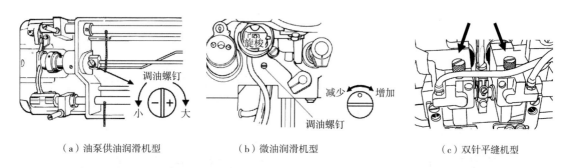

（a）油泵供油润滑机型　　　　（b）微油润滑机型　　　　（c）双针平缝机型

图 4-94 旋梭润滑调整

整机供油调整，自动供油机型是调整供油泵出油大小，当调节板完全遮挡"旁路油孔"时供油量最大，完全露出时供油量最小，如图 4-95（a）所示。微油润滑机型注意油位，当低于下限时要及时补充润滑油，如图 4-95（b）所示。

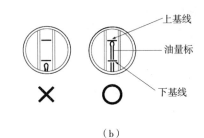

图 4-95　整机供油调整

（六）自动切线机构调整

目前在服装缝制设备应用中，最为广泛的是由动刀与定刀或双动刀组成的切刀形式。此外，在一些特殊领域还有使用超声波切线、激光切线、热熔切线等方式的切线机构。

1. 轴传动单针平缝机（GC6710/6910/6920 系列）　切线机构调整。

（1）切刀组为弧形旋转式结构。

（2）调整时手推切线电磁铁芯，转动手轮使动刀旋转（顺时针转动），如图 4-96（a）所示。当动定刀啮合时切线，调整啮合量为 1~1.5mm，如图 4-96（b）所示，用定刀压力调节螺钉调整啮合力，同时调整定刀刃应正对动刀刃（孔），动刀复位状态如图 4-96（c）所示。

（3）切线最佳时机和条件。挑线杆至最高点时动定刀啮合，同时面线无张力，动定刀具有一定相向压力并有一定啮合度。按此条件将挑线杆置于最高点，调整切线凸轮推动切线曲柄旋转到最大，通过动刀驱动轴、动刀曲柄带动动刀旋转到最大角度，此时调整动刀曲柄使动定刀为切线状态。各机构配合如图 4-97 所示。

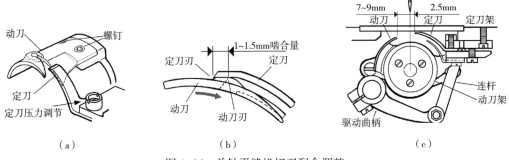

图 4-96　单针平缝机切刀配合调整

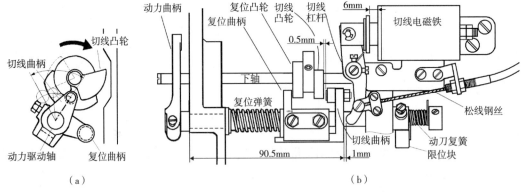

图 4-97　单针平缝机（轴传动）切线机构配合调整

（4）松线调节。松开松线钢丝螺母，调整松线钢丝位置，使电磁铁动作时夹线盘张开1mm间隙即可。

2. 同步带传动单针平缝机（GC6730/6930系列）切线机构调整

（1）切刀与上述旋刀基本相同，如图4-98（a）所示，展开形状如图4-98（b）所示。

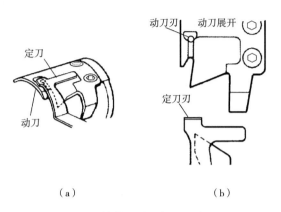

图4-98　单针平缝机切刀配合调整

（2）切线凸轮位置调整：转动手轮使针杆从最低点上升5mm，手推切线电磁铁使滚柱轴与切线凸轮相接，如图4-99（a）所示，紧固凸轮螺钉。将切线电磁铁返回原位，松开凸轮螺钉调整凸轮端面与滚柱轴端面间隙为0.6~0.8mm，如图4-99（b）所示。

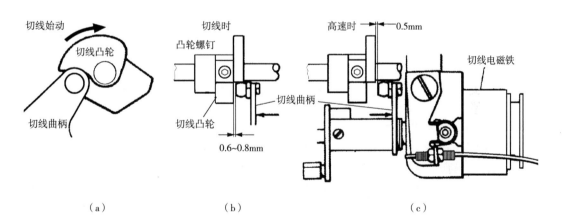

图4-99　单针平缝机（带传动）切线机构配合调整

3. 双针电脑平缝机（GC9420/9450系列）切线机构调整

（1）动刀定刀调整。调整动刀初始位置时与簧片3中心重合，动定刀刃啮合量1~1.5mm，如图4-100（a）所示。用动刀连杆调整左右动刀同步一致。手推切线电磁铁铁芯，转动手轮使动刀动作，调整动刀与旋梭凸台保持间隙0.02mm，如图4-100（b）所示。

（2）调整凸轮位置。手推切线电磁铁铁芯，转动手轮使切线曲柄滚子进入凸轮槽，用调节连杆调整左右位置，使滚子与凸轮槽两侧间隙相等即可，如图4-101（a）所示。

（3）调整切线时机。凸轮刻线对准轴承套定位标记，凸轮与轴承套端面轻轻贴紧。凸轮有三条刻线，按下轴旋向调整切线略快，反之切线滞后，如图4-101（b）所示。

（4）调整松线：电磁铁吸合时，调节松线钢丝螺母使夹线器张开1mm。

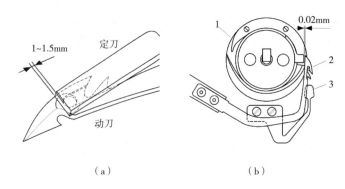

（a）　　　　　　　　　（b）

图4-100　双针平缝机动定刀配合状态

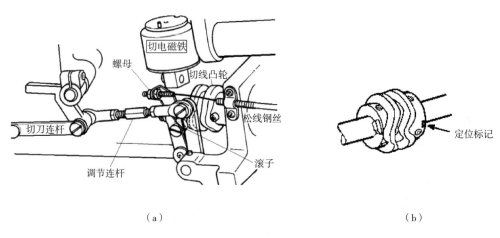

（a）　　　　　　　　　　　　　　　　　（b）

图4-101　切线凸轮调整

（七）自动倒缝机构调整

1. 轴传动单针平缝机（GC6710/6910/6920系列）倒缝机构调整　按下倒缝扳手至最低点，机器开始倒缝，检查正缝与倒缝针距10针必须保持一致，如有差异则需调整针距调节曲柄偏心轴，如图4-102（a）所示。手动调整完成后，检查电动按钮倒缝和程序自动倒缝的针距，如有误差则需调整电脑控制器参数。

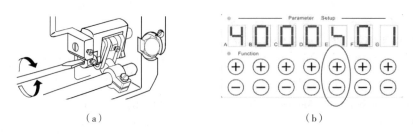

（a）　　　　　　　　　　　　　　（b）

图4-102　倒缝误差调整

参数调整倒缝误差用T类参数（E+和E-键调出），T01调节倒缝电磁铁吸合时间，T02调节倒缝电磁铁释放时间，调整正倒缝针距一致，如图4-102（b）所示。

2. 同步带传动单针平缝机（GC6730/6930 系列）倒缝机构调整

（1）调整送料零位。针距旋钮置 0，转动手轮确认无送料或倒送料运动，若不符合则松开拉簧及螺钉，微调倒缝调节架轴角度，使之达到要求，然后旋紧螺钉，如图 4-103（a）所示。

（2）调整倒顺缝误差。针距置于 3，确认倒顺缝，若不符则调整偏心销校正。

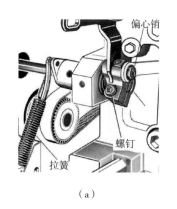

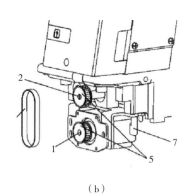

（a）　　　　　　　　　　　　（b）　　　　　　　　　　　　（c）

图 4-103　零针距校准

GC6930 智能单针平缝机针距调节和倒缝机构只需调整零位：转动步进电动机轴，使轴上支紧平面转到电动机引出线一侧，即为步进电动机的机械零位。然后转动轴 2 将其端面标记转至竖直位。转动手轮，送料牙水平方向应为 0 运动，若不是则微量转动轴 2，直至送料牙水平方向为 0 运动。保持此状态装同步带到上下同步轮，即为缝纫机机械部分"针距零位"，如图 4-103（b）所示。

接下来还需调整电控系统，打开电源，进入"高级设置"，调节"零针距校准"，确保机器实际针距为零，如图 4-103（c）所示，最后保存。此时零位设置完成。

3. 双针电脑平缝机（GC9420/9450 系列）倒缝机构调整

（1）调整倒顺缝误差。微调偏心轴 [如图 4-104（a）箭头指示]，试缝检查倒顺缝针距误差为最小，最后拧紧偏心轴紧固螺钉。

（2）调整倒缝电磁铁。针距旋至最大，倒缝扳手压至最低，上下移动电磁铁，使缓冲垫与弹性挡圈端面间隙小于 0.5mm，手能拨动缓冲垫即可，紧固螺钉，放开倒缝扳手，弹性挡圈端面距缓冲垫端面约 6mm 行程，如图 4-104（b）所示。

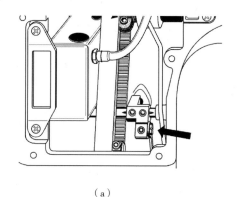

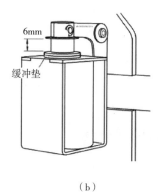

（a）　　　　　　　　　　　　　　　　　（b）

图 4-104　双针电脑平缝机倒缝机构调整

（八）自动拨线机构调整

单针电脑平缝机在机针最高时，线钩在针尖下方 2mm，如图 4-105（a）所示。电磁铁吸合时拨线钩在机针左侧 0~2mm，如图 4-105（b）所示。可通过松开螺钉 1 调整拨线钩高度，松开螺钉 6，上下移动电磁铁组件位置调整拨线钩左右位置，最后紧固各调整螺钉。

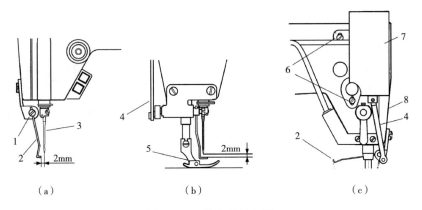

（a）　　　　　　（b）　　　　　　（c）

图 4-105　装电磁铁组件

调整拨线机构（双针电脑平缝机）：机针至上针位，针距旋钮定于刻度"3"。

调整起始位：推按电磁铁连杆端面使拨线钩至最前端，拨线钩后端面距机针尖 0.3~0.5mm，上下移动电磁铁进行调整，最后紧固 4 只螺钉，如图 4-106（a）所示。拨线钩距离太小易碰机针，太大则会造成拨线不准，需仔细调整。

调整终止位：拨线钩返回初始位置时，其内侧距压紧杆 3mm，如图 4-106（b）所示。

调整拨线钩位置：先调整高低位，转动手轮使挑线杆至最高时，拨线钩尖距针尖 0.5~1.0mm，如图 4-106（a）所示。左右位按拨线钩尖端距机针中心线位置 0.3~0.5mm 调节，如图 4-106（c）所示。

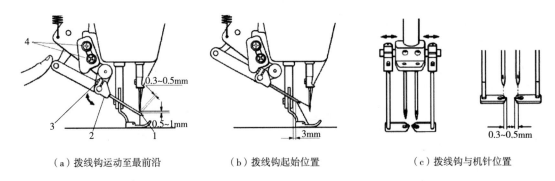

（a）拨线钩运动至最前沿　　　（b）拨线钩起始位置　　　（c）拨线钩与机针位置

图 4-106　双针电脑平缝机拨线机构调整

四、电控系统调整

按缝纫机类型不同，电脑控制器（以下简称电控系统）也分为多种，目前平缝机电控系统基本分为普通电脑平缝机和智能电脑平缝机两大类型。下面以标准牌两类电脑平缝机使用的控制为例介绍操作使用方法。

（一）操作盒

图 4-107（a）是普通电脑平缝机使用的 P-106C 操作盒，采用数码管显示、轻触按键开关，为 GC61 \ GC67 系列单针电脑平缝机和 GC9 系列双针电脑平缝机配套，市场拥有量极大。图 4-107（b）是智能电脑平缝机 GC6930 操作盒，一体化结构，采用 LCD 彩色触控显示屏，操作与显示均在屏上进行。

（a）

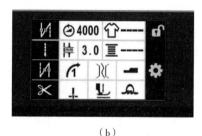

（b）

图 4-107　电脑控制器操作盒

（二）主界面操作

P-106C 操作盒如图 4-107（a）所示，功能和操作均与 P-104 操作盒相同，见前文所述。

图 4-107（b）是智能平缝机 GC6930 操作盒开机后主界面，左侧深色按键区从上至下为：前加固缝、自由缝、后加固缝、切线开关。

白色区内最上一行从左至右为：转速、计件。

第二行：针距模式、针距、底线计数。

第三行：缓启动、夹线板、台阶设定。

第四行：停针位控制、抬压脚、打结键。

屏幕最右侧，上为锁屏键、下为设置键。

（三）参数调整

1. 普通平缝机电控系统 P-106 操作盒操作项目与功能展开　如图 4-108 所示，适用于 GC6710/6910/6920 单针电脑平缝机以及 GC9420/9450 双针电脑平缝机。

具体内容与操作步骤详见机器说明书。

2. 智能平缝机 GC6930 常用功能使用操作　所有触控键用手指点按即可，开时"亮"、关时"暗"，有些键"长按"进入该功能设定界面（标记●）。开机后显示主界面，功能按键、🔒/🔓锁屏键、⚙设置键、🏠主界面键、↩返回键，可直接进行缝纫操作，操作功能展开如图 4-109 所示。

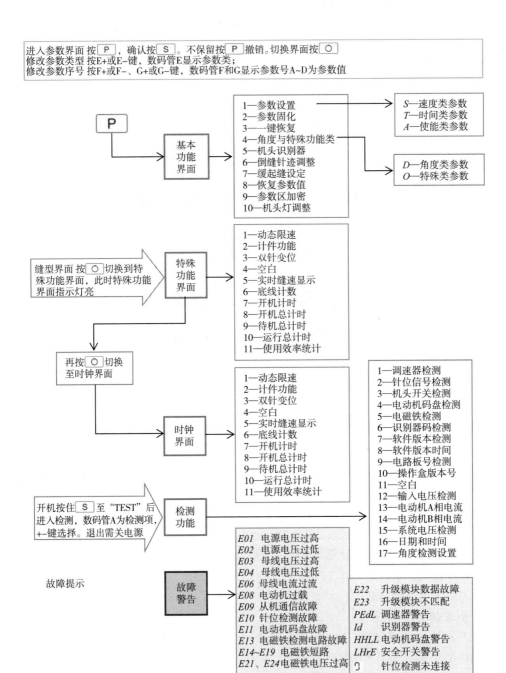

进入参数界面 按 P ，确认按 S 。不保留按 P 撤销。切换界面按 O
修改参数类型 按E+或E-键，数码管E显示参数类；
修改参数序号 按F+或F-、G+或G-键，数码管F和G显示参数号A~D为参数值

P → 基本功能界面
1—参数设置
2—参数固化
3—一键恢复
4—角度与特殊功能类
5—机头识别器
6—倒缝针迹调整
7—缓起缝设定
8—恢复参数值
9—参数区加密
10—机头灯调整

S—速度类参数
T—时间类参数
A—使能类参数

D—角度类参数
O—特殊类参数

缝型界面 按 O 切换到特殊功能界面，此时特殊功能界面指示灯亮 → 特殊功能界面
1—动态限速
2—计件功能
3—双针变位
4—空白
5—实时缝速显示
6—底线计数
7—开机计时
8—开机总计时
9—待机总计时
10—运行总计时
11—使用效率统计

再按 O 切换至时钟界面 → 时钟界面
1—动态限速
2—计件功能
3—双针变位
4—空白
5—实时缝速显示
6—底线计数
7—开机计时
8—开机总计时
9—待机总计时
10—运行总计时
11—使用效率统计

1—调速器检测
2—针位信号检测
3—机头开关检测
4—电动机码盘检测
5—电磁铁检测
6—识别器码检测
7—软件版本检测
8—软件版本时间
9—电路板号检测
10—操作盒版本号
11—空白
12—输入电压检测
13—电动机A相电流
14—电动机B相电流
15—系统电压检测
16—日期和时间
17—角度检测设置

开机按住 S 至"TEST"后进入检测，数码管A为检测项，+-键选择。退出需关电源 → 检测功能

故障提示 → 故障警告
E01 电源电压过高
E02 电源电压过低
E03 母线电压过高
E04 母线电压过低
E06 母线电流过流
E08 电动机过载
E09 从机通信故障
E10 针位检测故障
E11 电动机码盘故障
E13 电磁铁检测电路故障
E14~E19 电磁铁短路
E21、E24电磁铁电压过高

E22 升级模块数据故障
E23 升级模块不匹配
PEdL 调速器警告
Id 识别器警告
HHLL 电动机码盘警告
LHrE 安全开关警告
ꝰ 针位检测未连接

图 4-108 P108 操作盒操作功能展开图

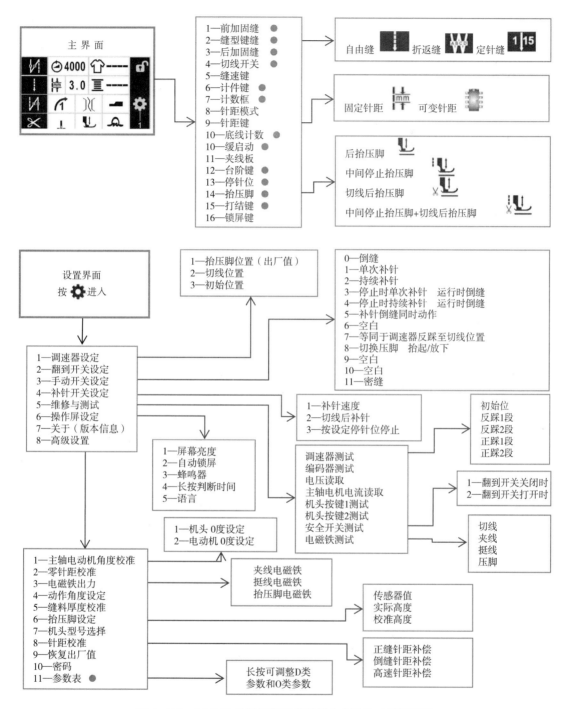

图4-109 GC6930单针智能平缝机操作盒操作功能展开图

思考题

1. 平缝机四大机构的作用和组成是什么？
2. 简述平缝机机针与旋梭配合钩线过程。

3. 试述平缝机形成的双线锁式线迹的特点和形成过程。

4. 平缝机机针、旋梭、旋梭定位钩三者有什么关系？如何正确安装和调整？

5. 平缝机送料牙高度对送料有何影响？说明调整方法。

6. 请说明缝纫机压脚机构组成及其作用。

7. 简述电脑单针平缝机切线动作发生原理、机构组成、切线的必要条件。

8. 简述单、双针平缝机切线机构的原理、组成和作用。

9. 平缝机挑线簧的作用是什么？如何调整？

10. 影响面线和底线张力的因素有哪些？线张力调节有哪些机构？

11. 简述单针平缝机倒缝机构工作原理及倒顺缝误差的调节方法。

12. 请说明数字化倒缝与针距调整机构的组成与工作原理。

13. 请举例说明缝纫机中需要润滑的部位和机构？常见润滑方式、效果以及润滑机构种类有哪些？

14. 信息化缝纫机主要依靠哪些方式传输信号？

15. 智能缝纫机的各类感应装置主要检测哪些信息？

第五章 工业包缝机机构分析

第一节 概述

一、包缝机的作用

包缝机是具有切齐缝料边缘、对缝料进行缝合及对缝料边缘进行包覆以防止缝料边缘脱散等功能的缝纫机，在工厂中俗称为"拷克车"。由于包缝线迹既具有良好的弹性，又能防止缝料边缘的脱散，因此在服装生产中被广泛用于缝料边缘的缝制，其特有的线迹结构特别适合于针织服装的缝制，是针织服装生产中应用最为广泛的设备之一。包缝机上带有切刀，在包缝前可以先切齐缝料的边缘，使包缝后的线迹整齐、美观。

由于包缝机是用于对缝料的边缘进行缝制，不需要很大的工作空间。因此，包缝机的结构紧凑、零件短小、运动时惯性小，特别适合高速运转。同时包缝机在缝制过程中不需要像锁式线迹平缝机那样更换梭芯，因此其工作效率高。

二、包缝机的分类

包缝机从诞生发展到现在，经历了四个发展阶段，出现了四代产品。

（一）按线数分类

根据包缝机所具有的线数不同，包缝机可分为单线包缝机、双线包缝机、三线包缝机、四线包缝机、五线包缝机和六线包缝机等。

1. 单线包缝机　单线包缝机是采用一根直针线和两个不带线的线钩（菱角）相互配合形成501号线迹的缝纫机，由于菱角本身不带线，所以只有一根直针线，菱角的任务只是把直针线在缝料下面所形成的线环叉送到直针的运动线处，以实现直针线的自身穿套。单线包缝机主要用于毛皮类产品和匹布接头的缝合，在针织服装缝制中很少使用。

2. 双线包缝机　双线包缝机是采用直针和弯针相互配合形成502号、503号、510号、511号线迹的缝纫机。在这里直针数可以是一根，也可以是两根。其中502号、503号和522号线迹是由一根直针线和一根弯针线相互穿套形成；而510号和511号是由两根直针线相互穿套形成。以前在针织服装生产中，双线包缝机可用于弹力针织服装底边的缝制，但目前由于性能更加完善的缝纫机不断出现，所以双线包缝机在针织服装生产中的应用已很少。

3. 三线包缝机　三线包缝机是采用一根直针和两根弯针相互配合形成504号、505号线迹的缝纫机，或由两根直针与一根弯针相互配合，形成508号和509号线迹的缝纫机。由于直针和弯针都带缝线，所以共有三根线形成三线包缝线迹。504号和505号是由一根直针线和两根弯针线形成，而508号、509号和521线迹是由两根直针线和一个弯针线形成。目前使用比较多的是504号和505号线迹。三线包缝机由于其线迹美观、包覆性好、弹性好等优点，在针织服装生产中得到广泛应用，是针织服装生产中使用最多的设备之一，但随着缝制设备品种的增多和功能的完善以及人们对针织服装缝制要求的提高，过去很多用三线包缝机缝制的部位，现在都用四线包缝机或绷缝机缝制代替。如现在比较高档的针织服装的合肩缝、合肋缝等都用四线包缝机来缝制，挽下摆底边及袖口边等用绷缝机缝制。

4. 四线包缝机　四线包缝机是采用两根直针和两根弯针相互配合，形成 506 号、507 号、512 号和 514 号线迹的缝纫机。由于两根直针和两根弯针都带有缝线，因此形成的是四线包缝线迹。与三线包缝线迹相比，四线包缝线迹增加了一根直针线，从而使线迹的牢固度极大地提高、抗脱散能力增强。因此在目前高档针织服装生产中的应用越来越多。

5. 五线包缝机　五线包缝机是采用两根直针与三根弯针相互配合，形成一个双线链式线迹与一个三线包缝线迹复合的缝纫机。所形成的五线包缝线迹是由一个独立的双线链式线迹与一个独立的三线包缝线迹复合而成。在线迹类型国际标准 ISO 4915—2008 中没有列出复合线迹，在该标准中规定，复合线迹是用组成该复合线迹单个线迹表示。五线包缝线迹由于可以将包边与缝合两道工序一次完成，极大地提高了缝制效率与缝纫质量，因此在针织外衣及强力要求高的部位缝制中得到广泛应用。

6. 六线包缝机　六线包缝机是采用三根直针线与三根弯针线相互配合，完成一个双线链式线迹与一个四线包缝线迹复合的缝纫机，它所形成的也是一个复合线迹。与五线包缝线迹一样，六线包缝机也可以使包边与缝合一次完成，缝纫效率高，质量好，比五线包缝线迹具有更高的强力，使用也日趋增多。

（二）按缝纫速度分类

按包缝机的缝纫速度不同，包缝机可分为中速包缝机、高速包缝机和超高速包缝机。

1. 中速包缝机　中速包缝机基本上属于第三代包缝机，缝纫速度一般为 3000~4500r/min。价格比较低，适合于小规模生产，如杰克 800、E3、E4 等系列包缝机。

2. 高速包缝机　高速包缝机一般属于第四代包缝机，缝纫速度一般为 5000~7000r/min。高速包缝机在中速包缝机的基础上做了较大的改进，有些零部件采用轻质合金，一般为自动润滑，可以适应高速运转，如杰克 900、C4、C5、C6 等系列包缝机。

3. 超高速包缝机　超高速包缝机也属于第四代产品，缝纫速度一般在 7000r/min 以上。与高速包缝机相比，超高速包缝机主要采用了缝针及缝线冷却装置，静压式主轴轴承及风扇空冷的多级压力油泵等，可以适应更高速度的缝制。

三、包缝机线迹形成

1. 双线链式线迹形成

（1）直针引线下降到下死点刚刚开始回升不久，直针上的线环开始形成，如图 5-1（a）所示。

（2）弯针线从右向左摆动，从直针的后面（有缺口的一面）进入该线环、弯针开始纵向朝前方（箭头所指方向）移动，如图 5-1（b）所示。

（3）直针上升到上死点，送料牙开始送料；当直针再次下降、还未接触缝料时，送料动作停止，弯针从左端开始向右摆动，并继续向前方移动形成一个三角形线环，如图 5-1（c）所示。

（4）直针下降、从弯针背面进入三角形线环后，弯针继续向右摆动，如图 5-1（d）所示。

（5）弯针继续向右摆动并脱掉上面的前一个线环，并开始将其收紧，同时弯针开始向后面移动（箭头所指方向），如图 5-1（e）所示。

（6）直针运动到下死点、弯针摆动到最右端，机针收紧前一个线环，便形成一个完整的 401

线迹，如图5-1（f）所示。

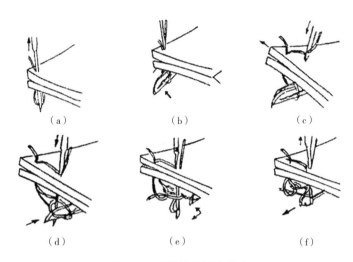

（a）　　　　　　　　（b）　　　　　　　　（c）

（d）　　　　　　　　（e）　　　　　　　　（f）

图5-1　双线链式线迹形成

2. 三线/四线链式线迹形成　三线包缝机的线迹是由一根直针线和上、下两根弯针线交织而形成的504或503线迹，形成过程分六个步骤，其中（2）、（3）、（4）三个过程是关键点。

（1）上弯针运动到右端的位置时，直针引线从下死点开始上升，并开始形成线环，此时下弯针开始从左向右运动，如图5-2（a）所示。

（2）直针继续上升，并形成一个饱满的针线环时，下弯针尖进入直针线环，上弯针开始向左端方向运动，如图5-2（b）所示。

（3）下弯针继续向右运动，上弯针进入下弯针形成的三角形线圈。此时直针接近上死点，如

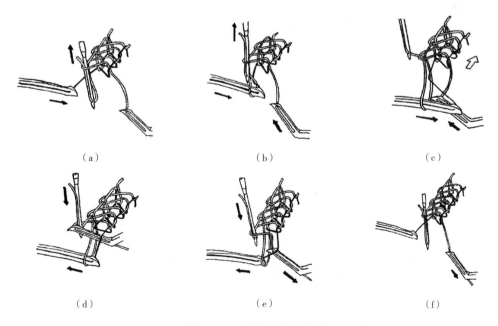

（a）　　　　　　　　（b）　　　　　　　　（c）

（d）　　　　　　　　（e）　　　　　　　　（f）

图5-2　三线链式线迹形成

图 5-2（c）所示。若有缝料时，送料牙将布料移动一个距离。

（4）上弯针在左端的位置时，直针已经提前下降并进入上弯针形成的三角形线圈内，下弯针开始往左运动，如图 5-2（d）所示。

（5）直针继续下降的同时，上弯针也开始下降，而下弯针继续向左运动，在即将脱掉前一个针线环时，线环进入收紧阶段，如图 5-2（e）所示。

（6）直针达到下死点位置的同时，下弯针也达到左端位置，上弯针再次继续下降，第一个针线环基本收紧。依此循环，便形成一个个连续的链式线迹，如图 5-2（f）所示。

四线包边链式线迹的形成过程和三线包边链式线迹的形成过程基本相同，区别在于四线包边链式线迹形成时，其下弯针向右摆动时同时穿进左右直针的两个线环中，且直针第二次下降穿刺缝料前，左右直针同时穿套进入或仅由右直针穿套进入上弯针的线环中，形成两种不同的四线包边链式线迹。

四、包缝机的技术参数

包缝机的主要技术参数包括线数、针间距、针迹宽度、针迹长度、压脚高度、最高转速等。表 5-1 列出了杰克包缝机的主要技术参数。

表 5-1　杰克包缝机的主要技术参数

机型	用途	机针	针数	线数	针间距/mm	针迹宽度/mm	针迹长度/mm	差动比	压脚高度/mm	最高转速/(r/min)
E4S-2	接布缝	DC×27 11#	1	2	—	6	0.8~4.2	0.7~2	3.5	5500
E4S-3-02/233	基本缝	DC×27 11#	1	3	4	4	0.8~4.2	0.7~2	5	5500
E4S-4-M03/333/H/M	厚料	DC×27 11#	2	4	2	4	0.8~4.6	0.7~2	5.5	5500
E4S-5-02A/233	薄料	DC×27 11#	2	5	3	4	0.8~4.2	0.7~2	5	5500
E4S-6-03/333	基本缝	DC×27 11#	3	6	3×2	4	0.8~4.2	0.7~2	5	5500
C3-3-02/233	基本缝	DC×27 11#	1	3	—	4	0.8~4.2	0.7~2	5	5800
C3-3-M03/333	基本缝	DC×27 11#	2	4	2	4	0.8~4.6	0.7~2	5.5	5800
C4-3-02/233	基本缝	DC×27 11#	1	3	—	4	0.8~4.2	0.7~2	5	7000
C4-4-M03/333	基本缝	DC×27 11#	2	4	2	4	0.8~4.6	0.7~2	5.5	7000
C4-5-A04/435	极厚料	DC×27 19#	2	5	5	6	0.8~5	0.8~1.5	7	7000
C5-WF-3-02/213/AT	非织造布	DC×27 14#	1	3	—	4	0.8~8.5	—	5.5	7000
C5-MJ-4-53/233/AT	毛巾缝	DC×27 11#	2	4	2	4	0.8~4.2	0.7~2	5	7000
C5-5-53/233/AT	包条缝	DC×27 14#	2	5	3	5	0.8~4.2	0.7~2	5	7000
C5-6-M04/435/AT	牛仔	DC×27 19#	3	6	5×2.5	3.5	0.8~5	0.8~1.5	7	7000
C6-3-02/233	基本缝	DC×27 11#	1	3	—	4	0.8~4.2	0.7~2	5	7000

续表

机型	用途	机针	针数	线数	针间距/mm	针迹宽度/mm	针迹长度/mm	差动比	压脚高度/mm	最高转速/(r/min)
C6-3-32R2/223	密拷缝	DC×27 9#	1	3	—	1.5	0.8~4.2	0.7~2	5	7000
C6-4-M03/333	基本缝	DC×27 11#	2	4	2	2×4	0.8~4.6	0.7~2	6	7000
C6-5-A04/435	极厚料	DC×27 19#	2	5	5	5×6	0.8~5	0.7~2	7	7000
C6-6-M04/435	牛仔	DC×27 19#	3	6	5×2.5	5×2.5×3.5	0.8~5	0.7~2	7	7000

第二节　整机构成

包缝机是相当复杂精密的缝纫机械，它的主要组成部分包括：针杆机构、弯针机构（上弯针机构、下弯针机构、链线弯针机构等）、送料机构（主送料机构、差动送料机构、上差动送料机构等）、切刀机构、辅助机构（压料机构、挑线机构、夹线装置、缝纫组合件、自动化装置等）。

不同的机构组合形式可以形成多种类型的包缝机，以适应多样化的缝制需求，举例来说：

（1）三线包缝机由针杆机构（单直针）、上弯针机构、下弯针机构、送料机构、切刀机构、辅助机构等组成。

（2）四线包缝机由针杆机构（双直针）、上弯针机构、下弯针机构、送料机构、切刀机构、辅助机构等组成。

（3）五线包缝机由针杆机构（双直针）、上弯针机构、下弯针机构、链线弯针机构、送料机构、切刀机构、辅助机构等组成。

（4）六线包缝机由针杆机构（三直针）、上弯针机构、下弯针机构、送料机构、切刀机构、辅助机构等组成。

在上述基本形式的包缝机上额外配置差动送料机构，可使包缝机具备上差动送料功能。

三线、四线包缝机是目前市场上的主流机型，三线包缝机与四线包缝机的运动机构组合形式基本相同，区别在于四线包缝机增加了一根直针，从而使其线迹的牢固度极大地提高，因此在目前高档针织服装生产中的应用越来越多，过去很多用三线包缝机缝制的部位，现在都用四线包缝机缝制代替。

如图5-3所示为杰克C6系列高速四线包缝机的整体结构示意图。杰克C6系列高速四线包缝机的最高缝速可达到7000针/min，以常用转速6000针/min的机型为例，直针要在每分钟形成6000个线环，每个线环形成的时间不到0.01s，与此同时上下弯针、送料牙、切刀等机构还要协同完成各自的工作。与主轴直接相连的伺服电动机作为动力源驱动主轴做旋转运动，主轴作为主动件将运动传递给其他机构。所有机构的运动必须相互协调配合，遵循一定的规律。当机构之间有一个稳定合理的同步关系，则缝纫出来的线迹美观而稳定，反之则会出现跳针、断线、浮线等缝纫故障。其中，尤以针杆机构、弯针机构、送料机构之间的运动配合最为重要，它是包缝机赖以正常工作的最基本条件。

杰克C6系列高速四线包缝机的整体运动机构原理如图5-4所示。其主轴位于机器下方部位，主轴旋转时分别带动针杆机构、上弯针机构、下弯针机构、送料机构及切刀机构进行准确的运动配合，实现包缝作业。当主轴转动时，主轴上的直针偏心部带动针杆上的直针上下移动，为了提

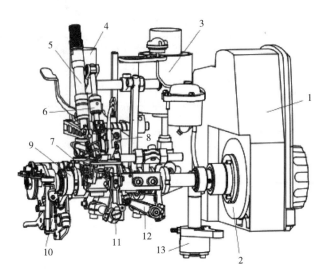

图 5-3　杰克 C6 系列高速四线包缝机的整体结构示意图

1—电控组件　2—驱动电动机　3—自动抬压脚机构　4—自动剪线机构　5—压料机构　6—刺料机构　7—送料机构

8—切刀机构　9—针距调节机构　10—差动调节机构　11—下弯针机构　12—上弯针机构　13—供油装置

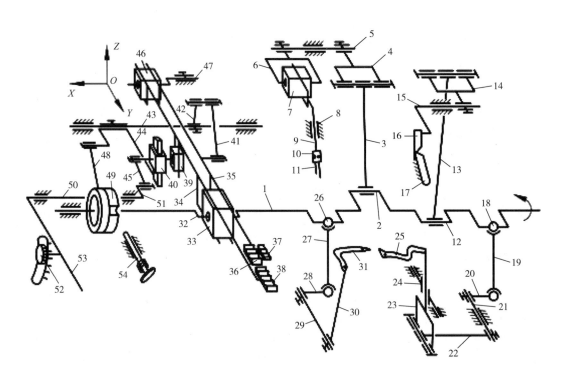

图 5-4　杰克 C6 系列高速四线包缝机工作原理示意图

1—主轴　2—直针偏心部　3—针杆连杆　4—上轴曲柄　5—上轴　6—针杆曲柄　7—针杆滑块销　8—针杆套　9—针杆

10—针夹头　11—直针　12—切刀偏心部　13—上刀连杆　14—上刀曲柄　15—上刀轴　16—上刀　17—下刀

18—上弯针偏心部　19—上弯针连杆　20—上弯针曲柄　21—上弯针轴　22—上弯针摆杆　23—上弯针滑杆

24—上弯针滑套　25—上弯针　26—下弯针偏心部　27—下弯针连杆　28—下弯针曲柄　29—下弯针轴　30—下弯针架

31—下弯针　32—抬牙偏心部　33—抬牙滑块　34—差动送料牙架　35—主送料牙架　36—主送料牙　37—辅助送料牙

38—差动送料牙　39—滑块　40—差动送料曲柄滑套　41—主送料连杆　42—主送料曲柄　43—送料轴　44—差动送料曲柄

45—差动调节连片　46—滑柱　47—偏心销　48—送料连杆　49—送料偏心组件　50—差动调节轴　51—差动调节曲柄

52—差动调节螺母　53—差动调节杆　54—针距调节按钮

高速度，直针是斜刺缝料的，斜刺比直刺机身更稳定，可以高速运转。当针杆上下移动时，主轴的上、下弯针偏心部同步驱动上、下弯针运动，直针和弯针都有各自对应的缝线。当直针带着面线由下往上运动时，下弯针从左向右摆动，随后带着缝线由钩尖穿过直针上的面线环，继续向右摆动到右极限位置，此过程中上弯针从右向左摆动，上弯针钩尖穿过下弯针的缝线环，此时直针持续上升，上弯针到左极限位置时，直针又从上极限位置返回下扎，正好扎入上弯针的线环内。与此同时，在缝线完成交织前主轴驱动上切刀摆动，并与下切刀配合把布边剪切干净，随后送料牙配合移送缝料，最终由缝线把缝料包上。

第三节　主要机构及其工作原理

一、针杆机构

包缝机针杆机构分为垂直针杆直动、倾斜针杆直动、弧形机针摆动三种机构，如图5-5所示，垂直针杆已淘汰，弧线机针摆动不多见，而智能包缝一体机的针杆是向后倾斜20°。针杆机构又分为滑杆式和滑套式两类。

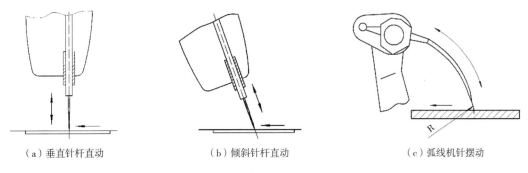

（a）垂直针杆直动　　　　　（b）倾斜针杆直动　　　　　（c）弧线机针摆动

图5-5　包缝机针杆机构

如图5-6所示，C6系列高速四线包缝机为倾斜式、滑杆式针杆，针杆在铅垂面内向后倾斜20°，做高速直线往复运动。

该机构由一组曲柄摇杆机构与一组滑杆机构串联组成。其中主轴1、直针偏心部2、针杆连杆3、上轴曲柄4、上轴5组成平面曲柄摇杆机构；针杆曲柄6、针杆滑块销7、针杆套8、针杆9组成平面滑杆机构。

（1）主轴1按箭头所示的方向转动，通过主轴的直针偏心部2驱动针杆连杆3做上下运动。

（2）由于针杆连杆3的上下运动带动上轴曲柄4同上轴5一起转动，从而使与上轴5固定连接的针杆曲柄6做上下摆动。

（3）被针夹头10固定的机针11随着针杆曲柄6的驱动在针杆套8中做上下往复的直线运动。

（4）主轴1的直针偏心部2与针杆连杆3呈共线时，直针11处于上止点或下止点。

（5）机构自由度计算。

$$F = 3n - 2P_1 - P_h = 3 \times 5 - 2 \times 7 - 0 = 1$$

二、弯针机构

1. 上弯针机构　如图5-7所示，上弯针机构由一个空间曲柄摇杆机构和一个平面曲柄摇块机

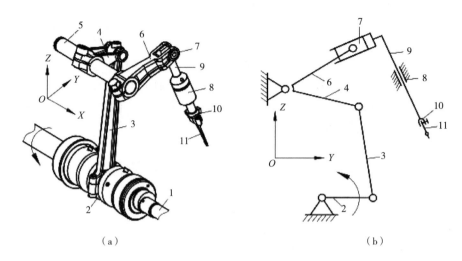

（a）　　　　　　　　　　　　　　（b）

图 5-6　针杆机构示意图

1—主轴　2—直针偏心部　3—针杆连杆　4—上轴曲柄　5—上轴
6—针杆曲柄　7—针杆滑块销　8—针杆套　9—针杆　10—针夹头　11—直针

构串联组成，其中主轴 1、上弯针偏心部 2、上弯针连杆 3、上弯针曲柄 4 组成空间曲柄摇杆机构，上弯针摆杆 6、上弯针滑杆 7、上弯针滑套 8、上弯针 9 组成平面曲柄摇块机构。

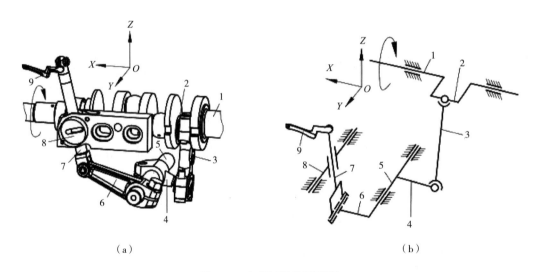

（a）　　　　　　　　　　　　　　（b）

图 5-7　上弯针机构示意图

1—主轴　2—上弯针偏心部　3—上弯针连杆　4—上弯针曲柄　5—上弯针轴
6—上弯针摆杆　7—上弯针滑杆　8—上弯针滑套　9—上弯针

（1）主轴 1 按箭头所示的方向转动，通过上弯针偏心部 2 驱使上弯针连杆 3 做上下运动。

（2）通过上弯针连杆 3 驱动固定在上弯针轴 5 上的上弯针曲柄 4 和上弯针摆杆 6，在 XZ 平面内绕上弯针轴 5 的自身轴线往复摆动。

（3）上弯针摆杆 6 的往复摆动带动上弯针滑杆 7 在上弯针滑套 8 中滑动，同时由于上弯针滑套 8 可绕自身轴线旋转，所以上弯针滑杆 7 的摆动运动是往复滑动与转动运动复合而成的。

（4）上弯针 9 固定于上弯针滑杆 7 上并随其运动。如（3）所述，上弯针滑杆 7 的摆动运动是往复滑动与转动运动复合而成的，因此上弯针 9 针尖的运动实质上是上弯针滑杆 7 沿上弯针滑套 8 的上下运动以及因上弯针滑套 8 自身旋转造成的上弯针 9 左右摆动复合的弧线运动。

（5）上弯针 9 针尖的运动轨迹如图 5-8 所示。

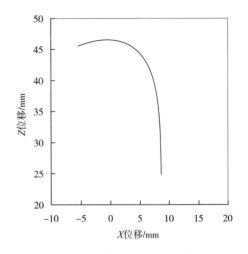

（6）自由度计算。

①构件 1、2、3、4、5、机架组成 RSSR 空间四连杆机构，其自由度为：

$$F = 6n - \sum_{i=1}^{5} iP_i = 6 \times 3 - 5 \times 2 - 3 \times 2 = 2$$（其中包含一个局部自由度，上弯针连杆可绕自身中心轴线转动。）

②构件 5、6、7、8、9、机架组成平面曲柄摇块机构，其自由度为：

$$F = 3n - 2P_1 - P_h = 3 \times 3 - 2 \times 4 = 1$$

③上弯针机构整体自由度为 2，其中包含一个局部自由度，上弯针连杆可绕自身中心轴线转动。

图 5-8 上弯针针尖的运动轨迹

2. 下弯针机构 如图 5-9 所示，下弯针机构为空间曲柄摇杆机构。

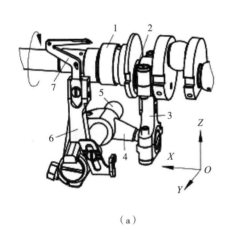

（a）

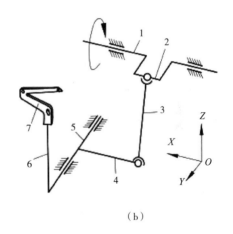

（b）

图 5-9 下弯针机构示意图

1—主轴 2—下弯针偏心部 3—下弯针连杆 4—下弯针曲柄 5—下弯针轴 6—下弯针架 7—下弯针

（1）主轴 1 按箭头所示的方向转动，主轴 1 上的下弯针偏心部 2 驱动下弯针连杆 3 做上下运动。

（2）通过下弯针连杆 3 的上下运动，驱动固定在下弯针轴 5 上的下弯针曲柄 4 和下弯针架 6 在 XZ 平面内绕下弯针轴 5 的自身轴线做往复摆动。

（3）下弯针 7 固定在下弯针架 6 上，并随其一起做往复摆动，下弯针尖的轨迹是一段圆弧。

（4）自由度计算。构件 1、2、3、4、5、6、7、机架组成 RSSR 空间四连杆机构，其自由度为：

$$F = 6n - \sum_{i=1}^{5} iP_i = 6 \times 3 - 5 \times 2 - 3 \times 2 = 2$$

（其中包含一个局部自由度，下弯针连杆可绕自身中心轴线转动。）

3. 链线弯针机构　如图5-10所示为链线弯针机构。

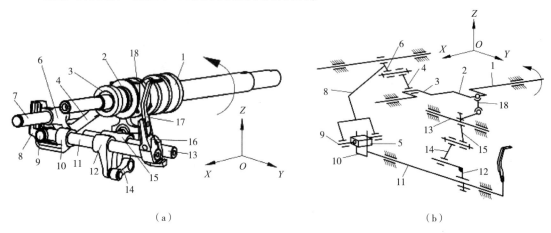

（a）　　　　　　　　　　　　　　　　　　　　（b）

图5-10　链线弯针机构示意图

1—主轴　2—下弯针偏心部　3—链线弯针偏心部　4—链线弯针连杆　5—滑块　6—链线弯针曲柄　7—送料轴
8—滑块座　9—连接销　10—支架　11—链线轴　12—链线曲柄　13—下弯针轴　14—链线连杆
15—下弯针球曲柄　16—链线弯针架　17—链线弯针　18—下弯针连杆

（1）主轴1上的下弯针偏心部2和链线弯针偏心部3随主轴1按箭头方向转动。

（2）链线弯针偏心部3、链线弯针连杆4和链线弯针曲柄6组成平面曲柄摇杆机构。链线弯针偏心部3跟随主轴1旋转时，链线弯针曲柄6做往复摆动，从而带动滑块座8做往复摆动。

（3）滑块座8的下端与滑块5铰接，链线轴11与支架10固定，支架10与滑块5组成移动副，滑块座8的往复摆动带动链线轴11进行沿Y轴方向的往复移动。

（4）下弯针偏心部2、下弯针连杆18和下弯针球曲柄15组成空间曲柄摇杆机构，下弯针球曲柄15、链线连杆14和链线曲柄12组成平面双摇杆机构。

（5）下弯针偏心部2跟随主轴1旋转时，下弯针球曲柄15开始做往复摆动，从而带动链线曲柄12做往复摆动，继而带动链线轴11进行绕Y轴方向的往复摆动。

（6）链线轴11沿Y轴方向的往复移动和绕Y轴方向的往复摆动，共同复合形成了固定在链线轴11上的链线弯针17的运行轨迹，其运行轨迹为空间内"类椭圆"轨迹。

（7）自由度计算。

①构件1、2、18、15、13、机架组成RSSR空间四连杆机构，其自由度为：

$$F = 6n - \sum_{i=1}^{5} iP_i = 6 \times 3 - 5 \times 2 - 3 \times 2 = 2$$

（其中包含一个局部自由度，下弯针连杆可绕自身中心轴线转动。）

②构件13、15、14、12、11、10、机架组成平面双摇杆机构，其自由度为：

$$F = 3n - 2P_1 - P_h = 3 \times 3 - 2 \times 4 = 1$$

③构件1、3、4、6、8、9、5、10、11、机架组成平面连杆机构，其自由度为：

$$F = 3n - 2P_1 - P_h = 3 \times 5 - 2 \times 7 = 1$$

④链线弯针机构整体自由度为2，其中包含一个局部自由度，下弯针连杆可绕自身中心轴线转动。

三、送料机构

图5-11所示为C6系列高速四线包缝机的送料机构,由主送料机构、针距调节机构和差动送料机构三部分组成。

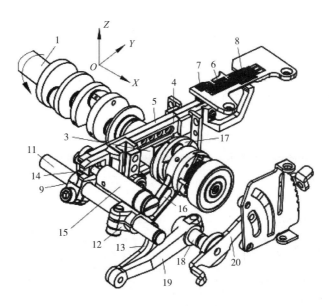

图5-11 送料机构示意图

1—主轴 2—抬牙偏心部 3—抬牙滑块 4—差动送料牙架 5—主送料牙架 6—主送料牙 7—辅助送料牙
8—差动送料牙 9—主送料曲柄 10—主送料连杆 11—送料轴 12—差动送料曲柄 13—差动调节连片
14—滑柱 15—偏心销 16—送料连杆 17—送料偏心组件 18—差动调节轴 19—差动调节曲柄 20—差动调节杆

1. 主送料机构 如图5-12所示,主送料机构工作原理如下:

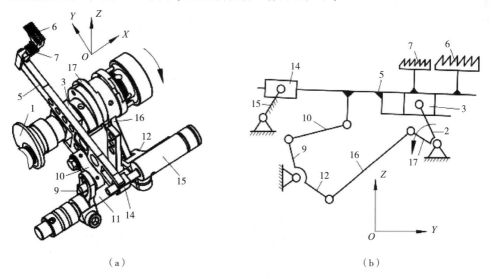

(a)   (b)

图5-12 主送料机构示意图

1—主轴 2—抬牙偏心部 3—抬牙滑块 5—主送料牙架 6—主送料牙 7—辅助送料牙 9—主送料曲柄
10—主送料连杆 11—送料轴 12—差动送料曲柄 14—滑柱 15—偏心销 16—送料连杆 17—送料偏心组件

（1）主轴 1 上的抬牙偏心部 2 和送料偏心组 17 随主轴 1 按箭头所示方向转动。

（2）抬牙偏心部 2 上安装有抬牙滑块 3，抬牙滑块 3 可在主送料牙架 5 上的对应滑槽内滑动。当抬牙偏心部 2 随着主轴 1 旋转时，驱动抬牙滑块 3 做上下运动，从而驱动主送料牙架 5 做上下抬牙运动。

（3）送料偏心组件 17、送料连杆 16、差动送料曲柄 12、主送料曲柄 9 组成曲柄摇杆机构。当送料偏心组件 17 随着主轴 1 旋转时，驱动差动送料曲柄 12 和主送料曲柄 9 做往复摆动。

（4）主送料曲柄 9 往复摆动并通过主送料连杆 10 将运动传递给主送料牙架 5，实现主送料牙架 5 的左右送料运动。

（5）上下抬牙运动和左右送料运动复合形成主送料牙 6 与辅助送料牙 7 的送料运动。

（6）送料牙的轨迹为近似椭圆形轨迹。

（7）机构自由度计算。

$$F=3n-2P_1-P_h=3\times7-2\times10-0=1$$

2. 针距调节机构　如图 5-13 所示，针距调节机构由开针距偏心凸轮 17a、偏心轮 17b、小偏心轮 17c、送料偏心 17d 组成，四者构成双曲柄机构。针距大小调节的原理如下：

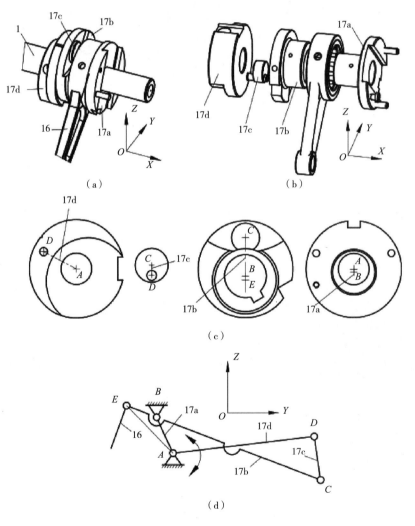

图 5-13　针距调节机构示意图

1—主轴　16—送料连杆　17a—开针距偏心凸轮　17b—偏心轮　17c—小偏心轮　17d—送料偏心

（1）按下针距调节按钮，销子卡入开针距偏心凸轮 17a 的开槽中，并将它牢牢卡住。

（2）转动手轮从而带动固连在主轴 1 上的送料偏心 17d 转动，继而改变 E 点与主轴回转中心 A 点的距离，以及 AE 与 AB 的夹角。

（3）AE 的长度即为实际送料偏心，AE 越大，针距越大。

（4）AE 与 AB 的夹角变化反映了送料偏心与抬牙偏心之间的夹角变化，这说明不同针距下送料与抬牙的相位角是变化的，这体现在实际送料中即是送料轨迹倾斜角的变化。

（5）不同针距下的主送料牙轨迹如图 5-14 所示。

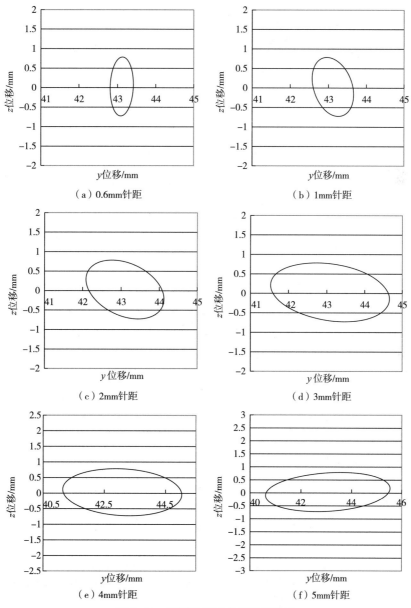

图 5-14 不同针距下主送料牙轨迹

（6）机构自由度计算。

$$F = 3n - 2P_1 - P_h = 3 \times 3 - 2 \times 4 - 0 = 1$$

3. 差动送料机构 如图 5-15 所示为差动送料机构。

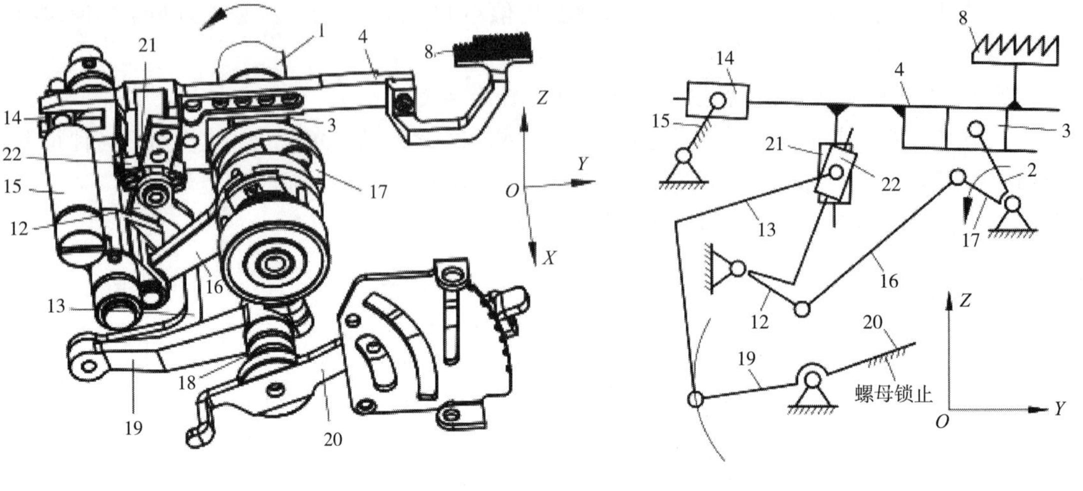

（a）　　　　　　　　　　　　　　　（b）

图 5-15　差动送料机构示意图

1—主轴　2—抬牙偏心部　3—抬牙滑块　4—差动送料牙架　8—差动送料牙　12—差动送料曲柄　13—差动调节连片
14—滑柱　15—偏心销　16—送料连杆　17—送料偏心组件　18—差动调节轴　19—差动调节曲柄
20—差动调节杆　21—滑块　22—差动送料曲柄滑套

（1）主轴 1 上的抬牙偏心部 2 和送料偏心组件 17 随主轴 1 按箭头方向转动。

（2）抬牙偏心部 2 上安装有抬牙滑块 3，抬牙滑块 3 可在差动送料牙架 4 上的对应滑槽内滑动。当抬牙偏心部 2 随着主轴 1 旋转时，驱动抬牙滑块 3 做上下运动，从而驱动差动送料牙架 4 做上下抬牙运动。

（3）送料偏心组件 17、送料连杆 16、差动送料曲柄 12 组成曲柄摇杆机构。当送料偏心组件 17 随着主轴 1 旋转时，从而驱动差动送料曲柄 12 做往复摆动。

（4）差动送料曲柄 12 上的导杆与差动送料曲柄滑套 22 组成移动副，滑块 21 与差动送料牙架 4 上的滑槽组成移动副，差动送料曲柄滑套 22 和滑块 21 在中心处铰接。

（5）偏心销 15 上设置有滑柱 14，差动送料牙架 4 的末端与滑柱 14 组成移动副，偏心销 15 被螺钉锁止在机架上。

（6）送料偏心组件 17 通过上述结构驱动差动送料牙架 4 做左右送料运动。

（7）上下抬牙运动和左右送料运动复合形成差动送料牙 8 的送布运动，差动送料牙 8 的轨迹为近似椭圆形轨迹。

（8）与主送料机构有所区别的是，差动送料机构中还设置有差动调节装置，可以调节差动送料牙与主送料牙之间的差动比。

（9）差动调节杆 20 和差动调节曲柄 19 均固定于差动调节轴 18 上。

（10）差动调节曲柄 19 的末端与差动送料曲柄滑套 22 的转动轴心处之间通过差动调节连片 13 进行连接。

（11）压下或抬起差动调节杆 20 即可改变差动送料曲柄 12 上导杆的有效摆臂，从而改变差动牙的实际行程也即差动针距。

（12）完成差动比调节后，差动调节杆 20 被螺母锁止固定。

（13）机构自由度计算。

$$F = 3n - 2P_1 - P_h = 3 \times 9 - 2 \times 13 - 0 = 1$$

4. 上差动送料机构　如图5-16所示为上差动送料机构。

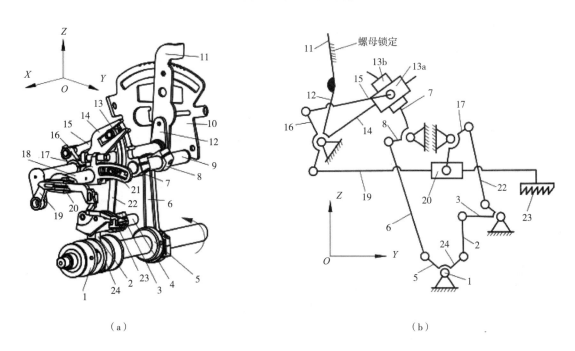

（a）　　　　　　　　　　　　　　　　（b）

图5-16　上差动送料机构示意图

1—主轴　2—上刀连杆　3—上刀曲柄　4—上刀轴　5—偏心轮　6—上轴连杆　7—弧形滑槽　8—上轴曲柄
9—上轴　10—调节板　11—连接板　12—上差动调节轴　13a—滑块一　13b—滑块二　14—叉形曲柄
15—上差动连杆　16—上差动曲柄　17—上差动送料曲柄　18—上差动轴　19—上送料架
20—上下导向架　21—限位螺母　22—刀架连杆　23—上送料牙　24—上差动偏心部

（1）主轴1上的偏心轮5和上差动偏心部24随主轴1按箭头方向转动。

（2）偏心轮5、上轴连杆6和上轴曲柄8组成曲柄摇杆机构。当偏心轮5随着主轴1旋转时，上轴曲柄8做往复摆动，从而驱动弧形滑槽7做往复摆动。

（3）上差动连杆15端部与滑块一13a和滑块二13b组成复合铰链，滑块一13a可在叉形曲柄14对应滑槽内滑动，滑块二13b可以在弧形滑槽7内滑动。

（4）当连接板11固定在调节板10某一刻度时，上差动调节轴12被限制在某位置角度，此状态下弧形滑槽7的往复摆动通过上差动连杆15驱使上差动曲柄16往复摆动，继而驱使上送料架19沿Y方向往复移动，上差动调节轴12的不同位置角度对应上送料架19沿Y方向不同的往复移动行程。

（5）上差动偏心部24、上刀连杆2和上刀曲柄3构成曲柄摇杆机构，上差动偏心部24在随主轴旋转时，驱动上刀曲柄3做往复摆动。

（6）限位螺母21固定在上差动送料曲柄17滑槽内，上差动送料曲柄17与刀架连杆22在限位螺母21处铰接。上刀曲柄3、刀架连杆22、上差动送料曲柄17组成双摇杆机构，限位螺母21固定在上差动送料曲柄17滑槽内的不同位置，对应上差动送料曲柄17不同的有效摆杆长度，从而使上差动送料曲柄17具有不同的摆动幅度。

（7）上差动送料曲柄 17 固定在上差动轴 18 上，上差动轴 18 的偏心部与上下导向架 20 铰接，上差动轴 18 的往复摆动驱使上下导向架 20 做上下运动，上送料架 19 和上下导向架 20 组成移动副，上送料架 19 随上下导向架 20 做沿 Z 方向的上下运动。

（8）上送料架 19 沿 Y 方向的往复移动和沿 Z 方向的上下运动复合形成了上送料牙 23 的送料运动，上送料牙 23 的运动轨迹为近似椭圆形轨迹。

（9）机构自由度计算：

$$F = 3n - 2P_1 - P_h = 3 \times 13 - 2 \times 19 - 0 = 1$$

四、切刀机构

切刀机构中的功能件包括做上下运动的上切刀和固定在针板下面的下切刀，通过上、下切刀之间刃口的咬合对缝料进行剪切，如图 5-17（a）所示。

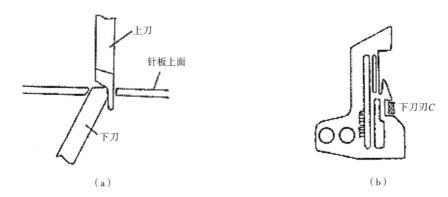

（a）　　　　　　　　　　　　　（b）

图 5-17　包缝机切刀机构

如图 5-17（b）所示，切料宽度（下刀刃宽 C）应该与包缝宽度及针板舌头或压脚舌头宽度相匹配。上切刀刃口部分镶嵌硬质合金材料，提高耐久性，上、下刃口部分必须非常锋利。

1. 上切刀机构　如图 5-18 所示，上切刀机构为曲柄摇杆机构。

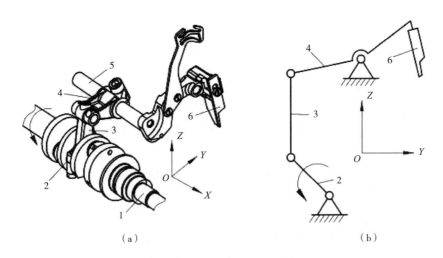

（a）　　　　　　　　　　　　　（b）

图 5-18　上切刀机构示意图

1—主轴　2—切刀偏心部　3—上刀连杆　4—上刀曲柄　5—上刀轴　6—上刀

（1）主轴 1 按箭头所示的方向转动，主轴 1 上的切刀偏心 2 驱动上刀连杆 3 做上下运动。

（2）上刀连杆 3 的上下运动，驱动固定在上刀轴 5 上的上刀曲柄 4 做往复摆动，上刀 6 固定在上刀轴 5 上，随着上刀轴 5 的摆动而做上下往复的剪切运动。

（3）机构自由度计算。

$$F = 3n - 2P_1 - P_h = 3 \times 3 - 2 \times 4 - 0 = 1$$

2. 下切刀机构 如图 5-19 所示，下切刀 7 安装在下切刀架 8 上，由于弹簧的作用，下切刀 7 紧靠上切刀 6 并被下刀座 9 固定。

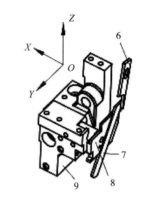

图 5-19 下切刀机构示意图

第四节 辅助机构及其工作原理

辅助机构及其工作原理以高速四线包缝机为研究对象进行叙述。

一、压料机构

送料时，压料机构的压脚板配合送料牙将面料夹持在送料牙与压脚之间，使缝料随着送料牙一起前进；当不送料时，压脚将缝料牢牢地压在针板之上，避免直针扎入时相对运动造成断针或布料损坏。压脚的压力通过弹簧来施加，通过调压螺母可以调节弹簧的压缩量从而调节压脚的压力。另外，为了能将压脚抬起或放下，安装了压脚抬起装置，如图 5-20 所示。

图 5-20 压料机构

二、挑线机构

图 5-21 为过线及挑线机构示意图。

1. 针杆过线及挑线机构

（1）在高速四线包缝机中，左直针线从线团中被拉出后，依次通过：过线板 3、过线板 4a、夹线器组件 5a、过线 13、挑线杆 18 上方的过线部、过线 12、压线板 17、过线 11、左直针孔。

（2）右直针线从线团中被拉出后，依次通过：过线板 3、过线板 4b、夹线器组件 5b、过线 13、挑线杆 18 下方的过线部、过线 12、压线板 17、过线 11、右直针孔。

（3）过线板 3、过线板 4a、夹线器组件 5a、过线 13、过线 12 均相对机壳固定，挑线杆 18 固定在上刀轴上随之一起动作，压线板 17、过线 11、左直针均固定在针杆的针夹头上。

（4）机器工作过程中，挑线杆 18 上下动作使线量发生变化。当针线不足时从线团中抽取缝线并适时适量地向左、右直针处供应线量；当线量多余时挑线杆 18 将线量从针杆处收紧保证线迹的美观。

2. 上弯针过线及挑线机构

（1）上弯针线从线团中被拉出后，依次通过：过线板 3、过线板 4c、夹线器组件 5c、过线管 6a、过线 7、挑线架 15、托架 14 左方的过孔、过线 10、上弯针 1。

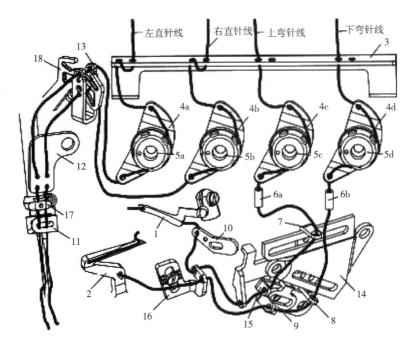

图 5-21　过线及挑线机构示意图

1—上弯针　2—下弯针　3, 4—过线板　5—夹线器组件　6—穿线管　7, 8, 9, 10, 11, 12, 13—过线
14—托架　15, 16—挑线架　17—压线板　18—挑线杆

　　(2) 过线板 3、过线板 4c、夹线器组件 5c、过线管 6a、过线 7、托架 14、过线 10 均相对机壳固定，挑线架 15 固定在上弯针轴上随之一起动作。

　　(3) 机器工作过程中，挑线架 15 上下动作使线量发生变化，适时适量地向上弯针 1 处供应缝线，并从线团中抽取下一周期所需的缝线。

3. 下弯针过线及挑线机构

　　(1) 下弯针线从线团中被拉出后，依次通过：过线板 3、过线板 4d、夹线器组件 5d、过线管 6b、过线 8、过线 9、挑线架 16、下弯针 2。

　　(2) 过线板 3、过线板 4d、夹线器组件 5d、过线管 6b、过线 8 均相对机壳固定，过线 9 随挑线架 15 一起动作，挑线架 15 固定在上弯针轴上随之一起动作，挑线架 16 固定在下弯针架上并随着下弯针架的摆动而一起动作。

　　(3) 机器工作过程中，过线 9 的上下动作、挑线架 16 的左右动作使线量发生变化，适时适量地向下弯针 2 处供应缝线，并从线团中抽取下一周期所需的缝线。

三、夹线器装置

　　直针线及上下弯针线的线张力，取决于各线之间的平衡，它们是通过夹线器装置进行张力的调整，及上下弯针的挑线架和过线件的运动来实现的，如图 5-22 所示。

　　由于直针线和上下弯针线的张力不一样，夹线器的弹簧弹力也不一样，直针线需要弹力大的弹簧，上弯针

图 5-22　夹线器装置

线则需要弹力较小的弹簧，下弯针线需要中等弹力的弹簧。

四、缝纫组合件

在 20 世纪初，出现了"缝纫组合件"这个专业名词，后来有人称针位组，在系列化高速包缝纫机中有众多的机器型号，机针的数量、送料牙的排列数、针板牙槽排列数应该与送料牙相匹配，针板舌、上弯针头部的厚度与机针号相匹配，还有护针档、针夹头、切刀等都是根据机器型号来选择缝纫组合件的。

五、自动化装置

世界工业缝纫机经过了三个发展阶段：普通缝纫机、机械化缝纫机、自动化缝纫机。随着科技的发展与进步，缝纫机机型不断推陈出新，其高速化、精密化、多功能化、智能化和自动化程度越来越高。各种电子技术和自动化装置已广泛地应用于包缝机中，下面列举介绍几种常见的自动化装置。

1. 吸风装置　如图 5-23 所示，在包缝机前后端分别增加吸风装置，前吸废料，后吸线头，在缝纫时，可以有效防尘、清洁环保。

图 5-23　吸风装置

2. 自动剪线装置　如图 5-24 所示，自动剪线装置利用气缸、电磁铁或电动机等作为动力源，实现自动剪线，提高工作效率。

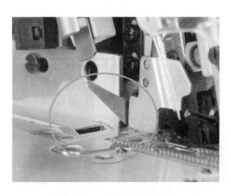

图 5-24　自动剪线装置

3. 横向吸气线辫剪切装置　如图 5-25 所示，吸风装置与自动剪线装置结合，将缝纫结束后的线头控制在 5mm 以内，无须二次修剪线头。

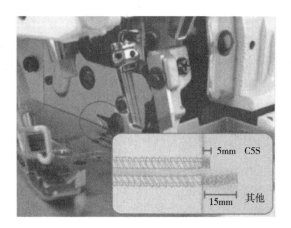

图 5-25　横向吸气线辫剪切装置

4. 步进抬压脚装置　如图 5-26 所示，步进抬压脚装置实现抬压脚高度多档位数字化调节，操作更简洁，满足不同客户对于压脚高度的差异化需求。

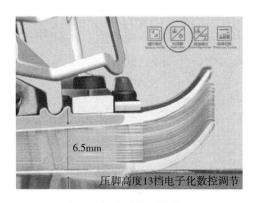

图 5-26　步进抬压脚装置

5. 薄厚感应装置　如图 5-27 所示，薄厚感应装置实现过厚智能识别，自动检测厚度，自动降速加力，使爬坡力更强，缝纫更顺畅。

图 5-27　薄厚感应装置

第五节　机构调整与使用

一、包缝机的常规使用方法

1. 手动供油部位　供油是在缝纫机最初开始使用时或相当一段时间没使用时，给针杆与曲柄处、针杆铜套等易磨损的部位加上 2~3 滴油，如图 5-28 所示。

2. HR 装置补充硅油　为了防止缝线断线，在硅油盒用尽油之前，应尽早给 HR 装置补充硅油，如图 5-29 所示。

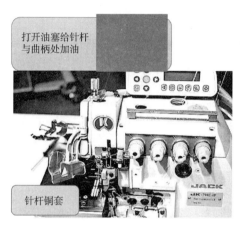

图 5-28　供油

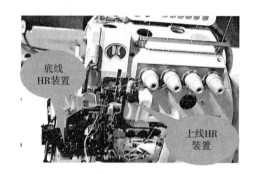

图 5-29　补充硅油

3. 机油的使用　使用指定的机油，油量应使油面处于 H 线与 L 线之间为宜。当油面低于 L 线时，就要及时补充机油，如图 5-30 所示。

图 5-30　补充机油

4. 机油的更换　当包缝机使用一段时间后，机油内会有沉淀物，此时需更换机油，在使用开始 1 个月后更换一次，然后每 6 个月更换一次，更换机油按箭头位置拧下图示螺钉，见图 5-31。

5. 机油过滤器的更换　当包缝机使用一段时间后，机油内会有沉淀物，这时滤油器会由黄色变为黑色，此时需更换滤油器，如图 5-32 所示。通常每 6 个月检查并更换一次，参考图 5-32 进行拆卸、安装。

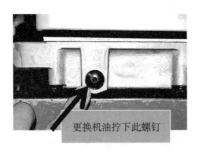

图 5-31　更换机油

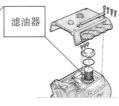

图 5-32　更换滤油器

6. 检查机油的循环　踩动踏板使缝纫机运转，通过油窗观察机油的循环情况是否良好，如图 5-33 所示。

7. 线张力的调整　要增强线的张力，把螺帽顺时针旋转，减少张力则逆时针旋转，在取得美观的线迹范围内，尽量把线张力调得弱些为好，如图 5-34 所示。

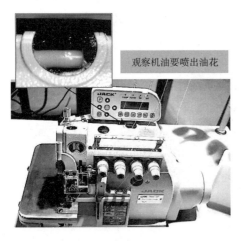

图 5-33　检查机油的循环

图 5-34　线张力的调整

8. 差动比的调整　旋松螺母①把旋钮②向（＋）方向转（拉杆向下），则差动比变大，缝料变为缩皱，向（－）方向转（拉杆向上）则差动比变小，缝料变为伸展。调整后将螺母①拧紧，如图 5-35 所示。

9. 针距的调节

（1）按住按钮，旋转手轮，按钮会陷入更深处。

（2）这时一边按住按钮，一边转动手轮，使校准标记号对准所希望的数值，见图5-36，针距的调节必须在调节差动比之后进行。

图5-35　差动比的调整

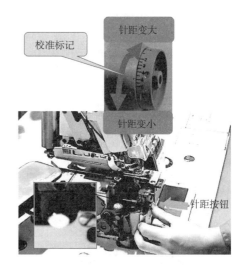

图5-36　针距的调节

10. 压脚台开闭的方法

（1）转动手轮，使机针上升到最高，将压脚臂杆①向下扳，取出压脚②。

（2）压脚台返回时，转动手轮，使机针上升到最高，将压脚臂杆①向下扳，使压脚②返回原位，如图5-37所示。

11. 压脚压力调节

（1）压脚压力的调整是在送料状态良好并能取得均匀线迹的情况下，尽可能使用较弱的压力为好，如图5-38所示。

（2）拧松锁紧螺母①，转动调节螺钉②进行调节，调节好后将螺母①拧紧。

图5-37　压脚台的开闭

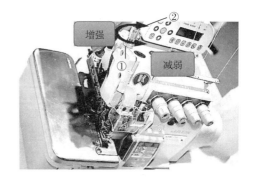

图5-38　压脚压力调节

12. 更换机针　拧松螺钉①后进行换针。装新针时，从正面看针的凹部应装到其背面。然后，牢固地将针插入装针槽顶端，使用附件标配的六角扳手拧紧螺钉①，如图5-39所示。

13. 包缝机的穿线方法

（1）三线穿线（304、305），如图5-40所示。

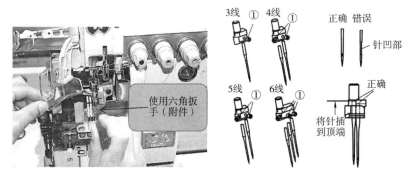

图 5-39　更换机针

（2）四线穿线（514），如图 5-41 所示。

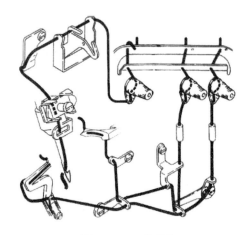

图 5-40　三线穿线

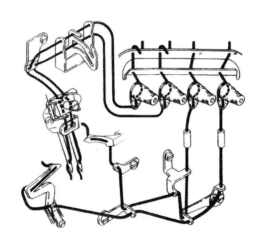

图 5-41　四线穿线

（3）五线穿线（516），如图 5-42 所示。

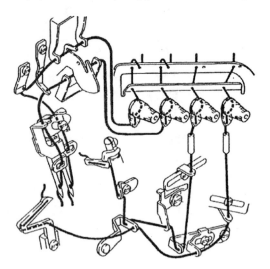

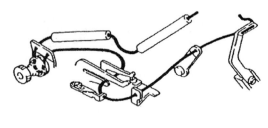

图 5-42　五线穿线

二、主要成缝构件的配合

高速四线包缝机的主要成缝构件包括机针与上、下弯针，以及送料牙、压脚等，各成缝构件间的配合见表 5-2。

表 5-2　高速四线包缝机主要成缝构件的配合

配合项目	图示	配合标准
直针工作高度	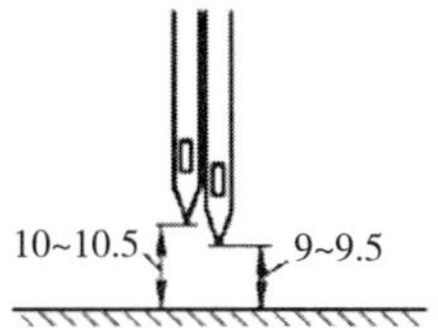	（1）左机针为 10~10.5mm （2）右机针为 9~9.5mm
直针与上弯针的配合	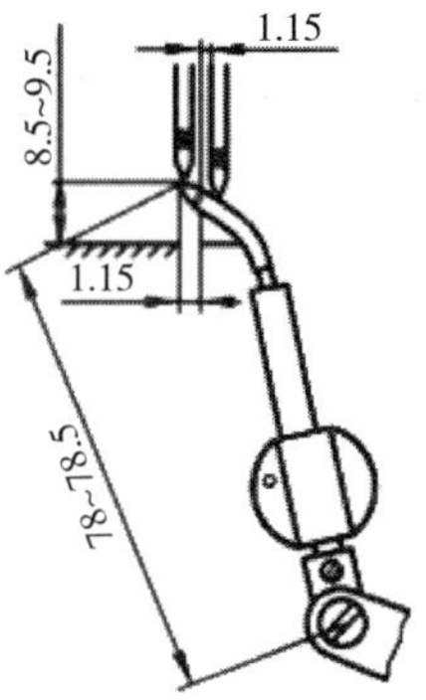	（1）上弯针尖至滑杆铰链中心距离为 78~78.5mm （2）上弯针尖到针板平面的距离为 8.5~9.5mm （3）上弯针针孔在两机针正中为佳
直针与下弯针的配合	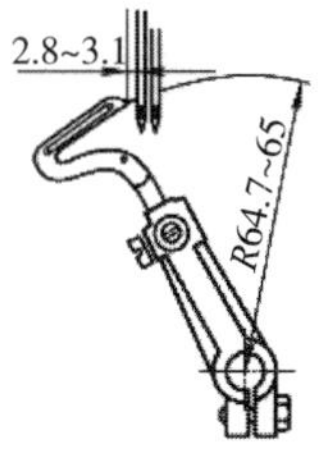	（1）下弯针尖到机针的距离为 2.8~3.1mm （2）下弯针高度为 R64.7~65mm
送料牙工作高度	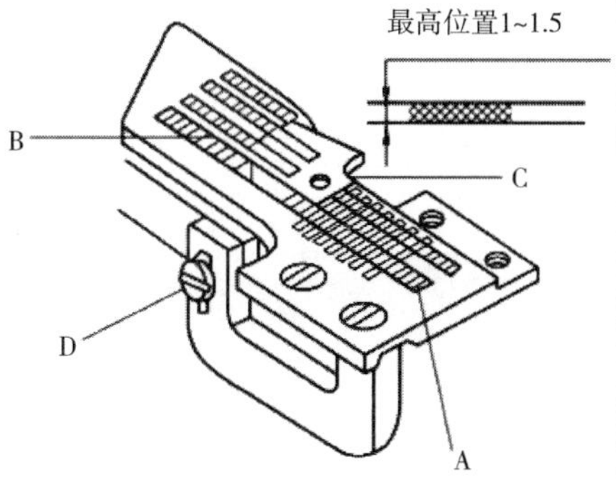	（1）送料牙分前后两只，长的一只为差动送料牙 A，短的一只为送料牙 B。两牙应在同一平面上，其上下高度位置靠螺钉 C、D 来调节 （2）当送料牙在最高位置时，牙齿应高出针板平面 1~1.5mm。在运转时，前后两牙不应相互碰撞

续表

配合项目	图示	配合标准
压脚提升高度	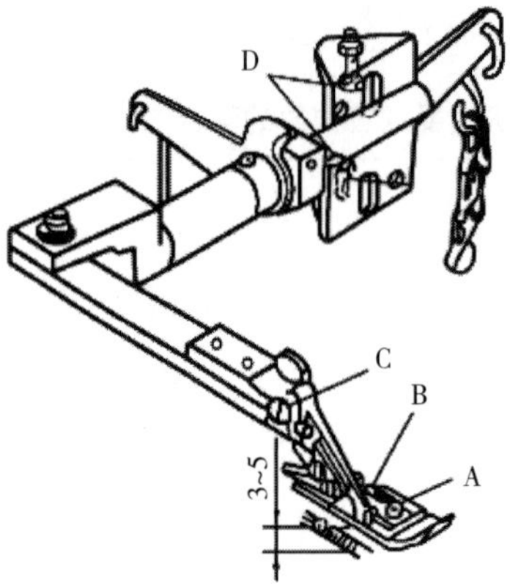	（1）压脚应与牙齿面装平，不得左右翘起，通过螺钉 C 进行调节 （2）压脚小舌 B 应靠近机针，如与机针离得太远，就容易引起跳针，其调节通过螺钉 A 进行 （3）压脚抬起高度如前述，其调节由限位板定位螺钉 D 来进行

思考题

1. 简述包缝机的整机构成。
2. 简述包缝机三线、四线、五线、六线等机型的机构异同点。
3. 包缝机弯针机构有哪几种类型？其机构原理分别是怎样的？机构自由度如何计算？
4. 包缝机如何实现针距大小调节？简述其机构原理。
5. 包缝机如何实现差动比的调节？简述其机构原理。
6. 包缝机的送料机构中，其牙齿的椭圆形轨迹是如何形成的？
7. 包缝机的自动化装置有哪些类型？其主要功能分别是什么？
8. 简述包缝机针距和差动比调节的操作方法。
9. 简述包缝机三线、四线、五线、六线等机型穿线方式的异同点。
10. 简述包缝机直针与上、下弯针的配合关系。

第六章　工业绷缝机机构分析

第一节　概述

一、绷缝机的作用和分类

绷缝缝纫机简称绷缝机，是专业形成绷缝线迹的缝纫机。

绷缝机主要供针织内衣、外衣等服装公司缝制棉毛、汗布及类似的化纤等织物作绷缝缝纫使用。

绷缝机至少由两根机针和一根弯针组成，形成扁平状线迹，适用于缝制睡衣、内衣、裤子以及各种卫衣、汗衫等，有拼接、滚领、绷缝加固、两面装饰缝等多种功能。

绷缝缝纫机经过上百年的发展，变化出多种机型以适合服装发展的需要，机型可按机体形式分为平台式绷缝机、小方头绷缝机、筒式绷缝机、肘形筒式绷缝机等。为了节能和提高生产效率，绷缝机增加了许多辅助功能，如配置直驱电动机、自动剪线、自动抬压脚、自动切断包边或者蕾丝带等。

绷缝线迹在缝纫线迹中属于链式线迹家族中的一种特殊线迹形式。绷缝常用的链式线迹包括双针三线单面装饰缝线迹（406 号线迹）、三针四线单面装饰缝线迹（407 号线迹）、双针四线双面装饰缝线迹（602 号线迹）、三针五线双面装饰缝线迹（605 号线迹）、四针六线双面装饰缝线迹（609 号线迹）等。

在选用绷缝机时，一定要根据服装所需的针间距、线迹种类（针数和线数）、缝料厚度及其技术特征进行选型，有时还因用途不同（缝型要求）而配置相应的附件（夹具、导边器、拉轮等）。

二、绷缝机线迹形成

（一）三针四线单面装饰缝线迹形成

（1）直针从最低位置开始回升，弯针也开始从最右边位置向左运动，如图 6-1（a）所示。

（2）直针上升到一定的高度时，面线（直针线）在缝料下形成线圈，线钩继续向左运动，其线钩尖依次穿入三个针线圈，如图 6-1（b）所示。

（3）直针升到最高位置时，缝料开始向前移动，已被线钩完全钩住的全部针线圈被拉长，并抽紧了前一个线迹，这时线钩同时向操作者方向移动一定距离，如图 6-1（c）所示。

（4）缝料移送一个针迹距离，直针下降再次穿刺缝料并穿入线钩头部形成的底线三角线圈，如图 6-1（d）所示。

（5）直针继续下降，线钩向右运动，底线被直针挡住形成底线与针线的互相穿套联结，如图 6-1（e）所示。

（6）直线运动到最低位置，线钩也运动至最右边，恢复到开始位置，收线器拉紧线迹，成缝过程完成，如图 6-1（f）所示。

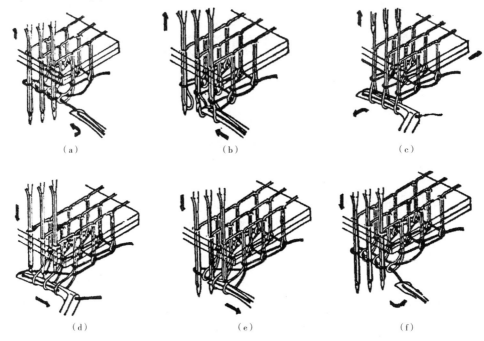

（a）   （b）   （c）

（d）   （e）   （f）

图 6-1　三针四线单面装饰缝线迹形成

（二）三针五线双面装饰缝线迹形成

三针五线绷缝线迹成缝过程与三针四线绷缝线迹所不同的是增加了一根绷针和一根装饰线。

（1）绷针运动至最右边，使装饰线处于绷针的叉口中，如图 6-2（a）所示。

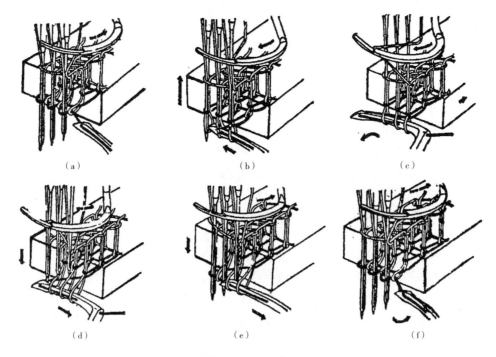

（a）   （b）   （c）

（d）   （e）   （f）

图 6-2　三针五线双面装饰缝线迹形成

（2）绷针向左运动，其叉口推动装饰线向左曲折，如图6-2（b）所示。

（3）绷针运动到最左边时，直针下降，最右面的直针在装饰线前面通过，其余两根针从装饰线后面通过，如图6-2（c）所示。

（4）两根长针穿入装饰线线圈后，绷针开始向右运动，如图6-2（d）所示。

（5）绷针继续向右运动，装饰线与针线开始联结，如图6-2（e）所示。

（6）绷针运动至最右边，直针也下降至最低位置，抽紧线迹，如图6-2（f）所示。

三、绷缝机的主要技术参数

绷缝机的主要技术参数包括线数、针间距、针迹长度、压脚高度、最高转速等。表6-1列出了美机绷缝机的主要技术参数。

表6-1　美机绷缝机的主要技术参数表

机型	用途	机针	针数	线数	针间距/mm	针迹长度/mm	差动比	压脚高度/mm	最高转速/(r/min)
31016-01CB	基本缝	DC×27 11#	2	4	3.2/4.0	1.2~4.4	0.5~1.3	6.3	5000
			3	5	4.8/5.6/6.4			5	
31016-02BB	上滚条	DC×27 11#	2	4	3.2/4.0	1.2~4.4	0.5~1.3	6.3	5000
			3	5	4.8/5.6/6.4			5	
31016-05CB	花边松紧带	DC×27 11#	2	4	3.2/4.0/4.8	1.2~4.4	0.5~1.3	5.3	4500
			3	5	5.6/6.4			5	
31016-21BB	厚料	DC×27 14#	3	5	5.6/6.4	1.2~4.4	0.5~1.3		4500
32026-01CB	基本缝	DC×27 11#	2	4	3.2/4.0/4.8	1.5~4.5	0.8~1.3	6.3	5000
			3	5	5.6/6.4			5	
32026-02BB	上滚条	DC×27 11#	2	4	3.2/4.0/4.8	1.5~4.5	0.8~1.3	6.3	5000
			3	5	5.6/6.4			5	
32026-35AB	下摆折边缝	DC×27 11#	2	4	4.0/4.8	1.5~4.5	0.8~1.3	6.3	4500
			3	5	5.6/6.4			5	

第二节　整机构成

绷缝机一般由刺料机构、钩线机构、绷针机构、挑线机构、送料机构和压脚机构等传动机构组成，虽然各种绷缝机的机构形式不同，但其作用基本相似。现以最常见的三针五线绷缝机为例，分述各机构的工作原理。如图6-3所示为三针五线绷缝机的机构运动示意图，图6-4所示为其整体的实物图。

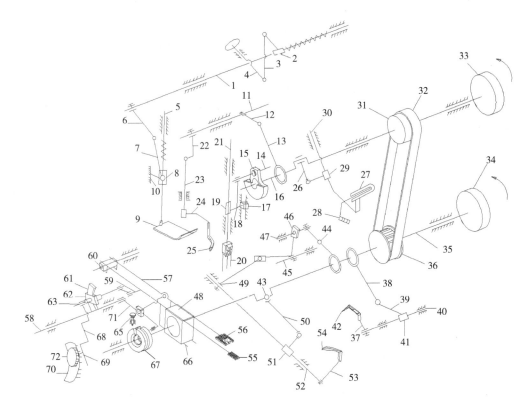

图 6-3 三针五线绷缝机机构运动示意图

1—压脚杠杆 2—抬压脚连接块 3—抬压脚连接板 4—抬压脚扳手轴 5—压杆 6—压脚拉杆 7—压脚连接板
8—压脚导块 9—压脚 10—压脚导轨 11—绷针轴 12—摆动曲柄 13,14,38,50,64—连杆 15—凸轮
16—上轴 17,48,60—滑块 18—针杆连杆 19—针杆连接柱 20—机针 21—针杆 22—绷针连杆
23—绷针摆动轴 24—绷针摆动架 25—绷针 26—挑线球连杆 27—挑线板座 28—挑线板 29—挑线轴曲柄
30—挑线轴 31—偏心轮 32—皮带 33,34—手轮 35—下轴 36—带轮 37—后护针滑杆 39—摆杆
40—摆轴 41—护针连接销 42—后护针 43—弯针球曲柄 44—弯针连杆 45—弯针摆动轴 46—弯针曲柄
47—连接销 49—弯针轴连接销 51—弯针球曲柄 52—弯针轴 53—弯针架 54—弯针 55—差动送料牙
56—送料牙 57—送料牙架 58—送料轴 59—送料小连杆 61—弧形送料摆杆 62—送料曲柄 63—弯针摆动轴
65—针距调节按钮 66—差动送料牙架 67—弯针连杆凸轮 68—差动送料轴 69—差动扳手 70—差动刻度板
71—送料导架 72—差动调节螺母

图 6-4 机构实物图

机针机构由电动机驱动使皮带传动动力带动上主轴和下轴进行转动，上主轴转动带动凸轮转动，再由凸轮带动机针轴转动，机针轴通过针杆连杆，使针杆进行上下运动。送料机构由下轴转动带动送料导架，再通过送料导架上的滑块带动送料牙架运动，送料导架再带动送料小连杆，使差动送料牙架运动。弯针机构通过下主轴转动，带动弯针球曲柄转动，从而使弯针轴运动，再通过弯针架使弯针运动。绷针机构通过上轴转动，带动轴承套运动，轴承套带动摆动曲柄，使绷针轴运动，绷针轴带动绷针连杆与绷针摆动销，使绷针摆动轴运动，再通过绷针摆动架使绷针进行运动。

第三节　主要机构及其工作原理

一、上轴机构和刺料机构

（一）主要功能

上轴是绷缝机由下轴机构的同步带传递来的动力向刺料、挑线、绷针等机构传递动力的机构（刺料、挑线、绷针等机构），也是刺料、挑线、绷针等机构各运动时间的控制轴机构，还是绷缝机在运动中的平衡机构。

上轴通过针杆曲柄组件驱动针杆的上下运动，由机针带引缝线刺穿缝料，形成针线线环，让钩线器钩住针线线环与弯针线互连形成绷缝线迹。

（二）上轴机构和刺料机构组成

如图6-5所示，上轴机构由上轴、平衡块、上轴连接套、上轴曲柄组件、挑线球曲柄、挑线球连杆、上轴同步带轮、轴承、上轴后轴和手轮等组成。

刺料机构由针杆、针杆曲柄连接销、针杆连接柱、针杆连杆、针杆滑块、针杆滑块导轨、针板、针板座、针夹等组成。

（三）上轴机构和刺料机构的工作原理

如图6-5（a）所示，驱动电动机由皮带传递动力给下带轮和下轴，下轴同步带轮通过同步带将动力传递给固定在上轴后轴18上的上轴同步带轮16，带动上轴后轴旋转，带动固定连接上轴前、后轴的上轴连接套12，再带动与连接在上轴连接套12上的主轴前轴，实现驱动力的传递。

随着上轴旋转运动，带动针杆曲柄13旋转，带动紧固在上轴针杆曲柄上、并与上轴中心有一个偏心距的针杆曲柄连接销2，围绕上轴中心进行旋转。而针杆连杆4的上孔是套在针杆连接销2上，也随着针杆曲柄旋转围绕上轴中心进行旋转。而针杆连杆4的下孔与针杆连接柱3连接，由于针杆连接柱3紧固在针杆上，针杆又被安装在机壳上下两个针杆套中，只能进行上下滑动。由于受到针杆的约束，所以，针杆连杆4的上孔在做围绕上轴中心进行旋转运动时，而针杆连杆4的下孔，因受针杆约束只能做上下直线运动。由此，针杆连杆4的下孔带动针杆做上下直线运动。而机针是由针夹9固定在针杆下端，当针杆做上下直线运动时，机针也进行上下直线运动。上轴上针杆曲柄每旋转一周，就能带动针杆上下往复做直线运动一次，带动机针也上下往复直线运动、穿刺缝料一次，这样就实现上下刺料功能。

在针杆连接柱3的后侧连接着一个针杆滑块5，针杆滑块5在针杆滑块导轨6中的导轨槽中上下滑动，而针杆滑块导轨6是由紧固螺钉固定在机壳体上的，这约束了针杆在旋转方向的运动，保证针杆在上下刺料过程中不发生旋转运动，使机针形成线环时，确保钩线器弯针尖能顺利地钩住多根机针形成的线环。

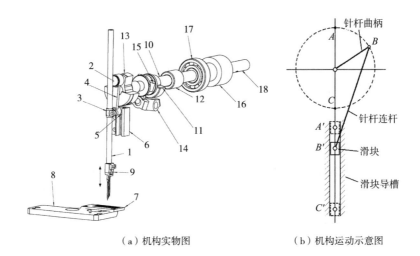

（a）机构实物图　　　　　　（b）机构运动示意图

图 6-5　上轴机构和刺料机构

1—针杆　2—针杆曲柄连接销　3—针杆连接柱　4—针杆连杆　5—针杆滑块　6—针杆滑块导轨　7—针板
8—针板座　9—针夹　10—上轴前轴　11—平衡块　12—上轴连接套　13—上轴针杆曲柄组件　14—挑线球曲柄
15—挑线球连杆　16—上轴同步带轮　17—轴承　18—上轴后轴

　　针板 7 是安装在针板座 8 上，而针板座 8 是安装在机壳体上。针板 7 是支撑缝料并保证机针顺利刺料、缝料顺利送料的平台，针板 7 上的针孔也起着护针的作用。

　　针杆上下运动的位移量，即针杆行程，是紧固在针杆曲柄上的针杆曲柄连接销 2 中心到上轴中心之间距离（偏心距）的两倍。针杆行程大，刺穿缝料的能力就强。

　　安装在上轴后轴上的上同步带轮 16 与下轴同步带轮由同步带连接，接受下轴同步带轮传递来的动力，并与钩线机构、弯针线挑线机构、送料机构等机构协调运动时间信号。

　　安装在上轴前轴 10 上刺料机构用的针杆曲柄组件 13，向刺料机构传递驱动力和刺料机构运动时间信号。

　　安装在上轴前轴 10 上的曲轴部分是针线挑线机构用的曲柄和挑线球连杆 15、挑线球曲柄 14 等针线挑线机构用组件。向针线挑线机构传递驱动力和针线挑线机构的运动时间信号。

　　安装在上轴后轴上的轴承 17 是支撑后轴的支点，也起隔离润滑区的作用。

　　安装在上轴前轴 10 上的平衡块 11，使整机在运转过程中减少振动，提高整机运转的稳定性。

二、钩线机构

（一）钩线机构的主要功能

　　钩线机构是驱动钩线器弯针进行左右摆动、前后移动复合运动的机构。

　　钩线机构的钩线器弯针，在向左摆动过程中，由弯针尖钩住多根由机针形成的针线线环，弯针向左摆动至左极限位置时，弯针向前移动，使穿在弯针孔里的弯针线在弯针后面形成一个三角形线环，准备让机针第 2 次刺料时，进入弯针线在弯针后面形成一个三角形线环，为针线线环互连弯针线环创造条件。

（二）钩线机构的组成

　　钩线机构由弯针、弯针架、弯针球曲柄、弯针球连杆、弯针轴、弯针摆动曲柄、弯针连杆、弯针连杆凸轮、弯针摆动轴、连接曲柄等组成，如图 6-6（a）所示。其弯针的运动轨迹如图 6-6

（b）所示，机构运动示意图如图 6-6（c）所示。

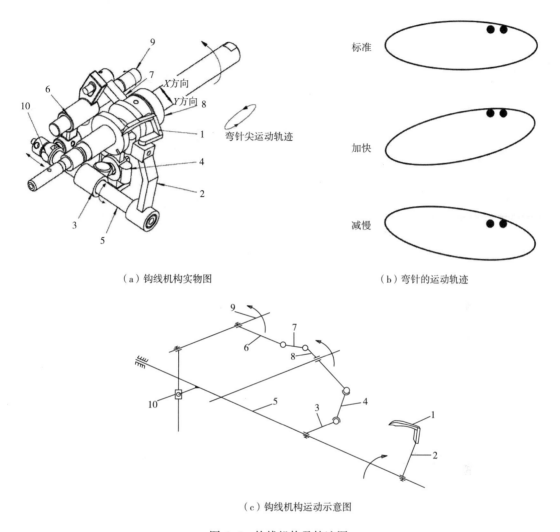

（a）钩线机构实物图　　　　　　　　　　（b）弯针的运动轨迹

（c）钩线机构运动示意图

图 6-6　钩线机构及轨迹图

1—弯针　2—弯针架　3—弯针球曲柄　4—弯针球连杆　5—弯针轴
6—弯针曲柄　7—弯针连杆　8—弯针连杆凸轮　9—弯针摆动轴　10—弯针轴连接销

（三）钩线机构的工作原理

如图 6-6 所示，由电动机驱动的皮带轮传递的动力使下轴转动，与下轴通过连轴节紧固连接的弯针曲轴随着转动，这样使套在弯针曲轴球曲轴位置上的弯针球连杆 4 上的上孔，随着弯针曲轴的转动，围绕着下轴中心做旋转运动；而弯针球连杆 4 上的下孔连接着弯针球曲柄 3，随着弯针球连杆 4 上的上孔围绕着下轴中心做旋转运动，弯针球曲柄 3 的球部做上下运动；由于弯针球曲柄 3 一端孔是紧固在弯针轴 5 上的，当弯针球曲柄 3 的球部做上下运动时，就带动弯针轴 5 摆动，也带动紧固在弯针轴 5 前端的弯针架 2 摆动，再带动紧固在弯针架 2 上的弯针摆动；实现弯针左右摆动，并和弯针前后移动，一起完成钩线工作的要求。

由电动机驱动的皮带轮传递的动力，使下轴转动，与下轴通过连轴节紧固连接的弯针曲轴随着转动，带动紧固在弯针曲轴上的弯针前后移动偏心凸轮 8 转动，也带动套在偏心凸轮 8 上的弯针连杆 7 上的大孔做围绕下轴中心的旋转运动；而弯针连杆 7 上的小孔与弯针曲柄 6 的上曲柄孔连接，带动弯针曲柄 6 前后摆动；由于弯针曲柄 6 与弯针摆动轴 9 紧固，弯针摆动轴 9 就绕着轴中心摆动。由于弯针曲柄 6 上的下曲柄孔同时与弯针轴连接销 10 连接，而弯针轴连接销 10 是紧固在弯针轴上，这样，弯针曲柄 6 上的下曲柄孔的摆动带动弯针轴连接销 10 的摆动，就带动弯针轴的前后移动，再带动紧固在弯针架 2 上的弯针前后移动。实现弯针前后移动，并能和弯针左右摆动一起完成钩线工作的要求。

　　机针与弯针在运动时间上同步极为重要，是形成线缝关键因素之一。如果弯针比机针快，弯针背部的线三角就不稳定，机针尖插线三角时容易产生跳针和花针；如果弯针比机针慢，面线张力就会加强，容易产生面线收不紧等现象。机针与弯针在运动时间同步配合，为针杆从最低位置开始向上运动时，此时弯针也从最右位置向左运动，两者在瞬时同时进行。机针与弯针的运动时间同步通过弯针连杆凸轮 8 的角度改变来调整，弯针连杆凸轮 8 向 X 方向转动则机针加快，向 Y 方向转动则机针的运动时间放慢，加快、减慢时的弯针运动轨迹如图 6-6（b）所示。

三、绷针机构

（一）绷针机构的主要功能

　　绷线机构是驱动绷针进行左右摆动的机构。使绷针钩尖围绕机针通过左右摆动引导装饰线与机针的针线相互穿套，在缝料上面构成上覆盖线迹。

（二）绷针机构的组成

　　绷针机构由绷针轴、绷针连杆、绷针摆动销、绷针摆动轴、绷针摆动架、绷针、摆动曲柄、连杆、绷针偏心轮、连接螺钉销等组成，如图 6-7 所示。

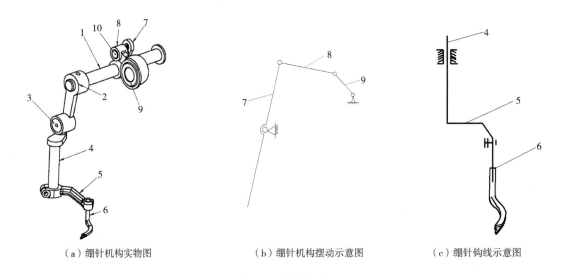

（a）绷针机构实物图　　　　（b）绷针机构摆动示意图　　　　（c）绷针钩线示意图

图 6-7　绷针机构

1—绷针轴　2—绷针连杆　3—绷针摆动销　4—绷针摆动轴　5—绷针摆动架　6—绷针

7—摆动曲柄　8—连杆　9—绷针偏心轮　10—连接螺钉销

（三）绷针机构的工作原理

　　如图 6-7 所示，随着上轴旋转运动，紧固在上轴上的绷针偏心轮 9 随之转动，从而带动连接在绷针偏心轮 9 上的连杆 8 的一端大孔一起做围绕上轴中心的旋转运动，连杆 8 的另一端小孔与紧固在摆动曲柄 7 上的连接螺钉销 10 连接，因摆动曲柄 7 紧固在绷针轴 1 上，带动绷针轴 1 也摆动。绷针轴 1 的摆动带动紧固在绷针轴 1 上的绷针连杆 2 的上孔做左右摆动，绷针连杆 2 的下孔与绷针摆动销 3 连接，通过绷针摆动销 3 让绷针竖轴摆动，即将垂直面的摆动转变为水平面的摆动。使绷针摆动轴 4 上的曲柄部随着绷针连杆 2 一起做左右摆动，而绷针摆动架 5 紧固在绷针摆动轴 4 的下端，通过绷针摆动轴 4 的摆动来带动绷针摆动架 5 围绕绷针摆动轴 4 的轴心进行摆动。带动紧固在绷针摆动架 5 上绷针 6 围绕绷针摆动轴 4 的轴心进行摆动，当把绷针 6 调整到与针杆的机针运动相协调的位置，就实现绷针在线迹上覆盖装饰线的要求。

绷针由起点向左摆动牵引装饰线向左移动形成线环，当机针穿过装饰线线环、面线压住装饰线时，绷针同时向右返回起点。

四、挑线机构

挑线机构的主要功能是提供线迹形成过程中需要的线量和收紧线迹。

绷缝机的挑线机构分类：由于绷缝线迹是由针线、弯针线、绷针线互连而成，不同的缝线由不同的挑线机构来实现，因此挑线机构一般分为针线挑线机构、弯针线挑线机构和绷针线挑线机构。

（一）针线挑线机构

针线挑线机构包括针杆挑线板和挑线板机构。针杆挑线板和摆动挑线板相对距离的变化，使机针刺穿缝料时让面线放松，弯针钩住面线后收紧面线，同时从线筒拉出缝纫下一针面线所需要的线量。

针线挑线机构的主要功能是在形成绷缝线迹过程中，输送和收紧针线。

针线挑线是由两个机构运动来实现的，即由刺料机构上的针杆挑线板机构和挑线板机构共同完成的，如图 6-8 所示。

1. 针杆挑线板机构 针杆挑线板机构由安装在刺料机构上的针杆挑线板和针杆挑线板保护架等组成。

针杆挑线板机构工作原理：在针杆的顶部安装一个针杆挑线板，在针杆刺料时进行上下运动的过程中带引针线上下运动，与挑线板机构一起实现输送和收紧针线的功能。

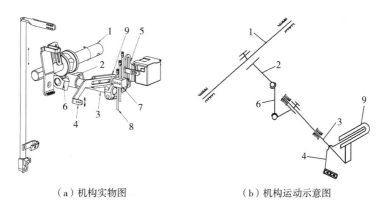

（a）机构实物图　　　　　　　　（b）机构运动示意图

图 6-8　针杆挑线机构

1—上轴　2—挑线球曲柄　3—挑线轴　4—挑线板　5—硅油盒架
6—挑线球连杆　7—针线过线杆座　8—针线过线杆　9—挑线板座

2. 挑线板机构　挑线板机构主要由上轴（曲轴）、挑线球连杆、挑线球曲柄、挑线轴、挑线板座、挑线板、硅油盒架、针线过线杆座、针线过线杆等组成。

挑线板机构工作原理：上轴前轴上的球曲轴部分随着上轴 1 的转动，带动套在球曲轴上的挑线球连杆 6 上孔围绕着上轴中心旋转，挑线球连杆 6 的下孔连接着紧固在挑线板轴 3 上的挑线球曲柄，挑线球曲柄随着上下摆动，带动挑线板轴 3 围绕轴心摆动，而紧固在挑线板轴前端的挑线板座 9 也随之摆动，由于针线挑线板固定在挑线板座 9 上，挑线板 4 随着上下摆动，实现输送和收紧针线的功能。

为了提高挑线质量，在挑线机构的针线引入部，设立专门调节针线的线量大小的针线过线杆结构，针线经硅油盒架 5 中的硅油盒中的硅油润滑后，分别再经过线杆 7 进行线量大小的调节。在挑线机构的针线输出部，针线分别通过安装在针杆顶部的针杆挑线板 7 上的过线孔，再分别通过机壳上的过线部件等保护针线输送过程的稳定性，最后经针夹上的线夹引入机针的针孔。

（二）弯针线挑线机构

1. 弯针线挑线机构的主要功能　在形成绷缝线迹过程中输送和收紧弯针线。

2. 弯针线挑线机构的主要构成　由弯针线挑线凸轮、过线架、拦线杆、左右过线板、弯针线拦线板、夹线器组件、过线架座、过线架弹出机构等组成，如图 6-9 所示。

3. 弯针线挑线机构工作原理　弯针线挑线机构，是由紧固在下轴前轴上的弯针线挑线凸轮 1 随着下轴的转动而转动，由弯针线挑线凸轮 1 的凸轮曲线外缘到下轴中心距的大小变化，实现输送和收紧弯针线的挑线功能。

为了保证弯针线挑线的稳定性，通过凸轮外缘的弯针线在过线架 2 上弯针线挑线凸轮槽的两侧的两个过线板 3 的约束下，以及在拦线架、拦线杆的保护下，实现稳定的输送和收紧弯针线的挑线功能。为了稳定弯针线的线张力，专门有一个夹线器 5 调节弯针线的线张力。为了方便穿线、清理可能缠绕在弯针线挑线凸轮 1 上的残余线，过线架 2 可以弹出。

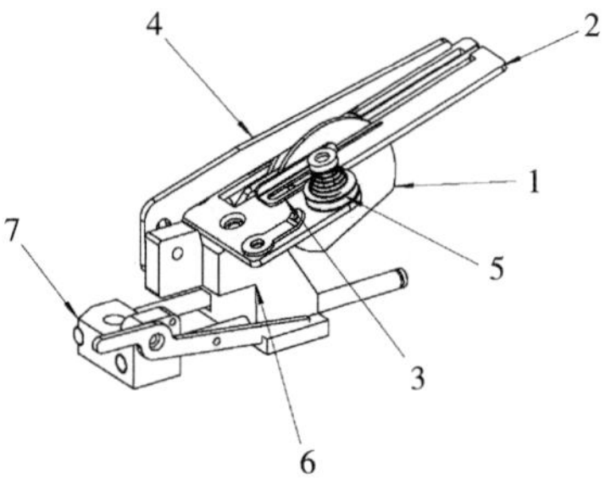

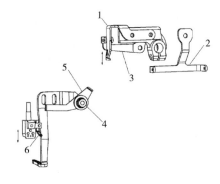

图 6-9　弯针线挑线机构
1—弯针线挑线凸轮　2—过线架
3—左右过线板　4—弯针线拦线板
5—夹线器组件　6—过线架座
7—过线架弹出机构

（三）绷针线挑线机构

1. 绷针线挑线机构的主要功能　在形成绷缝线迹过程中输送和收紧绷线。

2. 绷针线挑线机构的组成　由在针线挑线机构的挑线板座上安装的绷线挑线板、绷线过线板和过线器等组成，如图 6-10 所示。

3. 绷针线挑线机构的工作原理　绷针线挑线机构主要传动机构是与针线挑线板机构相同的，只是挑线器的零件组成和调节不一样，挑线机构的绷线挑线板 1 和绷线过线架 2 也是安装在针线挑线板机构的挑线板座上。随着针线挑线板机构挑线板座的摆动，带动绷线挑线板 3 摆动。

绷针线挑线机构的绷线引入，是由夹线器引

图 6-10　绷针线挑线机构
1—绷线挑线板　2—绷线过线架
3—绷线过线板　4—绷线夹线器组件
5—绷线过线板　6—绷针小过线

入的绷线穿过绷线过线架 2 的两个过线孔后，再穿过绷线过线板 3 上的两个过线孔和绷线挑线板 1，随着针线挑线板机构的挑线板座的摆动而摆动，实现绷线输送和收紧绷线的功能。

　　为了提高绷线的挑线质量，绷线输出后，再经绷线夹线器组件 4 上的夹线板调节线张力，通过安装在机壳上的绷线过线板 5、绷线小过线 6 等过线部件的线孔，保护绷线输送过程的稳定性，最后将绷线引入绷针，实现绷线输送和收紧绷线的功能。

五、送料机构

（一）送料机构的主要功能

　　送料机构是在压紧机构的协助下实现（送料牙固定缝料、向前送料、脱开缝料、退回）输送缝料的功能。

　　送料运动是由两个机构的协调运动来实现的，即由送料牙前后运动机构和送料牙上下运动机构协调而共同完成的，实现送料牙固定缝料、向前送料、脱开缝料、送料牙退回的输送缝料的功能。

　　由于缝料需要进行差动送料的要求，实际送料方式是由两个可以进行不同送料距进行送料的主送料牙和差动送料牙的协调运动来实现的，即主送料牙送料距离与差动送料牙送料距离不一致的送料机构协调而共同完成的，实现逆差动或顺差动送料的功能。

（二）送料机构的组成

　　送料机构由送料曲柄、送料导架、送料小连杆、送料牙架、送料牙、差动送料牙架、差动送料牙、抬牙滑块、调节按钮、送料调节器、送料调节凸轮等组成，如图 6-11 所示。

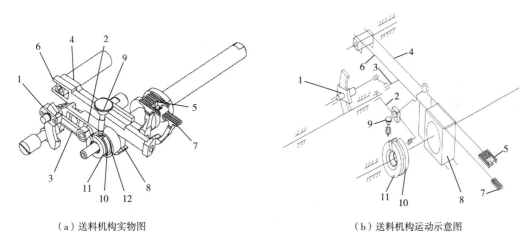

（a）送料机构实物图　　　　　　　　　　（b）送料机构运动示意图

图 6-11　送料机构

1—送料曲柄　2—送料导架　3—送料小连杆　4—送料牙架　5—送料牙
6—差动送料牙架　7—差动送料牙　8—抬牙滑块　9—针距调节按钮　10—送料调节器　11—送料调节凸轮　12—抬牙凸轮

（三）送料机构工作原理

1. 送料牙前后运动机构　如图 6-11 所示，由下轴传递来的驱动力和运动时间信号，带动由联轴节固定连接的下轴前轴进行转动，并带动安装在下主轴前轴上的送料调节器 10 一起转动，由于送料调节器 10 是偏心结构，对下轴中心有一定的偏心值，在送料调节器 10 转动时，套在送料调节器 10 的偏心轮上的送料导架 2 的前孔围绕着下轴中心转动，由于送料导架 2 的后孔与送料曲柄 1 上的上孔连接，受连接在送料曲柄轴上的送料曲柄 1 上的孔的约束，这样送料导架 2 的前孔围绕着下轴中心转动时，带动送料导架 2 的后孔相连接的送料曲柄 1 摆动。送料曲柄 1 的摆动，带动了其另一端曲柄孔连接的送料小连杆 3 后孔摆动，带动与送料小连杆 3 前孔连接的牙架 4 做前后方向的运动，由于送料牙 5 紧固在牙架上，牙架 4 做前后方向运动时就带动送料牙完成前后方向的运动。送料牙向前运动与送料牙上下运动机构协同在送料牙抬起咬住缝料后，就实现向前推送缝料的功能；送料牙向后运动与送料牙上下运动机构协同在送料牙下降、脱离缝料后，送料牙向后退回，准备第二次送料的功能。

2. 送料牙上下运动机构　如图 6-11 所示，送料牙紧固在牙架上，由下轴传递来的驱动力和运动时间信号，带动由联轴节固定连接的下轴前轴转动，使紧固在下轴前轴上的抬牙凸轮 12 转动。由于抬牙凸轮有一定的偏心量，使套在抬牙凸轮 12 上的抬牙滑块 8 上下运动，当下轴转动时，通过抬牙凸轮 12 转动，使抬牙滑块 8 做上下方向的运动，抬牙滑块 8 连接在牙架 4 的叉口槽上，所以，抬牙滑块 8 做上下方向的运动时，牙架 4、6 也做上下方向的运动，使固定在牙架 4、6 上的送料牙 5、7 做上下方向的运动。送料牙 5、7 向上运动时，在压紧机构的协助下实现送料牙咬住缝料与送料牙前后运动机构协同实现向前推送缝料的功能，送料牙向下运动时，送料牙脱开缝料与送料牙前后运动机构协同实现送料牙退回、准备第二次送料的功能。

送料牙的送料运动，按照以上两个机构进行前后方向和上下方向运动形成了送料牙的复合运动，在压紧机构的协助下完成了推送缝料的功能。

（四）送料机构参数的调节

1. 送料距（针距长度）的调节　送料牙紧固在牙架上，送料牙前后方向的送料距离的大小，是由安装在下主轴前节前端上的送料调节器 10 对下轴中心的偏心值大小决定。送料距离的调节是，按下针距调节按钮 9 使其端部卡入送料调节器 10 与送料调节凸轮 11 的卡槽内，再转动手轮使其偏心量增大（减小）。

2. 差动量的调节　送料牙的送料距离与差动送料牙的送料距离之比是差动量。即以送料牙的送料距离为 1，差动送料牙的送料距离小于送料牙的送料距离的实施送料方式称为负差动量（1：0.5）。差动送料牙的送料距离大于送料牙的送料距离的实施送料方式称为正差动量（1：1.3）。

实际缝纫过程中要看不同的缝料、不同的需求选择合适的差动。如缝料偏软，弹性偏大，就需要调大差动（正差动）；反之缝料硬，就需调小差动（逆差动），如图 6-12 所示。

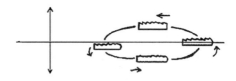

（a）牙齿的送料运动示意图

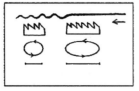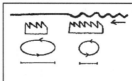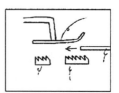

（b）前送料牙慢，后送料牙快，　（c）前送料牙快，后送料牙慢，　（d）前后送料牙运动速度
　　使缝料收缩（正差动）　　　　　使缝料拉伸（逆差动）　　　　相同（零差动送料）

图 6-12　送料原理图

第四节　辅助机构及其工作原理

一、压紧机构

（一）压脚机构的主要功能

压脚机构是利用压脚的压力来实现压紧缝料、辅助送料机构送料，压脚机构是由压紧机构及压脚提升机构组成。

（二）压脚机构的组成

压脚机构由调压螺钉、压脚杠杆、调压螺母、压脚导轨、压脚导块、压脚连接板、抬压脚连接板、抬压脚连接块、压脚扳手、抬压脚扳手轴、压杆、压脚、抬压脚固定座等组成，如图 6-13 所示。

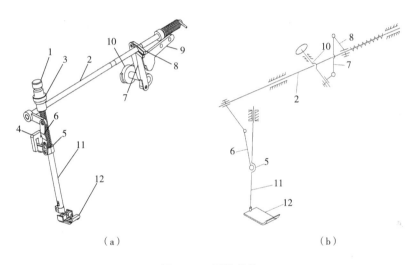

（a）　　　　　　　　　　　　　　　　（b）

图 6-13　压脚机构

1—调压螺钉　2—压脚杠杆　3—调压弹簧　4—压脚导轨　5—压脚导块　6—压脚连接板　7—抬压脚连接板
8—抬压脚连接块　9—压脚扳手　10—抬压脚扳手轴　11—压杆　12—压脚　13—抬压脚固定座

（三）压紧机构的工作原理

如图 6-13 所示，压杆 11 是安装在机壳体上的压杆套里，压脚 12 紧固在压杆 11 的下端，压脚 12 上装有护针器，防止手指受伤。压杆 11 中端紧固着压脚导块 5，压脚导块 5 上突出的导架部与紧固在机壳上的压脚导轨 4 的导架槽连接，约束压脚在旋转方向的运动，保证压脚 12 不出现因旋转方向转动，使机针刺料时碰压脚，造成刺料障碍或断针。压脚导块 5 上端有套在压杆 11 上的调压弹簧 3，调压弹簧 3 的顶部有套在压杆 11 上并安装在机壳压杆螺孔里的调压螺钉 1。当调压螺钉 1 在机壳上顺时针拧紧时，调压弹簧被压紧，通过压脚导块 5、压杆 11 的传递，对压脚产生向下的压力，实现压料的功能。反之，当缝薄料时，将调压螺钉 1 在机壳上进行逆时针时拧松，调压弹簧被放松，产生向下的压力减小，放松压脚压料的压力，适应薄料的缝纫的需要。

（四）压脚提升机构工作原理

如图 6-13 所示，抬压扳手轴 10 是安装在机壳体上的轴孔上，压脚扳手 9 置于抬压扳手轴 10 的槽内，并用螺钉固定，抬压扳手轴的另一端装有曲柄，当压脚扳手 9 向下按动时，带动抬压扳手轴 10 摆动，紧固在抬压脚扳手轴 10 前端的曲柄孔与抬压连接板 7 下孔连接，带动抬压连接板 7 向下运动，因抬压连接板 7 上孔与紧固在压脚杠杆 2 上的抬压连接块 8 曲柄部的孔连接，带动抬压连接块 8 围绕压脚杠杆 2 中心摆动，再带动压脚杠杆 2 摆动旋转。使固定在压脚杠杆 2 的另一端的曲柄摆动，再由压脚杠杆 2 另一端的曲柄摆动带动与其连接的压脚连接板 6 的上孔向上提升，由于压脚连接板 6 的下孔与压脚导块 5 用螺钉固定连接，带动压脚导块 5 的向上提升，也带动与压脚导块 5 紧固的压杆 11 向上提升，这样紧固在压杆 11 下端的压脚 12 就提升起来了，实现压脚提升的功能。

二、润滑装置

（一）润滑装置的主要功能
润滑装置为高速运转各机构的运动副输送和回收润滑油。

（二）润滑装置的组成
润滑装置由油泵、油盘、供回油系统等组成，如图 6-14 所示。

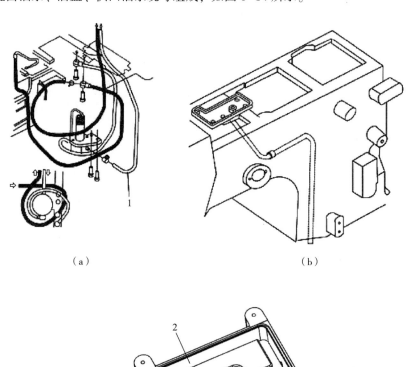

（a）   （b）

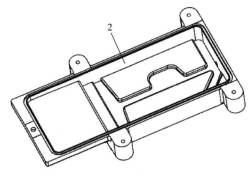

（c）

图 6-14　润滑装置

1—油泵　2—油盘

（三）润滑装置基本工作原理

1. 油泵　油泵的转动是主轴上的蜗杆传递给油泵轴上的蜗轮，得到垂直的转动传递和较大的减速比。

齿轮泵的工作原理主要是在高速运转过程中，当齿轮在啮合齿分离时形成的空腔不断扩大产生负压，成为吸油腔进行吸油，当齿轮在啮合齿啮合时原形成的空腔不断缩小将空腔内的油压出，为供油腔供油。齿轮泵不断的转动就实现供油和吸油的功能。

油泵轴带动两个齿轮组，油泵下层是供油齿轮组，上层是回油齿轮组。供油齿轮组将油压进滤油器后分为两路，一路供给上轴机构，另一路供给下轴机构。回油齿轮组将机头内针杆旁汇集的润滑油吸回油盘。

2. 油盘　油盘是存储润滑油的器具。

3. 供回油系统　供回油系统包括供油油路和回油油路。

供油油路：油泵泵油后通过滤油器过滤，一路输送到上轴喷油管；一路输送到下轴喷油管，一路用于润滑蜗轮、蜗杆。

回油油路：机壳头部回油管→油泵。

第五节　机构调整与使用

平台式绷缝缝纫机的机构调节，需在关闭电源的状态下进行以下机构的调节。

一、针杆的调节

针杆高度是指左针尖到针板上平面的距离，不同针间距对应不同针杆高度，参照表6-2选择针杆高度定规。安装时要求在针柄插到底、长槽在正前方的状态下拧紧螺钉1，如图6-15所示。

表6-2　针杆高度表

针宽/（mm）	4.8	5.6	6.4
左针高度 A/（mm）	8.9	8.5	8.1

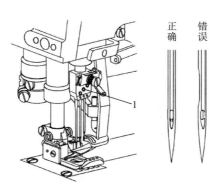

图6-15　针杆安装方向

针杆高度的调节：转动手轮，在针杆上升到最高点时（手轮 P 对准标记）松开螺钉2，将符合表6-2左针高度 A 的针杆定规放在针板上。在手轮不转动、让左针尖接触针杆定位块上平面的条件下拧紧螺钉 2。转动手轮让机针落在针板的针孔里，确认间隙 B 是否均匀，如图 6-16 所示。

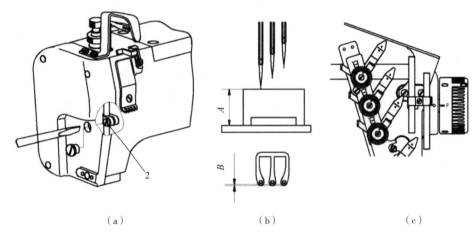

图 6-16　针杆高低调节

二、弯针的调节

（一）弯针左右运动与针杆运动同步的调节

弯针 3 安装在弯针架 4 上，插到底拧紧螺钉 5 后应满足图 6-17 所示的状态。

弯针的某个部位与机针的某个部位在手轮转动一圈中有两次重合即为同步，重合的程度即为同步性，即弯针尖摆动到机针后、机针前，在弯针尖与左机针右侧相交时，弯针尖到针孔上边缘的距离 C 应相同，如图 6-18 所示。

同步的调节方法：拆卸机头上盖，松掉螺钉 6（4 只），将内六角扳手插在螺钉上，转动手轮，使上轴与同步轮的位置偏移一点，如果同步轮向（+）方向偏移，则弯针尖相对机针变快；如果同步轮向（-）方向偏移，则弯针尖相对机针变慢。

但在弯针前后摆量调节后，要确认弯针左右运动与机针运动同步是否有变化，如果不同步了就要重新调节。

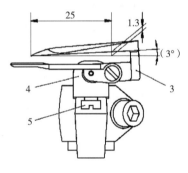

图 6-17　下弯针安装

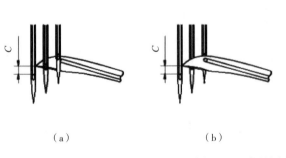

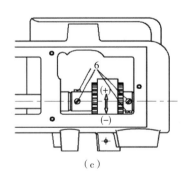

图 6-18　弯针同步

（二）弯针拉量的调节

弯针在最右（针杆最低）位置时，拧松螺钉7调节，使弯针尖到中间一根机针中心的尺寸是6mm，也可以根据不同针间宽、针号大小，换算出弯针尖到右针右侧的尺寸进行调节，如图6-19所示。

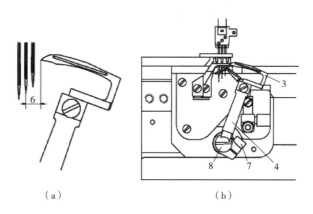

（a）　　　　　　　　　　（b）

图6-19　弯针拉量

（三）弯针前后运动与机针运动同步的调节

如图6-20所示，拆下螺钉9，移开油管10。松掉螺钉11（2只），把凸轮上的标记D与曲轴上的标记E的位置调节在一条线上，再拧紧螺钉11，如图6-20（b）所示。

将曲轴上的标记E向上或向下调节，可以改变弯针尖的运动轨迹的走向，如图6-20（c）、（d）所示。

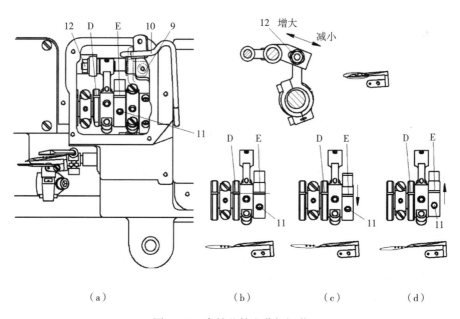

（a）　　　　　　（b）　　　　　（c）　　　　　（d）

图6-20　弯针凸轮和曲柄调节

（四）弯针前后移动量的调节

弯针向后移动，使弯针能在机针后向左摆动，实现弯针尖钩住针线线环的功能；弯针向前移动，使弯针能在机针前向右摆动，实现弯针尖形成的三角线环，保证机针顺利刺入线环的功能。机针下降时，针尖能轻微接触向右摆动的弯针，这样不易跳针。

使用大号机针时，应该让弯针前后移动量大一些，这样弯针和机针磨损较轻。

如图 6-20（a）所示，松掉螺母 12 后向下移动，使弯针前后移动量增大；向上移动使移动量减小，根据机针号调节合适后再锁紧螺母 12。

弯针前后移动量调节后，要确认弯针左右运动与机针运动的同步是否有变化，如果不同步要按上述方法重新调节。

（五）弯针前后位置的调节

弯针前后位置是根据弯针尖在机针背后与机针的间隙而确定的。在弯针尖从右向左摆动到左针中心线时，拧松螺钉 13，拧动螺钉 14，将弯针尖前后位置调整到与左机针针缺口之间的间隙为 0.1～0.2mm。拧紧螺钉 13 后，确认弯针尖移动到中针中心线时与中针针缺口之间的间隙为 0～0.05mm，如图 6-21 所示。

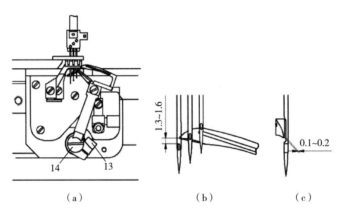

（a）　　　　　　（b）　　　　　　（c）

图 6-21　弯针前后位置调节

三、前、后护针的调节

（一）后护针器的调节

针杆最低时，旋松螺钉 15，把后护针器 16 上下移动，将后护针器棱线 F 调节到右针孔上 1/3 的位置；转动调节后护针器，当弯针尖从右向左摆动到右机针中心线时，让后护针器把右机针向前拨动 0.1～0.2mm，使弯针尖到右机针针缺的间隙为 0～0.05mm；当弯针尖从右向左移动到中机针中心线时，让后护针器与中机针轻微接触，使弯针尖到中机针针缺的间隙为 0～0.05mm。旋松螺钉 17 可以调节后护针器前后方向平移。

（二）前护针板的调节

当弯针尖从右向左摆动并移动到机针后侧时，前护针板同时摆动到机针的前侧，此时前护针板与机针的间隙应考虑使用线的粗细，调节时，拧松前护针螺钉，前护针板可以绕定位销摆动调节，满足间隙的要求后，拧紧前护针螺钉，如图 6-22 所示。

四、送料牙的调节

（一）送料牙高低的调节

转动手轮，在送料牙最高时，旋松螺钉 18 和 19，让送料牙 20 后部的牙尖高出针板上平面

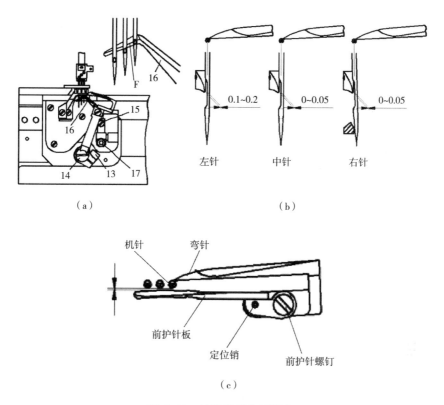

左针　　　　中针　　　　右针

（a）　　　　　　　　　　　　　（b）

机针　　弯针

前护针板

定位销　　前护针螺钉

（c）

图 6-22　护针前后位置调节

0.8~1.0mm，把差动送料牙 21 与送料牙 20 的牙尖调节在"同一面"上。在"同一面"与针板上平面的平行，前高后低、前低后高的调节之前，需略拧紧螺钉 18 和 19，如图 6-23 所示。

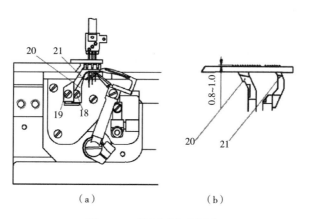

（a）　　　　　　　　　　　　　（b）

图 6-23　送料牙高度调节

（二）送料牙水平的调节

取下橡胶塞 22，旋松螺钉 23。打开侧盖 24，取下橡胶塞 25。把螺丝刀插进孔内转动螺钉 26，调节齿面的倾斜度，可以调节成前高后低或者前低后高，但是齿面与针板面平行是标准的。在转动螺钉 26 时要注意偏心轴不能轴向移动。拧紧螺钉 23，要确认送料牙后部的牙尖高出针板上平面 0.8~1.0mm 后拧紧螺钉 18 和 19，如图 6-24 所示。

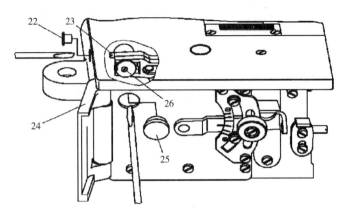

图 6-24 送料牙水平调节

五、绷针的调节

将绷针 27 的下平面到针板 28 的上平面之间的距离调节为 8.3~8.7mm，稍微拧紧螺钉 29、螺钉 30，使绷针 27 和曲柄 33 能够用手转动。转动手轮，绷针左右摆动时绷针钩尖与左针的间隙为 0.5mm，达到最左位置时绷针钩尖到左针中心的距离为 4.5~5.0mm。针夹 32 最低时让过线板 31 与绷针 27 的间隙为 0.5mm，尽量靠近针夹 32 安装，过线钩 34 与过线板 31 的距离为 1mm，并且过线钩 34 线孔位于过线板 31 线槽前端的正前位置。如果绷针移动到最右位置，绷针钩尖没有在过线板长槽右端右侧时，就要调节绷针摆动量，如图 6-25、图 6-26 所示。

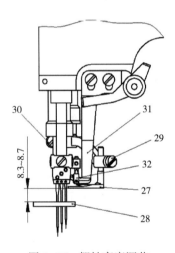

图 6-25 绷针高度调节

打开上盖，拆卸螺钉 35 后挪开小油盘 36，拧松螺母 37，把连杆 38 往下移动稍微固定，绷针摆动量就变大，测量绷针摆动量一般不要超过 17mm。调节绷针与针杆的同步时，旋松两个螺钉 39，让上轴刻线 G 对齐凸轮刻线 H。调节达到要求后拧紧之前旋松的螺钉螺母，如图 6-27 所示。

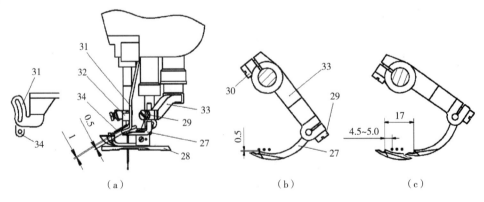

（a）　　　　　　　　　（b）　　　　　　　　　（c）

图 6-26 绷针左右位置调节

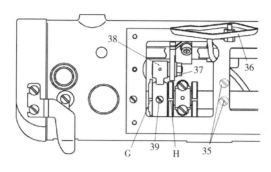

图 6-27　绷针同步调节

六、针线挑线板的调节

在针杆最低时，拧松螺钉 40，使挑线板 42 长度方向的边线呈水平状态；拧松螺钉 41，将挑线板内侧到轴中心的尺寸调节为 75mm。大于 75mm 时针线趋于绷紧；小于 75mm 时针线趋于松弛，如图 6-28 所示。

七、绷线挑线板的调节

绷线挑线板 43 在最高位置时，拧松两个螺钉 45，将绷线过线板 44 的线孔置于绷线挑线板 43 线槽的下端，拧紧两个螺钉 45，如图 6-29 所示。

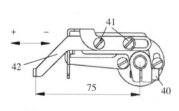

图 6-28　针线挑线板调节

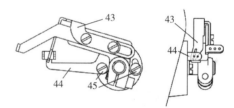

图 6-29　绷线挑线板调节

八、针线过线杆组件的调节

拧松螺钉 46，将针线过线杆组件上下移动，在高于左侧过线孔 7mm 处，将针线过线杆组件放置端正后拧紧螺钉 46，如图 6-30 所示。

过线杆的调整：过线杆向低调整，针线就趋于松弛；过线杆向高调整，针线就趋于绷紧。将里侧过线杆线孔高于安装座上平面 10mm；外侧过线杆线孔高于里侧过线杆线孔 25mm；中间过线杆线孔位于二者中间，过线孔朝左右方向对正后拧紧三个螺钉 47。

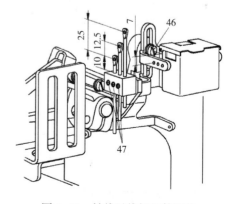

图 6-30　针线过线杆组件调节

九、针线拦线板高度的调节

在针杆最低时,将针线拦线板48的上轮廓面移动到针杆上挑线板线孔的下沿为适度,再向上调针线趋于松弛,线环增大,向下调反之。将针线拦线板48放置端正后,拧紧螺钉49,如图6-31所示。

十、弯针线凸轮及弯针线过线架的调节

让过线架弹出,从过线架50上平面到弯针线拦线板51下边缘的距离调节为:双针5~6mm;三针6~7mm(弯针线凸轮外置的不可调)。调节时,旋松螺钉52,把弯针线拦线板51在上下方向移动。螺钉57在左过线板长槽56中间固定,螺钉59在右过线板58长槽中间固定,确认两个过线孔是正对的。把左右过线板向上调,挑线量就变少;把左右过线板向下调,挑线量就变多。

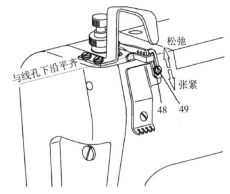

图6-31 针线拦线板高度调节

将两个凸轮螺钉53拧松后稍微拧紧一个,转动手轮,弯针从最左向右摆动过程中,当左机针尖从上向下移动到弯针的2/3处(双针)或者弯针的下边缘(三针),这时,将弯针线凸轮54的最高点调节到位于拦线杆55的上边缘,左右间隙均匀的状态下,拧紧两个凸轮螺钉53,如图6-32所示。

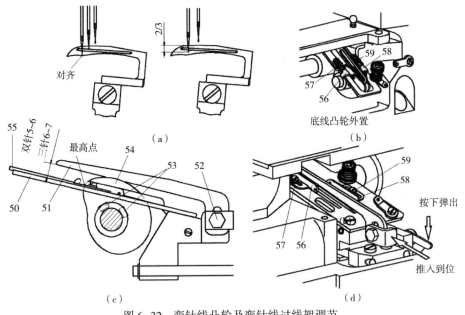

图6-32 弯针线凸轮及弯针线过线架调节

十一、线迹长度的调节

轻微按下按钮,在按钮碰到物体的状态下转动手轮,有个位置按钮会被按得再深一些,这时将手轮上所需线迹长度刻度与机头上的标记对上。用需要缝制的衣料,在差动比调节合适后检查

线迹长度是否满足，再做调节，如图 6-33 所示。

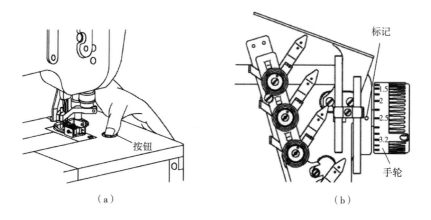

（a）　　　　　　　　　　　（b）

图 6-33　线迹长度调节

十二、差动比的调节

送料牙行程与差动送料牙行程的比值称为差动比。顺差动比值为 1∶1.3，逆差动比值为 1∶0.5。调节时，旋松螺母 60，将杠杆 61 向上（"−"方向）移可以减少差动牙行程得到逆差动；将杠杆 61 向下（"+"方向）移可以增大差动牙行程得到顺差动。锁紧螺母 60 后转动手轮，检查送料牙、差动牙、针板之间是否留有间隙。最后将安全螺钉 62 靠近杠杆 61 后拧紧，如图 6-34 所示。

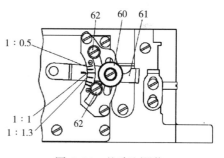

图 6-34　差动比调节

十三、抬压脚高度的调节

压脚抬到最高时，压脚底平面到针板上平面的距离，不同型号的机器要求有所不同，在压脚不碰撞绷针、针柄的条件下尽可能调得高一些。

转动手轮，把送料牙齿面降到针板面以下，向下按杠杆 63，将压脚抬高到符合型号要求的高度。在保持此高度的状态下，调节螺钉 64 的头部能顶住杠杆 63 后，拧紧螺母 65，如图 6-35 所示。

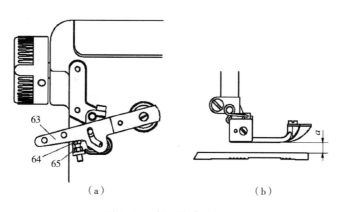

（a）　　　　　　　　　　　（b）

图 6-35　抬压脚高度调节

十四、压脚压力的调节

旋松螺母66，顺时针拧调压螺钉67压脚压力就增大，反之就减小。在送料稳定的条件下，尽量用较小的压脚压力。调节完成后再拧紧螺母66，如图6-36所示。

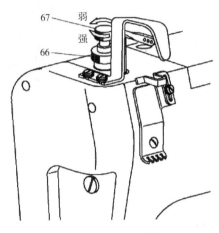

图6-36　压脚压力调节

十五、针线挑线板与针杆同步的调节

通常针线挑线曲柄68与挡圈70之间的间隙为6.5mm。若经过其他调节，针线线环的大小还不能满足要求时，应按下述方法进行调节：旋松针线挑线曲柄68的螺钉69，然后将针线挑线曲柄68做前后移动。若针线线环大，就将针线挑线曲柄68朝操作者一侧稍许移动（间隙大于6.5mm）后，再拧紧螺钉69，针线的线环就会变小，如图6-37所示。

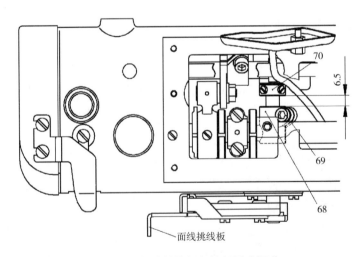

图6-37　针线挑线板与针杆同步调节

十六、穿线方法

应在关闭电源的状态下按照图6-38示意的方法穿线，不正确的穿线可能导致线迹不美观，甚

至跳针和断线。如果有特殊情况，可以参考图中的虚线示意的穿线方法。

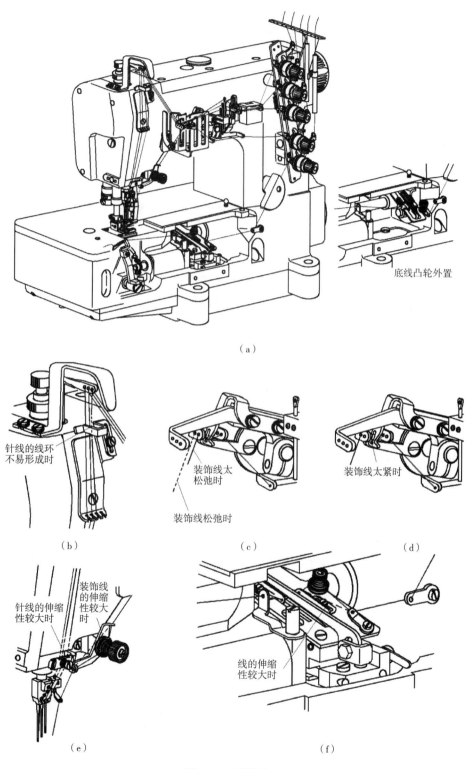

（a）

底线凸轮外置

针线的线环
不易形成时

（b）

装饰线太
松弛时

装饰线松弛时

（c）

装饰线太紧时

（d）

针线的伸缩
性较大时

装饰线
的伸缩
性较大
时

（e）

线的伸缩
性较大时

（f）

图6-38　穿线方法

十七、线张力的调节

线张力根据缝料种类、缝线种类、线迹长度等条件不同需要进行调节。如图6-39所示，顺时针调节旋钮线张力就增大，逆时针调节旋钮线张力就减小。

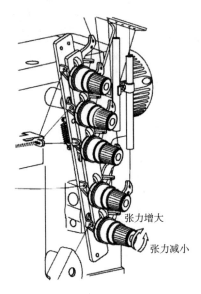

张力增大

张力减小

图 6-39　线张力的调节

思考题

1. 绷缝机的链式线迹有哪些？并简述它们是如何形成的。

2. 绷缝机一般由哪些机构组成？

3. 上轴机构与刺料机构的主要功能有哪些？它们是由什么组成的？

4. 钩线机构的主要功能是什么？它是由什么组成的？

5. 绷针机构的主要功能是什么？它是由什么组成的？

6. 挑线机构的主要功能是什么？挑线机构的分类有哪些？

7. 送料机构的主要功能是什么？它是由什么组成的？

8. 差动送料牙的送料原理是什么？

9. 压脚机构的主要功能是什么？它是由什么组成的？

10. 润滑装置的主要功能是什么？它是由什么组成的？

11. 平台式绷缝缝纫机的机构调节有哪些？分别简述它们是如何完成的。

第七章　平头锁眼机机构分析

第一节　概述

一、平头锁眼机发展

1790 年，英国人托马斯·塞特发明单线单针链式缝纫机后，随着服装生产工序划分更加细致，缝制设备从单一的平缝机发展为功能各异的专业设备，19 世纪 40 年代出现了专门用于服饰中纽孔缝制的机器。

20 世纪 70 年代，日本重机公司设计的 780 系列机械平头锁眼机使该细分机型日趋完善成熟。80 年代，中国上海江湾机械厂对该机型进行国产化后，实现了从无到有的突破。2000 年以后随着缝纫机产业向中国大陆转移，越来越多的缝纫机生产企业在重机 780 系列的基础上进行了优化设计和开发。其中比较有代表性的产品是杰克缝纫机股份有限公司生产的 JK-T781D、JK-T781E、JK-T781G 等机型。

图 7-1　JK-T781D 平头锁眼机

JK-T781D 系列产品为直驱平头锁眼机，采用伺服电动机直接驱动方式，具有自动停车功能，通过脚踩能控制剪线及倒缝功能，使用电磁铁控制打线功能，配有车头 LED 灯，如图 7-1 所示。

JK-T781E、JK-T781G 伺服直驱一体化平头锁眼机主轴采用伺服电动机直接驱动，达到行业领先水平，如图 7-2 所示。

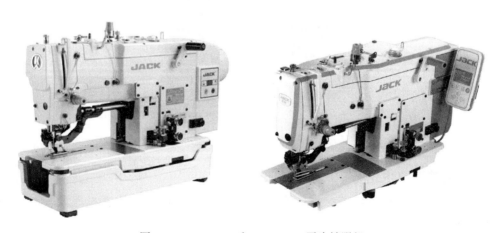

图 7-2　JK-T781E 和 JK-T781G 平头锁眼机

JK-T781G 平头锁眼机在 JK-T781E 的基础上增加了短线头、底线检测、操作屏整体外置、机械式按键，设有面线断线感应、锁眼计数、抬压脚、参数加减键等快捷键图标，操作简单，还配备了 USB 充电端口。针对弹性大的针织面料，开发圆弧压脚和针板，可以使面料压得更牢固，有效地避免了机针刺料时面料上下起伏造成线环不稳定而容易断线的问题，提升了缝纫品质和效率；自动抬压脚等自动化机构，提高了锁眼机的工作效率。

随着自动控制技术的发展，平头锁眼机也逐渐向直驱化、自动化、模块化发展，采用机电一体化技术进行缝纫机中各种执行机构的创新，这是缝纫机创新方向。以重机 1790 和兄弟 800 系列为代表的电脑平头锁眼机的市场份额逐年提升；得益于国产电控成本逐年下降，近年来国内电脑平头锁眼机发展迅猛，其中比较有代表性的产品是杰克缝纫机股份有限公司生产的 JK-T1790B、JK-T1790G，如图 7-3、图 7-4 所示。

图 7-3　JK-T1790B 系列平头锁眼机

图 7-4　JK-T1790G 系列平头锁眼机

二、平头锁眼机术语

1. 锁纽孔缝纫　按纽孔形状分为平头锁纽孔缝纫、圆头锁纽孔缝纫；按线迹形式分为链式线迹、锁式线迹锁纽孔缝纫。

2. 锁纽孔缝纫机　按缝制纽孔形状分为圆头和平头锁纽孔缝纫机；按控制形式分为机械控制和计算机控制锁纽孔缝纫机。

3. 平头纽孔 由锁式线迹缝纫形成的直型纽孔，其纽孔两边分别由两列曲折形锁式线迹组成的横列线缝保护纽孔边，纽孔两端由平头状曲折形锁式线迹组成的加固线缝保护纽孔两端，切刀孔为"一"字形，如图7-5所示。

4. 平线迹 锁式线迹中的面线和底线的交织点位于缝料中间（不可见）的线迹状态，如图7-6（a）所示。

5. 三角线迹 锁式线迹中的面线和底线的交织点位于缝料正面（可见）的线迹状态，如图7-6（b）所示。

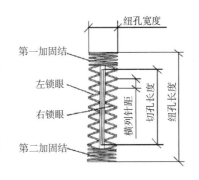

图7-5 平头纽孔

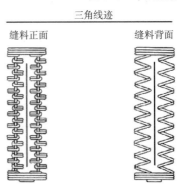

（a）平线迹　　　　　　　　　（b）三角线迹

图7-6 纽孔两种线迹

6. 计算机控制平头锁纽孔缝纫机 采用计算机控制完成多种平头纽孔形式的缝纫机。

7. 切孔长度调节 通过操作面板设定，可改变切孔的长度。

三、代表机型的编号规则

平头锁眼机机型基本上有两种，一种是简易直驱式平头锁眼机781系列产品，另一种是电子平头锁眼机1790系列产品。现以杰克缝纫机股份有限公司的命名规则为例，整理如下。

（一）机械平头锁眼机

杰克缝纫机股份有限公司机械型平头锁眼机系列的命名规则见表7-1。

表7-1 机械型平头锁眼机系列的命名规则

商标代号	种类	型号	特征	适用布料
JK	T	781	D	S
BRC	T	782	E	K
BRC	T	783	G	K

1. 代号含义 JK代表杰克缝纫机股份有限公司；BRC代表杰克缝纫机股份有限公司下属品牌布鲁斯。

2. 种类 T表示特种专用缝制机械。

3. 型号 表示平头锁眼机的缝制范围，见表7-2。

表 7-2   机械型锁眼机的缝制范围

型号	缝制范围/mm
781	22×4
782	33×5
783	40×5

4. 特征   特征含义见表 7-3。

表 7-3   特征含义

特征	含义
D	第二代
E	第三代
G	第四代

5. 适用布料   表示平头锁眼机适用缝制布料的类型。S 表示普通梭织布料，K 表示针织布料。

（二）电子型平头锁眼机

杰克缝纫机股份有限公司电子型平头锁眼机系列的命名规则见表 7-4。

表 7-4   杰克缝纫机股份有限公司电子型平头锁眼机系列的命名规则

商标代号	种类	型号	特征	适用布料	压脚类型	电控类型
JK	T	1790	B	S	1	M
BRC	T	1791	G	K	2	D
BRC	T	1792	G	K	3	D

1. 代号含义   JK 代表杰克缝纫机股份有限公司；BRC 代表杰克缝纫机股份有限公司下属品牌布鲁斯。

2. 种类   T 表示特种专用缝制机械。

3. 型号   表示平头锁眼机的缝制范围，见表 7-5。

表 7-5   电子型平头锁眼机的缝制范围

型号	缝制范围/mm
1790	41×5
1791	70×5
1792	120×5

4. 特征   特征含义见表 7-6。

表 7-6   特征含义

特征	含义
B	第二代

续表

特征	含义
G	第三代

5. 适用布料 表示平头锁眼机适用缝制布料的类型；S 表示普通梭织布料，K 表示针织布料。

6. 压脚类型 压脚类型见表 7-7。

表7-7 压脚类型

压脚类型	含义（mm）
1	普通机型 25×4
2	特殊压脚类型 35×5
3	特殊压脚类型 41×5

7. 电控类型 电控类型表示为机器提供电控方案的厂家代号：M 表示绵阳电控，D 表示大豪电控。

例如：BRC-T1791GS-D 表示杰克缝纫机股份有限公司特种缝制机械，第三代适用于普通布料缝制，使用大豪电控的电子平头锁眼机。

四、平头锁眼机的作用

锁眼机主要适用于缝锁一般薄料和中厚料的纽孔，如服装行业缝锁衬衫、工作服、T 恤衫、针织衫等各种梭织或针织面料服装纽孔，见表 7-8。

表7-8 平头锁眼机缝制对象

普通衬衫		高档衬衫	
T恤类		针织衫	

续表

其 他 场 合	

五、线迹及线迹形成过程

高速平头锁眼机通常能够缝制出两种锁眼线迹，即平线迹和三角线迹，如图 7-7 所示。这两种锁眼线迹从表面上看有所不同，但实质上两者都是双线锁式线迹。图 7-7（a）所示为平线迹，也称锯齿线迹，在服装工艺中也称作粗缝。这种线迹在缝料表面只露面线，缝料反面只露底线。图 7-7（b）所示为三角线迹，也称作倒织线迹，在服装工艺中也称作细缝。这种线迹的面线从线迹的上面穿过，底线从左右两边和面线交织在一起。相比平线迹，三角线迹增加了面线的张力，使缝制出的线迹更加细腻美观。

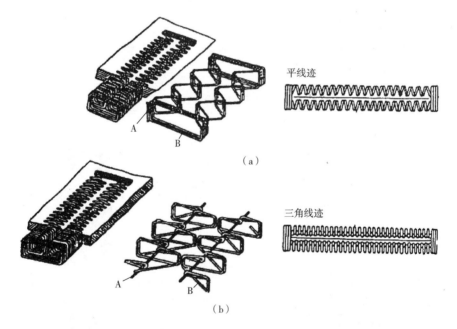

（a）

平线迹

三角线迹

（b）

图 7-7　平头锁眼机线迹结构
A—面线（机针线）　B—底线

平头锁眼机缝制出的锁眼线迹本质上是双线锁式线迹，与平缝机线迹相同，不同的是锁眼线迹要求连续的每个线迹都形成对称的锯齿形花纹。具体的线迹形式如图 7-8 所示。

形成如图 7-8 所示的锯齿形锁式线迹，需要锁眼机在缝制过程中，机针和送料机构之间有相对的前后运动和高频的左右摆动。以平线迹为例将锁眼线迹各节点区分如图 7-9 所示。

图 7-8　锯齿形双线锁式线迹　　　　图 7-9　锁眼线迹针迹示意图

锁眼机开始缝制时，机针在摇杆的带动下左右摆动，布料在送料机构带动下进给一个单位；在机针刺两下的时间内，缝料移动一次。通过这种运动方式形成锯齿形双线锁式线迹。

可以将锁眼线迹的缝制分为五个部分：左锁眼缝制、第一加固结缝制、右锁眼缝制、第二加固结缝制和切刀切布。

（一）左锁眼缝制

缝针从左边的左基准线开始缝制，面剪刀将夹持的面线拉直，机针以距离 d 左右摆动，机针刺两下，缝料向操作者移动一次；在第一个线迹缝制结束后，面剪刀将面线沿着左线迹的中心位置拉直后松开，机针和送料机构重复运动，将面线覆盖后继续缝制直至第一加固缝，缝制长度为 a。

（二）第一加固结缝制

缝针从左边的第一加固结缝点开始缝制，机针的摆动幅度加大至 c，缝料的移动速度降低，机针刺两下，缝料向操作者反向移动一次；机针和送料机构重复运动，直至第一加固缝结束点，缝制长度为 g。

（三）右锁眼缝制

缝针从第一加固结缝结束点开始缝制，机针以距离 d 左右摆动，机针刺两下，缝料向操作者移动一次；机针和送料机构重复运动，缝制直至第二加固缝始点，缝制长度为 a。

（四）第二加固结缝制

缝针从左边的第二加固结缝点开始缝制，机针的摆动幅度加大至 c，缝料的移动速度降低，机针刺两下，缝料向操作者移动一次；机针和送料机构重复运动，直至第二加固结缝结束点，也即左基准线位置。

（五）切刀切布

第二加固结缝制过程中，由主轴带动的偏心轮通过一套四杆机构带动切刀杆向下运动，完成切刀切布的过程。

由于第一加固结所处位置的受力较大，为了保证锁眼的牢固，第一加固结的长度长于第二加固结。通常，第一加固结占纽孔总针数的 3.5%，第二加固结占纽孔总针数的 2.5%。

相比其他缝制机械，平头锁眼机的针杆需要高频摆动，需要设置自动面线剪刀和自动切刀机构。因此，平头锁眼机机械结构比较复杂。随着工业自动化水平的不断提高，出现了电子平头锁眼机。这种锁眼机采电动机独立驱动摆杆摆动、电动机抬压底面线剪线，电动机切刀切布、电动机送料、电子夹线等用结构简单的四杆机构替换了原有的复杂的机械机构，大幅地降低了平头锁眼机的结构复杂度。但由于采用了更多的独立电动机，增加了缝纫机的造价。此外，由于各机构之间的配合运动要靠控制系统实现，增加了控制系统的复杂度。

电子平头锁眼机采用独立电动机实现锁眼机各部分驱动；各机构运动之间没有机械连接关系，各执行机构运动没有相互干扰，机构运动更加稳定。相比机械平头锁眼机，电子平头锁眼机的线迹更加规则美观，运行更加稳定，不易发生断线、跳线等故障。

第二节　整机构成

平头锁眼机的双线锁式线迹比一般缝纫机的线迹复杂。其基本结构也比普通缝纫机复杂很多。JK-T781 系列平头锁眼机的基本结构示意图如图 7-10 所示。平头锁眼机的线迹形成过程是机器各个机构配合工作的过程。JK-T781 系列平头锁眼机以主轴传动为主，步进电动机传动为辅，主要由刺料机构、针杆摆动变位机构、挑线机构、钩线机构、送料机构、抬压脚机构、过线装置、面剪线机构、下剪线机构和切刀机构等部分组成。刺料机构、挑线机构、钩线机构、送料机构和过线装置配合形成传统的锁式线迹；针杆摆动变位机构、送料机构和抬压脚机构配合，使锁眼机在缝制锁式线迹过程中，布料相对针杆有高速的左右摆动和前后运动；面剪线机构和下剪线机构

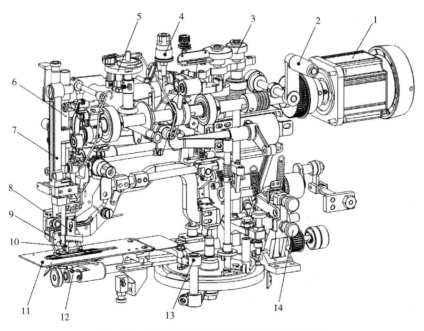

图 7-10　JK-T781 系列平头锁眼机整机结构图

1—主轴电动机　2—手动送料机构　3—纽孔针数变换装置　4—夹线器　5—绕线轮装置

6—针杆机构　7—针杆摆动机构　8—切刀机构　9—压脚机构　10—面剪刀机构

11—针板　12—钩线机构　13—送料机构　14—针杆摆动变位机构

是在纽孔缝制结束后剪断面线和底线，为下次锁眼缝制做准备；切刀机构将缝制好的纽孔切开，完成纽孔的制作。

JK-T781 系列平头锁眼机的刺料机构主要由针杆机构和针杆摆动变位机构两个部分组成。针杆机构采用传统的中心式曲柄滑块机构，由主轴电动机驱动，实现针杆的上下运动；针杆摆动变位机构则由一套复杂的连杆机构和凸轮机构组成，凸轮机构在主轴电动机的带动下连续转动，配合调节变位机构驱动连杆摆动，进而带动针杆横向高速摆动。

JK-T781 系列平头锁眼机的送料机构是由一套凸轮连杆机构组成，工作时，主轴电动机通过齿轮系带动位于底部的送料凸轮转动；送料板通过连杆机构与凸轮机构连接，当送料凸轮转动时，送料板就按照预设的运动轨迹前后运动。平头锁眼机的压脚机构与送料机构是铰接在一起的，工作时，压脚机构配合送料机构带动布料前后运动，配合针杆运动实现锁眼线迹。钩线机构则是由主轴通过同步带带动下轴，使固定在下轴上的旋梭以两倍的主轴转速转动，配合针杆实现钩线。平头锁眼机的挑线机构与普通平缝机基本相同，都是由主轴带动的一套连杆机构实现挑线。挑线杆加上附装在机壳上的绕线环和挑线簧等机构组成平头锁眼机的挑线机构。上剪线机构由面剪线轴的运动配合固定在切刀架上的轨道驱动。面剪线轴的运动包括：由步进电动机通过连杆与凸轮驱动的前后运动；由切刀架上的凸轮配合前后运动驱动的旋转运动。下剪线机构由送料凸轮通过一套连杆机构驱动动剪刀相对于定刀移动；切刀机构由主轴电动机通过偏心连杆机构驱动切刀杆上下运动，在锁眼即将结束前实现切布；为了避免切刀和针杆或面剪刀运动冲突，在机头部分设有一个由面线驱动的切刀限位机构，控制切刀的启动。抬压脚机构由两个运动合成：由步进电动机通过一套连杆机构带动压脚杆推动压脚架上下移动；由送料机构驱动压脚架随着送料托板前后运动。润滑机构的目的是将油盘中的润滑油带到运动部件处，使机器灵活地运转。

传统的 JK-T781 系列平头锁眼机采用机械方式实现各机构间的配合。这种方式成本低，易于维护。但纯机械型平头锁眼机的结构复杂，制造和装配困难；各机构间相互影响，缝制效果较差。

为解决这一问题，研发人员在经典的 JK-T781 系列机械型平头锁眼机的基础上研制了 JK-T1790 系列电子型平头锁眼机，该系列机型采用独立动力源驱动机构，通过电控程序的设计实现各个机构在时间上的配合，允许操作人员调节改变特定机构的各种运动参数。相比传统的纯机械型平头锁眼机，电子型平头锁眼机使操作人员可以对机器进行更细致的调节和控制，使缝制效果达到更高的水平。图 7-11 为 JK-T1790 系列电子平头锁眼机的结构简图。

JK-T1790 系列电子平头锁眼机与 JK-T781 系列机械平头锁眼机同样具有刺料机构、针杆摆动变位机构、挑线机构、钩线机构、送料机构、抬压脚机构、过线装置、面剪线机构、下剪线机构和切刀机构等部分。电子平头锁眼机的针杆摆动变位机构是由一个独立步进电动机驱动，使针杆在刺料时同时摆动。因为采用步进电动机驱动针杆摆动变位机构，所以通过调节电动机参数就可以方便地调节针杆摆幅以及变位时机。电子平头锁眼机由设置的步进电动机驱动，通过一套连杆机构驱动，可以通过调节控制参数调节送料过程。电子平头锁眼机的面剪线机构和下剪线机构都由独立的步进电动机通过凸轮连杆机构驱动；一方面降低了结构复杂度，减少了组成剪线机构的零件数量，便于装配制造；另一方面由于可以方便地调节驱动电动机参数，降低了剪线机构的调试难度。过线装置中的夹线器和切刀机构都采用电磁铁驱动；通过电磁铁驱动夹线器的夹线力度，可以方便地控制夹线器的压力，进而控制面线张力。

综上所述，JK-T1790 系列电子平头锁眼机采用独立动力源驱动各个机构，通过电控程序的设计实现各个机构在时序上的配合，允许操作人员通过调节改变特定机构的各种运动参数。1790 系列电子平头锁眼机的整体结构简单，易于装配制造；操作方便，缝制线迹均匀美观。

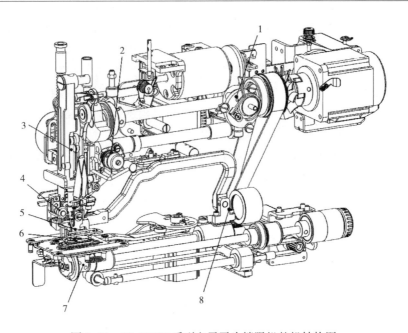

图 7-11　JK-T1790 系列电子平头锁眼机整机结构图

1—绕线轮机构　2—夹线器　3—针杆机构　4—压脚机构　5—切刀机构

6—剪刀机构　7—钩线机构　8—送料机构

第三节　主要机构及其工作原理

平头锁眼机主要机构包括针杆机构、针杆摆动机构、挑线机构、送料及抬压机构、钩线机构。

一、针杆机构

平头锁眼机的针杆机构主要由针杆曲柄、针杆曲柄连杆及针杆连接柱组成的四杆机构、上轴和电动机组成。工作时，电动机带动上轴转动；上轴带动由针杆曲柄、针杆曲柄连杆及针杆组成的曲柄滑块机构，使针杆沿着针杆架轨道上下运动，配合旋梭钩线完成锁式线迹的形成。结构如图 7-12 所示。

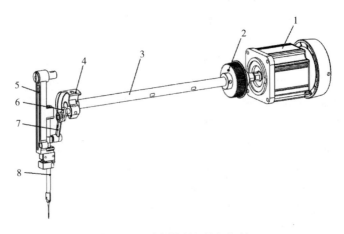

图 7-12　平头锁眼机针杆机构

1—主轴电动机　2—上轴同步带轮　3—上轴　4—偏心平衡块　5—针杆架　6—针杆曲柄　7—针杆曲柄连杆　8—针杆

如图 7-12 所示，主轴电动机通过联轴器与上轴连接；上轴与偏心平衡块通过螺钉锁在一起；针杆曲柄与偏心平衡块铰接在一起；针杆曲柄连杆的一端与针杆曲柄铰接，另一端与针杆铰接；针杆架的一端铰接在机壳上，针杆可以在针杆架中滑动。分析机构绘制针杆机构简图，如图 7-13 所示。

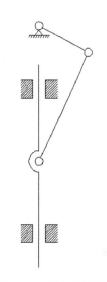

分析图 7-13 可知，锁眼机的针杆机构和平缝机等机型的针杆机构基本一致，都是由主轴电动机通过驱动曲柄滑块机构，实现针杆的上下运动。锁眼机针杆机构与平缝机也存在不同。锁眼机针杆机构中针杆是铰接在机壳的针杆架中滑动；平缝机的针杆则是直接在固定在机壳上的滑轨中滑动。之所以存在这样的差别，主要是为了实现锁眼线迹，要求针杆相对于布料左右摆动，即要求针杆左右摆动。因此平头锁眼机设置了针杆架，针杆架的一端铰接在机壳上，另一端由一套复杂的针杆摆动机构驱动。工作时，针杆摆动变位机构驱动针杆架摆动；针杆由主轴驱动在针杆架中滑动；此时，针杆就同时具有上下运动和左右摆动，配合送料机构，完成锁眼线迹的缝制。

二、针杆摆动机构

平头锁眼机是由送料动作和针杆的摆动及变位来实现扣眼的形状和线迹。针杆摆动机构是平头锁眼机的重要组成部分。平头锁眼机的针杆在运动时，不仅需要上下运动，也需要横向摆动。针杆的上下运动直接由主轴电动机通过主轴驱动曲柄滑块机构，使针杆上下运动；针杆在左右摆动的针杆架上，使针杆实现左右摆动。

图 7-13 平头锁眼机针杆机构示意图

针杆架的摆动形式共有两种，即直摆型和斜摆型。两种摆动形式各有优点，直摆型针杆横向平动比较稳定，但磨损和惯性较大；斜摆型磨损和惯性较小，对高速运转有利，但运行不稳定。JK-T781 系列机械平头锁眼机和 JK-T1790 系列电子平头锁眼机都属于直摆型。

在实现针杆左右摆动的机构中，JK-T781 系列机械平头锁眼机通过机械机构将主轴动力传递至针杆摆动机构，推动针杆架左右摆动。JK-T1790 系列电子平头锁眼机为针杆摆动机构设置了独立的驱动电动机，直接驱动简单的四杆机构，推动针杆架左右摆动。

JK-T781 系列机械平头锁眼机的针杆摆动机构由一套复杂的凸轮连杆机构组成。工作时，固定在主轴的同步带带动下轴转动，同样固定在旋梭轴上的斜齿轮将动力传递给凸轮组件，凸轮旋转驱动针杆摇杆摆动，通过摇杆轴组件将摆动传递给一套曲柄滑块机构，从而带动针杆架摆动。

工作时，针杆架的摆动发生在上一次退出缝料之后到下一次刺入缝料之前。这段时间针杆与缝料之间不接触，摆动阻力小；机针刺入缝料后，针杆架需停止摆动，防止机针拖动布料，且有利于旋梭钩线。锁眼机实际工作时，为了使旋梭钩线更加稳定，一般会在刺入缝料前的一段时间就停止摆动，使针杆提前处在一个稳定的状态。

针杆摆动机构如图 7-14 所示，大同步带轮直接固定在主轴上；主轴电动机可以直接带动大同步带轮转动；针杆架一端通过一个定位销铰接在机壳上，另一端与摇杆轴曲柄铰接；针杆在针杆架中滑动；小同步带轮和小齿轮都固定在下轴上；通过同步带，主轴电动机可以将动力传递至下轴，带动小齿轮转动，为针杆摆动机构提供动力；大齿轮和针杆摆动驱动凸轮固定在一起；针杆摆动驱动摇杆由轴心定位销和定位托板定位至针杆摆动驱动凸轮同一平面；摇杆连接杆一端与摇杆轴固定在一起，另一端和针杆摆动驱动摇杆铰接在一起。

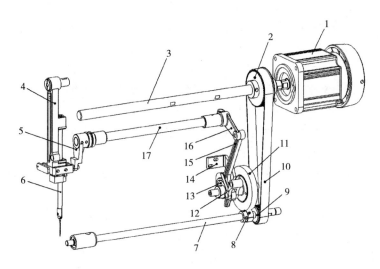

图 7-14　JK-T781 系列针杆摆动机构

1—主轴电动机　2—大同步带轮　3—主轴　4—针杆架　5—摇杆轴曲柄　6—针杆　7—下轴　8—小齿轮
9—销同步带轮　10—同步带　11—大齿轮　12—叉型连杆Ⅱ　13—针杆摆动驱动凸轮　14—定位托板
15—针杆摆动驱动摇杆　16—摇杆连接杆　17—摇杆轴

分析机械平头锁眼机针杆摆动机构，得到如图 7-15 所示机构简图。

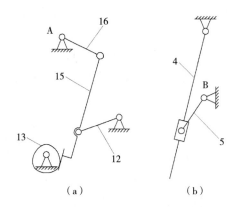

（a）　　　　　　　　　　（b）

图 7-15　JK-T781 系列针杆摆动机构简图

　　如图 7-15 所示，当主轴电动机工作时，通过同步带将动力传递至下轴，并带动小齿轮转动，进而带动大齿轮转动；针杆摆动驱动凸轮随大齿轮一起转动，并通过驱动针杆摆动驱动摇杆和摇杆连接杆，使摇杆轴按一定运动规律往复转动；继而通过摇杆轴曲柄的摆动，使针杆架往复摆动。

　　针杆摆动机构和针杆机构使针杆可以在上下运动的同时左右摆动，配合送料机构实现锁眼缝制。分析锁式线迹形成原理可知，针杆在刺入布料之后不可以继续摆动，一方面会影响旋梭钩线，另一方面机针也会拖动布料，影响线迹外观。因此，针杆摆动机构必须在机针即将刺入布料之前就停止摆动，直到机针离开布料再重新摆动。如图 7-16 所示，针杆摆动驱动凸轮是由 6 段圆弧组成的，这 6 段圆弧分别以 A、B 和 C 三点为圆心的。工作时，凸轮以 A 点为转动中心。

　　分析 JK-T781 系列针杆摆动机构示意图，绘制针杆摆动机构简图，如图 7-17 所示。分析机

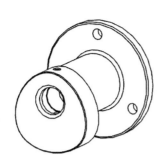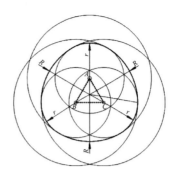

图 7-16 针杆摆动驱动凸轮

构简图可知：针杆摆动机构是由一套凸轮摆杆机构和一套四杆机构组成。工作时，针杆摆动驱动凸轮转动，凸轮驱动摇杆摆动；四杆机构由连杆驱动，摇杆连接杆摆动。由针杆摆动机构组成可知，摇杆连接杆与摇杆轴固定在一起，所以摇杆轴会随摇杆连接杆摆动往复转动。摇杆轴曲柄与摇杆轴固定在一起，也会随之摆动。

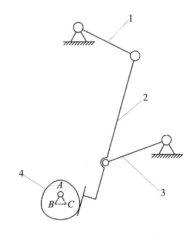

图 7-17 针杆摆动机构简图

1—摇杆连接杆 2—针杆摆动驱动摇杆 3—叉型连杆Ⅱ 4—针杆摆动驱动凸轮

分析机构可知，针杆摆动驱动凸轮和针杆摆动驱动摇杆相切的位置不同时，机构的状态不同。当凸轮与摇杆接触点位于以 A 点为圆心的圆弧上时，摇杆相对于凸轮转动中心距不会改变，针杆摆动机构就不会被驱动，摇杆轴曲柄也停止摆动。

当凸轮与摇杆的接触点是位于以 B 或 C 点为圆心的圆弧上时，组成针杆摆动机构的凸轮机构可以简化为一个曲柄滑块机构，进而将针杆摆动机构转化为如图 7-18 所示的针杆摆动等效机构简图。

分析图 7-14 针杆摆动机构图可知：摇杆连接杆、摇杆轴和摇杆曲柄是固定在一起的。摇杆连接杆摆动即可带动摇杆曲柄摆动，且两者摆动方向相同。摇杆曲柄通过一套曲柄滑块机构驱动针杆架摆动。绘制针杆架摆动驱动机构简图如图 7-19 所示。

分析图 7-19 可知，针杆架摆动驱动机构是由摇杆轴曲柄、针杆架和连接的滑块组成的曲柄滑块机构。摇杆连接杆与 x 轴正向之角增加时，连杆逆时针运动；反之，摇杆连接杆顺时针转动。摇杆轴曲柄与摇杆连接杆的摆动一致。

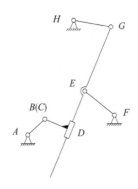

图7-18　针杆摆动等效机构简图

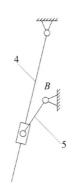

图7-19　针杆架摆动驱动机构简图

经过分析计算可知：针杆摆动驱动凸轮的转动角度在0~60°之间时，摇杆轴曲柄静止，针杆架不摆动；在60°~180°之间时，摇杆轴曲柄逆时针摆动，针杆架向左侧运动，凸轮转动至180°时达到最左端，并停止运动；在180°~240°之间时，摇杆轴曲柄静止，针杆架不摆动；在240°~360°之间时，摇杆轴曲柄顺时针摆动，针杆架向右侧运动，凸轮转动至360°时达到最右端，并停止运动，开始下一轮循环。由此可得到凸轮转动与针杆架摆动的关系如图7-20所示。

相比 JK-T781 系列机械平头锁眼机，JK-T1790 系列电子平头锁眼机的结构较为简单，主要由一个针杆摆动电动机、一套四杆机构和曲柄滑块机构组成，如图 7-21 所示。

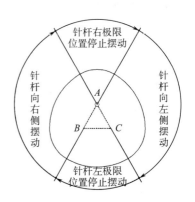

图7-20　凸轮与针杆架摆动状态关系

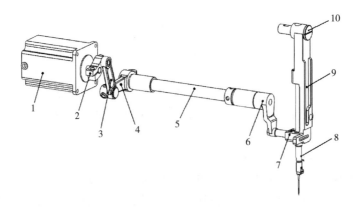

图7-21　JK-T1790 系列电子平头锁眼机针杆摆动机构

1—针杆摆动电动机　2—摆动曲柄　3—摆轴连杆　4—摆动摇杆　5—摆轴　6—摆轴曲柄

7—滑块　8—针杆　9—针杆架　10—针杆架连接销

JK-T1790 系列电子平头锁眼机工作时，针杆一方面在主轴电动机的带动下上下运动，另一方面也会随着针杆架左右摆动。如图 7-21 所示，针杆架通过滑块和摆轴曲柄连接，其工作原理与 JK-T781 系列机械型平头锁眼机的工作原理相同；摆动摇杆、摆轴和摆轴曲柄固结在一起。摆动曲柄、摆轴连杆和摆动摇杆组成四杆机构。根据图 7-21 绘制针杆摆动机构简图，如图 7-22 所示。

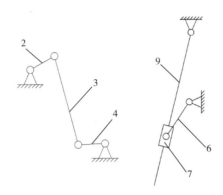

图 7-22 电子平头锁眼机针杆摆动机构简图

结合图 7-21 及图 7-22 可知，针杆摆动机构工作时，针杆摆动电动机驱动摆动曲柄摆动，通过四杆机构驱动摆动摇杆摆动，进而使摆轴往复转动；摆轴曲柄随摆轴左右摆动，进而驱动针杆架左右摆动。

由锁眼线迹的形成原理可知 JK-T1790 系列电子锁眼机也需要在针杆刺入缝料后停止摆动。但与 JK-T781 系列机械平头锁眼机不同，电子平头锁眼机是通过控制程序中提前设定控制变量，来控制开始和停止摆动的时机。

JK-T781 系列机械平头锁眼机通过一套巧妙的机械机构将主轴的动力传递至针杆摆动机构，实现针杆的横向摆动。JK-T1790 系列电子平头锁眼机通过设置一个独立电动机驱动一套简单的四杆机构实现针杆的摆动。相比之下，JK-T781 系列平头锁眼机的针杆摆动机构稳定性高，控制程序简单，造价便宜；但是其结构复杂度高，制造和装配的难度大，调试困难，线迹较差。JK-T1790 系列电子平头锁眼机的针杆摆动机构结构简单，调试简单，线迹均匀美观；但是其控制程序复杂，造价较高。

三、针杆摆动变位机构

为了形成锁眼线迹，针杆不仅需要上下运动，还需要左右运动。但在纽孔的实际缝制时，由纽孔的完成结构可知，针杆的摆动宽度和摆动位置是随着纽孔缝制的不同位置而变化的。

由锁眼线迹原理可知：纽孔的缝制共有四种形式，包括左锁眼缝制、第一加固结缝制、右锁眼缝制、第二加固结缝制。单一形式的摆动无法形成完整的纽孔缝制；为此，针杆摆动机构需要配合针杆摆动变位机构实现针杆摆动形式的变换，完成整个纽孔的缝制。

JK-T781 系列机械平头锁眼机的针杆摆动变位机构采用机械机构配合针杆摆动机构完成针杆的摆动幅度和位置的变化。其具体结构如图 7-23 所示。

如图 7-23 所示，针杆摆动变位机构由主轴电动机驱动；主轴上的动力通过蜗轮蜗杆齿轮组传递至针数齿轮组的主动齿轮上；经针数齿轮组调节转速，使送料凸轮传动蜗轮轴按照主轴转速一定的比例进行转动；再经由送料凸轮齿轮组驱动送料凸轮转动。针杆摆动变位机构就是由送料凸轮驱动的。针杆摇杆机构与针杆摆动变位机构链接在一起。工作时，送料凸轮驱动针杆摆动变位机构，改变针杆摆动机构的工作位置，进而改变针杆架的摆动幅度和位置。针杆摆动变位机构示意图如图 7-24 所示。

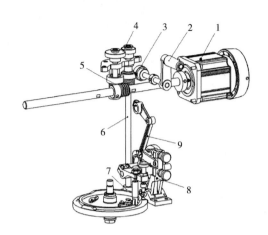 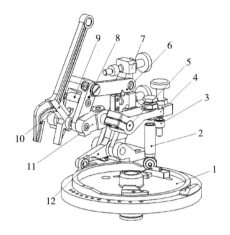

图 7-23 针杆摆动变位机构整体示意图

1—主轴电动机 2—手摇曲柄 3—手摇曲柄齿轮组
4—针数齿轮组 5—蜗轮蜗杆齿轮组
6—送料凸轮传动轴 7—送料凸轮齿轮组
8—针杆摆动变位机构 9—针杆摇杆机构

图 7-24 针杆摆动变位机构

1—送料凸轮 2—离合杆 3—限位顶块
4—复位杆 5—针摆复位轴 6—调节杆连接板
7—调节叉杆 8—叉形连杆 Ⅰ 9—叉形连杆 Ⅱ
10—针杆驱动摇杆 11—轴承座 12—指示曲柄

分析图 7-24 可知，针杆摆动变位机构实际上是由送料凸轮和五杆机构组成。工作时，送料凸轮转动驱动五杆机构转动至特定位置。五杆机构通过叉形连杆 Ⅱ 和针杆摆动机构连接在一起。五杆机构的位置改变后，针杆摆动机构的摆动状态也就改变了，通过这种方式实现针杆摆动的位置和幅度的改变。根据图 7-24 绘制针杆摆动变位机构的机构简图如图 7-25 所示。

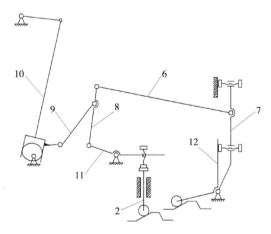

图 7-25 针杆摆动变位机构简图

如图 7-25 所示，针杆摆动变位机构本质上是由凸轮驱动的五杆机构组成；通过连杆和针杆摆动机构链接。凸轮的转动位置不同时，五杆机构的位置通过连杆改变了针杆摆动机构的摆动状态，进而改变针杆摆动的位置和幅度。

如前所述，针杆摆动变位机构是配合针杆摆动机构，共同完成针杆摆动的调节，完成纽孔缝制的四个阶段。在不同的缝制阶段，针杆的摆动幅度和位置都是不同的。针杆摆动变位机构与锁眼线迹的对应情况如图 7-26 所示。

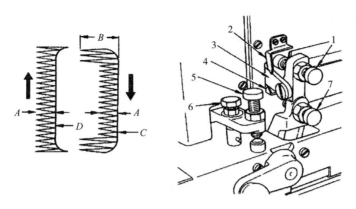

图 7-26　针杆摆动变位机构与纽孔眼线迹对应关系

如图 7-26 所示，A 表示在左右锁眼缝制时，针杆的摆动宽度；B 表示上下加固缝制时，针杆的摆动宽度；C 表示右锁眼缝制时，针杆摆动至最右侧时的位置；D 表示左锁眼缝制时，针杆摆动至最右侧时的位置。

调节螺栓 1 对应的是左右锁眼缝制宽度 A；调节螺栓 7 对应的是加固缝宽度 B；调节螺栓 5 对应的是右锁眼缝制时，针杆摆动至最右侧时的位置 C；调节螺栓 6 对应的是左锁眼缝制时，针杆摆动至最右侧时的位置 D。

JK-T781 系列机械平头锁眼机的针杆摆动变位机构巧妙地利用送料凸轮的特点，通过一套复杂的连杆机构改变针杆摆动的位置和幅度。这种机械方式运行稳定，但是其结构过于复杂，增加了装配调试的难度。

JK-T1790 系列电子平头锁眼机的针杆摆动变位不依靠机械结构实现，是通过电子控制方式直接控制针杆的摆动幅度和位置。也可以说，电子平头锁眼机没有针杆摆动变位机构，只有针杆摆动机构。

四、挑线机构

挑线机构的主要作用是向机针和旋梭输送面线，并使面线线环脱离旋梭组件，然后将缝料中已形成的线迹抽紧，并从线团上拉出一定长度的面线，以便形成下一线迹。

挑线机构的性能会直接影响线迹的形成效果，影响锁眼机的缝纫性能。在形成不同线迹的不同阶段，线量是不同的。而面线线量的多少，是由挑线机构的特性决定的。当挑线杆的供线量和收线量完全符合线迹形成的需要时，能够得到美观整齐的线迹。

平头锁眼机的挑线机构如图 7-27 所示。主轴电动机 1 通过主轴带动偏心平衡块 4 转动；挑线杆 2、挑线连杆 3 和偏心平衡块 4 组成一个四杆机构。挑线杆相当于四杆机构中的连杆。挑线孔是位于连杆上的一点。缝制开始后，主轴在主轴电动机的带动下转动；固定在主轴上的平衡块也随之转动，进而带动挑线机构使挑线孔按一定运动规律运动。

纽孔线迹的缝制是锁眼机各个机构之间配合运动的结果。在提线、抽线的过程中，挑线机构还需要有夹线器的配合才能完成相应的功能。夹线器会直接影响锁眼的质量。如果在线的上端没有夹线器对线加上一定的压力，线就根本无法抽紧。

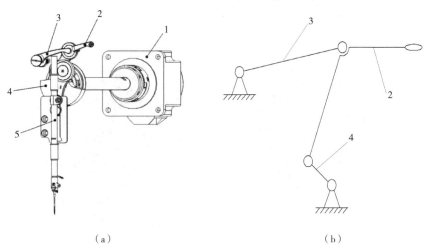

（a） （b）

图 7-27 平头锁眼机挑线机构

1—主轴电动机 2—挑线杆 3—挑线连杆 4—偏心平衡块 5—针杆

挑线杆的工作周期是：70°～210°下降送线给机针，配合机针引线的需要。210°～305°挑线杆送线给旋梭。305°～320°，挑线杆缓慢提升；320°～20°，挑线杆急剧上升，同时将线从旋梭中抽出。20°～45°，挑线杆收紧线迹。45°～70°，挑线杆继续上升，并在线团上抽出一定长度的线，以便形成下一个线迹。

挑线机构是锁眼机形成锁眼线迹重要组成部分，直接影响锁眼的质量和外观。挑线机构需与松线、夹线机构配合完成送线和抽线的功能。

五、送料及抬压机构

送料机构在机针的下方进行周期地或连续地移动缝料，配合刺料机构和钩线机构形成相应的线迹。其主要功能是在缝制过程中，推送缝料移动。在刺料和钩线的动作过程中，按齿轮速比，不间断地带动缝料移动，形成对应的针距。

平头锁眼机的送料机构通常包含送料托板机构和压脚机构；压脚机构将缝料压紧在送料托板上，并带动缝料运动。送料机构通常只有前后直线运动，但是也存在同时具有前后和左右运动的送料机构。当送料机构只存在前后运动时，就需要针杆在刺料时同时进行上下和左右运动，即扣眼横列线迹需要靠变动针杆位置来形成。

JK-T781 系列锁眼机的送料方式属于托架式自动送料。送料时要求压脚将缝料压紧在送料托板上，以使缝料不发生松动滑移现象。平头锁眼机的送料托板是一个有矩形缺口的矩形金属板。为了保证送料时，缝料不会在送料托板上滑动，常在托板上设有齿纹。平头锁眼机的压脚需要对缝料在各个方向上都有足够的压力，使其不会在扣眼缝制时出现前后或左右移动。为此，锁眼机的压脚通常为一个长方框形压脚，并在压脚的底面设有齿纹或涩性物质。除此之外，通常将送料托板上的针口和刀口部分上凸起来，与压脚配合压紧缝料。这种布置方式一方面可以有效地增加压脚压料的压力；另一方面可以使缝料在压脚下面绷紧。既有利于线迹的形成，减少故障率，又可以使扣眼线迹均匀美观。图 7-28 所示为 JK-T781 系列锁眼机送料机构简图。

如图 7-28 所示，主轴电动机蜗轮蜗杆机构，将动力传递至针数齿轮组 2，进而带动送料凸轮 11 转动；送料臂 10 一端在送料凸轮的轨道中运行，带动调节送料长度刻度盘 9 摆动；送料拖板

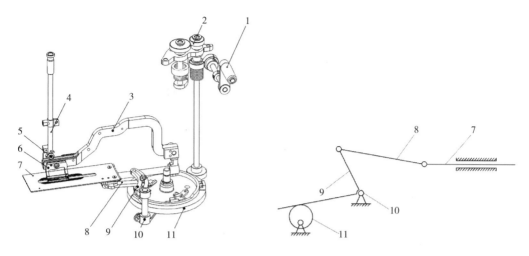

图 7-28　JK-T781 系列锁眼机送料机构

1—手柄装置　2—针数齿轮组　3—布料夹支架　4—压脚轴　5—滑动滚轮　6—压脚板座
7—送料拖板　8—压脚臂支架　9—调节送料长度刻度盘　10—送料臂　11—送料凸轮

7、压脚臂支架 8 和带动调节送料长度刻度盘 9 组成一套曲柄滑块机构；当调节送料长度刻度盘摆动时，送料拖板 7 前后移动，实现缝料的前后输送；压脚板座 6 固定在布料夹支架 3 上；缝料夹支架 3 与送料拖板 7 铰接；工作时压脚轴 4 压紧缝料夹支架，通过压脚板座将缝料压紧在送料拖板上，使其随之前后运动。通过这种方式，压脚机构和送料托板机构可以同时前后运动。JK-T781 系列平头锁眼机的送料机构主要包含两大部分：送料板机构和压脚机构。两套机构通过压杆臂滑杆连接在一起，同时前后运动。在压脚升降的过程中，压脚滚轮的作用有两方面：一是因为压脚架升降时是绕定轴转动，因此，在水平方向上必须与压脚滚轮产生相对位移，采用滚轮可以减少两者相对运动的摩擦阻力，使压脚架能顺利地抬起放下；二是采用滚轮可以稳定地保持压力的传递，同时也可以保证压脚架的横向方向上没有位移。

　　另外，在锁眼机工作故障时，需要手动送料。JK-T781 系列平头锁眼机设置有一套齿轮机构用于手动送料。如图 7-28 所示，手摇曲柄左齿轮固定在送料凸轮蜗轮轴上；手摇曲柄右齿轮固定在手摇曲柄轴上；手摇曲柄固定在手摇曲柄轴上；手柄套置在手摇曲柄上。在锁眼机停止工作时，转动手摇曲柄，即可通过手摇曲柄齿轮组，直接驱动送料蜗轮轴转动，进而驱动送料凸轮转动，使送料拖板前后运动。

　　JK-T1790 系列平头电子锁眼机的送料机构与 JK-T781 系列平头锁眼机不同，采用单独电动机控制压脚的升降；步进电动机通过齿轮组驱动压脚升降板，并通过连杆将动力传递给压脚杆，使压脚杆可以在套筒中竖直运动；压脚杆上套置的压脚弹簧使压脚杆一直有向下运动的趋势；当锁眼机开始缝制时，压脚杆在压脚弹簧的作用与送料托板配合压紧缝料；当缝制结束需要拿出缝料时，步进电动机动作将压脚杆拉起，从而抬起压脚板。

　　JK-T1790 系列平头电子锁眼机送料机构的结构示意图如图 7-29 所示。分析图 7-29，绘制送料机构简图如图 7-30 所示。

　　如图 7-29 所示，抬压脚步进电动机 10 固定在机壳上；压脚升降板 9 由步进电动机带动，驱动压脚升降拉杆 8；压脚杆 4、压脚杆滑槽 5 和压脚连接三角板组成一套曲柄滑块机构；当压脚升降拉杆移动时，驱动压脚杆 4 向上运动。

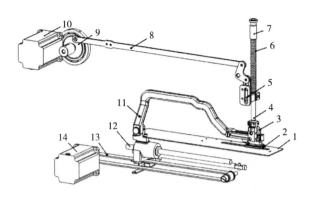

图 7-29 JK-T1790 系列平头锁眼机抬压与送料机构

1—送料板 2—压脚板座 3—滑轮 4—压脚杆 5—压脚杆滑槽 6—压脚杆弹簧 7—调节螺母 8—压脚升降拉杆
9—压脚升降板 10—抬压脚步进电动机 11—压脚支架 12—送料支架 13—送料同步带 14—送料步进电动机

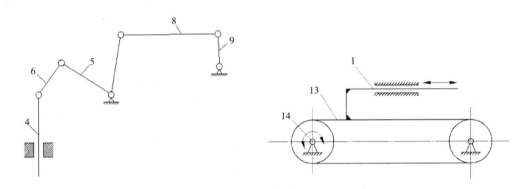

图 7-30 JK-T1790 系列平头锁眼机送料及压脚机构简图

缝制时，压脚杆 4 在弹簧的作用下向下运动；缝制结束时，步进电动机驱动压脚升降拉杆，使压脚杆 4 及压脚杆弹簧 6 向上运动。

送料步进电动机 14 带动同步带 13 运动；压脚支架 11 与送料支架 12 铰接；送料支架固定在同步带上，随其运动。缝制时，送料电动机运动带动同步带运动，进而带动压脚支架 11 前后运动；配合抬压脚机构，使缝料前后运动。

在锁眼机缝制时，送料板和压脚板需要同时前后运动。JK-T1790 系列电子锁眼机是通过将压脚支架与送料板同时固定在送料支架上，保证压脚机构和送料板可以同时前后运动。

六、钩线机构

钩线机构则是由主轴通过同步带带动下轴，使固定在下轴上的旋梭以两倍的主轴转速转动，配合针杆实现钩线。

（1）针杆从最下点 2.5mm（S：标准）、3.0mm（K：针织）上升时，梭钩和针中心一致时，从针孔上端到梭钩是 1.6~1.8mm（针板孔中央部位）。

（2）针与梭钩的间距为 0.01~0.04mm（针板孔右摆动部位）。

（3）护针的调整值为 0~0.02mm（针板孔中央部位）。

第四节　辅助机构及其工作原理

平头锁眼机辅助机构包括夹线、松线机构，剪线机构，切刀机构和润滑装置。

一、夹线、松线机构

在纽孔缝制过程中，面线需要按时松紧，以配合刺料机构与钩线机构控制面线的张紧力。松线夹线机构的主要作用是：当缝制加固缝部位和停车时，周期地将夹线器顶起，放松面线的张力；防止机针在缝加固结时，由于机针的摆幅突然增大而出现断面线故障；同时也可以防止由于面线的张力过大，使线迹横向拉紧而影响线迹美观。夹线、松线机构是平头锁眼机稳定地缝制出美观线迹的关键部件之一；其中挑线簧作为重要组成部分，对减少缝制故障具有至关重要的作用。

在整个纽孔的形成过程中，锁眼机的夹线器需要有规律地变换松紧，以适应针杆摆动幅度的不断变化。根据线迹形成的实际需要，控制夹线器的松紧度，以形成更好的线迹。JK-T781 系列锁眼机夹线器布置图如图 7-31 所示，共布置有两个夹线器。在锁左右锁眼时，两个夹线器同时夹紧缝线，共同满足上线紧度的需要。在打套结时，第二夹线器夹紧，第一夹线器则完全松开，以免造成断线、断针。另一个夹线器的松开，使松线板被松线装置松线。在锁完一个纽孔停机时，两个夹线器同时松线。夹线、松线器机构示意图如图 7-32 所示，机构由大盘凸轮驱动，配合刺料机构和挑线机构完成锁眼线迹的缝制。

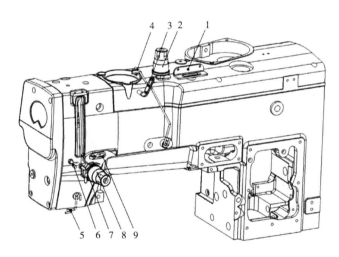

图 7-31　JK-T781 系列电子锁眼机夹线装置布置图

1—绕线器　2—第一夹线器　3—二眼线钩　4—拉线钢丝　5—针杆过线钩
6—左紧线钩　7—紧线钩　8—夹线器　9—右紧线钩

图 7-31 示为 JK-T781 系列锁眼机夹线装置布置图。第二夹线器上装有挑线弹簧，能够配合刺料机构和旋梭机构完成锁眼线迹的形成。

如图 7-32 所示，大盘凸轮 1 驱动松线柱 2 上下运动，进而松线臂 4 运动。一方面可以驱动松线杆 5 转动，改变第一夹线器的状态；另一方面驱动由第二松线杆曲柄 7、松线连杆 8 和机架组成的曲柄滑块机构，改变第二夹线器的状态，实现对面线松紧的控制。

JK-T781 系列电子锁眼机将主轴的动力通过设置机械传动机构，在合适时机，控制挑线簧运

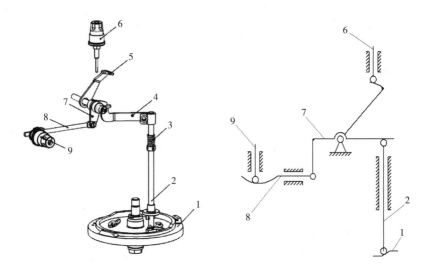

图 7-32　JK-781 系列电子锁眼机的夹线、松线机构

1—大盘凸轮　2—松线柱　3—松线弹簧　4—松线臂　5—松线杆　6—第一夹线器

7—第二松线杆曲柄　8—松线连杆　9—第二夹线器

动，实现对面线松紧度的控制。但是采用这种方式会使锁眼机的复杂度较高，也增加了制造和装配的难度。JK-T1790 系列电子锁眼机采用独立的电磁铁机构驱动夹线器的运动，极大地简化了夹线器机构，增加了机构的稳定性。其具体结构如图 7-33 所示。

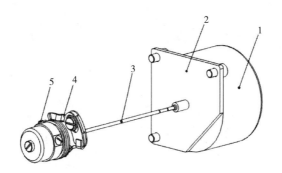

图 7-33　JK-T1790 系列电子锁眼机夹线器

1—电磁铁　2—拉杆固定架　3—拉杆　4—断线检测装置　5—挑线簧

　　如图 7-33 所示，在锁眼机缝制过程中，如果发现缝制结果较差，可通过调节夹线器参数，调节电磁体的电流，从而增加夹线盘对线的夹紧力。当需要松线时，电磁铁松开拉杆，使面线可以无阻碍地从夹线盘中穿过。相比 JK-T781 系列电子锁眼机，该布置方式更加简单可靠，降低了机器的结构复杂度，使加工装配更加简单便捷。

　　如前所述，夹线器是过线装置中重要组成部分之一，对形成良好线迹具有至关重要的作用，其结构如图 7-34 所示。

　　如图 7-34 所示，夹线器主要由夹线器螺母、夹线盘压板、夹线弹簧轴套、夹线器弹簧、夹线螺杆、夹线盘Ⅰ、夹线盘Ⅱ、调节螺母和松线销等部分组成。夹线器螺母布置有三角齿牙与夹线弹簧轴套相对应；夹线弹簧轴套内布置有螺纹，当夹线器螺母顺时针旋转时，夹线弹簧轴套随之

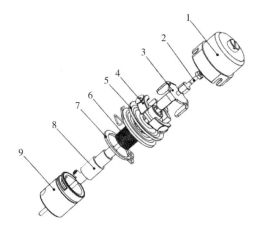

图 7-34 夹线器结构示意图

1—夹线器螺母 2—夹线盘压板 3—夹线弹簧轴套 4—夹线器弹簧 5—夹线螺杆
6—夹线盘Ⅰ 7—夹线盘Ⅱ 8—调节螺母 9—松线销

运动并沿着夹线螺杆向前运动，压紧夹线器弹簧，进而增加夹线盘Ⅰ和夹线盘Ⅱ之间的预紧力；当锁眼机在缝制加固缝部位和停车时，需放松面线的张力，此时电磁铁松开拉杆，使面线可以无阻力地通过夹线器。夹线器是挑线机构的辅助机构之一。在锁眼机缝制过程中，面线从两夹线盘中经过，通过调节电磁铁的电流，调节两夹线盘夹线的松紧。

挑线弹簧本质上是一个贮线器，在线的拉力小于其弹力时，拉住多余部分的线；当抽线和脱线时，线绷紧的力大于挑线弹簧的弹力，弹簧在线的作用下逆时针运动。挑线弹簧的作用是助挑、贮线。加挑线弹簧的夹线器结构如图 7-34 所示。挑线弹簧位于夹线柱座和夹线盘Ⅱ之间。

夹线、松线机构通过控制面线的张紧力，影响缝制线迹的生成，是缝制机械重要的一部分。JK-T781 系列电子锁眼机是通过设置传动连杆，利用主轴动力驱动夹线器实现夹线和松线功能。JK-T1790 系列电子锁眼机是设置独立动力源，直接控制夹线器的运动过程，降低了机器的结构复杂度，提高了机器运行的灵活性和稳定性。

二、剪线机构

纽扣缝制完成后，面线和底线仍留在缝料上，与旋梭和机针相连，需把面线和底线剪断才能缝制下一个纽孔，为此需要在锁眼机上安装剪线机构。平头锁眼机的剪线机构分为上线剪线装置和底线剪线装置。

上线剪刀通常与抬压脚机构联动，在缝制完成后进行剪线。在剪线时，面线剪刀必须把机针的上线线头夹住，以防止线从针孔中抽出，为下次锁眼缝制做准备。底线剪刀在剪线之前，需要将梭壳中的线拔出一定的长度后再将线剪断，以便在下一个纽孔缝制时留有一定长度的线头。

图 7-35 所示为 JK-T781 系列电子锁眼机的剪上线装置示意图。

如图 7-35 所示，切线凸轮滚轴固定在压棒提升杆上；切线轴顶块铰接在侧盖上，一端与切线凸轮滚轴接触，另一端顶在面线切刀轴上；面线切刀轴通过万向接头及支架连接在支架上；微调保持架轴套及保持架固定在面线切刀轴上；面线下切刀通过螺钉固定在保持架上；传动凸轮板、传动凸轮安装板及转矩弹簧固定在布料夹支架上。

如图 7-36 所示，轴位螺钉 2 将面线下切刀 1、面线上切刀 3 及面线压紧弹簧 4 连接在一起；

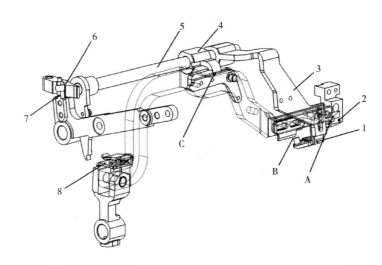

图 7-35　JK-T781 系列电子锁眼机的剪上线装置示意图
1—面线剪刀机构　2—压脚支架　3—保持架
4—微调保持架组件　5—面线剪刀轴　6—剪线轴顶块　7—镶嵌滚珠　8—锁架组件

面线上切刀轴 5 固定在面线上切刀 3 上，并可以在面线剪断器导架Ⅰ及面线导线器导架Ⅱ之间接触滑动；在这个过程中，面线上切刀轴 5 在面线剪断器导架Ⅱ7 的作用下使面线上切刀 3 张开，准备剪线。随后拉升压棒提升杆，面线上切刀轴触碰面线剪断器导架Ⅰ6，并反向转动；面线剪刀在面线剪断器导架Ⅰ的作用下闭合；面线剪刀在剪断面线后，不会立即返回原位，而是在压脚抬起时，在面剪开合器的控制下，夹持着面线逐渐返回原位，为下一次锁眼缝纫做准备。上剪线装置的主要动作是在纽孔缝制后，将面线剪断，并夹持至第二次纽孔缝制的包线缝结束。分析图 7-37 上剪线机构示意图可知：上线剪刀架主要存在两种运动状态，即前后运动和旋转运动。在纽孔线迹完成

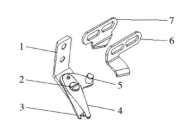

图 7-36　面线剪刀装置
1—面线下切刀　2—轴位螺钉　3—面线上切刀
4—面线压紧弹簧　5—面线上切刀轴
6—面线剪断器导架Ⅰ　7—面线剪断器导架Ⅱ

后，步进电动机压下压棒提升杆，使切线凸轮滚轴转动顶起切线轴顶块，进而推动面线切刀轴前进；微调保持架轴套在传动凸轮板的作用下使面线切刀轴转动。

如图 7-37 所示为 JK-T781 系列电子锁眼机的剪底线装置。

如图 7-37 所示，凸轮连杆与底线摆杆铰接；球形螺母固定在底线摆杆的底端，并与剪底线传动杆的凹槽配合；剪底线传动杆通过套筒及固定螺栓连接在机壳上；剪底线连杆通过螺钉铰接在剪底线传动杆的一端。当步进电动机带动压棒提升杆摆动使压脚抬起时，与压棒提升杆连接的凸轮连杆随其摆动，进而使球形螺母带动剪底线传动杆摆动；剪底线连杆带动动刀剪线。

JK-T781 系列电子锁眼机的剪线机构巧妙地运用凸轮连杆机构，将上剪线与下剪线结合与压脚机构共用一个动力源，降低了机器的制造成本；上、下剪线机构设置有机械限制装置，避免运行故障，工作安全稳定。但是，其结构复杂度较高，装配过程复杂，周期长；采用机械装置限位，调试困难。如图 7-38 所示为 JK-T1790 系列电子锁眼机剪上线装置。

如图 7-38 所示，JK-T1790 系列电子锁眼机采用了独立电动机带动剪刀运动，通过控制系统

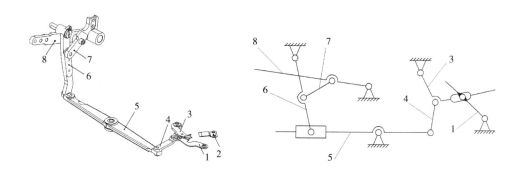

图 7-37 JK-T781 系列电子锁眼机的剪底线装置

1—底面剪刀 2—底剪扫线杆 3—底剪定刀片 4—底线导线板 5—剪底线连杆Ⅱ
6—剪底线连杆Ⅰ 7—剪底线传动杆 8—剪底线驱动杆 9—连杆 10—压棒提升杆

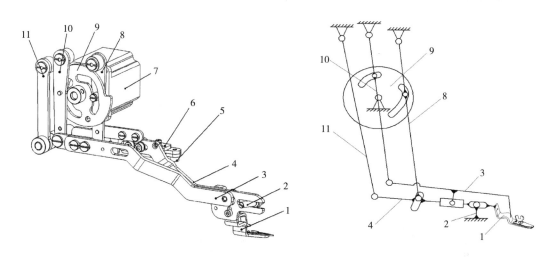

图 7-38 JK-T1790 系列电子锁眼机剪上线装置

1—面线剪刀机构 2—压脚导向销 3—剪线控制连接板 4—剪线曲柄 5—缓线机构
6—缓线钩控制连接板 7—剪面线步进电动机 8—连接板Ⅰ 9—剪面线凸轮 10—连接板Ⅱ 11—连接板Ⅲ

实现剪线时间控制，未采用机械限位装置，降低了结构复杂度，提高了剪线机构的运行稳定性，装配与调试过程也较为简单。连接板Ⅰ、连接板Ⅱ与连接板Ⅲ通过轴套铰接在机壳上；剪面线凸轮通过剪线凸轮轴套与驱动电动机连接；剪线支架连接穿过连接板Ⅰ，将其与剪线支架铰接在一起；剪刀进退止动板、剪刀进退导向板与剪线进退固定板通过螺钉固定在剪线支架上；连接板Ⅲ上的滚子连接螺钉穿过剪面线凸轮；滚柱销固定在连接板Ⅲ的末端，且穿过剪线支架上的孔槽；剪线曲柄通过螺钉固定在剪线支架上；面线下切刀通过螺钉固定在剪线曲柄的末端；压脚导向销穿过剪线曲柄的末端缺口；面线下切刀、面线上切刀板与面线压紧弹簧铰接在一起；连接板Ⅱ与剪线连接板铰接；剪线控制连接板通过螺钉固定在剪线连接板上；剪线驱动板通过连接螺钉固定在剪线控制连接板上。

面剪线驱动电动机转动，使剪面线凸轮转动；驱动连接板Ⅲ摆动，进而带动面剪刀整体前移；在剪线板的作用下，面线上切刀板张开准备剪线；随后，面线凸轮继续转动，同时驱动连接板Ⅱ摆动，进而带动剪线控制连接板摆动，带动剪线驱动板摆动，推动面线上切刀板，使面剪刀闭合剪断面线。之后，随着抬压脚机构上升，面剪刀机构夹持面线在压脚导向销的作用下上升，为下一次纽孔缝制做准备，如图 7-39 所示。

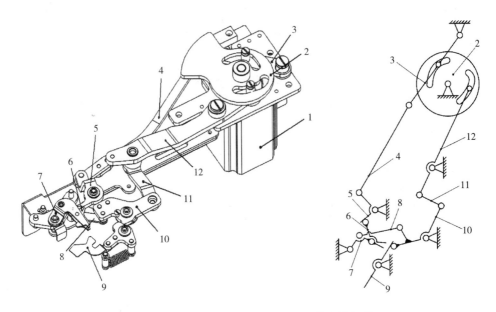

图 7-39　JK-T1790 系列电子锁眼机剪底线机构
1—剪底线步进电动机　2—剪底线凸轮　3—导向曲柄
4—导向连杆　5—剪刀控制板　6—下剪刀动刀　7—下剪刀固定刀
8—传动连接杆　9—剪线器压板　10—剪底线传动板　11—剪底线连杆　12—剪底线连杆

如图 7-39 所示，JK-T1790 系列电子锁眼机同样采用独立步进电动机带动底面剪刀运动，通过控制系统实现对剪线时间的控制。工作时，剪底线步进电动机 1 带动剪底线凸轮 2 转动；凸轮 2 转动驱动由导向曲柄 3、导向连杆 4 与剪刀控制板 5 组成的四杆机构，进而拨动下剪刀动刀实现动刀的开闭动作；凸轮 2 转动驱动由剪底线连杆 12、剪底线连接杆 11 和剪底线传动板 10 组成的四杆机构，进而驱动剪线器压板 9 拨动；通过传动连接杆 8 带动下剪刀固定刀 7 转动，配合剪刀开闭动作实现剪底线功能。

三、切刀机构

切刀机构是将缝制完成的纽孔或是待缝制的纽孔从中间切开。完整的纽孔包括锁眼线迹和纽孔。切刀机构的作用就是完成纽孔。在锁眼机上，根据切刀机构动作的先后，可分为两种方式：先缝制锁眼线迹，再完成切刀切口；先完成切刀切口，再完成锁眼线迹的缝制。本书介绍的平头锁眼机首先通过各个机构的配合完成锁眼线迹的缝制，在即将结束缝制时完成切刀切孔。这种方式能够提高纽孔缝制的效率，同时也不会影响缝制结果。

切刀切料的时机选择非常重要，因为切刀机构的主要动作是切开缝料，如果在动作过程中与其他机构的动作产生干涉，会对机器产生极大破坏，并影响工人的安全。在即将完成锁眼线迹时，压脚仍压紧缝料，上线剪刀还没有开始动作，机针已经随针杆开始进行第二加固结缝制，锁眼线迹的切刀落点已经运动到切刀的正下方，送料机构在此时已基本停止运动。在这个时刻，这些机构的动作都不会和切刀切料的动作产生干涉，且在切料的整个过程中也不会影响切料过程。锁眼机的切料方式一般是切刀竖直地向下切开缝料。为了使切料过程顺利，切刀的刀刃一般与水平面呈一定的夹角。在切刀下降时，最下端的刀尖先刺入缝料，之后切刀的其他部分依次切入缝料，在切刀完全切入缝料后，纽孔完全切开。随后，切刀复位，切刀切料过程结束。

JK-T781 系列平头锁眼机的切刀机构示意图如图 7-40 所示。

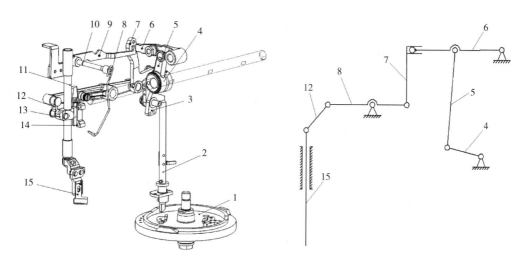

图 7-40　JK-T781 系列平头锁眼机的切刀机构示意图

1—大盘凸轮　2—传动杆　3—切刀棘轮机构　4—偏心轮　5—刀杆驱动连杆　6—刀杆传动杆曲柄

7—刀杆传动杆　8—线检测钢丝　9—停刀杆架杆　10—停刀杆架轴　11—针杆

12—刀杆传动杆　13—刀杆定位架　14—刀杆导引槽　15—切刀

如图 7-40 所示，主轴在主轴电动机的带动下转动；带动固定在轴上的刀杆传动偏心凸轮；刀杆传动偏心凸轮通过刀杆驱动连杆，刀杆传动杆曲柄绕刀杆传动曲柄轴转动。在主轴开始运动后，刀杆传动偏心凸轮始终转动并带动刀杆传动杆曲柄摆动。即在锁眼机的锁眼过程中，刀杆传动杆曲柄一直摆动。但实际上每一个扣眼线迹形成过程中，切刀只需要切下一次，即刀杆传动杆曲柄只有一次摆动是有效的，其他的都是空行程。另外，切刀切料的时机是在即将完成锁眼线迹时。如果切刀的切料时机不准确，会和其他机构动作干涉，造成严重事故。为此需要设置一套控制机构控制切刀落下的时机。JK-T781 系列锁眼机采用一套由凸轮驱动的棘轮机构和由面线驱动的停刀杆组件来实现对切刀时机的控制。

棘轮机构由切刀驱动爪主块、切刀驱动爪辅块和切刀驱动爪铰链销组成。停刀杆组件由停刀杆架、停刀杆铰链螺栓和线检测钢丝组成。在需要切刀切布时，切刀顶杆在大盘凸轮的带动下向上顶起切刀驱动爪主块，使切刀动作钩与切刀驱动爪主块错开；此时，切刀动作钩在弹簧的作用下有向前运动的趋势，但还不能向前运动；只有在停刀杆架向下摆动，放开切刀动作钩时，它才可以向前运动并与刀杆传动杆曲柄结合；此时刀杆传动杆曲柄在主轴的带动下处于最低位置；切刀动作钩与刀杆传动杆曲柄结合后，在其带动下向上运动；切刀动作钩带动切刀驱动杠杆向上运动；此时，切刀驱动杠杆前端向下运动，并通过切刀杆连杆带动切刀杆定位架向下运动；切刀杆和切刀杆定位架通过螺钉固结在一起，并随其在刀杆套筒中向下滑动；切刀通过螺钉与刀座和刀座固定架固结在一起，并随着切刀杆向下运动，在纽孔还差 2~3 针完成缝制时，完成切料动作。

切刀在将纽孔切开后，安全底座在步进电动机的带动下向上运动，将切刀动作钩顶起，使切刀动作钩与刀杆传动杆曲柄脱离。由于在切刀驱动爪主块的作用下，使切刀动作钩与刀杆传动杆曲柄保持脱离状态，切刀无法切下。在脱离状态时，切刀杆在重力的作用下，使靠近切刀动作钩的位置抬起，钩住切刀动作钩，使其无法向前转动与刀杆传动杆曲柄结合，保证切刀在不工作时无法放下。

　　JK-T781 型锁眼机切刀机构由主轴通过一套曲柄摇杆机构驱动切刀切料；通过巧妙地运用线的张紧力和大盘凸轮的运动，分别驱动停刀杆组件和棘轮机构，控制切刀的切料时间。这种方式能够满足锁眼机切刀切料的需求，但是其为了实现目的，设置了许多连杆机构，极大地增加了锁眼机的机构复杂度，同时也增加了装配难度。JK-T1790 型锁眼机采用独立步进电动机，通过驱动一套曲柄滑块机构实现切刀切料，如图 7-41 所示。这种方式可以直接通过调节步进电动机的运动时间和角度，灵活地调整切刀的动作时间和抬起高度，极大地降低了锁眼机的机械复杂度，使锁眼机的制造装配更简单。

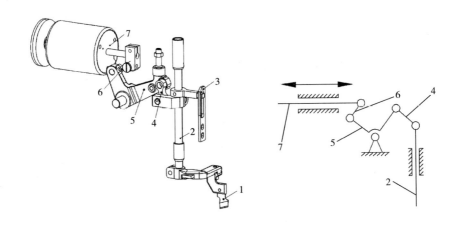

图 7-41　JK-T1790 型锁眼机切刀机构

1—步进电动机　2—切刀曲柄　3—切刀连杆　4—切刀支架　5—切刀杆　6—切刀杆衬套　7—切刀导向杆

　　如图 7-41 所示，切刀曲柄 2 在步进电动机 1 的带动下，通过切刀连杆 3 驱动切刀支架 4 上下移动；切刀杆 5 随切刀支架 4 上下移动，并在切刀杆衬套 6 中上下滑动；切刀 11、切刀安装座 10 和切刀杆座 9 通过螺钉固定在一起，并通过螺钉固定在切刀杆 5 上；为防止切刀杆 5 旋转，使切刀 11 位置偏移，在切刀杆 5 上固定有切刀导向杆 7；切刀导向杆 7 在支撑导向板 8 中滑动，防止切刀杆 5 的转动，使切刀 11 保持在正确的位置。

　　在纽孔还差 2~3 针完成缝制时，步进电动机 1 启动，切刀 11 切下完成切布。如前所述，这个时刻纽孔缝制的其他机构与刺料机构之间没有干涉，可以顺利完成切布的动作。

　　切刀机构是锁眼缝制必不可少的一部分。主要作用是在纽孔缝制即将结束时，将纽孔切开，完成纽孔的制作。

四、润滑装置

　　JK-T781 系列机械平头锁眼机的结构复杂，且工作速度高。重要机构如果不进行合适的润滑，高速运动的部件很容易磨损。为了避免这种情况，机械型平头锁眼机通常设置能够给高速运动部件进行润滑的润滑系统。JK-T781 系列平头锁眼机的润滑系统如图 7-42 所示。

　　如图 7-42 所示，KJ-T781 系列平头锁眼机的油都储存在油盘中；由油泵组件将润滑油传递到盛油盘组件中，在盛油盘中布置有棉线将其中的润滑油送往需要润滑的组件中。工作时，棉线通过毛细现象依次将润滑油送至刀杆传动组件、挑线连杆组件和针杆架组件。

　　当工作时间长时，棉线会将润滑油不断地送往机头部分，如果不设置回收润滑油的装置，一

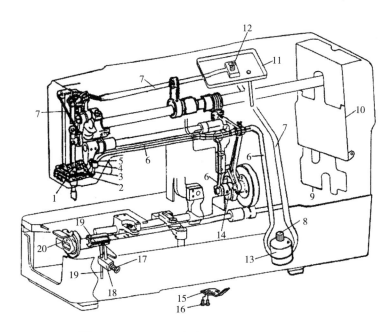

图 7-42 JK-T781 系列平头锁眼机的润滑系统

1—摆杆机构 2—回油毡 3—回油管 4—油管压板 5—螺钉 6—回油棉 7—输油棉 8—油泵驱动蜗轮 9—油罩
10—挡油板 11—盛油盘 12—油量调节螺钉Ⅰ 13—油泵 14—摆杆凸轮组件 15—油线固定架 16—螺钉
17—油量调节螺钉Ⅱ 18—控油阀 19—旋梭输油棉 20—旋梭组件

方面浪费了润滑油，另一方面也会造成机头漏油，污染缝料。为此设置回油管，其内部同样是由棉线构成，通过毛细现象将机构的油送回油盘。

工作时，针杆摆动机构由于采用凸轮机构驱动，针杆摆动驱动凸轮和针杆摆动驱动摇杆的摩擦力大，速度高。为此需要对该部分进行润滑和降温，本部分采用的方式是在针杆摆动驱动摇杆上布置棉线。棉线的一端放置在盛油盘组件中，另一端布置在针杆驱动摇杆与针杆摆动驱动凸轮的接触位置。利用棉线的毛细现象可以将润滑油带到工作部分，实现润滑和降温的作用。

由旋梭钩线的特性可知，工作时由于缝线和旋梭表面的摩擦，使旋梭的表面温度升高。为了避免旋梭的温度过高，就需要设置降温装置对旋梭进行降温。为此，JK-T781 系列平头锁眼机巧妙地利用油盘中的润滑油，通过旋梭自转带动润滑油的流动，实现旋梭的降温。

相比 JK-T781 机械平头锁眼机，JK-T1790 系列电子平头锁眼机的结构较简单，没有类似于针杆摆动机构这种具有高速运动的凸轮机构。为了简化润滑系统的结构，电子平头锁眼机的针杆部分的润滑采用了固体润滑脂，旋梭部分的润滑设置了独立的油盒。工作时，棉线一端深入油盒中，另一端同样连接在旋梭安装座上；旋梭高速旋转时，棉线将润滑油带到旋梭中。润滑油随着旋梭的高速转动，将润滑油送至旋梭各个部位，为旋梭降温。

第五节　机构调整与使用

本节以 JK-T781 型机械平头锁眼机以及 JK-T1790 型电子平头锁眼机为例，介绍锁眼机的整机调试过程与检验标准。

一、JK-T781型机械平头锁眼机机构调试及方法

（一）针杆的高度

在针杆最下点时，针杆下端面与针板上平面的距离为9.5mm，如图7-43所示。

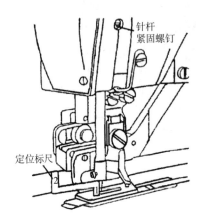
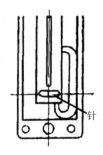

图7-43　针杆高度调节示意图

调节方法：如图将附件中的定位标尺1的一端放入针杆与针板的中间，放松针杆紧固螺钉进行调整；此时机针应落在针板与针孔的中心。

（二）针梭的配合

针杆由最下点提升2~3mm，旋梭尖与机针的中心应一致，并距离针孔上端为1.6~1.8mm；针与旋梭尖的侧向间隙为0.05mm，如图7-44所示。

图7-44　针梭配合调节示意图

调节方法：

（1）针杆由最下点开始上升时，将定位标尺2的一端放入针板上平面与针杆之间，放松旋梭套筒上的固定螺钉，转动旋梭进行调节；

（2）将旋梭定位钩与旋梭的间隙调为0.5mm，放松旋梭定位钩上的固定螺钉进行调节；

（3）将针与旋梭尖的侧向间隙调为0.05mm左右；拨动机针进行检查，确保旋梭尖不会撞到机针。

（三）针摆的配合

当针杆处于上死点时，针摆大齿轮的刻线应与下轴中心一致；当针杆下降至针板之前，针杆的摆动应已结束，如图7-45所示。

　　调节方法：放松针摆小齿轮的固定螺钉进行以上标准调节值的调整。调节时，需检验标准下轴是否存在轴向窜动；在落针处垫上纸，用手转动带轮，观察纸上的机针落点是否有横向流针的现象。

（四）压脚的前后位置

　　针板落针孔的中心与压脚板内端面的间隙为 2.5mm；停车时，压脚板要位于针板落刀槽两边相等处，如图 7-46 所示。

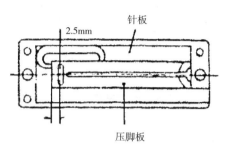

图 7-45　针摆驱动齿轮组　　　　　图 7-46　压脚前后调节标准

　　调节方法：放松拖板架的紧固螺钉进行调节。抬压脚杠杆需要与底板相垂直。压脚板的位置不准，会导致抬压脚杠杆的前后位置不准；影响上线剪刀动作板的开闭动作；停车时，机针落点与压脚板间隙太小，在缝制叠缝时机针与压脚板相碰，造成断线、断针等故障。

（五）切刀下落时间与位置

　　应在缝纫机完全减速后，停车前的 2~3 针之前落下。调节方法：

　　（1）移动切刀动作凸块位置调节切刀下落时间至缝纫机停车前 2~3 针前。

　　（2）向记号方向移动则切刀下落时间提早。

　　注意：针数（变换齿轮）调节为 83 针以下时，需调节低速凸块；高速运转中进行切刀动作，则会产生切刀落不下来的现象，也会加速切刀的磨损。应落在针板的落刀槽中间。移动针板座位置进行调节。

（六）切刀动作钩的位置

　　切刀驱动杆在最下点时与切刀动作钩的间隙为 0.05~0.2mm，如图 7-47 所示。

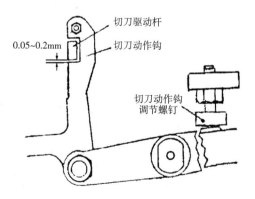

图 7-47　切刀机构调节标准

调节方法：用切刀动作钩调节螺钉调节两者之间的间隙，如图7-47所示。注意：

（1）切刀上不去或连续落刀时，检查切刀驱动杆与切刀动作钩之间的间隙，并调换切刀驱动杠杆拉簧，如图7-48所示。

（2）切刀时常落不下时，是因为切刀驱动爪拉簧的拉力不足，应更换拉簧。

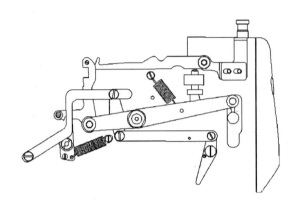

图7-48　切刀动作调节机构

（七）松线时间的调整

1. 第一夹线器　第一夹线器仅在机器停车时浮起，浮起量为0.5~1mm，用上、下移动第一夹线器的高度来调整，如图7-49所示。

2. 第二夹线器　第二夹线器的锯齿缝的加固振幅部及缝制完毕至开车时数针内浮起，浮起量为0.5~1mm。调节时放松固定螺针，以抽塞夹线器来进行调节，如图7-50所示。

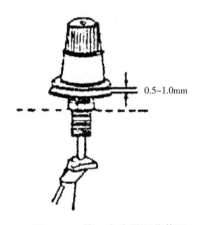
0.5~1.0mm

固定螺钉

图7-49　第一夹线器调节装置　　　　图7-50　第二夹线器调节装置

第一套结部调整在套结完成前1~2针松线结束，这样等第一套结束后，横列的线迹就不会向右倾斜。启缝的松线期调节为开始缝制后的3~4针时结束，如图7-51所示。

3. 调节方法　将主凸轮上面的第一松线凸块、第二松线凸块向箭头方向转动即加快。反之则缓慢。缝迹突然变坏的原因之一，是松线顶杆的返回不良。此时，可放松固定螺钉，向上按动挡圈，加强松线顶杆返回簧的压力，其挡圈的基本高度为20mm，如图7-52所示。

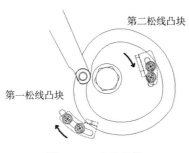

图 7-51 大盘凸轮

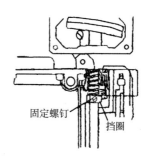

图 7-52 松线时间调节装置

注意：同时增加第一、第二夹线板的浮动量也会增加松线的时间。

（八）针摆范围、左右基线和横列及加固振幅调整

根据锁眼的宽度，调节左右线迹的位置。

1. 针的摆动范围 以右侧为基准，向左侧摆针进行缝制。如图 7-53 所示，A 为左基线，B 为右基线，W_1 为左右横列振幅宽度，W_2 为加固振宽度，C 为第一加固振幅（第一套结）；D 为第二加固振幅（第二套结）。

2. 左基线及右基线的调节 旋进调节螺钉 1，左基线就向右移动，但是即使变换振幅，左基线 A 几乎不必调整。旋进调节螺钉 2，右基线就向左移动，旋出则向右移动，如图 7-54 所示。

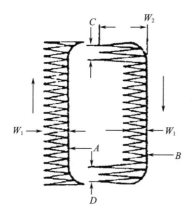

图 7-53 锁眼线迹

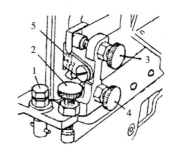

图 7-54 基线调节装置

3. 横列振幅及加固振幅的调节

（1）旋进调节螺钉 3，横列振幅就会扩大，旋出则缩小。

（2）旋进调节螺钉 4，加固振幅就会扩大，旋出则缩小。

（3）振幅调节连杆 5，所示数字表示加固振幅的宽度。

二、JK-T1790 型电子平头锁眼机机构调整与使用

（一）针杆的高度

调整标准如图 7-55 所示：针杆最下点从针板上面到针杆下端面 12.0mm（S：标准）、10mm（K：针织）。

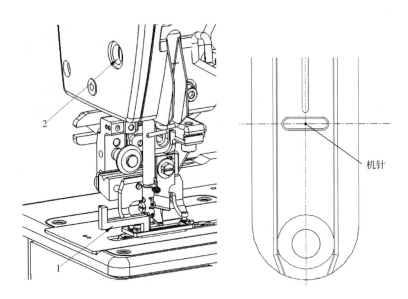

机针

图 7-55　针杆高度调节
1—相位量规　2—针杆固定螺丝

调整方法：使用附件的相位量规 1，放入针板与针杆下端面之间，针杆碰到相位量规 1，松开针杆固定螺丝 2，调整针杆的高度。在针板针孔的中心位置调整针。

（二）针梭的相位

1. 针与旋梭相位调整标准（图 7-56）

（1）针杆从最下点 2.5mm（S：标准）、3.0mm（K：针织）上升时，梭钩和针中心一致时，从针孔上端到梭钩是 1.6~1.8mm（针板孔中央部位）。

（2）针与梭钩的间距为 0.01~0.04mm（针板孔右摆动部位）。

（3）护针的调整值为 0~0.02mm（针板孔中央部位）。

2. 调整方法

（1）将手动皮带轮按正规方向旋转，针在针板孔中心，而且针杆处于从最下点开始上升的状态，将相位量规 1 如图 7-56 所示放入针板与针杆下端之间，松开旋梭轴固定螺丝 2 做调整。

（2）针在针板孔右振动部振动时，为了使旋梭的梭钩和针的中心一致，需松动旋梭轴固定螺丝 2 做调整，间隙为 0.01~0.04mm。

（3）在调整护针时，检验标准不要在内旋梭压脚和内板的线环导向部留有间隙；当护针靠针的一侧时，在刻度方向放入螺丝刀，压住线环导向部进行调整；调整护针，使护针的间隔为 0~0.02mm。

（三）线张力调整

线张力的调整可分为夹线电磁铁行程调整和挑线簧张力调整。调整方法为：

1. 夹线电磁铁行程调整

（1）让电磁铁的轴端 1 和挡圈 2 的端面结合。

（2）线张力连接板 3 如图 7-57 组装。

（3）调节螺帽 A 从线张力连接轴 5 处冒出 2~2.5mm。调整调节螺帽 B 使之达到（1±0.3）mm，如图 7-57 所示。

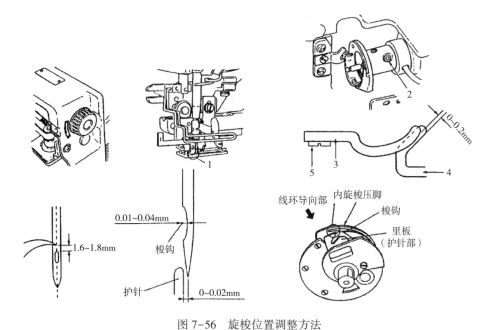

图 7-56　旋梭位置调整方法

1—相位量规　2—旋梭轴固定螺丝　3—固定螺丝　4—内梭　5—定位钩固定螺丝

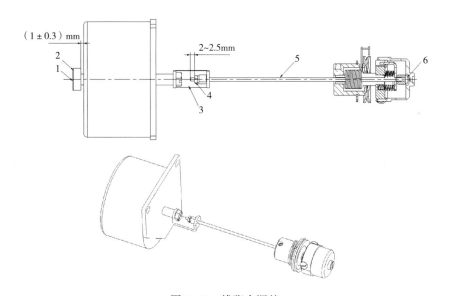

图 7-57　线张力调整

1—电磁铁的轴端　2—挡圈　3—线张力连接板　4—调节螺帽 A　5—线张力连接轴　6—调节螺帽 B

2. 挑线簧张力调整

（1）挑线簧 1 的去限量在 8~10mm，起动时的强度在 0.06~0.1N 为适当。

（2）变换挑线量 1 的运动量时，松动螺丝 2，将小的螺丝刀放入夹线棒 3 的槽内，调整挑线簧张力。

（3）变更挑线簧 1 的轻度时，在拧住螺丝 2 的状态下，将小的螺丝刀放入夹线棒 3 的槽内，朝右旋转，挑线簧的强度增强，朝左旋转则减弱，如图 7-58 所示。

图 7-58 挑线簧张力调整

1—挑线簧 2—螺丝 3—夹线棒

(四) 送料皮带张力调整

调整方法：

(1) 为使纵向送料相位皮带张紧力达到 70~80N，调整送料电动机安装板的位置。

(2) 暂时拧住送料电动机安装板的 3 个固定螺丝 1、调节螺丝调整相位皮带张力。送料台靠前或靠后时，检验标准相位皮带不要靠住任何一方，如图 7-59 所示。

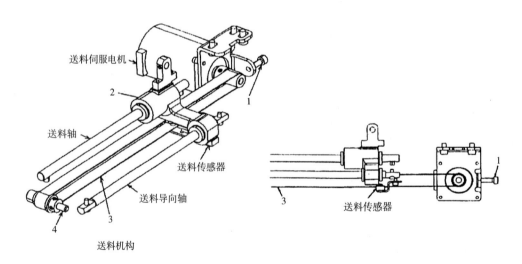

图 7-59 送料皮带张力调整

1—固定螺丝 2—送料台 3—同步带 4—同步带轮

(五) 切刀行程以及位置调整

1. 切刀行程调整 调整标准如图 7-60 所示。

调整方法：

(1) 切刀返回定位销 1 的高度离机臂加工面 10mm，用螺帽 2 固定住 (与切刀初期位置相符)。

(2) 为使切刀电磁铁 3 的间隙达到 14mm，请调整电磁铁安装座 4 的位置，用螺丝固定住 4 个位置。

(3) 为使切刀杆座 5 和机臂的端面达到 4mm，需将切刀杆套 6 固定住。

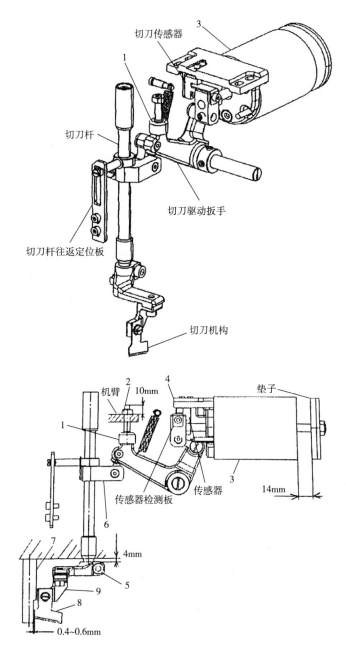

图7-60 切刀机构示意图
1—定位销 2—螺帽 3—电磁铁 4—电磁铁安装座
5—切刀杆座 6—切刀杆套 7—针杆 8—切刀 9—切刀安装座

（4）为使针杆7与切刀8的间隙达到（0.5±0.1）mm，需调整切刀安装座9的位置，如图7-60所示。

2. 切刀位置调整 调整标准如图7-61所示。

调整方法：

当切刀杆上下运动时，确认是否顺畅且切刀杆座2回转无问题时固定住切刀导向板3和挡圈4固定螺丝。

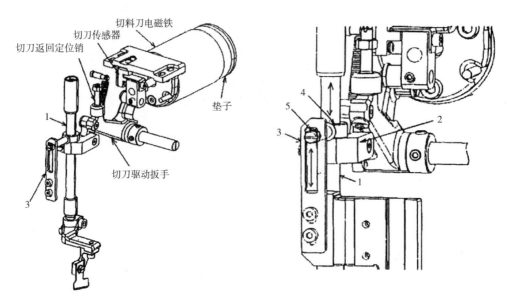

图 7-61　切刀位置调整

1—切刀杆　2—切刀杆座　3—切刀导向板　4—挡圈　5—导向螺钉

（1）当切刀杆 1 上下运动时，需仔细确认上下导向螺钉 5 和切刀杆导向板 3 之间的间隙。

（2）切刀和机针距离应适中。过小，切刀与机针相碰，有杂音，切刀磨损；切刀与机针距离过大，则一侧的套结部与切刀孔的距离变大，切刀会切到内侧的套结位置。

（3）导向螺钉与切刀杆导向板之间距离过小，切刀安装板会与机壳相碰，发出巨大声音；过大时，则在压脚上升时，切刀会从压脚下面露出。

三、供油机构

（一）加油

加油机构如图 7-62 所示。利用上轴带动油泵 13，将存放在存油盘上的油吸上蓄存在盛油盘 11 后，通过输油棉 7 供向各需加油处。油泵的作用是强制加油，同时也起到返油泵的作用，滞留在机头处多余的油用回油毡 2 集中起来之后，通过回油管 3 及回油棉 6 返回油泵。

（二）各部的加油

1. 油盘

（1）为油泵 13 供油，将油送至盛油盘 11。

（2）通过输油棉渗向上轴后轴套处。

（3）通过旋梭输油棉 19 渗向旋梭组件处。

多余的油滴下供给竖轴部分振幅机构以及下轴的后部部分。

2. 盛油盘

（1）用油芯送向切刀驱动部。

（2）用油芯送向针杆摆轴前轴套部。

（3）用油芯送向上轴前轴套。

（4）用油芯送向挑线部分。

（5）用芯送向针杆部分。

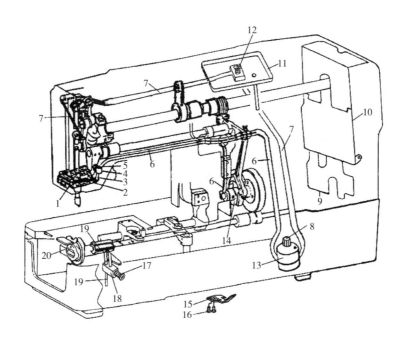

图 7-62　平头锁眼机供油装置示意图

1—摆杆机构　2—回油毡　3—回油管　4—油管压板　5—螺钉　6—回油棉　7—输油棉　8—油泵驱动蜗轮　9—油罩
10—挡油板　11—盛油盘　12—油量调节螺钉Ⅰ　13—油泵　14—摆杆凸轮组件　15—油线固定架　16—螺钉
17—油量调节螺钉Ⅱ　18—控油阀　19—旋梭输油棉　20—旋梭组件

（6）回油毡将留在机头部的油返流至油盘。

（三）其他部分的加油

（1）上轴后端使用的是推力滚针轴承，此处应注入高质量的润滑油，每隔半年卸下上轴，并在后端注入润滑油。操作时，若没有油泵，可将润滑油装在塑料加油器内，或者使用无针头注射器将润滑油注入特定位置。

（2）旋梭的加油是通过旋梭输油棉从油盘中吸取润滑油的。可以通过机头部的螺钉进行调节输油量；只进行微量调节时，可以使用旋梭轴接头部的螺钉进行调节。

（3）调整供油量：机器在低速运转时，从机壳上端观察润滑油喷出情况，若喷出量合适，则不需调整。若喷出量过大或过小，则通过调节油量调节螺钉Ⅰ调节油量大小。

很久不使用的机器，或刚开箱时，油量有时会减少，其原因是渗油毛毡干枯、回油低耗少，吸入许多空气，由盛油器吸上来的油较少的缘故。这个时候，由上部前面的油孔加入润滑油，30min 之后，卸掉面板，向机器头部渗油毛毡里滴数滴油。

四、缝迹的调整

（一）双反面缝的调节

1. 板线张力的调节　线从梭子里引出，线头掐在手中缓慢上下移动时，梭子能慢慢下降。底线张力为 15~20g。

2. 挑线簧的调节　挑线簧的行程为 6~8mm，张力在 20~35g 为妥。挑线簧行程过小，横列线迹就差；反之挑线簧行程过大，横列就容易扭。

3. 线量调节钩的调节 挑线杆的供线量，应根据缝制品的厚薄来进行调节。布料厚度在 2mm 以下时，应取较小的供线量，如图 7-63 所示。

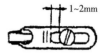

4. 面线张力的调节 第一夹线器调节套结线迹。第二夹线器调节左、右横列成挺直的线迹。

图 7-63 线量调节

（二）锯齿缝的调节

为了缝出好的锯齿缝线迹，需要加强底线的张力，底线张力一般在 35~50g。如果底线张力过低，要达到锯齿的线迹就必须要降低面线的张力，这样容易造成二次挂线，也容易产生线迹不匀。

（三）起针时面线头卷入横列线迹的调节

（1）开始缝制时，应将面线线头卷入横列线迹内，保持外形美观，应将面线剪刀的夹线位置处于左横列的振幅中间，另外在不影响横列线迹的条件下，将夹线的时间放长些，面线剪刀敞开时间的早、晚可以调节线头控制板的前后位置。向前调节剪刀敞开慢，向后调节剪刀敞开快。

（2）加固部振幅宽在 3mm 以下时，线头的卷入性能会恶化，所以在不影响质量的情况下尽量将宽度放宽。

（3）面线剪刀的高度低，线头卷入性能好，在不碰压脚的情况下，剪刀的运动高度尽量放低些。

（四）化纤线缝制的调节

缝制化纤线、化纤料或混纺布料时必须进行下列调整。

1. 因发热而产生断线跳针 由于在缝制中机针与布料的摩擦缝制中会出现高温，使线和布料发生熔断、熔化，此时必须采取下列措施。

（1）换上化纤用的带轮。

（2）加上硅油。

（3）使用化纤用的超热针。

（4）使用细的针以降低摩擦力。

2. 缝制条件的调节 根据各种条件不能一概而论，一般需做如下调节。

（1）梭芯的绕线量的满度是 80%。

（2）梭芯绕线时的张力以 20g 为适当，这对防止绕线不均匀及空转颇有效果。

（3）将梭芯放在梭子里不通过梭皮拉出时的张力为 0~5g。

（4）在梭子放进旋梭时，拉出张力为 20g，可以通过调节如图 7-64 所示弹性垫片的高度来调节。

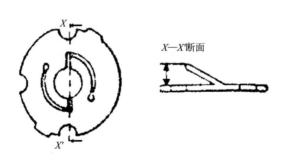

图 7-64 底线张力调节

（5）使用化纤用针杆过线钩，如图 7-65 所示。

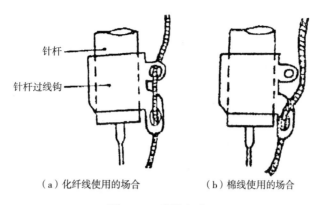

针杆

针杆过线钩

（a）化纤线使用的场合　　　　　（b）棉线使用的场合

图 7-65　穿线方式

五、各传感器的调整

（一）摆针原点调整

调整方法：

（1）通过平板电脑的记忆开关将摆针电动机调至原点。

（2）松开机针摆动扳手 1 后上的螺丝 2，使针杆摇动台 5 处于自由朝左右移动状态，在操作平板设定值为 0 时，让机针 3 处于针板 4 的中心，然后用螺丝固定，如图 7-66 所示。

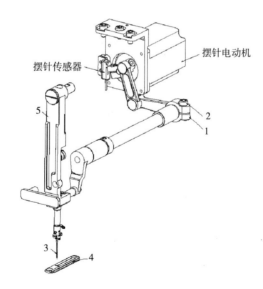

摆针电动机

摆针传感器

5

2

1

3

4

图 7-66　摆针原点调整

1—机针摆动扳手　2—螺丝　3—机针　4—针板　5—针杆摇动台

（3）试缝后，观察线迹到切刀槽的左右距离，调节针杆使左右距离均等。

摆针原点错位时，必须变更左右的切刀槽宽，否则摆幅较大时，压脚会与机针相碰。

（二）送料原点调整

调整方法：

（1）操作平板电脑，进行步进送料；调整压脚 1 和针中心的距离为（2.5±0.3）mm，如图 7-67 所示。

（2）松开传感器安装板 2 上的螺丝 3，操作送料传感器，当检测灯处于亮与未亮之间时，在不亮的一侧将螺丝 3 锁紧。

（3）操作平板电脑，使送料机构回到原点，确认压脚到针中心的距离，如图 7-67 所示。

压脚前后位置错误时，会影响切面线；送料轴位置错误时，会引起底线不良。

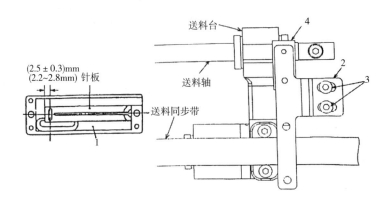

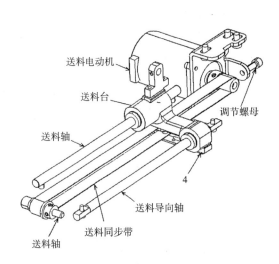

图 7-67　送料原点调整

1—压脚　2—传感器安装板　3—螺丝　4—送料台

（三）切刀传感器调整

调整方法：当切刀杆返回上侧时，检查检测板 1 与传感器 3 检测部的相对位置；通过拧松其对应的固定螺丝轻微调整来实现，如图 7-68 所示。

（四）上剪线传感器的调整

调整方法：调整凸轮板，使 A 和 B 的幅度相同，松开上线剪刀传感器安装板 2 的螺丝 1，调整上线剪刀传感器安装板 2 的上下位置，如图 7-69 所示。

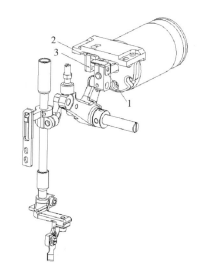

图 7-68　切刀传感器调整

1—检测板　2—传感器安装座　3—传感器

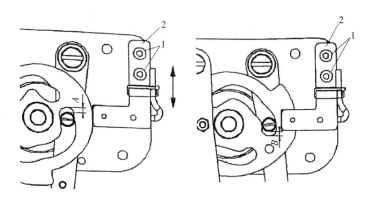

图 7-69　上剪线传感器调整

1—螺丝　2—上线剪刀传感器安装板

（五）下剪线传感器的调整

调整方法：松开底线剪刀检测传感器安装板 1 上的螺丝 2，配合端面，拧紧螺丝 2，如图 7-70 所示。

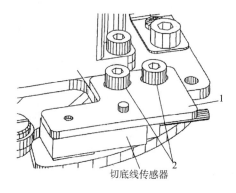

切底线传感器

图 7-70　下剪线传感器调整

1—底线剪刀检测传感器安装板　2—螺丝

（六）抬压脚传感器的调整

调整方法：压紧压脚与针板之间的垫圈时，传感器检测板 1 处于向后拉的状态，导入电源，松开安装板螺丝 2，将抬压脚传感器安装板 3 朝刻线方向移动，抬压脚原点传感器 5 的灯亮时，在起始位置将安装板螺丝 2 固定住，在调整不好的情况下，松开检测板螺丝 4，倾斜传感器检测板 1 进行调整，如图 7-71 所示。

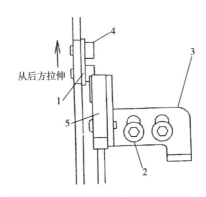

图 7-71　抬压脚传感器调整
1—传感器检测板　2—安装板螺丝　3—抬压脚传感器安装板　4—螺丝　5—抬压脚原点传感器

思考题

1. 平头锁眼机代表机型有哪几种？
2. 最早的单针链式缝纫机是在哪一年发明的？
3. 平头锁眼机于哪一年实现国产化？是由哪个公司完成的？
4. 简述平头锁眼机适用的缝纫对象有哪些。
5. 平头锁眼机的线迹类型有哪几种？
6. 简述锁眼机线迹主要由哪几部分组成？
7. JK-T781 系列平头锁眼机主要由哪几种机构组成？任选其中一种绘制机构简图。
8. JK-T1790 系列平头锁眼机与 JK-T781 系列相比，性能有哪些提升？
9. 试绘制 JK-T1790 系列平头锁眼机送料机构简图。
10. 在调试 JK-T781 系列平头锁眼机时，若面剪刀的高度过高，该如何调整？
11. 如何调节电子夹线器的线张力？
12. 在调试 JK-T1790 系列平头锁眼机时，如何调整送料原点位置？
13. 简述 JK-T1790 系列平头锁眼机抬压脚传感器的调整步骤。
14. 简述起针时断面线的故障原因。
15. 因缝料厚薄不均造成偶然性跳针时，该如何排除故障？
16. 面线脱线的主要原因有哪些？
17. 面线剪不断的主要原因有哪些？该如何排除？
18. 简述步进电动机的闭环控制性能的主要优点有哪些？
19. 试绘制剪线、抬压脚时序图。
20. JK-T1790E 系列平头锁眼机紧急停车后，如何改变压脚抬起高度？

第八章 工业套结机及钉扣机机构分析

第一节 概述

一、套结机、钉扣机的作用

在现代服装生产中，由于成衣品种款式的多样化和缝制材料多种多样的独特性能，对缝纫设备的专用性和特殊功能要求越来越高，各种专用的缝纫设备的应用比例也越来越大，套结机是专用的特种缝纫设备，在过去的服装缝制中，经常用打回针的方法防止缝迹末端的脱散，这既影响美观和质量，而且生产效率低。现代的服装生产，大多数已经采用套结缝纫机来完成这项作业。套结缝纫机也称打结机、打枣车，英文是 Bartack，通常是用来加固线迹的。我国本土早期生产的套结机主要是大连产 GE1-1 型、GE1-2 型套结机，上海产 GB2-1 型高速平缝套结机、GD2101 型系列套结机，20 世纪 90 年代后，国内公司紧跟世界先进缝制设备的步伐，先后推出了高端、智能型电子套结机，如中捷公司的 ZJ1900ASS 系列电子套结机、杰克公司的 JK-1900ASS 系列电子套结机等。

钉扣机是服装工业用专供钉制各种纽扣而设计的专用机器，随着服装工业生产的发展和制造技术不断改进，各种自动化装置和电子技术也广泛应用于钉扣机上，其缝纫速度也得到很大提高。如 ZJ1903 型电子钉扣机是在 ZJ1900 型电子套结机基础上衍生的产品，采用了计算机控制系统，能快速启动和停止机器，通过快速的切线以及抬压脚操作使机器的循环时间大大缩短，通过计算机控制系统对缝纫线张力的灵活控制，可对启缝、缝制中、缝制结束时各部位的面线张力分别进行设定。几十种花样，通过简单切换就可进行循环缝纫。

二、套结机、钉扣机的分类和应用

（一）套结机

套结机有很多分类方法，按套结的针数分类，常见的针数有 21 针、28 针、35 针、42 针。按缝型可分为平缝打结缝、花样打结缝、形状打结缝、缝附裤带环、缝附签条等，如图 8-1 所示。

平缝打结缝适用于服装的各种易于破裂部分，如裤子的袋口封口、上衣和雨衣扣眼底部的打结缝等，打结针数要根据具体缝制工艺而定。形状打结缝有缝附衬衫袖口五角形缝、弯形缝、上衣口袋打结、缝附飘带三角形缝、布鞋各种形状的打结以及缝制窗帘的打结等。花样打结缝、缝附裤带环、缝附签条的打结机，是根据缝制工艺要求而专门设计的。如国产 GE1-1 型套结机的套结针数为 42 针，可根据套结部位和品种的需要调节套结的长度和宽带，适用范围广、效率高，具有良好的工作性能。该机的派生机 GE1-2 型套结机的套结针数为 21 针，可以专用于上装、大衣、雨衣等服装的纽孔圆头尾部的套结。两个机型的基本结构、传动原理以及操作调整等基本一致，只是送料轮、压脚、拖板等有所不同。GE1-1 型套结机的主要技术规格：最高缝速达到 1600r/min，套结面积最大是（3×16）mm²、最小是（1×6）mm²，针杆行程 39.6mm。又如日产 LK-1850 系列高速平缝套结机，是一种新型套结机，缝制质量高，使用方便，经济效率高，被许多企业所采用。该机使用油芯集中供油方式，双段"V"皮带减速驱动方式，最高缝速达到 2300r/min，套结面积最大是（20×40）mm²，最小是（1×6）mm²。它能进行低张力缝制，切线自动化、稳定，缝制质量高而稳定；踏板踏压减轻，不易疲劳，工作效率高；送料轮小型化，机身更宽，布料移动方便，避免了缝制品被凸轮卷入等故障；缝速高，简化了减速装置，提高了耐久性和可靠性；充分考虑到保养、维修、安全等因素。其套结可分为小套结、大套结、眼套结、针织套结、装裤襻等系列，结构图及其在服装中的应用如图 8-2 所示。

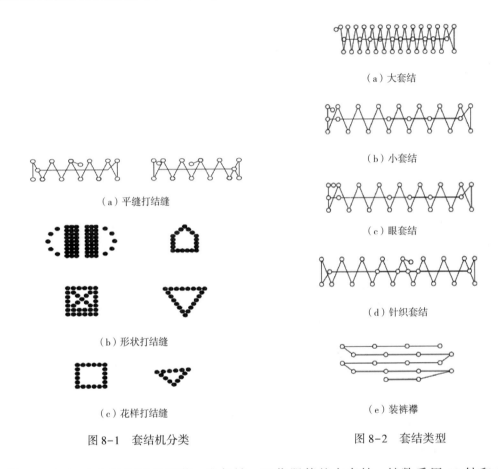

图 8-1　套结机分类　　　　　图 8-2　套结类型

图 8-2（a）中主要应用于西装、牛仔裤、工作服等的大套结，针数采用 42 针和 28 针；（b）主要应用于西服、上衣等的小型套结，针数采用 28 针和 21 针；（c）主要应用于西装、女装、上衣等的扣眼套结，针数采用 28 针和 21 针；（d）主要应用于针织、内衣、薄料的针织套结，针数采用 28 针和 21 针；（e）主要应用于装各类裤子裤襻，针数采用 28 针和 21 针。

套结机为单针、双针、挑线盘挑线、摆梭钩钩线，形成锁式线迹的套结。其线迹形成与锁式线迹平缝机基本相同，不同点只是纵、横向送料机构的复合运动所形成线迹为锯齿形等不同式样。另外在套结中间还要形成锯齿形的衬形，使套结线迹更为美观挺括。图 8-3 所示为套结机线迹程序示意图。如图 8-3 所示，第 1～第 13 针所形成的线迹是衬线，第 14～第 42 针所形成的线迹为套结线迹，套结长度可在 6～16mm、宽度可在 1～3mm 范围内进行调节，整个过程是自动完成的。

随着技术的不断进步，新产品、新技术、新工艺不断地应用到服装机械设备的生产中，现代服装生产中，从裁剪、缝纫、熨烫成形、成衣包装出厂，都已有了全套的机械设备。目前，世界

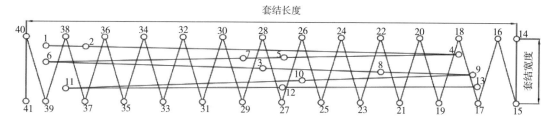

图 8-3　套结机线迹程序示意图

上已有 4000 多种服装机械设备，基本上形成了机械化、连续化、自动化的工业生产体系。服装机械向多功能、自动化方向发展，更多的功能各异的机械广泛用于生产实际，向多机台操作和自动生产线方向迈进，大大提高了制作质量，实现了高速化和精密化。如近期的套结机的开发也派生了许多系列产品，向一机多用、机头电控一体式方向发展，在原来的基础上可改变线迹形状和配置各种不同用途的附属装置。如出现附有既能联机也能单机使用的简易输入装置和图形记入装置的小型电子套结机和电子花样机，性能优良。套结线迹的应用范围如图 8-4 所示。

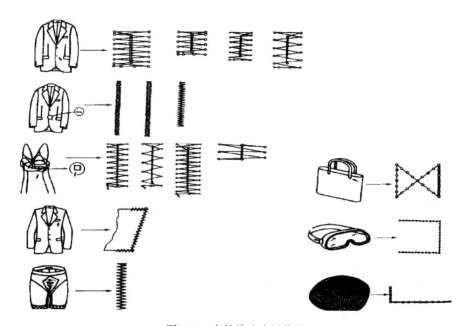

图 8-4　套结线迹应用范围

（二）钉扣机

钉扣机是服装工业用专供钉制各种纽扣而设计的专用机器，它按规定的缝迹完成指定的送料过程。主要用于缝钉两眼和四眼的圆平纽扣，缝其他形状的纽扣（带柄纽扣、子母扣、缠绕扣等）需要配备相应的附件。钉扣机有单线链式线迹钉扣机和双线锁式线迹钉扣机两类，不同类型的钉扣机缝钉的针数不同。

钉扣机的线迹分两种（图 8-5）：单线链式线迹（107 号线迹）和锁式线迹（304 号线迹），面大量广的钉扣机采用单线链式线迹。单线链式线迹的特点是断线位置不适当，会形成假缝，线迹一拉就散脱。钉扣机实现自动断线，断线位置能确保线头剪断后线迹不会散脱，但缝线因磨损等原因形成新的断线位置，常会发生一拉就散的钉扣"失效"的缝纫效果。为了保证钉扣强度，钉扣机规定了钉扣的针数，最多每个纽扣可缝钉 42 针。但锁式线迹没有这类问题，钉扣质量远高于单线链式线迹。

（a）单线链式线迹　　　　　（b）锁式线迹

图 8-5　钉扣机线迹类型

三、线迹形成原理

（一）双线锁式线迹形成

双线锁式线迹是由面线和底线组成，其交织点位于缝料厚度中央，这种线迹的特点是结构简单、坚固，线迹不易脱散，用线量少。该线迹是由带面线的机针上下直线运动和带底线摆梭的摆动准确的运动配合实现的。

（1）如图 8-6（a）所示，机针带面线穿刺缝料运动到下死点位置后回升，由于缝料对机针浅槽一侧缝线的摩擦，面线不能顺利随针上升，被滞留在缝料下方，在机针回升 2~2.5mm 时，滞留的面线形成最佳形态的线环，并随即被向右转动的摆梭梭尖钩住，线环被拉长扩大，从摆梭与摆梭托的间隙中滑入梭尖根部。

（2）摆梭继续向右转动，梭根推动线环绕过摆梭并接近摆梭的下回转点［图 8-6（b）］。

（3）挑线杆向上运动，拉动线环从摆梭翼上脱出，套住底线，与此同时，摆梭反转；摆梭托与摆梭在上方出现间隙，挑线杆将面线和被套住的底线从此间隙抽出，线迹开始收紧［图 8-6（c）］。

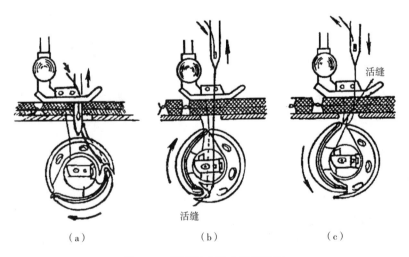

图 8-6　摆梭形成锁式线迹过程

随后摆梭返回到起始位置，挑线杆收紧线迹，使交织点位于缝料中央，送料牙推送缝料完成一个针距。

（二）单线链式线迹的形成

单线链式线迹是由一根缝线往复循环穿套而成的链条状线迹，这种线迹用线量不多，拉伸性一般，拉线迹的终缝一端或缝线断裂均会引起线迹的脱散，所以应用不广泛。但目前相当数量的钉扣机采用了这种线迹，因为钉扣时缝线的相互穿套是在纽扣的扣眼间完成的，缝线的叠加和挤压提高了线迹的抗脱散性能。

单线链式线迹是由一根缝线自身往复循环穿套而成的链条状线迹。它的形成是由带线机针的上下往复运动和不带线的旋转线钩的转动配合实现的，图8-7所示为线迹形成过程。

（1）机针穿刺缝料，运动至最低位置回升时形成线环，线环随即被逆时针旋转的旋转线钩钩取［图8-7（a）］。

（2）机针上升退出缝料，旋转线钩扩大拉长线环，并使线环滑至中部，送料牙上升，开始推送缝料［图8-7（b）］。

（3）送料牙推送一个针距，机针二次穿刺缝料，此时旋转线钩转过180°［图8-7（c）］。

（4）机针再次从最低位置回升开始形成线环，旋转线钩继续运动，准备再次钩取直针线环［图8-7（d）］。

（5）旋转线钩转过360°时，第二次钩入线环并拉长扩大，新线环穿入旧线环［图8-7（e）］。

（6）旋转线钩继续旋转，旧线环从旋转线钩上滑脱并套在被钩住的新环上［图8-7（f）］，挑线杆上升收紧旧线环完成单线链式线迹的一个单元，如此周而复始就形成了连续的单线链式线迹。

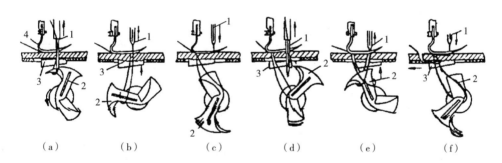

图8-7　单线链式线迹形成过程

1—直针　2—旋转线钩　3—送料牙　4—压脚

四、套结机和钉扣机的主要技术参数

套结机的主要技术参数包括缝制范围、缝纫速度、线迹长度、压脚高度等，钉扣机的主要技术参数主要包括可缝制纽扣外径、缝纫速度、线迹长度、缝制尺寸等。表8-1和表8-2分别列出了部分中捷套结机和钉扣机的主要技术参数。

表8-1　中捷套结机的主要技术参数

机型	机针	缝制范围/mm	标准花样数/个	线迹长度/mm	压脚高度/mm	缝纫速度/(r/min)
ZJ1900DSS-3	DP×5 16#	40×30	99	0.1~10	标准13，最大17	3200

续表

机型	机针	缝制范围/mm	标准花样数/个	线迹长度/mm	压脚高度/mm	缝纫速度/(r/min)
ZJ1900DHS-3	DP×5 19#	40×30	99	0.1~10	标准13，最大17	3000
ZJ1900DFS-3	DP×5 11#	40×30	99	0.1~10	标准13，最大17	3000
ZJ1900DMS-3	DP×5 11#	40×30	99	0.1~10	标准13，最大17	3000
ZJ1900DNS-3	DP×17 21#	40×30	99	0.1~10	标准13，最大17	3000

表 8-2　中捷钉扣机的主要技术参数

机型	机针	缝制纽扣外径/mm	标准花样数/mm	线迹长度/mm	缝制尺寸/mm	缝纫速度/(r/min)
ZJ1903D-301-3	DP×17 14#	—	50	0.1~10	3.5	2700
ZJ1903D-301B-3	DC×17 14#	—	50	0.1~10	5	2700
ZJ1903D-301LK-3	DC×17 14#	—	50	0.1~10	—	2700

第二节　整机构成

工业电子套结机及钉扣机是相当复杂精密的缝纫机械，由计算机控制系统控制各个运动机构自动实现套结和钉扣缝纫。它的主要组成部分包括：刺料机构、钩线机构、挑线机构、送料机构、压脚机构（钉扣机构）、辅助机构（夹线与过线机构、绕线机构、润滑机构、拨线机构、电控自动机构等）。

一、各机构的作用

电子套结（钉扣）机的整机结构示意图如图 8-8 所示。

1. 刺料机构　将主轴的动力通过曲柄滑块机构传递给针杆，使之做上下往复的简谐运动的针杆机构。

2. 钩线机构　摆梭将机针形成的线环钩住，并使线环围绕摆梭环绕而使线环扩大的机构。

3. 挑线机构　在缝纫过程中根据线迹形成不同阶段所需线量，向机针和摆梭输送面线并收紧底面线的机构。

4. 送料机构　当机针退出面料后，送料机构驱动压脚及送料板将缝料向指定方向及位置推动一个线迹的长度。

5. 压脚机构　将缝料压紧，以备送料机构实现送料动作。

6. 夹线与过线机构　将缝线正常输送到机针为形成线迹作保证，并保证面线张力、确保线迹能收紧的装置。

7. 绕线机构　为满足缝制过程中底线的更换需求而做的绕线机构。

8. 润滑机构　为满足机器运行过程中平稳、降温降噪的作用，并延长机器的使用寿命。

9. 拨线机构　为提高线迹的美观性，在剪线工作完成后，自动将面线线头钩出的机构。

10. 电控自动机构　在缝制过程中，为降低劳动强度、提高效率而设计的自动切线机构、自动松线机构及自动抬压脚机构等由电控系统控制的机构。

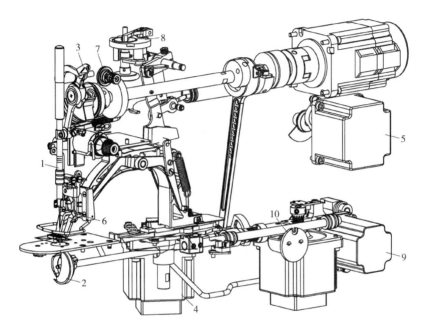

图 8-8　1900DSS 工业套结机及 1903 工业钉扣机整体结构示意图
1—刺料机构　2—钩线机构　3—挑线机构　4—送料机构　5—压脚机构
6—拨线机构　7—过线机构　8—绕线机构　9—剪线机构　10—润滑机构

二、电子套结机、电子钉扣机的传动原理

主轴伺服电动机作为动力源驱动主轴做旋转运动，主轴作为主动杆将运动传递给挑线、刺布及钩线等机构，再协同 X、Y 步进送料机构、抬压机构、松线机构及扫线机构，按一定规律形成一个合理的运动时序，从而形成一个完美的套结（钉扣）花样，当时序配合不当时，就会出现断针、断线、浮线等缝制缺陷。

电子套结机的最高缝速可达 3200r/min（电子钉扣机的最高缝速可达 2700r/min），这就要求步进送料与主轴的配合要相当紧凑，才能实现机针在出布后及入布前的送料，否则会出现断针、断线等缺陷。在此过程中还要完成自动松线、自动剪线、自动扫线、自动抬压等功能。

电子套结（钉扣）机的工作原理如图 8-9 所示。

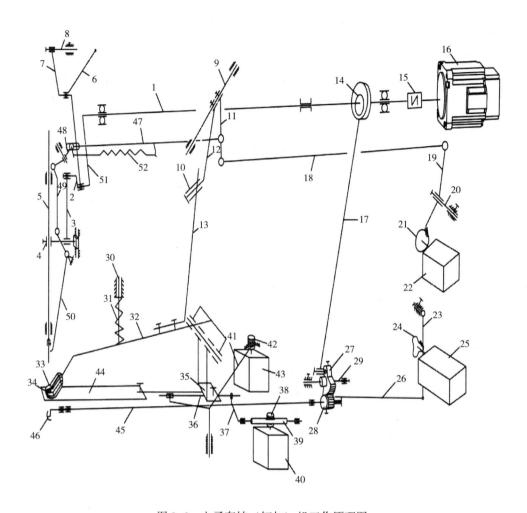

图 8-9 电子套结（钉扣）机工作原理图

1—主轴 2—挑线曲柄 3—针杆连杆 4—针杆连接柱 5—针杆 6—挑线杆 7—挑线连杆 8—挑线连杆销
9—曲柄轴 10—扣夹抬压销套 11—拨线曲柄 12—扣夹抬压曲柄 13—抬压挡板 14—偏心轮 15—联轴器
16—主轴电动机 17—大连杆 18—抬压拉杆 19—抬压曲柄组件 20—抬压曲柄轴 21—抬压凸轮
22—抬压步进电动机 23—剪线曲柄组件 24—剪线凸轮 25—剪线步进电动机 26—剪线拉杆 27—扇形齿轮
28—摆梭轴齿轮 29—偏心销 30—压脚导杆 31—压料弹簧 32—扣夹座 33—扣夹 34—纽扣
35—送料板座 36—送料托架 37—Y 向送料臂 38—Y 向齿轮 39—Y 向驱动轴 40—Y 向步进电动机
41—X 向杠杆齿轮 42—X 向齿轮 43—X 向步进电动机 44—送料板 45—摆梭轴 46—摆梭托
47—扫线调节杆 48—扫线连接板组件 49—扫线拉板 50—扫线杆组件 51—针杆曲柄 52—拉簧

第三节 主要机构及其工作原理

一、刺料机构

工业套结机及钉扣机的刺料机构，就是针杆机构，是将主轴的动力通过曲柄滑块机构传递给针杆，使之做上下往复的简谐运动。它的任务是在机针下降把线引到缝料下面去，机针上升再形成线环，为摆梭钩线创造前提条件。

如图 8-10 所示刺料机构是采用中心式的曲柄连杆滑块机构，其主要工作过程如下：

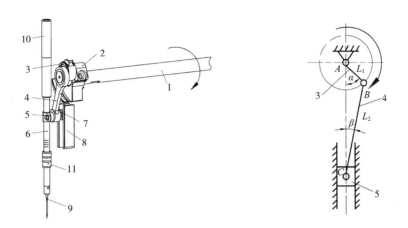

图 8-10　1900DSS 型工业套结机及钉扣机刺料机构实物图及机构运动示意图

1—主轴　2—针杆曲柄　3—挑线曲柄　4—针杆连杆　5—针杆连接柱

6—针杆　7—针杆滑块　8—针杆滑块槽　9—机针　10—针杆上套　11—针杆下套

（1）主轴 1 按箭头所示的方向转动，驱动针杆曲柄 2。

（2）挑线曲柄 3 一端固定在针杆曲柄 2 上，另一端与针杆连杆 4 连接；针杆连杆 4 的另一端通过针杆连接柱 5 与针杆 6 连接，针杆 6 的下端装有机针 9。

（3）针杆连接柱 5 与针杆 6 固定连接后，针杆连接柱 5 的出轴端与针杆滑块 7 连接，针杆滑块 7 以针杆滑块槽 8 为导向做上下往复直线运动。

（4）针杆 6 以针杆上套 10 及针杆下套 11 做导向上下往复直线运动，从而驱动机针 9 做向上下往复直线运动，最终形成机针刺料。

由图 8-10 运动示意图可得出，刺料机构共有 3 个活动构件（构件 3、4、5），4 个低副（即 A、B、C 及移动副 C），没有高副，其自由度为：

$$F = 3n - 2P_1 - P_h = 3 \times 3 - 2 \times 4 - 0 = 1$$

由此可见，该刺料机构是以主轴 1 为原动件，机针上下刺料运动自由度为 1 的机构。

根据常用的工业平缝机刺料机构为正置型曲柄滑块机构，偏距 $b = 0$，取曲柄 L_1、连杆 L_2 的角位移分别为 α、β，角速度分别为 ω_1、ω_2，曲柄 L_1 的角加速度为 ε_1，按其计算公式得到 1900DSS 型工业套结机及钉扣机 C 点（即针杆刺料机构的）的位移 s、速度 v 和加速度 a。

$$s = \frac{A + \sqrt{A^2 - 4C}}{2}$$

其中，①1900DSS 型工业套结机：曲柄 $L_1 = 20.6$ 连杆 $L_2 = 53$

得到：$A = 2L_1\cos\alpha = 41.2\cos\alpha$，$C = L_1^2 - L_2^2 = -2384.64$

②1903D 型工业钉扣机：曲柄 $L_1 = 22.85$ 连杆 $L_2 = 53$

得到：$A = 2L_1\cos\alpha = 45.7$，$C = L_1^2 - L_2^2 = -2286.88$

$$v = -\omega_1 \frac{L_1 + \sin(\alpha - \beta)}{\cos\beta}$$

$$a = \frac{L_1[\varepsilon_1\sin(\alpha - \beta) + \omega_1^2\cos(\alpha - \beta)] + L_2\omega_2^2}{\cos\beta}$$

二、钩线机构

钩线机构的作用，是摆梭将机针形成的线环钩住，并使线环围绕摆梭环绕而使线环扩大，配合挑线机构将多余的面线抽紧，实现面线和底线交织在缝料中间。

如图 8-11 所示，该钩线机构运动是通过主轴 1 旋转，驱动偏心轮 2 和大连杆 3，再驱动扇形齿轮 5 和下轴齿轮 7 来传递实现的。

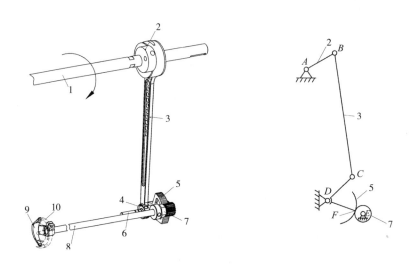

图 8-11　1900DSS 型工业套结机及钉扣机钩线机构实物图及机构运动示意图

1—主轴　2—偏心轮　3—大连杆　4—连接销　5—扇形齿轮　6—偏心轴　7—下轴齿轮　8—下轴　9—摆梭托　10—摆梭

（1）主轴 1 按箭头所示方向旋转运动，偏心轮 2 固定在主轴 1 上，大连杆 3 一端面与偏心轮 2 滚动连接，一端通过连接销 4 与扇形齿轮 5 连接。

（2）扇形齿轮 5 绕偏心轴 6 摆动，扇形齿轮 5 与下轴齿轮 7 啮合，下轴齿轮 7 与下轴 8 固定连接，摆梭托 9 与下轴 9 固定连接。

驱动原理为：当主轴 1 按箭头方向转动时，通过偏心轮 2 的作用，使扇形齿轮 5 绕偏心轴 6 来回摆动，驱动下轴齿轮 7 半圆周运动，从而使同时固定在下轴 8 上的摆梭托 9 实现来往复摆动，驱动摆梭 10 完成钩线动作。

由图 8-11 运动示意图可得出，钩线机构共有 4 个活动构件（构件 2、3、5、7），5 个低副（即 A、B、C、D、E），1 个高副 F，其自由度为：

$$F = 3n - 2P_1 - P_h = 3 \times 4 - 2 \times 5 - 1 = 1$$

由此可见，该钩线机构是以主轴 1 为原动件，驱动摆梭 10 往复钩线，其是自由度为 1 的机构。

如图 8-11 所示，1900DSS 型工业套结机及钉扣机，已知各构件尺寸为：$AB = 10.1\text{mm}$，$BC = 214\text{mm}$，$CD = 17.2\text{mm}$，$DE = 32\text{mm}$（其中 $DF = 24\text{mm}$，$FE = 8\text{mm}$），其中扇形齿轮 5 与下轴齿轮 7 的模数 $m = 0.8$，传动比为 3。

由上述条件计算，可得从 AB 下位置与 BC 重合时（即摆梭脱线位置）至 AB 上位置与 BC 重合时（即摆梭待钩线位置）为下轴极限摆动角度，大小为 223.04°，即下轴驱动摆梭最大摆动角度为 223.04°，摆梭初始角度在此运动角度之间对应某一个位置。

其摆梭驱动轨迹如图 8-12 所示。摆梭停针位置→按线路①回转到摆梭待钩线位置→按路线②

钩线扩线到达摆梭脱线位置→按路线③回到摆梭停针位置，由此可得摆梭摆动角度共计 2×223.04°＝446.08°。

三、挑线机构

工业套结机及钉扣机中挑线机构的作用，是在缝纫过程中根据线迹形成不同阶段所需的线量，向机针和摆梭输送面线，并使面线线环脱离摆梭，最后将缝料中已形成的线迹拉紧。如图 8-13 所示，工业套结机及钉扣机挑线机构均采用四连杆挑线机构。

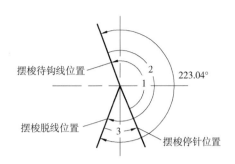

图 8-12　摆梭位置示意图

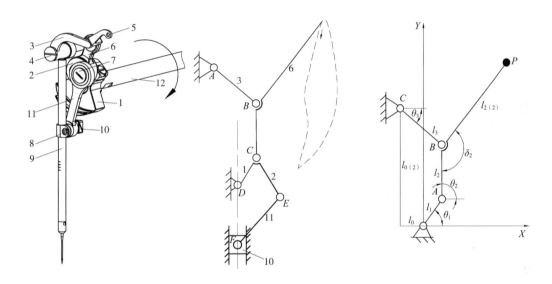

图 8-13　工业套结机及钉扣机挑线机构单一四边杆挑线机构实物图及机构运动示意图

1—针杆曲柄　2—挑线曲柄　3—挑线连杆　4—挑线连杆销　5—挑线杆体上的穿线孔　6—挑线杆体

7—挑线曲柄螺钉　8—针杆连接柱　9—针杆　10—针杆连接柱滑块　11—针杆连杆　12—主轴

（1）挑线机构的主动件安装在针杆曲柄 1 上，挑线曲柄 2 穿过挑线杆体 6 端部的孔而紧固在针杆曲柄 1 上。

（2）挑线连杆 3 的凸头套在挑线杆体 6 中部的孔内，挑线连杆 3 通过挑线挑连杆销 4 连接于机壳孔。挑线曲柄 2 的另一端套有针杆连杆 11，并通过挑线曲柄螺丝 7 在轴向限位。

（3）针杆连杆 11 下端孔与针杆连接柱 8 连接，针杆 9 由针杆连接柱 8 固紧。

驱动原理：主轴 12 旋转驱动针杆曲柄 1 旋转，通过挑线曲柄 2、针杆连杆 11 等，使针杆 9 做上下直线运动。挑线杆体 6 做上下挑线运动，挑线杆体上的穿线孔 5 也随之上下移动。此穿线孔 5 移动与针杆的上升、下降有节奏地配合，使面线在针杆的上下各个位置移动时，有相应的抽紧和放松以形成线迹。

由图 8-13 挑线机构运动示意图可得出，挑线机构共有 5 个活动构件（构件 1、3、6、10、11），7 个低副（即 A、B、C、D、E、F 及移动副 F），无高副，其自由度为：

$$F = 3n - 2P_1 - P_h = 3 \times 5 - 2 \times 7 = 1$$

由此可见，该挑线机构是以主轴 12 为原动件，驱动挑线杆体上的穿线孔 5 做往复上下放抽线运动，其是自由度为 1 的机构。

如图 8-13 所示，主轴 12 上的曲柄 OA 为主动件，各 l_i 为机构的杆长结构参数，δ_i 为机构的角度结构参数。取右手直角坐标系 XOY，根据四连杆机构的运动分析，可得摇杆的角位移 θ_3、角速度 ω_3、角加速度 a_3，以及连杆的角位移 θ_2、角速度 ω_2、角加速度 a_2 分别为：

$$\theta_3 = \arctan \frac{F - \sqrt{E^2 - F^2 - G^2}}{E - G}$$

其中：

$$E = 2l_3(-l_1\cos\theta_1 - l_0); \quad F = 2l_3[l_{0(2)} - l_1\sin\theta_1]$$

$$G = l_0^2 + l_{0(2)}^2 + l_1^2 + l_3^2 - l_2^2 + 2l_0 l_1\cos\theta_1 - 2l_{0(2)}^2\sin\theta_1$$

$$\theta_2 = \arctan \frac{l_{0(2)} + l_3\sin\theta_3 - l_1\sin\theta_1}{l_0 + l_3\cos\theta_3 - l_1\cos\theta_1}$$

$$\omega_3 = \omega_1 \frac{l_1\sin(\theta_1 - \theta_2)}{l_2\sin(\theta_2 - \theta_3)}$$

$$\omega_2 = \omega_1 \frac{l_1\sin(\theta_1 - \theta_3)}{l_2\sin(\theta_2 - \theta_3)}$$

$$a_3 = \frac{l_2\omega_2^2 + l_1 a_1\sin(\theta_1 - \theta_2) + l_1\omega_1^2\cos(\theta_1 - \theta_2) - l_3\omega_3^2\cos(\theta_3 - \theta_2)}{l_3\sin(\theta_3 - \theta_2)}$$

$$a_2 = \frac{l_3\omega_3^2 + l_1 a_1\sin(\theta_1 - \theta_3) + l_1\omega_1^2\cos(\theta_1 - \theta_3) - l_2\omega_2^2\cos(\theta_2 - \theta_3)}{l_3\sin(\theta_3 - \theta_2)}$$

挑线杆体上的穿线孔 5，P 点的矢径为：

$$P = l_1 e^{i\theta_1} + l_2 e^{i\theta_2} - l_{2(2)} e^{i(\theta_2 + \delta_2)}$$

求导得到 P 点的速度和加速度各为：

$$v_p = \omega_1 l_1 i e^{i\theta_1} + \omega_2 l_2 i e^{i\theta_2} - \omega_2 l_{2(2)} i e^{i(\theta_2 + \delta_2)}$$

$$a_p = a_1 l_1 i e^{i\theta_1} - \omega_1^2 l_1 i e^{i\theta_1} + a_2 l_2 i e^{i\theta_2} - \omega_2^2 l_2 e^{i\theta_2} - a_2 l_{2(2)} i e^{i(\theta_2 + \delta_2)} + \omega_2^2 l_{2(2)} e^{i(\theta_2 + \delta_2)}$$

四、送料机构

工业套结机及钉扣机的送料机构，就是缝纫过程中在形成线环的同时，为了得到所要的线迹，通过步进电动机控制将缝料按规定的运动轨迹进行移动的机构。

如图 8-14 所示，1900DSS 型工业套结机及钉扣机送料机构，采用的是两个步进电动机作为原动力（X 轴步进电动机、Y 轴步进电动机）来驱动送料机构：

（1）Y 轴送料齿轮 13 与 Y 轴步进电动机 12 固定连接，Y 向送料轴 11 固定于机壳底座可前后滑动，Y 轴送料齿轮 13 与 Y 向送料轴 11 通过齿轮齿条式啮合。

（2）Y 向送料臂固定于 Y 向送料轴 11 前端，送料托架支撑板 7 固定于机壳底板上并与 Y 向送料臂 10 形成滑动配合，转动螺钉销 9 通过送料托架 4 与 Y 向送料臂 10 固定连接，当 Y 轴步进电动机 12 转动时，驱动送料托架 4 完成 Y 向纵向送料。

（3）X 向杠杆齿轮 3 通过 X 向铰轴 8 形成转动配合，X 向铰轴 8 固定于机壳底板上，X 向杠杆齿轮 3 与 X 向送料齿轮 2 啮合，X 向料齿轮 2 与 X 轴步进电动机固定连接，X 向杠杆齿轮 3 的另一端通过滑块 5 及滑块销 6 与送料托架 4 的滑块槽形成滑块配合，当 X 轴步进电动机 1 转动时，驱动送料托架 4 完成 X 向横向送料。

由图 8-14 送料机构运动示意图可得出，送料机构共有 6 个活动构件（构件 2、3、4、5、11、

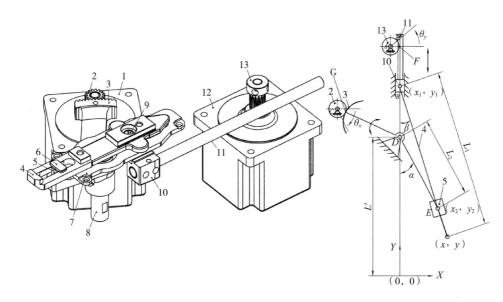

图 8-14　1900DSS 型工业套结机及钉扣机送料机构实物图及机构运动示意图

1—X 轴步进电动机　2—X 轴送料齿轮　3—X 向杠杆齿轮　4—送料托架　5—滑块　6—滑块销　7—送料托架支撑板　8—X 向铰轴　9—转动螺钉销　10—Y 向送料臂　11—Y 向送料轴　12—Y 轴步进电动机　13—Y 轴送料齿轮

13)，7 个低副（即 A、B、C、D、E 及移动副 B、E），2 个高副（F、G），其自由度为：

$$F = 3n - 2P_1 - P_h = 3 \times 6 - 2 \times 7 - 2 = 2$$

由此可见，该送料机构是以 X 送料齿轮 2、Y 送料齿轮 3 为原动件，驱动送料机构，将 (x, y) 点形成 X 向和 Y 向综合运动，其是自由度为 2 的运动机构。

如图 8-14 所示，现以针孔 (0, 0) 点设为缝纫原点，建立直角坐标系。设已知 X、Y 轴步进电动机由起始位置分别转动 θ_x、θ_y，L_2、L_1 分别转动角度 α、β，由轴 L_1、L_2 控制的缝制点从原点 (0, 0) 移动至点 (x, y)，从而产生下一个缝制点，此时 Y 向驱动臂 10、滑块 5 的坐标分别为 (x_1, y_1)、(x_2, y_2)。

点 (x, y)，由 (x_1, y_1)、L_1 以及 L_1 转过的角度 β 表示为：

$$x = x_1 + L_1 \sin\beta; \quad y = y_1 - L_1 \cos\beta$$

其中：$x_1 = 0$；$y_1 = r\theta_y + L_1$（r 为 Y 轴送料齿轮 13 的半径长度）

点 (x_2, y_2)，由轴 L_2、L_2 的转角 α 以及 L_2 的起点坐标 (0, L') 表示：

$$x_2 = L_2 \sin\alpha, \quad y_2 = L' - L_2 \cos\alpha$$

X 送料齿轮 2 与 X 杠杆齿轮 3 的齿轮传动比设为 K，可得：

$$\alpha = K\theta_x; \quad \beta = \arctan\left[(x_2 - x_1)/(y_2 - y_1) \right]$$

令 $L' = L$，由上述公式联合可得：

$$x = L_1 \sin\left[\arctan \frac{L_2 \sin(K\theta_x)}{-L_2 \cos(K\theta_x) - r\theta_y} \right]$$

$$y = r\theta_y + \left\{ L_1 - L_1 \cos\left[\arctan \frac{L_2 \sin(K\theta_x)}{-L_2 \cos(K\theta_x) - r\theta_y} \right] \right\}$$

在实际花样设计中，点 (x, y) 是已知的，L_1、L_2、r 均为已知量，由上述公式汇总可得：

① (x_1, y_1) 点：

$$\beta = \arcsin \frac{x}{L_1}$$

$$y_1 = y + \sqrt{L_1^2 - x^2}$$

$$\theta_y = \frac{y_1 - L_1}{r}$$

② (x_2, y_2) 点：

$$x_2 = \tan C(y_2 - y_1)$$

$$y_2 = y_1 + \frac{L' - y_1 - \sqrt{L_2^2 + \tan^2 C[L_2^2 - (L' - y_1)^2]}}{1 + \tan^2 C}$$

$$\alpha = \arcsin \frac{x_2}{L_2}$$

$$\theta_x = \frac{B}{K}$$

通过上述公式，在缝制点坐标确认以后，就可以得到送料机构的运动角度，从而确定 X、Y 轴步进电动机的转动角度，实现所需线迹轨迹。

第四节 辅助机构及其工作原理

一、压脚机构

（一）工业套结机压脚机构

工业套结机的压脚机构由压料、抬压机构组成，其主要作用是把缝料压住，并且与缝料之间有足够的摩擦力，配合送料机构同步送料，起缝、停车时，压脚机构能自动落下与抬起。

1900DSS 型工业套结机压脚机构运动示意如图 8-15 所示，该机构可分为压料部分及压脚抬起部分，其工作原理如下：

1. 压料部分 1~9 件为压料部分，通过压料弹簧 7 的作用力，将压脚 1 向下压下，从而将缝料压紧，便于送料。

（1）送料架 3 前端的两个长槽中，滑动配合着压脚 1，由压脚盖板 2 限位在送料架 3 上。

（2）压脚提升架 4 前端插入压脚 1 的孔中，并绕提升架轴 5 的来回旋转，从而驱动压脚 1 的上下运动。

（3）拉簧支轴柱 8 固定在送料架 3 上，通过压料弹簧 7 两端连接弹簧支轴 8 和压脚提升架 4 所产生的拉簧作用力，此时压脚 1 受向下的压紧力，将缝料牢牢压紧。

2. 压脚抬起部分 实现压脚 1 的抬起及自由下压。

压脚抬起部分的作用就是当套结缝纫完成后，抬起压脚将缝料取出或移动布料，或重新放进缝料，并让压料部分继续压紧缝料缝纫，其结构示意图如图 8-15 所示。

（1）抬压步进电动机 29 轴上固定抬压凸轮 28。

（2）抬压凸轮 28 与抬压曲柄组件 22 上的滚柱滚动连接。

（3）抬压曲柄组件 22 与抬压拉杆 20 一端连接，抬压拉杆 20 另一端与抬压拨线驱动曲柄 18 连接，抬压拨线驱动曲柄 18 与抬压驱动曲柄 14 同时固定连接在曲柄轴 17 上，曲柄轴 17 绕机壳孔做旋转运动。

（4）抬压驱动曲柄 14 与抬压传动板 10 一端轴位连接，中间部位通过连杆 12 轴位连接在机壳

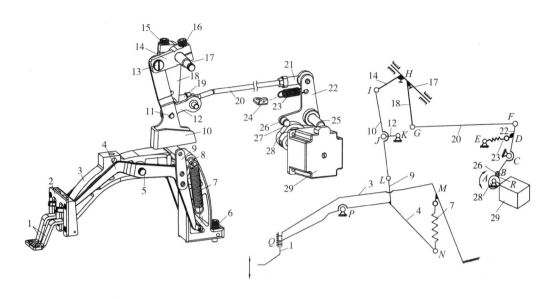

图 8-15 1900DSS 型工业套结机压脚机构实物图及机构运动示意图

1—压脚 2—压脚盖板 3—送料架 4—压脚提升架 5—提升架轴 6—螺钉 7—压料弹簧 8—拉簧支轴柱
9—压脚提升导板组件 10—抬压传动板 11—轴位螺钉 12—抬压脚定位连杆 13—轴位螺钉 14—抬压驱动曲柄
15—螺钉 16—螺钉 17—曲柄轴 18—抬压拨线驱动曲柄 19—万向节 20—抬压拉杆 21—万向节
22—抬压曲柄组件 23—抬压复位簧 24—复位簧拉板 25—抬压曲柄轴 26—抬压销套 27—轴位螺钉
28—抬压凸轮 29—抬压步进电动机

上，抬压传动板 10 的底部通过压料部分的压脚提升导板组件 9 与压料部分连接。

（5）当抬压步进电动机 29 转动设定的角度，会驱动抬压凸轮 28 转动，通过各连接连杆驱动抬压传动板 10 做向下运动，抬压传动板 10 驱动压脚提升导板组件 9 向下运动，从而使压料部分的压脚 1 实现抬起，而当抬压步进电动机 29 回转设定角度，抬压传动板 10 会与压脚提升导板组件 9 分离，实现压料部分的自行压紧布料。

由图 8-15 压脚机构运动示意图可得出，压脚机构共有 12 个活动构件（构件 1、3、4、7、10、12、18、20、22、23、26、28），17 个低副（即 A、B、C、D、E、F、G、H、I、J、K、L、M、N、P、Q 及移动副 Q），1 个高副（R），其自由度为：

$$F = 3n - 2P_1 - P_h = 3 \times 12 - 2 \times 17 - 1 = 1$$

由此可见，该压脚机构是以抬压凸轮 28 为原动件，驱动该机构的压脚 1 的抬起和下压，其是自由度为 1 的运动机构。

（二）工业钉扣机压脚机构

工业钉扣机的压脚机构由压料、抬压机构组成，其主要作用是把纽扣夹住，并压住缝料，使纽扣夹与缝料之间有足够的摩擦力，配合送料机构同步送料，使缝、停车时，压脚机构能自动落下与抬起。

1903D 型工业钉扣机压脚机构运动示意如图 8-16 所示，该机构可分为压料部分及压脚抬起部分，其工作原理如下：

1. 压料部分 将纽扣夹紧并压紧缝料，利于压料送扣。

（1）在夹扣簧 15 的弹簧作用力下，使扣夹 2 始终处于夹紧状态，从而夹紧纽扣 1。

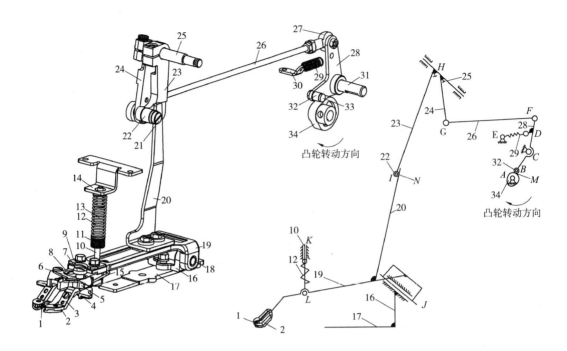

图 8-16　1903D 型压脚机构实物图及机构运动示意图

1—纽扣　2—扣夹　3—纽扣压板　4—压脚导向座　5—压脚连接座　6—压脚调节扳手　7—调节螺钉
8—定位螺钉　9—扣夹座压板　10—压脚导杆　11—调节螺母　12—压簧　13—压脚导杆套　14—压脚导杆导板
15—夹扣簧　16—扣夹支承座　17—送料板座　18—铰轴　19—扣夹座　20—抬压挡板　21—轴位螺钉
22—抬压曲柄滚子　23—扣夹抬压曲柄　24—抬压拨线曲柄　25—曲柄轴　26—抬压连杆　27—万向节
28—抬压曲柄组件　29—拉簧　30—拉簧连接板　31—抬压曲柄轴
32—抬压滚套　33—轴位螺钉　34—抬压凸轮

（2）扣夹 2 与扣夹座 19 固定连接，压脚导杆 10 一端支在扣夹座 19 上，另一端支在压脚导杆导板 14 上，通过压簧 12 的作用力，将扣夹座 19 往下压，从而使扣夹 2 下压，达到压紧缝料的目的。其压紧力可通过调节螺母 11 的上下调节来调整。

2. 压脚抬起部分　实现夹扣压料机构的抬起与放下，在压脚机构中使扣夹抬起和下压的机构称为抬压机构，它的作用就是当钉扣缝纫完成后，抬起压脚将纽扣、缝料取出，重新放进纽扣、缝料，并压紧继续缝纫，其结构示意图如图 8-16 所示。

（1）抬压凸轮 34 在如图 8-16 所示的凸轮旋转方向转动，驱动抬压曲柄组件 28 绕抬压曲柄轴前后摆动。

（2）通过抬压曲柄组件 28 前后摆动，驱动与之连接的抬压拉杆 26 前后摆动。

（3）抬压拉杆 26 另一端与抬压拨线曲柄 24 连接，抬压拨线曲柄 24 的另一端固定在曲柄轴 25 上，此时曲柄轴 25 绕机壳孔来回转动。

（4）扣夹抬压曲柄 23 一端固定在曲柄轴 25，随曲柄轴 25 转动做来回摆动。

（5）扣夹抬压曲柄 23 另一端固定连接有抬压曲柄滚子 22，驱动抬压挡板 20 前后摆动。

（6）抬压挡板 20 固定连接有压料机构，从而驱动压料机构的抬起与放下

由图 8-16 压脚机构运动示意图可得出，压脚机构共有 9 个活动构件（构件 12、20、22、25、26、28、29、32、34），12 个低副（即 A、B、C、D、E、F、G、H、I、J、K、L），2 个高副（M、

N），其自由度为：

$$F=3n-2P_1-P_h=3×9-2×12-2=1$$

由此可见，该压脚机构是以抬压凸轮34为原动件，驱动该机构的扣夹2的抬起和下压，其是自由度为1的运动机构。

二、拨线机构

工业套结机及钉扣机的拨线机构是为了提高线迹美观性，在剪线工作完成后，自动将面线线头钩出，其拨线原理如图8-17所示。

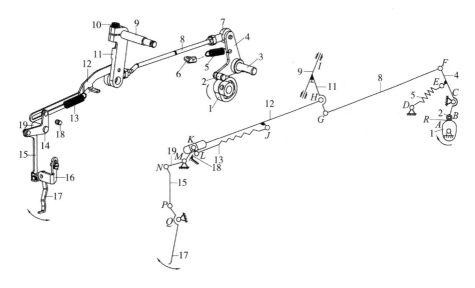

图8-17　拨线机构实物图及运动示意图

1—抬压凸轮　2—凸轮滚柱　3—抬压曲柄销　4—抬压曲柄　5—拉簧　6—拉簧固定板　7—万向接头
8—抬压拉杆　9—曲柄轴　10—螺钉　11—拨线曲柄　12—拨线连接杆　13—拉簧　14—拨线连接板组件
15—拨线拉板　16—拨线杆固定架　17—拨线杆组件　18—限位螺钉　19—支撑销

（1）抬压凸轮1按箭头所示方向转动设定的角度，通过拉簧5作用力使凸轮滚柱2始终与抬压凸轮1接触，在凸轮滚柱2的作用力下使抬压曲柄4绕抬压曲柄销3向后摆动。

（2）由抬压曲柄4的向后摆动驱动抬压拉杆8向后拉动。

（3）被固定在曲柄轴9上的拨线曲柄11在抬压拉杆8向后驱动下，绕曲柄轴9向后摆动。

（4）连接在拨线曲柄11上的拨线连接杆12向后摆动，在拉簧13的作用力下，使拨线连接板14绕支撑销19向上摆动。

（5）此时拨线连接板14一端与拨线拉板15一端连接，拨线拉板15另一端与拨线杆组件17连接，带动拨线杆组件17绕拨线杆固定架16向左摆动，并通过限位螺钉18来限制拨线杆组件17的摆动幅度，最终完成拨线动作。

由图8-17拨线机构运动示意图可得出，拨线机构共有12个活动构件（构件1、2、4、5、8、10、12、13、15、17、18、19），17个低副（即A、B、C、D、E、F、G、H、I、J、K、L、M、N、P、Q及移动副K），1个高副（R），其自由度为：

$$F=3n-2P_1-P_h=3×12-2×17-1=1$$

由此可见，该拨线机构是以抬压凸轮28为原动件，驱动该机构的拨线杆组件17的左右摆动，其是自由度为 1 的运动机构。

三、夹线与过线机构

夹线与过线机构是为了将缝线正常输送到机针为形成线迹作保证，并保证面线张力、确保线迹能收紧的装置。

1900DSS 型工业套结机及钉扣机夹线与过线装置如图 8-18 所示。

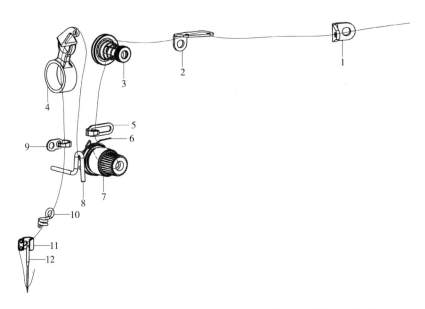

图 8-18   1900DSS 型工业套结机及钉扣机夹线与过线机构示意图

1—过线板 2—双眼过线板 3—面线夹线组件 4—挑线杆 5—右线钩 6—挑线簧 7—夹线组件
8—拦线钩 9—左线钩 10—下线钩 11—针杆线钩 12—机针

（1）缝线通过过线板 1，再依次穿过双眼过线板 2 的两个孔。绕过面线夹线组件 3，再从夹线器 7 绕过，穿过挑线簧 6，绕过拦线钩 8 再穿过右线钩 5，穿过挑线杆 4 的穿线孔，再穿过左线钩 9 及下线线钩 10，穿过针杆线钩 11 的两孔，最后穿过机针，至此过线部分完成。

（2）通过面线夹线器 3 的夹线簧的作用，控制剪完线后的残留在机针上的面线长度，该夹线器夹的越紧，剪线后面线残留在机针上的长度越短，反之，夹的越松，剪线后面线残留越长。

（3）通过夹线组件 7 来调整面线张力，收紧缝料底部面线，用该夹线器调整缝料线迹，调整到适当的线张力（过紧会引起面线断线、过松会引起面线浮线），达到线迹美观。

（4）通过挑线簧 6，起辅助收紧面线作用。

四、绕线机构

工业套结机及钉扣机的绕线机构是指自动将底线往梭芯上缠绕，并能自动停止绕线的机构，以满足缝制过程中底线的更换需求。

以 1900DSS 型工业套结机及钉扣机的绕线机构为例，其机构运动示意如图 8-19 所示。

（1）绕线机构通过梭芯卷绕体组件 4 固定连接在机壳上盖板孔内。

（2）卷绕手柄 3 按如图所示方向扳动，从而带动绕线定位块 5 转动。

（3）绕线定位块 5 卡在控制板 6 相应缺口槽内，控制板 6 中间位置绕摆动连杆轴 9 摆动，通

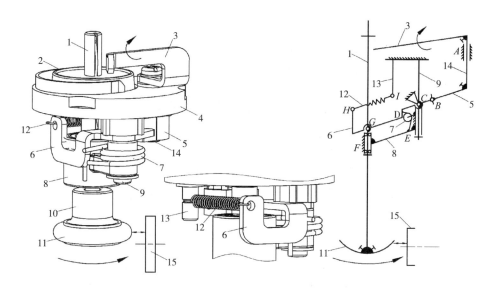

图8-19　1900DSS型工业套结机及钉扣机绕线机构实物图及机构运动示意图

1—梭芯卷绕轴　2—卷绕轴垫　3—卷绕手柄　4—梭芯卷绕体组件　5—绕线定位块　6—控制板　7—扭簧

8—摆动连杆　9—摆动连杆轴　10—绕线轮　11—橡胶轮　12—拉簧

13—拉簧固定轴　14—定位块轴　15—绕线主动轮

过扭簧7、拉簧12作用力下使控制板6的一面与摆动连杆8外圆柱表面始终接触，使摆连杆8前后摆动。

（4）摆动连杆8上下两端分别连接有绕线轮10、梭芯卷绕轴1，橡胶轮11紧箍住绕线轮10。

（5）摆动连杆8前后摆动使得橡胶轮11与机器绕线主动轮15接触，从而橡胶轮11按如图8-19所示方向旋转，达到驱动绕线梭芯卷绕轴1旋转运动，最终驱动梭芯卷绕轴上的梭芯。

（6）当绕线达到一定程度时，绕线定位块5与控制板6在拉簧12的作用力下，绕线定位块5与控制板6的接触部位脱离，掉入控制板6的凹槽点B内，完成绕线。

由图8-19绕线机构运动示意图可得出，拨线机构共有7个活动构件（构件1、3、6、7、8、9、12），10个低副（即A、B、C、D、E、F、G、H、I及移动副B），其自由度为：

$$F = 3n - 2P_1 - P_h = 3 \times 7 - 2 \times 10 = 1$$

由此可见，该绕线机构是以卷线手柄3为原动件，驱动该机构的橡胶轮11的左右摆动与绕线主动轮15的离合，其是自由度为1的运动机构。

五、自动切线机构

1900DSS型工业套结机及钉扣机的自动切线机构是通过剪线步进电动机3驱动剪线凸轮7的三段完全对称曲柄完成的，其自动切线原理示意如图8-20所示。

固定在剪线步进电动机3上的剪线凸轮7随剪线步进电动机3的出轴按箭头所示的方向转动，传感片1位置由A点运行到B点，剪线步进电动机3转动120°完成一次剪线动作，其具体原理为：

（1）剪线曲柄4中间部位安装有凸轮滚柱8，凸轮滚柱8可在剪线凸轮7槽内滑动，剪线曲柄4一端与剪线步进电动机座5摆动连接，另一端连接有剪线拉杆6。

（2）当剪线凸轮7随剪线步进电动机3转动时，通过凸轮滚柱8驱动剪线曲柄4绕剪线步进电动机座5前后摆动，从而带动剪线拉杆6前后运动。

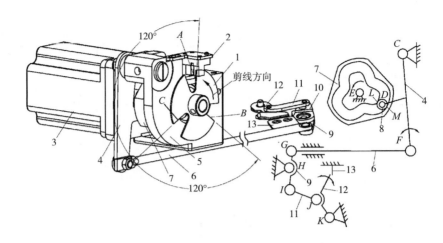

图 8-20 自动切线机构实物图及机构运动示意图

1—传感片 2—传感器 3—剪线步进电动机 4—剪线曲柄 5—剪线步进电动机座 6—剪线拉杆 7—剪线凸轮
8—凸轮滚柱 9—动刀传动杆分组件 10—动刀曲柄分组件 11—动刀连杆 12—动刀 13—定刀

（3）剪线拉杆 6 驱动动刀传动杆分组件 9，其与动刀曲柄分组件 10 通过螺钉固接，再通过动刀曲柄分组件 10 与动刀连杆 11 的连接、动刀连杆 11 与动刀 12 的连接，来驱动动刀 12 运动，最终完成动刀 12 与定刀 13 的啮合切线。

三段剪线如图 8-20 所示，由传感器 2 来定位传感片 1 的初始位置，当剪线步进电动机 3 运动 120°，从 A 点运动到 B 点完成一次剪线动作，B 到 C、C 到 A 完成另两次剪线动作，如此循环。剪线步进电动机 3 转一圈可完成三次剪线。

剪线步进电动机每次剪线动作分两步执行：

（1）剪线步进电动机运行 94.5°，对面线线环完成分线动作，主轴停止转动。

（2）剪线步进电动机继续运行 25.5°，完成最后的剪线动作。

由图 8-20 自动切线机构运动示意图可得出，切线机构共有 7 个活动构件（构件 4、6、7、8、9、11、12），9 个低副（即 C、D、E、F、G、H、I、J、K），以及 2 个高副（即 L、M）其自由度为：

$$F = 3n - 2P_1 - P_h = 3 \times 7 - 2 \times 9 - 2 = 1$$

由此可见，该切线机构是以剪线步进电动机 3 带动的剪线凸轮 7 为原动件，驱动该机构的动刀 12 与定刀 13 啮合，其是自由度为 1 的运动机构。

六、润滑机构

工业套结机及钉扣机的润滑一般为油绳渗油润滑摆梭。

油绳渗油润滑法是借助毛细管作用，利用虹吸原理把油滴入油孔内或直接滴于摩擦面上，它是一种简单的自动加油法。

1900DSS 型工业套结机及钉扣机采用油绳渗油润滑给高速运动的摆梭及摆梭托润滑，起降温降噪防断线的作用，如图 8-21 摆梭润滑系统所示。

其工作原理是：

（1）钩线摆梭放置于梭床 6 的轨道内，在其轨道内高速运转。

（2）两根进油油管 7 插入梭床 6 的 A、B 两孔，负责从油窗 12 吸油给摆梭供油。

（3）回油毛毡 3 负责收集摆梭润滑的废油。

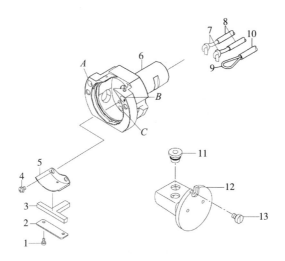

图 8-21　摆梭润滑系统

1—螺钉　2—压板　3—回油毛毡　4—螺钉　5—油线压板　6—梭床　7—进油油绳　8—进油油管
9—回油油绳　10—回油油管　11—油管塞　12—油窗　13—螺钉

（4）回油油绳 9 一端从梭就床 6 的 C 孔与回油毛毡 3 连接，一端插入与废油壶连接，回收至废油壶。

第五节　机构调整与使用

一、机构常规调整

（一）压脚高度调整

（1）1900DSS 型工业套结机当缝料过厚的时候，为了便于放缝料，可适当调整压脚的高度，如图 8-22 所示；而 430D 型工业套结机则可通过电控参数直接调整，无须拆装螺钉。

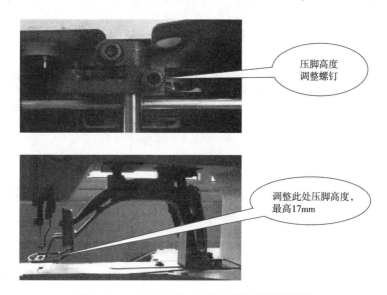

压脚高度
调整螺钉

调整此处压脚高度，
最高17mm

图 8-22　1900DSS 型工业套结机压脚高度调整

（2）1903D 型工业钉扣机当缝料有过厚的时候，为了便于放缝料，可适当调整压脚的高度，如图 8-23 所示；而 438D 型工业钉扣机则可通过电控参数直接调整，无须拆装螺钉。

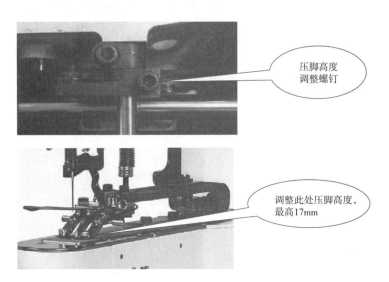

图 8-23　1903D 型工业钉扣机压脚高度调整

（二）扣线杆位置调整

为了顺利将剪完后的面线拨出，可适当调整拨线杆与机针的距离，如图 8-24 所示，一般调整到 23~25mm，拨线杆与机针上下距离 1.5mm。

图 8-24　拨线杆位置调整

（三）绕线量调整

为了使梭芯绕线量尽量达到更多的线量，需调整绕线器位置，如图 8-25 所示，一般调整到梭芯满量的 90% 左右，调整绕线手柄位置，越往外调，绕线量越多，反之越少。

（四）齿轮间隙调整

工业套结机及钉扣机上轴与下轴传动的扇形齿轮与下轴齿轮，长时间运行，齿轮之间会有间隙产生，从而导致整机噪声大，且影响缝纫性能，如图 8-26 所示，可通过调整齿轮偏心轴来减少两齿轮之间的间隙，提升缝纫性能。

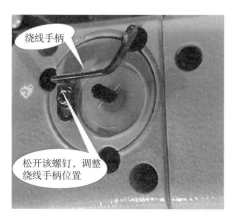

图 8-25　绕线量调整

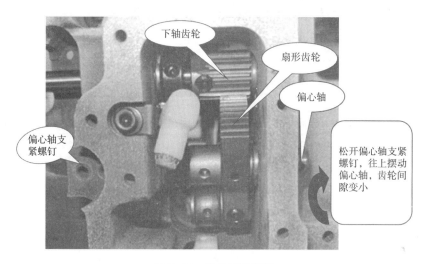

图 8-26　齿轮间隙调整

（五）添加润滑白油及油量调整

为了使摆梭一直处于有油润滑状态，需及时添加润滑白油，如图 8-27 所示，从注油孔注油进油窗至油窗两红线之间，通过调整螺钉 2 使支紧销 3 支紧或松开油线 4 的油量，调整后锁紧螺钉 1。

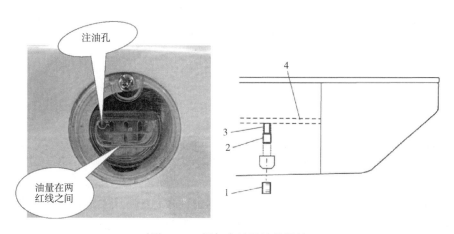

图 8-27　添加白油及油量调整

二、影响缝纫性能构件的调整

（一）线张力的调整

为了使整机缝纫线迹更加美观，收线正常，可通过如图8-28所示进行调整。

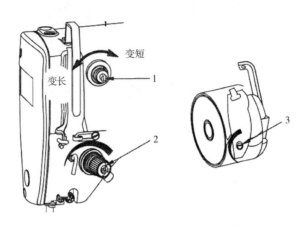

图8-28 线张力调整

调整要点：把第一线张力旋钮1向右转动，切线后针尖上的残线长度变短，向左转动后变长，请尽量在不脱线的情况下弄短残线。

用第二线张力旋钮2调整面线张力，用梭壳螺钉3调整底线张力，均在顺时针方向调整张力变大，逆时针调整张力变小，为使线迹美观，尽量减小面线及底线张力。

（二）挑线簧及面线线量的调整

根据缝料有时需要减少或者加大面线线量，使线迹美观，可通过如图8-29所示进行调整。

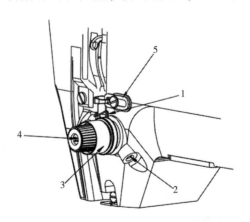

图8-29 挑线簧及过线钩的调整

1. 挑线簧调整 挑线弹簧1的标准移动量为8~10mm，开始挑线时的强度为0.1~0.3N。

（1）挑线弹簧移动量的调节：拧松固定螺钉2，转动夹线器挡圈3。

（2）挑线簧强度的调节：改变挑线弹簧的强度时，在螺丝2拧紧的状态下，把细螺丝刀插到夹线器螺钉4的缺口部转动调节。向右转动之后，挑线弹簧的强度变强，向左转动之后，强度变弱。

2. 过线钩调整 面线过线钩5为左右腰槽孔，通过调整过线钩5的左右位置，可根据缝料所需面线适当调整面线线量大小，往左调整面线线量变小，往右调整面线线量变大。

（三）针杆高度的调整

按图 8-30 调整针杆高度，否则容易造成跳针、断线、面线收不紧等缝纫缺陷。

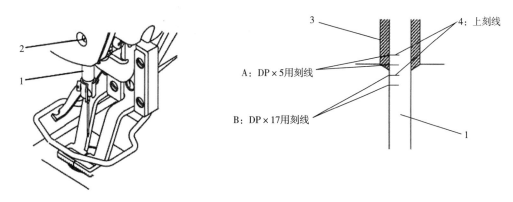

图 8-30　针杆高度的调整

调整要点：把针杆 1 设到最下点，拧松针杆紧固螺丝 2，把针杆上刻线 4 和针杆下套 3 的下端调节成一致即可，当缝料是带有弹性的针织缝料时，针杆 1 再下降 0.8~1mm。

（四）摆梭、梭托及梭床位置的调整

按图 8-31 调整摆梭、梭托及梭床位置，否则容易造成跳针、断线、面线收不紧等缝纫缺陷。

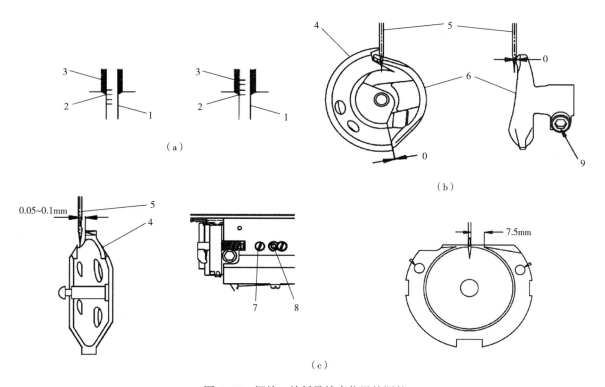

图 8-31　摆梭、梭托及梭床位置的调整

调整要点：

（1）用手转动手轮，针杆 1 上升时，把下刻线 2 对准针杆下套前端一致。

（2）为了让摆梭 4 的梭尖与机针 5 的中心一致，同时防止驱动器 6 在前端面与机针相碰，弄弯机针，把驱动器前端面与机针的间隙调整为 0mm，然后把驱动器固定螺丝 9 拧紧。

（3）拧松梭床固定螺丝 7，左右转动梭床调节轴 8，调节梭床的前后位置，把机针 5 和摆梭 4 的梭尖的间隙调整为 0.05~0.1mm。

（4）调节完梭床的前位置后，机针和梭床的间隙应为 7.5mm，然后拧紧梭床固定螺丝 7。

（五）动刀、定刀位置的调整

按图 8-32 调整动刀及定刀的位置，否则容易造成切线不良。

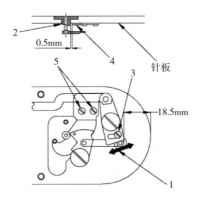

图 8-32　动刀、定刀位置的调整

调整要点：

（1）动刀的调整。拧松调节螺丝 3，向箭头方向移动动刀，把从针板前段刀切线小拨杆 1 的距离调整为 18.5mm。

（2）定刀的调整。拧松固定螺丝 5，移动固定刀，把针孔导线器 2 和固定刀 4 之间的间隙调整为 0.5mm，当出现剪线不良时，可在该值适当范围内（0.5~1mm）进行调整。

思考题

1. 工业套结机及钉扣机的刺料机构是采用哪种形式的机构？

2. 工业套结机及钉扣机的钩线机构原理是什么？完成钩线摆梭摆动角度是多少度？

3. 工业套结机及钉扣机挑线机构的功能和作用是什么？

4. 工业套结机及钉扣机送料机构的 X、Y 步进电动机转动角度与哪些因素有关？

5. 工业套结机及钉扣机压料机构是通过哪种作用力来完成的，压力大小是否可调？

6. 工业套结机及钉扣机绕线机构原动件是哪个零件？绕线量一般达到多少合适？

7. 简述工业套结机和钉扣机的切线步进电动机工作步骤。

8. 工业套结机及钉扣机的下轴齿轮与扇形齿轮间隙如何调整？

9. 切线后针尖上的面线残线长度如何调整？

10. 简述摆梭、机针、摆梭托之间在钩线位置时的位置关系。

11. 当缝制带有弹性面料的缝料时，针杆高度应如何调整？

12. 工业套结机及钉扣机动刀及定刀位置如何调整？

第九章 曲折缝缝纫机机构分析

第一节 概述

一、曲折缝缝纫机的发展

曲折缝缝纫机是缝纫机的一种特殊缝纫机型，又称"之"字缝机或"人"字缝机，用于有一定弹性的"之"字形线迹缝纫。一直以来，曲折缝缝纫机主要应用于内衣裤、文胸等服装生产领域，属于缝纫机中的一类小众产品。曲折缝缝纫机的起源可以追溯到19世纪80年代末。曲折缝的技术关键在于"刺料机构"——解决的是摆针左右运动的技术问题。当缝纫机生产商开发出"针杆摆动机构"之后，曲折缝缝纫机随即问世。在当前工业4.0、物联网、智慧工厂大背景下产生了更加智能的曲折缝缝纫机，直驱高速电控曲折缝缝纫机的产生也正是巧妙地结合了电动机控制系统和机械结构。

二、曲折缝缝纫机的分类

曲折缝缝纫机大致可以分为两类：机械式曲折缝缝纫机和电控式曲折缝缝纫机。

1. 机械式曲折缝缝纫机 顾名思义机械式曲折缝缝纫机的传动方式依靠主轴转动带动其他机构来完成"人"字形的线迹缝纫，因此它可以在几乎所有类型面料上进行缝纫，不必担心布料太厚太硬无法缝制，只需要调整针线压脚机构提高主轴力矩就可以完美胜任。简单的曲折缝缝纫机如L2280款可以完成单一的两点缝制。稍微复杂的曲折缝缝纫机如L2284款可以完成在两点和四点间线迹的切换。机械式曲折缝缝纫机虽然每次能完成的任务都很单一，但是另有一款L2288可以通过更换部分部件完成复杂图形及厚料的缝制，如直线、两点、三点、四点、月牙缝、三角缝、暗缝等曲折缝线迹，大幅丰富了该机种的花型及可缝制布料的选择。

2. 电控式曲折缝缝纫机 与通过机械传动的曲折缝缝纫机不同，电控曲折缝缝纫机单独只有主轴电动机是无法完成缝制任务的。对于电控曲折缝缝纫机来说，它需要完成的任务不再是像平缝机或机械曲折缝缝纫机那样，简单从 A 点到 B 点缝制一条直线线迹或是"人"字形折线线迹。正是因为 X 轴电动机和 Y 轴电动机的存在，使得直驱高速电控曲折缝缝纫机可以超越机械曲折缝缝纫机，完成上百种甚至上千种的花样线迹缝制。电控曲折缝缝纫机不需要因线迹花样的不同而频繁地更换特殊部件，只需在电脑中编辑需要的花样线迹然后导入系统即可，这大幅度地提高了设备灵活性。相较于传统以机械传动方式带动针杆摆动机构，电控曲折缝缝纫机能通过电动机来控制针杆摆动缝制出更多的花样，但也受到电动机的影响，对于特殊的面料不能够发挥出最佳的效果，同时除了机械结构外，还增加一些智控系统而产生更多问题。而电动机更加快速的反应，为曲折缝缝纫机带来了更美观的线迹和更高的工作效率。

简而言之，机械式的曲折缝缝纫机和电控曲折缝缝纫机各有优势。面对线迹需求单一、较密集缝制任务时，机械式的曲折缝能提供更加稳定出色的性能。而面对线迹需求多样化、更喜欢自定义、较轻松缝制任务时，电控曲折缝是最佳的选择。

三、曲折缝缝纫机的技术参数

正是因为曲折缝缝纫机的特殊性，国内外该机型机械款的生产厂商少之又少，表9-1所示为浙江力佳缝制设备有限公司生产的机械式曲折缝缝纫机技术参数，机械式曲折缝缝纫机机型主要分为 L2280、L2284、L2288 三大类。

表 9-1　机械式曲折缝缝纫机技术参数

技术参数	机型							
	L2280	L2280-D	L2680	L2284	L2284-D	L2684	L2288	L2288H
最高缝速/（r/min）	5000	4500	4500	5000	4500	4500	4000	3000
最大送料量/mm	2.5			2.5			2.5	
针摆幅/mm	8	8	5	8	8	5	根据凸轮不同	
缝纫形式	两点曲折			两点、四点曲折互换			包含曲折11种线迹	包含曲折3种线迹
压脚提升量/mm	5.5~10			5.5~10			5.5~10	6~13
机针型号	DP×5 10#~14#			DP×5 10#~14#			DP×5 10#~14#	DP×5 19#~23#
用途	薄布料至中厚缝料			薄布料至中厚缝料			薄布料至特厚缝料	

电控曲折缝缝纫机大致可以分为两类：双步进电动机控制 X、Y 轴花样设计的电控曲折缝缝纫机和单步进电动机控制 X 轴及旋钮调节 Y 轴的电控曲折缝缝纫机。两者各有特点，前一种可以缝制更多的花样线迹，与花样机有异曲同工之妙。而第二种机型相比第一种虽然花型少，但是因其 Y 轴牙齿的传动依靠主轴，其具有机械式曲折缝缝纫机抓布稳定的特点。以下选取部分厂商生产的电控曲折缝缝纫机的技参数，见表9-2。

表 9-2　电控式曲折缝缝纫机技术参数

技术参数	机型					
	L2290-A-SR	L2290-A-SS	ZJ2290S	ZJ2290S-SR	LZ-2290CF-7 重机	Z-8550B 兄弟
最高缝制速度/（r/min）	5000		5000		5000	5000
针摆幅/mm	最大：10 标准：8 单位摆幅：0.1		最大：10/3 步标准：8/2 步		标准：8（通过更换针位可达10）	标准：8（通过更换针位和限位器可达10）
最大送料量/mm	±2.5		5		5.0	4
抬压脚高度（手动/膝控）/mm	5.5	10	5.5	10	5.5	10	6	10

第二节　机械式曲折缝缝纫机的主要机构及其工作原理

一、整机的工作原理简图

如图9-1所示为L2284A型机械式曲折缝缝纫机，图9-2所示为机械曲折缝缝纫机L2284A工作原理示意图。其组成可分为针杆机构、针杆平移摆动机构及针杆平移调节机构、挑线机构、钩线机构、送料机构、针距调节、倒缝及加固缝机构。

图9-1　L2284A型机械式曲折缝缝纫机实物图

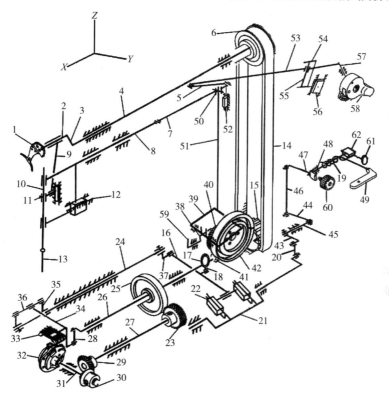

图9-2　L2284A型机械式曲折缝缝纫机工作原理示意图

1—旋式挑线杆　2—连接销　3—针杆曲柄　4—上轴　5—连杆　6—同步齿形带轮　7—针杆驱动连杆　8—摆动架
9—针杆连杆　10—针杆　11—针杆抱箍　12—导向器　13—机针　14—同步齿形带　15—同步齿形带轮　16—针距连杆
17—送料偏心轮　18—驱动连杆　19—弹簧　20—调节器连杆　21—调节器　22—双滑块　23—驱动齿轮
24—水平送料轴　25—下轴齿轮　26—下轴　27—驱动轴　28—小连杆　29—驱动轴伞齿轮　30—旋梭轴伞齿轮
31—旋梭轴　32—旋梭　33—送料牙　34—牙架　35—牙架曲柄　36—送料牙架轴　37—水平送料摆杆臂　38—曲轴
39—连接曲柄　40—蜗轮组件　41—蜗杆　42—花盘　43—送料连杆　44—抬牙曲柄　45—抬牙轴　46—倒缝连杆
47—针距调节曲柄　48—倒缝扳手轴　49—倒缝扳手　50—调节销　51—驱动曲柄　52—驱动连杆导向块
53—调节连杆　54—机针位置调节板　55—限位块组件　56—轴位导向　57—导向销轴　58—调节旋钮组件
59—曲柄　60—针距调节旋钮组件　61—加固缝旋钮　62—加固缝调节器

二、针杆机构

机械式曲折缝缝纫机的针杆机构和平缝机的基本类同。如图 9-3 所示，其主要由针杆 10、针杆曲柄 3、针杆连杆 9 及针杆抱箍 11 组成的四杆机构、上轴和电动机组成。

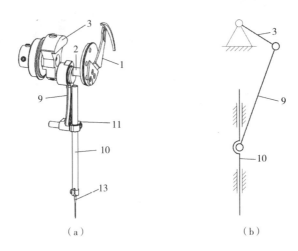

（a）　　　　　　　　　　　（b）

图 9-3　L2284A 型机械式曲折缝缝纫机针杆机构示意图

1—旋式挑线杆　2—连接销　3—针杆曲柄　9—针杆连杆　10—针杆　11—针杆抱箍　13—机针

（1）工作时，电动机带动上轴转动，上轴带动针杆曲柄 3 和针杆连杆 9 以上轴为圆心旋转。

（2）针杆抱箍 11 与针杆连杆 9 铰链连接，同时又与针杆固接。针杆跟随针杆曲柄和针杆连杆同时运动，组成四杆机构。

（3）针杆架及针杆组成的曲柄滑块机构，使针杆沿着针杆架轨道做上下运动。

三、针杆平移摆动机构及针杆平移调节机构

由于机械式曲折缝缝纫机"人"字形线迹缝制的需要，针杆在上下运动的同时，也需要左右摆动，所以针杆不能像平缝机一样直接在机壳中往复运动，必须设置一个可以摆动的针杆架；针杆在摆动的针杆架中往复运动，实现针杆上下运动的同时左右摆动。其针杆平移摆动结构如图 9-4 所示。

（一）针杆平移摆动机构

与传统曲折缝缝纫机不同，该机采用了平移机架，这样左右针均实现了垂直刺布。如图 9-4 所示，该机型通过曲柄 59、连接曲柄 39 和花盘 42 的调节，可以做到两点曲折和四点曲折之间的切换，提高机器的使用效率。实现一机多用的同时又不需要使用人员对机器复杂结构进行调整。

（1）拨动曲柄 59 将连接曲柄 39 与对应线迹的花盘连接。

（2）与主轴传动接触的蜗轮组件 40 以一定速度比例带动花盘转动。

（3）连接曲柄 39 沿着花盘上的花纹，通过驱动曲柄 51 的传动带动针杆曲柄 7 运动。

（4）针杆曲柄驱动以左右滑动的方式固定在机壳上的针杆座完成左右运动，以此来实现针杆的左右运动。

（二）针杆平移调节机构

针杆平移调节机构可分为两类，平移幅度的调节机构和针位调节机构。在使用中，线迹宽度

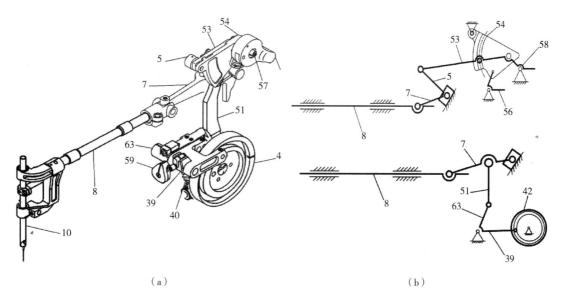

图9-4　针杆平移摆动机构及针杆平移调节机构示意图

5—连杆　7—针杆驱动连杆　8—摆动架　10—针杆　39—连接曲柄　40—蜗轮组件　42—花盘　51—驱动曲柄
53—调节连杆　54—机针位置调节板　56—轴位导向　57—导向销轴　58—调节旋钮组件　59—曲柄　63—驱动连杆

常用平移幅度调节机构调整，而基线的位置通过针位调节机构进行调整。如图9-4所示，其机构是利用连杆机构对针杆驱动杆4的运动轨迹或初始位置做出大幅度调整或者微调来对针杆摆幅或针位做出调整。

1. 平移幅度的调节机构　搬动调节旋钮组件58，将调节连杆53在机针位置调节板54的可调范围中移动，对针杆驱动杆7的运动轨迹调整，使摆针幅度在0~8mm之间调整。

2. 针位调节机构　扳动轴位导向56，将针位调节板54绕支点转动，对针杆驱动杆7的初始位置调整，使针的基线位置在0~8mm之间调整。

通过针杆机构和针杆平移摆动机构的结合，曲折缝缝纫机中的针杆能够做到上下左右的运动，完成"人"字形线迹的走针。

四、挑线机构

如图9-5所示，机械式曲折缝缝纫机使用的是旋式挑线器，这种挑线器仅是一个与上轴固连的回转零件，不产生任何附加的动载负荷，也不需要润滑。

（1）旋式挑线杆1固定在连接销2的B点和针杆曲柄3固定旋转。

（2）当旋式挑线杆与上轴一起转动时，依靠挑线器端部形状结构实现有规律的供线和收线。

五、钩线机构

如图9-6所示，正是旋梭垂直于下轴的特点，使得曲折缝缝纫机能够完成"人"字形线迹。无论机针是在摆幅的最左边还是最右边，都能够完成钩线。

（1）下轴转动时，下轴齿轮25与驱动轴27后端的驱动齿轮23啮合，使驱动轴以主轴转速的两倍旋转。

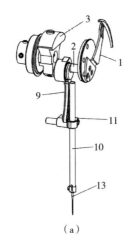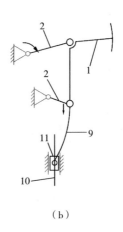

（a）　　　　　　　　　　　　　（b）

图 9-5　机械式曲折缝缝纫机 L2284A 挑线机构示意图

1—旋式挑线杆　2—连接销　3—针杆曲柄　9—针杆连杆　10—针杆　11—针杆抱箍　13—机针

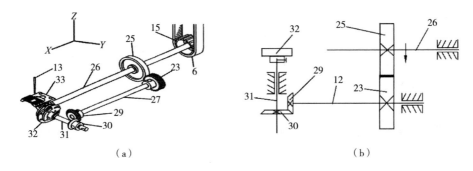

（a）　　　　　　　　　　　　　（b）

图 9-6　机械式曲折缝缝纫机 L2284A 钩线机构示意图

6—同步齿形带轮　13—机针　15—同步齿形带轮　23—驱动齿轮　25—下轴齿轮　26—下轴　27—驱动轴
29—驱动轴伞齿轮　30—旋梭轴伞齿轮　31—旋梭轴　32—旋梭　33—送料牙

（2）驱动轴通过驱动轴伞齿轮 29 和旋梭伞齿轮 30 啮合，使旋梭以主轴转速两倍旋转并与机针 1 配合完成钩线运动。

六、送料机构

如图 9-7 所示，曲折缝缝纫机的送料运动是由上下运动和前后运动复合而成。

（1）下轴 26 前端的偏心通过小连杆 28 与送料牙架 34 铰链，下轴转动时其前端偏心轮即带动送料牙 33 完成上下运动。

（2）下轴 26 上安装的送料偏心轮 17 通过驱动连杆 18 带动针距连杆 16 上下运动。

（3）由于与之铰接的双滑块在调节器 21 倾斜的导槽中往复运动，使针距连杆 16 在上下运动的同时获得了前后运动。

（4）通过与针距连杆前端的水平送料摆动臂 37、水平送料轴 24、牙架曲柄 35、牙架 34 等机件的运动传递，最终使送料牙 33 获得前后运动。

（5）通过（1）送料牙上下运动和（4）送料牙前后运动的复合，完成送料动作。

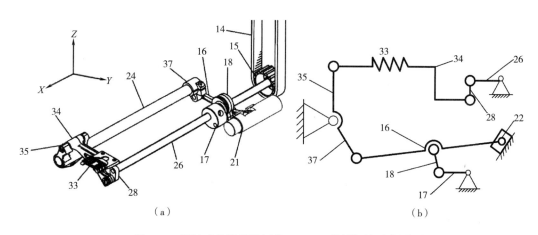

图 9-7　机械式曲折缝缝纫机 L2284A 送料机构示意图

14—同步齿形带　15—同步齿形带轮　16—针距连杆　17—送料偏心轮　18—驱动连杆　21—调节器
24—水平送料轴　26—下轴　28—小连杆　33—送料牙　34—牙架　35—牙架曲柄　37—水平送料摆杆臂

七、针距调节、倒缝及加固缝机构

如图 9-8 所示，曲折缝缝纫机的针距调节机构、倒缝及加固缝机构的原理就是通过调节送料牙前后运动的距离来调整送料量，以此达到针距调节、倒缝及加固缝的效果。

（一）针距调节机构

（1）转动针距调节旋钮组件 60，其前端的顶针将微量调整针距调节曲柄 47 的角度，使其发生角度转动。

（2）针距调节曲柄 47 的角度转动，通过倒缝连杆 46、抬牙轴 45、抬牙曲柄 43、送料连杆 19 和调节器连杆 20 所连接成的杠杆运动使调节器 21 发生偏转。

（3）调节器 21 的微量偏转，改变了送料机构前后方向的运动轨迹，完成针距调节。

（二）倒缝及加固缝机构

鉴于"人"字形线迹的特点，曲折缝缝纫机并不要求如平缝机那样实现等针距的倒缝，而是由倒缝机构和加固缝机构组合实现加固缝纫，这种加固缝纫分为三种类型，即短针距正向加固缝、倒缝加固缝、原地加固缝。

（1）按下倒缝扳手 49，调整针距调节曲柄 47 的角度，使其发生大角度转动。

（2）针距调节曲柄 47 的角度转动，通过倒缝连杆 46、抬牙轴 45、抬牙曲柄 43、送料连杆 19 和调节器连杆 20 所连接成的杠杆运动使调节器 5 发生大角度偏转。

（3）调节器 5 的大角度偏转，改变了送料机构前后方向的运动轨迹，完成短针距正向加固缝、倒缝加固缝、原地加固缝后，松开扳手使调节器回到正常角度，继续缝制。

调节加固缝旋钮 61 变小时，机器按短针距沿原缝纫方向进行加固缝纫。

调节加固缝旋钮 61 为零时，送料牙停止送料，机器以零针距在原地进行加固缝纫。

调节加固缝旋钮 61 为负时，机器以对应的针距逆原缝纫方向进行加固缝纫。

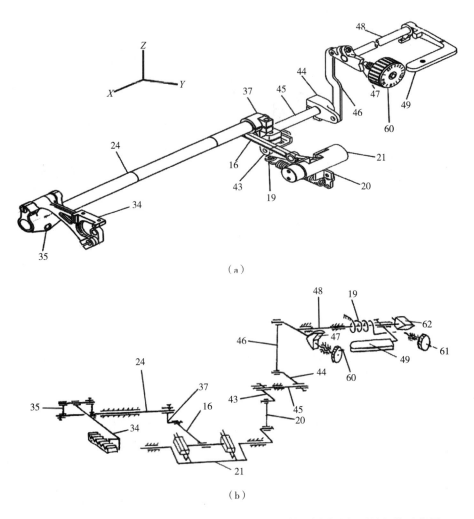

图 9-8   机械式曲折缝缝纫机 L2284A 针距调节机构、倒缝及加固缝机构示意图

16—针距连杆   19—弹簧   20—调节器连杆   21—调节器   24—水平送料轴   34—牙架   35—牙架曲柄
37—水平送料摆杆臂   43—送料连杆   44—抬牙曲柄   45—抬牙轴   46—倒缝连杆   47—针距调节曲柄
48—倒缝扳手轴   49—倒缝扳手   60—针距调节旋钮组件   61—加固缝旋钮   62—加固缝调节器

第三节   电控式曲折缝缝纫机的主要机构及其工作原理

一、整机的工作原理简图

如图 9-9 所示为双步进电动机的电控式曲折缝缝纫机 L2290-A-SR，图 9-10 所示为电控式曲折缝缝纫机 L2290-A-SR 工作原理示意图。其组成可分为电控系统、组成的机器本体的主要机构和提高生产效率的辅助机构。其与机械式曲折缝的区别在于利用步进电动机和电控技术替代针杆平移调节机构和针距调节机构。主要机构可分为：针杆机构及针杆平移摆动机构、挑线机构、钩线机构和送料机构及针距调节机构。辅助机构可分为抬压脚机构和剪线机构。

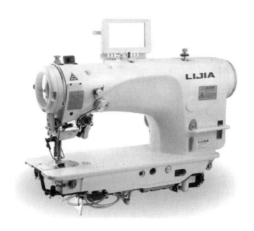

图 9-9　电控式曲折缝缝纫机 L2290-A-SR 实物图

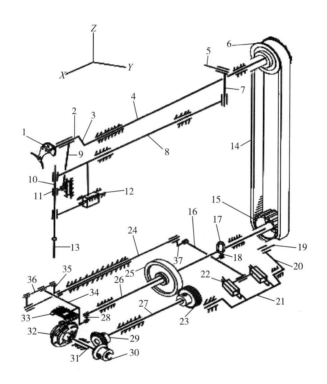

图 9-10　电控式曲折缝缝纫机 L2290-A-SR 工作原理示意图

1—旋式挑线杆　2—连接销　3—针杆曲柄　4—上轴　5—摆动电动机　6—同步齿形带轮　7—摆动轴连杆　8—摆动架
9—针杆连杆　10—针杆　11—针杆抱箍　12—导向器　13—机针　14—同步齿形带　15—同步齿形带轮　16—针距连杆
17—送料偏心轮　18—驱动连杆　19—调节器电动机　20—调节器连杆　21—调节器　22—双滑块　23—驱动齿轮
24—水平送料轴　25—下轴齿轮　26—下轴　27—驱动轴　28—小连杆　29—驱动轴伞齿轮　30—旋梭轴伞齿轮
31—旋梭轴　32—旋梭　33—送料牙　34—牙架　35—牙架曲柄　36—送料牙架轴　37—水平送料摆杆臂

二、针杆机构及针杆平移摆动机构

1. 针杆机构   如图 9-11 所示，电控式曲折缝缝纫机沿用了机械式曲折缝缝纫机的针杆机构。

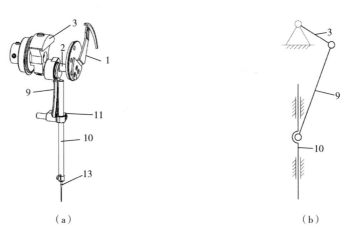

（a）   （b）

图 9-11　电控式曲折缝缝纫机 L2290-A-SR 针杆机构示意图
1—旋式挑线杆　2—连接销　3—针杆曲柄　9—针杆连杆　10—针杆　11—针杆抱箍　13—机针

2. 针杆平移摆动机构   如图 9-12 所示，电控式曲折缝缝纫机机械结构上的区别之一就在于其只沿用了部分机械款的针杆平移摆动机构及针杆平移调节机构。其针杆平移摆动结构是由步进电动机和滑杆机构组成的。

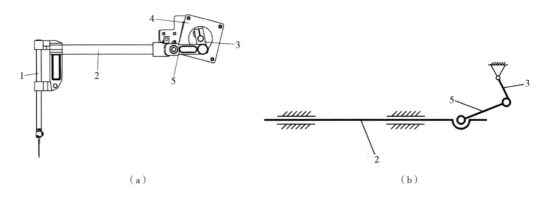

（a）   （b）

图 9-12　电控式曲折缝缝纫机 L2290-A-SR 针杆平移摆动机构示意图
1—针杆　2—针杆座组件　3—连接器　4—X 轴电动机　5—连杆

（1）步进电动机左右摇摆时，通过连杆 5 及连接器 3 和固定在机壳上的针杆座组件 2 做左右滑动。

（2）处于针杆座中的针杆跟随针杆座做左右运动。通过针杆机构和针杆平移摆动机构的结合，曲折缝缝纫机中的针杆能够做到上下左右的运动，完成"人"字形线迹的走针。通过电控系统对电动机摆动幅度的控制调整针杆摆幅。通过电控系统对电动机的控制，完成机器针位调节。

三、挑线机构

如图 9-13 所示，电控式曲折缝缝纫机使用的是与机械式曲折缝缝纫机完全一样的旋式挑线器。

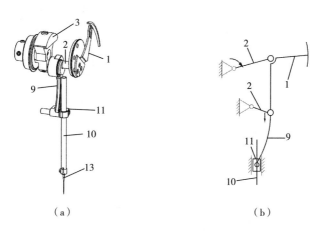

（a）　　　　　　　　　　　（b）

图 9-13　电控式曲折缝缝纫机 L2290-A-SR 挑线机构示意图

1—旋式挑线杆　2—连接销　3—针杆曲柄　9—针杆连杆　10—针杆　11—针杆抱箍　13—机针

四、钩线机构

如图 9-14 所示，电控式曲折缝缝纫机使用的是与机械式曲折缝缝纫机完全相同的钩线机构。

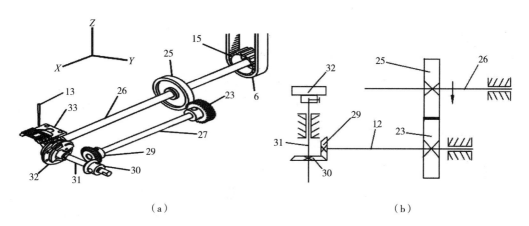

（a）　　　　　　　　　　　（b）

图 9-14　电控式曲折缝缝纫机 L2290-A-SR 钩线机构图及示意图

13—机针　15—同步齿形带轮　23—驱动齿轮　25—下轴齿轮　26—下轴　27—驱动轴
29—驱动轴伞齿轮　30—旋梭轴伞齿轮　31—旋梭轴　32—旋梭　33—送料牙

五、送料机构及针距调节机构

如图 9-15 所示，电控式曲折缝缝纫机的送料机构和机械式曲折缝缝纫机一样，送料牙的送料运动也是由上下运动和前后运动复合而成。

但是其针距调节机构从复杂的机械结构变成了步进电动机连杆传动控制结构。闭环步进电动机上的快速反应和精确定位，使得调节器能够精确地转到合适的角度，调节送料机构的摆幅，完成对针距的调节、倒缝及加固缝的缝纫。

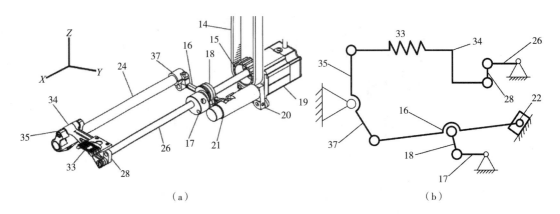

（a）　　　　　　　　　　　　　（b）

图 9-15　电控式曲折缝缝纫机 L2290-A-SR 送料机构示意图

14—同步齿形带　15—同步齿形带轮　16—针距连杆　17—送料偏心轮　18—驱动连杆　19—调节器电动机
20—调节器连杆　21—调节器　24—水平送料轴　26—下轴　28—小连杆　33—送料牙
34—牙架　35—牙架曲柄　37—水平送料摆杆臂

六、辅助机构及装置

（一）抬压脚机构

如图 9-16 所示，有三种方式让抬压脚抬起，分别是手动、膝控和电控控制。

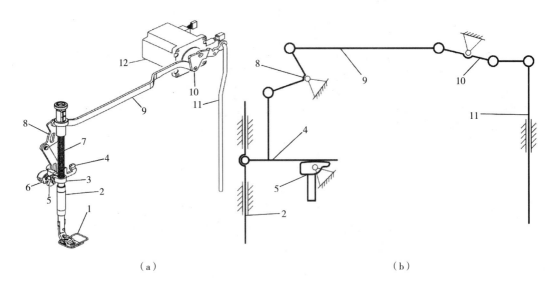

（a）　　　　　　　　　　　　　（b）

图 9-16　曲折缝缝纫机抬压脚机构

1—压脚　2—压脚杆　3—压脚杆导架　4—抬压脚杠杆　5—压脚提升凸轮　6—压脚扳手　7—弹簧
8—抬压脚连杆　9—抬压脚提升拉杆　10—膝控杠杆　11—膝控连接杆　12—抬压脚电控装置

1. 手动的方式　通过在机头部位的外部压脚扳手 6 转动压脚提升凸轮 5 直接接触抬起固定在压脚杆 2 上的压脚杆导架 3 来抬起压脚，这一控制方式的抬起高度有限，但是可以长时间让压脚保持提升状态。

2. 膝控的方式　当膝控连接杆 11 向上抬起时，与其铰接的膝控杠杆 10 绕支点螺钉旋转，抬压脚提升拉杆 9 与右端膝控杠杆 10 铰接，左端又与抬压脚连杆 8 铰接，抬压脚连杆 8 绕支点螺钉旋转并与抬压脚杠杆 4 连接，并且抬压脚杠杆 4 绕支点螺钉旋转。通过这一系列杠杆连杆结构的方式，能够让压脚杆抬起的高度达到最大 10mm。

3. 电控的方式　让电控装置代替膝控连接杆完成抬压脚的动作，其机构和工作原理与膝控方式基本相同。

（二）自动剪线装置

如图 9-17 所示，切线刀具装置采用动刀方式。无论摆幅在左右的哪个方向都能稳定地切线，有效提高了工作效率。

（三）散热装置

如图 9-18 所示，通过散热装置的配置能够减少旋梭部位的发热，提高旋梭的使用寿命。

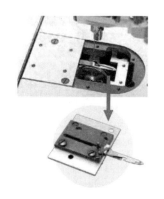

图 9-17　曲折缝缝纫机剪线装置

图 9-18　曲折缝缝纫机散热装置

第四节　机构调整与使用

无论是机械式曲折缝缝纫机还是电控式曲折缝缝纫机，因其缝纫原理相同，其机构调整大同小异。

一、线张力调整

图 9-19 为电控式曲折缝缝纫机线张力调整示意图。

1. 上线张力的调整　如图 9-19 所示，上线张力用线张力螺母 4 来调整。向右转动变强，向左转动变弱。

2. 挑线弹簧的调整

（1）变更挑线弹簧的强度时，拧紧线张力杆的紧固螺钉 1，把螺丝刀插到线张力杆 2 的槽里进行调整。向右转变强，向左转变弱。

（2）变更挑线弹簧挑线量时，拧松线张力杆紧固螺钉 1，转动线张力杆座 3 进行调整。挑线

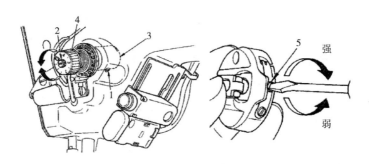

图 9-19　电控式曲折缝缝纫机线张力调整示意图

1—紧固螺钉　2—张力杆　3—张力杆座　4—张力螺母　5—梭壳的张力螺钉

量范围为 6~10mm。

3. 底线张力的调整　转动梭壳的张力螺钉 5 来调整底线张力。向右转动变强，向左转动变弱。

二、旋梭油量调整

旋梭工作时供油量偏大会污染缝制物，过小则会影响其工作寿命，应周期性地予以检查和调节。

检查的方法：在无缝料的情况下将白纸置于旋梭左面 5~10mm 处，以正常缝速运约 10s，检查纸面上溅油情况，如纸面油点较多、明显湿润则油量过多，如油点很少则供油不足，此时可通过旋动旋梭后小齿轮外侧的油量调节螺钉予以调节。螺钉头

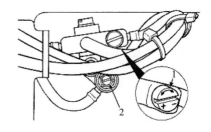

图 9-20　电控式曲折缝缝纫机旋梭油量的调整

部断面上有 "+、-" 标记，按标记方向旋动即可增加或减少供油量，调节后可再试直至符合要求，如图 9-20 所示。

三、压脚杆高度及微量浮起调整

如图 9-21 所示，想要变更压脚杆的高度或压脚的角度时，拧松压脚套管固定螺丝 3 进行调整。调整后，拧紧固定螺丝 3。

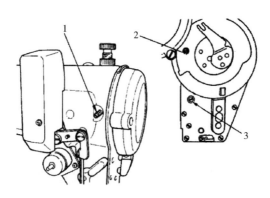

图 9-21　电控式曲折缝缝纫机压脚杆调整

1—固定螺丝　2—压脚浮起螺丝　3—固定螺丝

有的缝料需要把压脚稍稍浮起进行缝制。其调整方法如下。

（1）拧松压脚浮起固定螺丝1。

（2）向左右方向转动压脚浮起螺丝2，调整到需要量后用固定螺丝1拧紧固定。

四、送料牙高度调整

（1）如图9-22所示拧松上下送料环轴固定螺丝1，用螺丝刀转动上下送料轴2来调整送料牙高度。送料牙的高度标准为1.2mm。

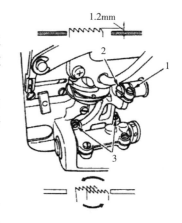

（2）调整送料牙倾斜角度时，如图9-22所示拧松送料台轴固定螺丝3，用螺丝刀穿过机台上的孔，转动送料台轴进行调整。

五、机针和旋梭的同步和针座调整

1. 旋梭位置的调整　如图9-23所示，把旋梭尖转动到机针的中心，把高度调整到附属同步标尺1的"2"。此时，针座不应碰到机针，旋梭尖和机针稍有接触。

图9-22　送料牙高度调整

1—固定螺丝　2—送料轴　3—固定螺丝

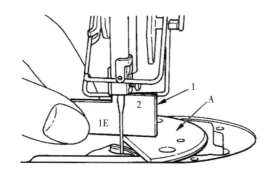

图9-23　机针和旋梭的同步和机针座的调整

1—同步标尺　2—旋梭勾线的高度　1E—针杆最低点　A—半圆板

2. 确认　最大振幅时（LJ-2290A：5mm）的左摆时，针孔上端和旋梭尖的距离应为0.2～0.5mm。摆动幅度10mm或机针的凹陷形状不同时，需重新调整针杆高度。

3. 针座的调整　把摆动幅调到最大，进行弯曲针座调整，让左右两侧机针均不能碰到旋梭尖。此时，机针与旋梭尖的间隙应为0～0.05mm。针座的作用是不让旋梭尖和机针相碰，防止损害旋梭尖的部件。更换旋梭时，必须调整针座的位置。

六、送料长度调整

如图9-24所示，根据送料量的要求可转动送料调节刻度盘1，把希望的数字对准机臂刻点A。在沿箭头方向按住送料杆2时，可以倒缝，手松开后，倒缝送料杆返回原来位置。

七、穿线方法

如图9-25所示，按号码的顺序穿线。

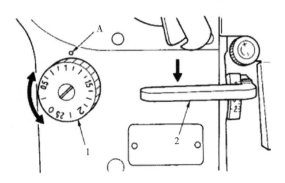

图 9-24　送料长度的调整示意图

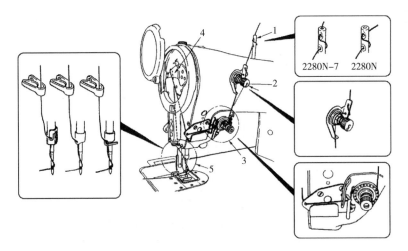

图 9-25　曲折缝缝纫机穿线方法示意图

思考题

1. 通过电动机电控系统的使用，电控式曲折缝对机械曲折缝做了哪些机构上的简化？

2. 试述机械式曲折缝、倒缝及加固缝机构的工作原理。

3. 试述机械式曲折缝针杆调节机构的工作原理。

4. 简述曲折缝剪线装置的特点。

5. 简述线张力的调整。

6. 试述机针和旋梭的同步和针座的调整。

第十章　家用缝纫机机构分析

第一节　概述

一、家用缝纫机的发展

1858年胜家公司生产出第一台家用缝纫机，1879年美国人查尔斯·菲舍发明曲折线迹缝纫机，1889年胜家公司生产出世界第一台电动缝纫机，从此开创了缝纫机工业的新纪元。进入20世纪，缝纫机随着科学技术的进步而迅速发展，并取得了革命性的突破。1907年日本开发出凸轮控制的自动曲折缝缝纫机。1957年出现自动锁纽孔机构的多功能机。1975年胜家公司又发明世界第一台电脑控制多功能家用缝纫机，从此缝纫机开始从机械技术进入机械电子技术时代。

1890年，我国从美国引进了第一台缝纫机。19世纪末20世纪初缝纫机作为商品在我国批量出现。20世纪70~80年代，是我国缝纫机工业的第一个大发展时期，家用缝纫机得以快速发展，全国年产量1280余万台，成为世界家用缝纫机生产的第一大国。

80年代中期，随着改革开放政策的推行，全国服装、鞋帽、箱包等劳动密集型行业发展迅速，一时间，成衣供应量迅速扩大，成衣价格下降，社会服装成衣化供应比例明显提高，家庭自己缝纫衣服的比例迅速下降，家用缝纫市场开始萎缩。

20世纪90年代起，造型美观、性能优良的多功能电动家用缝纫机先由日本缝纫机企业在中国投资的企业大量生产，随后浙江飞跃缝纫机集团、浙江恒强针车集团等企业先后开始生产多功能电动家用缝纫机，使我国多功能电动家用缝纫机生产的年产量达到100多万台，生产能力超过200万台，产品主要出口国际市场。

进入21世纪以来，随着中国缝制机械协会以及业内企业对缝制文化的推动，国内家用机市场消费氛围越来越好。目前，国内多功能家用缝纫机的消费人群主要集中于北京、上海等大中型城市的中老年客户，以及新城市白领和"准妈妈"族。近年来DIY生活方式的流行以及拼布艺术的不断推广也使部分乐于通过手工创作来放松生活、提升品位的白领丽人和大学生开始关注多功能家用缝纫机的市场。

随着国有企业改组改造和结构调整步伐的加快，缝纫机行业的民营企业犹如雨后春笋般迅速发展，浙江地区、广州地区等全国各地涌现了一大批管理好、产品精、效益高的民营企业。这些企业凭借灵活的机制和对市场机遇敏锐的把握，迅速抢占市场，并发展成为缝纫机行业不可小觑的中坚力量。

二、家用缝纫机的分类

根据家用缝纫机的功能，家用缝纫机分为普通家用缝纫机和家用多功能缝纫机；而多功能缝纫机根据电动机驱动形式和曲折缝的实现方式，又可分为电动式家用多功能缝纫机、电子式家用多功能缝纫机和电脑式家用多功能缝纫机，如图 10-1 所示。

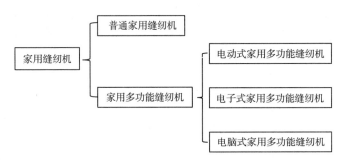

图 10-1　家用缝纫机分类

1. 普通家用缝纫机（俗称黑头机）　普通家用缝纫机一般采用人力驱动（脚踏、手摇传动），只能缝直线，目前已经逐步退出国内市场，但在中东、非洲等欠发达地区，仍有很大的市场。

2. 电动式家用多功能缝纫机　电动式家用多功能缝纫机采用交流电动机驱动，通过脚踏控速器改变电压来控制电动机转速，机构的转矩大小直接影响速度控制。实用针迹和装饰花样的形成由内置的振幅凸轮和送料凸轮组合产生；能缝纫的花样种类与机器内置的凸轮片数量直接相关；受制于机壳的空间，能缝纫的花样一般在 35 种以下。电动式家用多功能缝纫机是目前市场上的主流机种。

3. 电子式家用多功能缝纫机　电子式家用多功能缝纫机在电动式缝纫机的基础上，增设速度传感器，检出机器转速后由内设的微控制器进行速度控制；一般电子缝纫机都设有速度调节拨杆、启停按钮、针位按钮等便于用户使用的功能。与电动式家用多功能缝纫机相比，电子式家用多功能缝纫机具有以下优点：对厚料的穿透力增强；在结束缝纫时，可以控制机针停止位置（上、下）；但电子式家用多功能缝纫机的花样形成机构与电动式家用多功能缝纫机相同，能缝纫的花样种类同样受限制。随着电脑式家用多功能缝纫机的普及，电子式家用多功能缝纫机已经少有人问津。

4. 电脑式家用多功能缝纫机　电脑式家用多功能缝纫机内置微型电脑模块，花样由微控制器驱动步进电动机控制振幅和送料量来形成；内置存储器中预设多种实用花样，能够实现缝字、缝复杂图案，还可以实现自动调节线张力、自动锁眼、缝纫起始结束时自动倒缝、一键设置花样等功能。由于采用了微电脑模块，机器的安全性和易用性有了大幅度的提高，大幅改善了客户体验。随着电脑式家用多功能缝纫机的价格降低，已经得到越来越多的缝艺爱好者的青睐。

第二节　整机构成

一、普通家用缝纫机

普通家用缝纫机基本结构由缝纫机头、台板、机架、驱动装置和附件等组成，如图 10-2 所示。

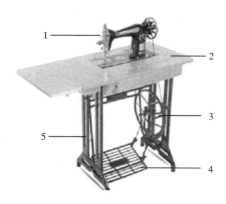

图 10-2　普通家用缝纫机整机组成

1—缝纫机头　2—台板　3—驱动轮　4—踏板　5—机架

二、电动、电脑式多功能家用缝纫机

电动家用多功能缝纫机把电动机安装在机器内部，舍弃了笨重的工作台，十分轻巧，存放和携带都很方便，图 10-3 是 HQ990 型电动式家用多功能缝纫机整机示意图。

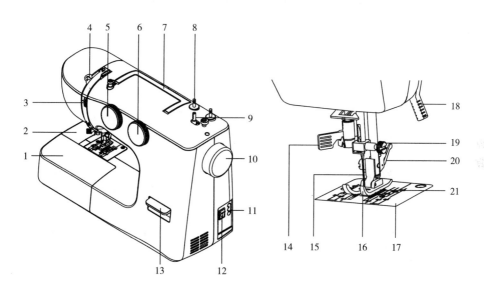

图 10-3　电动式家用多功能缝纫机整机组成（HQ990 型）

1—附件盒　2—缝纫台　3—上线张力调节旋钮　4—挑线杆　5—花样旋钮　6—针距旋钮　7—便携提手　8—插线柱
9—绕线器　10—手轮　11—电源插座　12—电源开关　13—返缝按钮　14—自动穿线器　15—机针　16—通用压脚
17—针板　18—压脚提手　19—针夹螺丝　20—压脚托架　21—送料牙

电脑式家用多功能缝纫机继承了电动式家用缝纫机轻巧、便携的特点，图 10-4 是 HQ2700 型电脑式家用多功能缝纫机整机示意图。

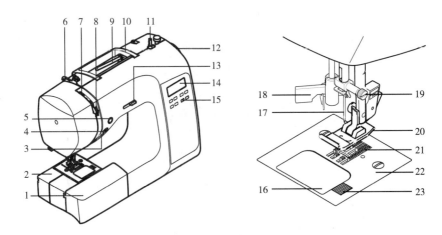

图 10-4 电脑式家用多功能缝纫机整机组成

1—附件盒 2—缝纫台 3—启停按钮 4—倒缝按钮 5—针位按钮 6—导线器 7—挑线杆 8—张力调节旋钮（DT 旋钮）
9—放线棒 10—便携提手 11—绕线器 12—手轮 13—手动调速器 14—LCD 显示器 15—操作按钮 16—梭芯盖板
17—机针 18—自动穿线器 19—压脚托架 20—通用压脚（J） 21—送料牙 22—针板 23—梭盖释放钮

第三节 主要机构及其工作原理

一、普通家用缝纫机

普通家用缝纫机形成一个线迹，主要由机针、摆梭、挑线杆、送料牙四个主要构件做有规则的运动来完成的，如图 10-5 所示。按照这些构件的运动，我们把缝纫机划分为刺料（引线）、钩线、挑线、送料四大机构，另外还有一个独立的绕线机构，如图 10-6 所示。

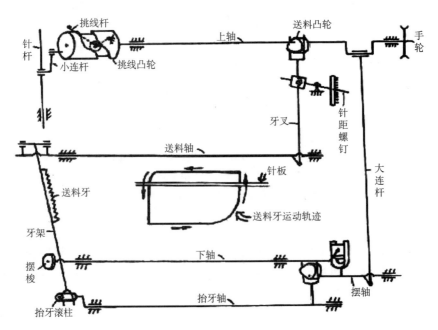

图 10-5 普通家用缝纫机主要机构的工作原理图

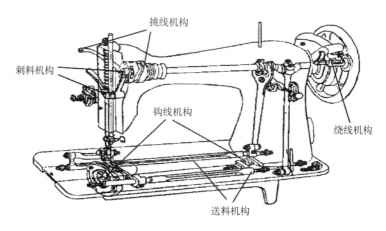

挑线机构

刺料机构

钩线机构

绕线机构

送料机构

图 10-6　普通家用缝纫机五大主要机构

（一）刺料机构

用来穿刺缝料、引过面线的机构称为刺料（引线）机构。家用缝纫机的刺料机构有曲柄连杆式和曲柄滑槽式等。曲柄滑槽式刺料机构由于零件容易磨损，适用于低转速工作，已趋于淘汰。目前国内生产的家用机 JA 型和 JB 型主要采用曲柄连杆式刺料机构。

JA 型家用机曲柄连杆式刺料机构是依靠挑线凸轮端面的圆柱螺钉，通过小连杆和针杆连接轴，使针杆做上下运动，固定在针杆下端的机针做穿刺引线等工作，如图 10-7（a）所示。

JB 型家用机也是曲柄连杆式引线机构，所不同的是以挑线曲柄来代替挑线凸轮，以针杆曲柄来代替圆柱螺钉，使机针做穿刺引线等工作，类似工业平缝机的刺料机构，如图 10-7（b）所示。

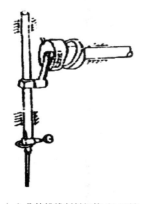

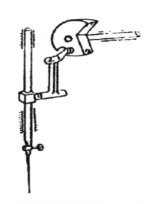

（a）凸轮挑线刺料机构（JA型）　　　　　　　（b）曲柄连杆挑线刺料机构（JB型）

图 10-7　刺料机构

刺料机构机针的作用与重要性不言而喻。缝纫机针夹把机针固定在针杆下端的时候，机针的短槽（平面）应在右边，从操作者的位置看，如果装反就会产生断线或断针、跳针等。机针是刺料机构中的重要零件，如图 10-8 所示，可以看出，线环是随着机针上升距离的多少而变化的，如果机针上升距离少线环就小，摆梭尖不容易钩入线环；反之，机针上升距离太多，虽然线环大了，但由于线的捻度关系容易使线环变形偏离，与摆梭方向不垂直，同样使摆梭尖不容易钩到线环，所以当机针上升 2.5mm 时所产生的线环是最佳的形状。通常我们把摆梭不能钩住线环而造成缝料上下两根线不能绞在一起的现象称为跳针。摆梭在机针处钩住线环以后，上升退出缝料，在这过程中，缝线在机针孔内快速地相对摩擦着，为了避免缝线断裂，针孔的圆角要尽可能大，并且要非常光滑。

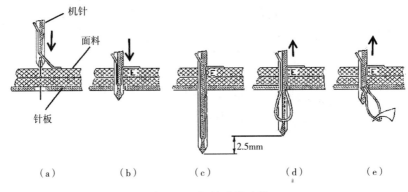

图 10-8　机针引线过程

刺料（引线）机构的零件名称，如图 10-9 所示。

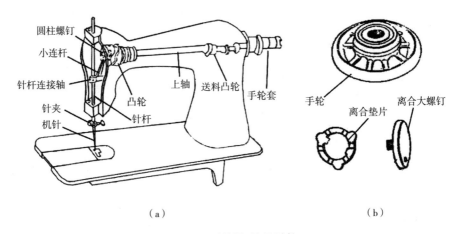

图 10-9　刺料机构的零件

（二）挑线机构

挑线机构种类很多，有滑杆式、凸轮式、连杆式、旋转盘式，各有各的优缺点。我们以目前生产的 JA 型家用机的凸轮挑线机构为例做介绍，凸轮挑线机构与其他挑线机构相比较，当转速达到 1500r/min 时，挑线的滚柱在凸轮槽内容易磨损，造成声响，但由于机构简单、制造容易，挑线杆的运动时间可以同机针和摆梭得到理想的配合，不但缝纫性能得到保证，制造价格也比较便宜，如图 10-10 所示。

凸轮挑线机构的作用，一是输送给机针和摆梭在运动中所需的面线；二是控制运动过程中的线量；三是从面线的线团中拉出每个线迹所需的线量。

凸轮挑线机构的工作原理如图 10-11 所示。凸轮带动挑线杆上的滚柱上下运动，改变挑线杆孔同夹线器以及线钩的距离来完成送线和收线的工作。

（1）机针进线阶段，挑线杆下降输送给机针所需的线。

（2）机针在抛出线环阶段，挑线杆应静止不动。

（3）摆梭钩住面线线环时，挑线杆下降产生的送线量应满足摆梭扩大线环的需要。

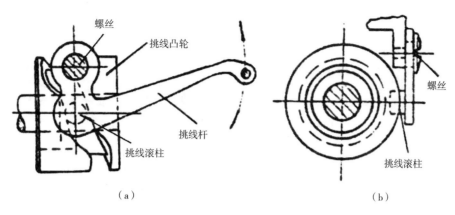

图 10-10　挑线凸轮结构图

（4）摆梭钩住线环将要滑过梭芯套的时候，挑线杆开始收线，使线环紧贴梭芯套滑过。

（5）当线环通过摆梭托和摆梭尾部空间时，挑线杆要迅速上升把面线从梭床里拉出。

（6）在机针第二次下降未触及缝料前，挑线杆要把面线收紧，同时从线团里拉出一定长度的面线，供下一个循环线迹的需要。

此过程中夹线器起着调节线迹松紧的主要作用，如图 10-12 所示，面线从上面线钩拉下，从面板夹线器的两块夹板之间通过，再穿过挑线杆孔和下线钩后穿入针孔。夹线器对面线的压力可以旋转夹线器螺母来调整大小，面线的压力大小直接关系到缝纫后的线迹质量，如图 10-13 所示。

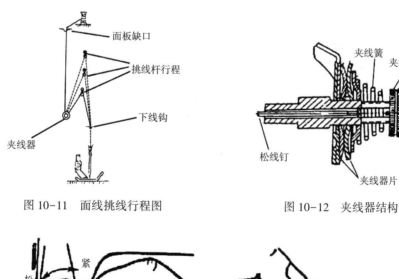

图 10-11　面线挑线行程图　　　　　图 10-12　夹线器结构

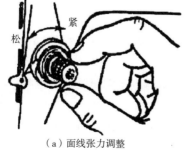

（a）面线张力调整

（b）底线张力调整

图 10-13　面线和底线的张力调整

凸轮挑线机构的零件组成如图 10-14 所示。

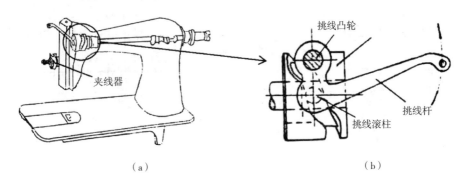

（a）　　　　　　　　　　　　　　（b）

图 10-14　挑线机构的零件

（三）钩线机构

缝纫机的钩线机构有摆梭机构、旋梭机构等，JA 型家用机采用摆梭的钩线机构，具有维修拆装方便、容易清理垃圾等优点。

钩线机构的工作原理：主要钩住机针抛出的线环，使面线绕过装有底线的梭芯套，完成上下两根缝线绞结的线迹。其中梭芯套具有调节底线张力的作用，梭芯套的梭皮压力可以通过梭皮螺钉调整，通过配合面线的张力得到满意的效果，如图 10-13 所示。整个机构要求配合紧密，运转位置精确，否则会影响机器性能、声响和扭矩。

钩线机构的主要零件如图 10-15 所示。

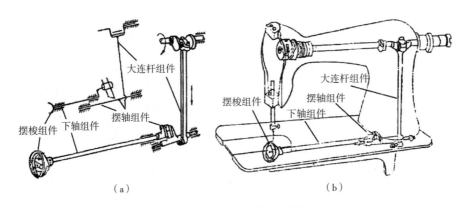

（a）　　　　　　　　　　　　　　（b）

图 10-15　钩线机构的零件

（四）送料机构

缝纫机的送料机构有下送料、上下综合送料、滚轮送料机构等，JA 型家用机采用下送料机构。

送料机构的工作原理：推动缝料向前或向后运动，能得到所需要的针迹距离，当机针上升退出缝料以后，送料牙就抬起来，送料牙露出针板最高 0.8~0.9mm。由上面压脚的压力和下面齿形送料牙咬住缝料运动，完成缝料的前后输送。送料牙把缝料推送到设定距离以后就下降脱离，返回起始位置，准备输送缝料形成下一个针迹，如图 10-16 所示。

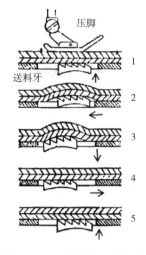

图 10-16　送料牙运动轨迹

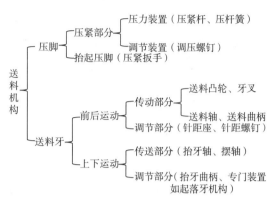

图 10-17　送料机构分解图

送料牙的工作原理：送料牙的运动又可以分为上下运动和前后运动，如图 10-17 所示。送料机构通过压力弹簧由压脚压住缝料，压力的大小由压脚压力螺母调节，抬压脚扳手可以锁住压脚高度，使压脚分离缝料。送料牙的前后运动是由送料凸轮通过牙叉连接送料轴带动牙架完成送料距离，牙叉摆幅通过针距座的扳手控制调整针距大小。送料牙的上下运动是上轴带动大连杆使摆轴上下摆动，再通过摆轴左边的三角形凸轮连接抬牙轴和牙架，使送料牙上下运动。如要调整送料牙露出针板的高度，只要改变抬牙轴与牙架连接曲柄的角度就可以了。送料机构的主要零件如图 10-18 所示。

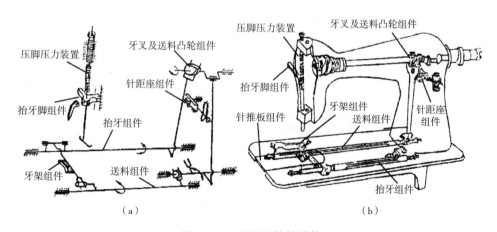

（a）　　　　　　　　　　（b）

图 10-18　送料机构的零件

（五）绕线机构

对于形成双线锁式线迹的缝纫，绕线机构是不可缺少的。一般家用机的绕线机构是位于手轮的旁边，便于绕线机构通过手轮自动平整地把底线绕在梭芯上，绕满以后可以自动停止。绕线之前应该旋松手轮离合螺钉，放下压脚，使其他机构停止运转，减轻机器阻力，避免其他零部件的磨损。

绕线机构的主要零件如图 10-19 所示。

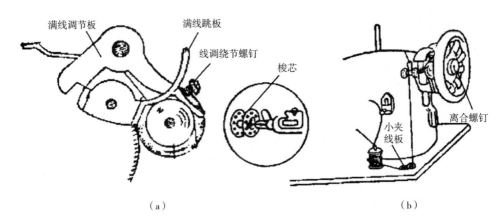

图 10-19　绕线机构的零件

　　绕线机构的离合性能对三角片的安装也很重要，离合大螺钉拧紧后，离合小螺钉应该在三角片的两个角之间，通过调整三角片的角度，可以改变离合小螺钉的位置，如图 10-20 所示。

　　绕线机构绕线呈锥形时，如图 10-21 所示，应该调整过线小夹线板。

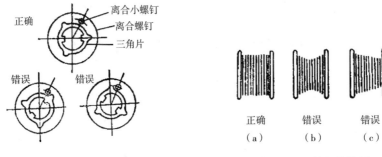

图 10-20　离合三角片安装原理　　　　图 10-21　梭芯线线量

二、电动、电脑式家用多功能缝纫机

　　随着工业文明的不断发展，人们的消费水平不断提高，成衣消费成为时尚，普通家用机的需求日益萎缩，家用缝纫机也由生活必需品转变为体现人们爱好和个性的 DIY 工具。为适应市场的变化，家用多功能缝纫机应运而生，与普通家用机相比，多功能缝纫机有以下特点：

　　（1）外形美观时尚，机身小巧，安置方便，非常适合现代家庭使用。

　　（2）功能丰富多样，集直线缝、曲折缝、锁扣眼、钉纽扣等功能于一身。

　　（3）操作使用简单方便，且便于清理和维护。

　　家用多功能缝纫机根据电动机驱动形式和曲折缝的实现方式，可分为电动式家用多功能缝纫机和电脑式家用多功能缝纫机。

　　依据钩线机构的不同，家用多功能缝纫机又可分为摆梭式和旋梭式两种类型。摆梭式缝纫机由传统家用缝纫机发展而来，结构简单，但使用时振动和噪声较大；旋梭式缝纫机改进了上述问题，而且换底线更方便，但结构相对复杂，成本较高，一般用于中高档的缝纫机中。

　　电动式家用多功能缝纫机在普通家用缝纫机刺料、挑线、钩线、送料四大机构基础上，增加了曲折缝机构、针距控制机构，用于形成设定的线迹；还增加了电动机及电动机调速器系统来为机器提供动力。图 10-22 是采用摆梭钩线的 HQ990 型电动式家用多功能缝纫机主要机构示意图。图 10-23 是电动式家用多功能缝纫机工作原理图。

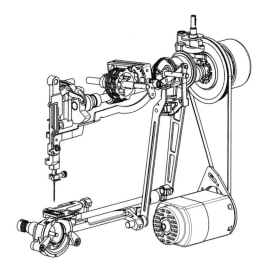

图 10-22　电动式家用多功能缝纫机主要机构示意图

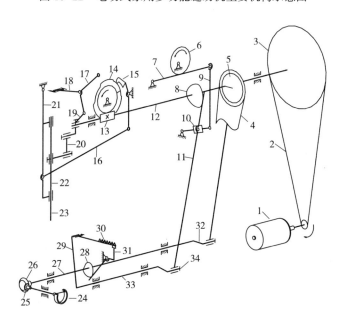

图 10-23　电动式家用多功能缝纫机工作原理图

1—主电动机　2—传动皮带　3—主轴皮带轮　4—大连杆　5—上轴偏心轮　6—针距调节凸轮　7—针距调节推杆
8—水平送料凸轮　9—针距调节连杆　10—送料调节器　11—牙叉杆　12—上轴　13—蜗杆　14—花模凸轮组
15—凸轮爪　16—诱导板　17—挑线杆　18—挑线摇杆　19—挑线曲柄　20—小连杆　21—针杆支架　22—针杆
23—机针　24—摆梭　25—梭轴锥齿轮　26—下轴锥齿轮　27—下轴　28—上下送料凸轮　29—送料台
30—送料牙　31—上下送料腕　32—下轴腕　33—送料轴　34—送料腕

该缝纫机采用筒台式机体，垂直摆梭钩线，曲柄连杆挑线，下送料，针距可调，电动机内置，夹线器内置，卷线自动离合，可选配自动穿线功能，4 步锁扣眼，缝纫线迹不少于 20 种。主电动机 1 通过传动皮带 2 把动力传送至上轴 12；固定在上轴上的挑线曲柄 19、小连杆 20、针杆支架 21 与针杆 22 共同组成刺料机构，把上轴的转动转化为针杆的往复运动。挑线曲柄 19 与挑线杆 17、挑线摇杆 18 组成的曲柄摇杆机构，在缝制过程中收紧及放松缝线。固定在上轴上的上轴偏心轮 5 通过大连杆 4 推动下轴 27 做往复摆动，并通过锥齿轮 25、26 推动摆梭 24 摆动，形成钩线机构。水平送料凸轮 8、牙叉杆 11、送料调节器 10、上下送料凸轮 28、送料台 29、送料牙 30、上下送料腕 31、送料轴 33 和送料腕 34 共同构成了送料机构，用于控制缝料的运动。蜗杆 13、花模凸轮组 14、凸轮爪 15、诱导板 16 和针杆支架 21 则组成了曲折缝机构，用于控制机针的横向摆动。

电脑式家用多功能缝纫机使用步进电动机替代了电动缝纫机中用来控制机针左右摆动的花模凸轮组和控制送料方向和大小的针距凸轮组，降低了产品机械机构的复杂度，极大地丰富了产品的功能，并依托在产品内部安放的状态传感器，对用户操作错误和故障进行快速定位和提示，大幅改善用户体验，其工作原理如 10-24 所示。

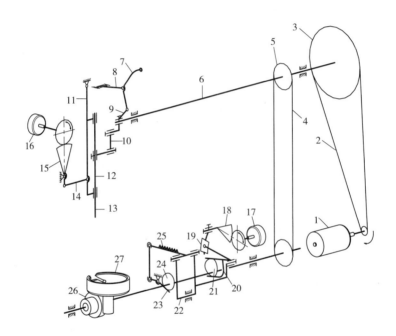

图 10-24　电脑式家用多功能缝纫机工作原理图（HQ2700 型）

1—主电动机　2—传动皮带　3—主轴皮带轮　4—下轴同步带　5—同步齿轮　6—上轴　7—挑线杆　8—挑线摇杆
9—挑线曲柄　10—小连杆　11—针杆支架　12—针杆　13—机针　14—诱导板　15—曲折缝扇形齿轮
16—曲折缝驱动电动机　17—针距驱动电动机　18—针距扇形齿轮　19—送料调节器　20—二叉杆
21—水平送料凸轮　22—送料台　23—上下腕　24—上下送料凸轮　25—送料牙　26—下轴齿轮　27—旋梭

图 10-25 是 HQ2700 型电脑式家用多功能缝纫机主要机构示意图，该机种采用筒台式机体，水平旋梭钩线，曲柄连杆挑线，下送料，针距可调，电动机内置，夹线器内置，卷线自动离合，自动穿线，单步锁扣眼，缝纫线迹不少于 100 种。

电脑式家用多功能缝纫机主要由下述机构组成。

（一）刺料机构

刺料机构也称针杆机构，用来穿刺缝料、携带面线与钩线机构配合形成线迹；刺料机构是典型的曲柄滑块机构，如图 10-26 所示，电动机驱动上轴带动上轴平衡凸轮转动，通过小连杆传递至针杆夹头，带动针杆在针杆支架中做往复直线运动，安装于针杆下端的机针随针杆一起上下运

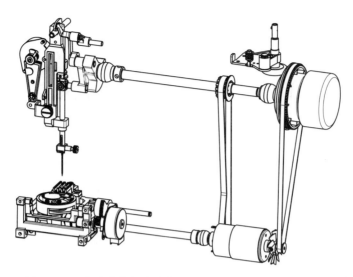

图 10-25 电脑式家用多功能缝纫机主要机构（HQ2700 型）

动，不断刺穿缝料至针板下方，与摆梭配合进行钩线，从而形成锁式线迹。

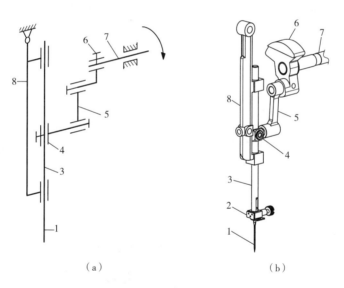

（a） （b）

图 10-26 刺料机构

1—机针 2—针夹头 3—针杆 4—针杆夹头 5—小连杆 6—上轴平衡凸轮 7—上轴 8—针杆支架

（二）挑线机构

采用连杆式挑线机构，通过挑线杆上下运动，对面线进行收线和供线，配合刺料机构和钩线机构动作，保证形成高质量的线迹。如图 10-27 所示，挑线杆 4 由上轴平衡凸轮 2 驱动，通过挑线摇杆 3 以挑线摇杆支轴支点进行上下摆动，在向上运动时进行收线，向下运动时放线。连杆式挑线机构的特点是收线速度快，供线稳定，运行速度高，冲击小，噪声低。

（三）钩线机构

钩线机构的作用是用来配合机针进行钩线，形成线迹。家用多功能缝纫机采用梭式装置钩线，

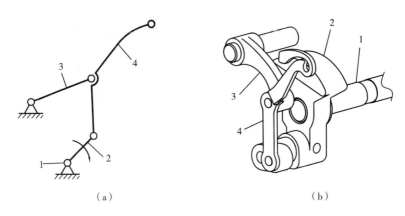

图 10-27　挑线机构

1—上轴　2—上轴平衡凸轮　3—挑线摇杆　4—挑线杆

分为摆梭和旋梭两种类型。

　　HQ990 型采用摆梭钩线，结构如图 10-28 所示。上轴 2、上轴偏心轮 3、大连杆 4、下轴曲柄 5 组成一个四连杆机构，把上轴的转动转化为往复摆动，通过下轴 6，传递给下轴螺旋齿轮 7，并通过与梭轴螺旋齿轮 8 的啮合来放大摆动的角度，通过摆梭托带动梭床内的摆梭往复摆动，与机针上下运动相配合完成钩线。

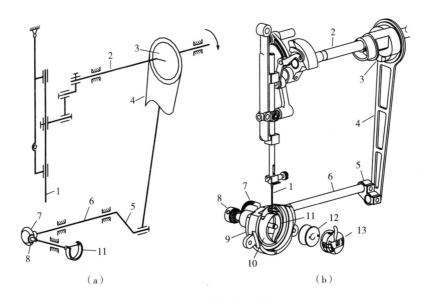

图 10-28　摆梭钩线机构

1—机针　2—上轴　3—上轴偏心轮　4—大连杆　5—下轴曲柄　6—下轴　7—下轴螺旋齿轮
8—梭轴螺旋齿轮　9—梭床　10—摆梭　11—摆梭托　12—梭芯　13—梭芯套

　　HQ2700 型采用旋梭钩线，结构如图 10-29 所示。上轴 2 通过同步皮带 3 把转动传递到下轴 4，固定在下轴上的下轴齿轮 5 与固定在旋梭 7 上的旋梭齿轮 6 啮合，带动旋梭旋转，与机针上下运动相配合完成钩线。

　　下轴齿轮与旋梭齿轮的传动比为 1∶2，即上轴带动下轴旋转一周，旋梭旋转两周。这是因为旋梭无法在同一圈内完成钩线、脱线和再钩线动作，只能空转一周再进行下一个钩线动作。

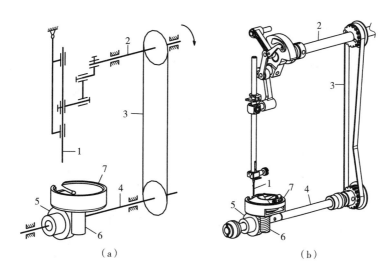

图 10-29　旋梭钩线机构

1—机针　2—上轴　3—同步皮带　4—下轴　5—下轴齿轮　6—旋梭齿轮　7—旋梭

（四）送料机构

送料机构的作用是输送缝料，把缝料在原有的位置上移动一个距离，以使下一个线迹在新的位置上形成的过程称为送料。家用多功能缝纫机一般采用下送料方式，送料过程如图 10-30 所示。

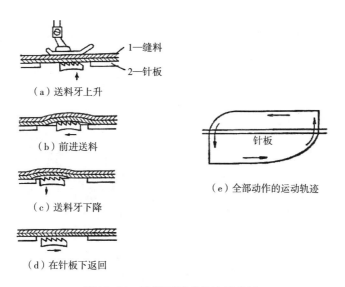

图 10-30　送料牙运动轨迹示意图

送料运动是一个复合运动，即水平运动和垂直运动的复合，它是一个封闭的曲线运动，即在每一个针距中送料牙要做上升、向前、下降、向后不断的交替运动。当送料牙完成送料运动后，又下降至针板下与缝料脱离后退到原来的位置，准备下一个送料动作。

缝纫机送料的基本结构是典型的凸轮摇杆机构，图 10-31 为 HQ990 型送料机构，上轴 2 带动水平送料凸轮 1 旋转，推动牙叉杆 3 摆动，牙叉杆 3 通过连接在其上的水平送料腕 5、送料台 9，把自身的摆动传递到送料牙 10，带动送料牙做水平往复运动；同时上轴通过大连杆 4、下轴 6 把旋转运动转换为固定在下轴上的上下送料凸轮 7 的往复摆动，通过上下送料腕 8 推动送料牙上下运动，与水平运动一起，构成图 10-30 所示的送料牙的送料轨迹。

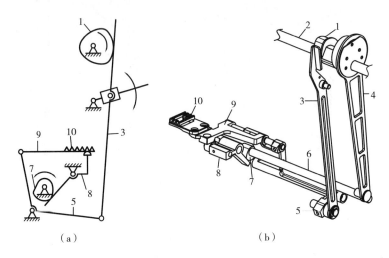

（a） （b）

图 10-31 送料机构

1—水平送料凸轮 2—上轴 3—牙叉杆 4—大连杆 5—水平送料腕
6—下轴 7—上下送料凸轮 8—上下送料腕 9—送料台 10—送料牙

（五）曲折缝机构

曲折缝机构控制机针的横向摆动，与送料机构一起形成多种设定的线迹图案；电动式多功能缝纫机采用凸轮组的结构来实现曲折缝功能。图 10-32 是 HQ990 型曲折缝机构，上轴 1 通过固定在其上的蜗杆 2 带动花模蜗轮 3 转动，花模蜗轮固定在花模凸轮组 4 上带动花模凸轮组一起转动，花模凸轮组由一系列的凸轮片组成，凸轮爪 5 靠在选定的凸轮片上，花模凸轮转动时，推动凸轮

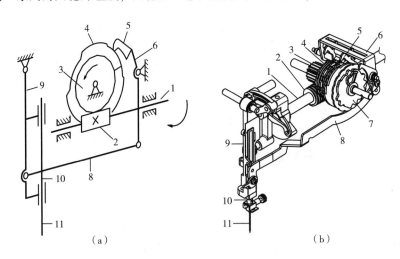

（a） （b）

图 10-32 电动式多功能缝纫机曲折缝机构

1—上轴 2—蜗杆 3—花模蜗轮 4—花模凸轮组 5—凸轮爪 6—凸轮爪支架
7—凸轮爪变换拨盘 8—诱导板 9—针杆支架 10—针杆 11—机针

爪按凸轮片设定的曲线摆动，通过凸轮爪支架 6、诱导板 8，推动针杆支架 9，从而带动安装在针杆支架上的针杆 10 及机针 11 进行横向摆动；转动凸轮爪变换拨盘，可以使凸轮爪在不同的凸轮片之间切换，从而获得不同的针迹图案及功能。

蜗杆与花模蜗轮的减速比为 18：1，故形成的针迹图案每 18 针为一个循环，图 10-33 是设定的凸轮片曲线所形成针迹花样的例子，需要指出的是，针只有在缝料上方时才能横向摆动，在设计凸轮片时，要注意凸轮的配合时序，确保凸轮上升或下降的区段位于针在缝料上方的运转区段。

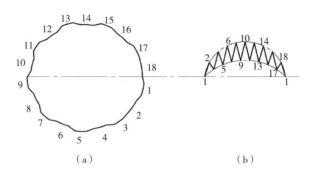

图 10-33　花模凸轮片曲线与对应的花样

电脑式家用多功能缝纫机使用步进电动机来控制机针的横向摆动，与送料机构一起形成多种设定的线迹图案。图 10-34 是 HQ2700 型曲折缝机构，步进电动机 3 通过固定在其上的电动机齿轮 2 与扇形齿轮 4 啮合，把步进电动机的往复旋转运动转换为摆动，通过诱导板 5，推动针杆支架 8，从而带动安装在针杆支架上的针杆 6 及机针 7 进行横向摆动；内置的计算机控制器驱动步进电动机按设计的需求进行往复转动，从而获得各种设定的针迹图案及功能。

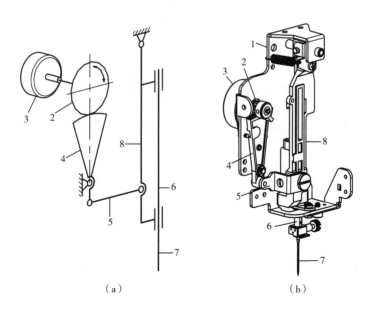

图 10-34　电脑式多功能缝纫机曲折缝机构

1—针幅电动机支架　2—电动机齿轮　3—步进电动机　4—扇形齿轮
5—诱导板　6—针杆　7—机针　8—针杆支架

（六）针距控制机构

针距控制机构用于调节针距的长度，工作原理如图 10-35 所示，送料调节器固定在轴 2 上，二叉杆由固定在轴 1 上的偏心凸轮驱动往复摆动，滑块在送料调节器的滑槽内运动，滑块通过轴 3 与二叉杆轴连接在一起，当滑块沿送料调节器的运动弧线的圆心与轴 4 重合时，与轴 4 相连的送料台不发生水平方向的移动，此时的送料量为零。

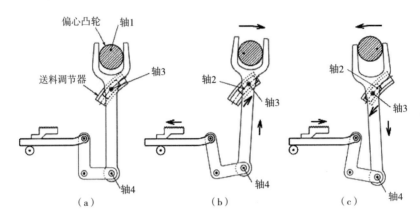

图 10-35　针距调节示意图（零针距）

若旋转送料调节器至不同的角度，使滑块沿送料调节器的运动弧线的圆心与轴 4 偏离，则与之相连的送料台带动送料牙发生水平方向的移动，如图 10-36 所示，送料牙水平位移的方向及大小与送料调节器的旋转角度呈大致的比例关系，以零针距为基准，送料调节器逆时针旋转时为前进送料，顺时针旋转时为后退送料（倒缝），故通过控制送料调节器的角度来控制针距。

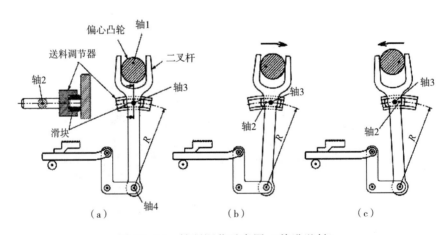

图 10-36　针距调节示意图（前进送料）

电动式多功能缝纫机的针距控制机构是一套联动装置，包含了针距调节机构和倒缝机构，由凸轮连杆机构组成，图 10-37 是 HQ990 型的针距控制机构。针距调节推杆 6 固定在针距推杆固定轴 3 上，并通过针距调节连杆 7 与送料调节器 2 相连，针距调节旋钮 8 和针距凸轮 5 都固定在针距凸轮轴 4 上；当转动针距旋钮时，带动针距凸轮一起转动，推动靠在其上的针距调节推杆绕针距推杆固定轴转动，通过针距调节连杆，带动送料调节器转动，以此达到调节针距的目的。

倒缝压杆 10 固定在倒缝固定轴 9 上，并通过倒缝连接杆 1 与送料调节器 2 相连，当压下倒缝压杆时，通过倒缝连接杆 1 推动送料调节器顺时针旋转，使送料牙的送料方向由前进变为后退，从而实现倒缝功能；倒缝一般用来通过往复缝纫对局部进行加固，提高缝制品局部的缝制强度。

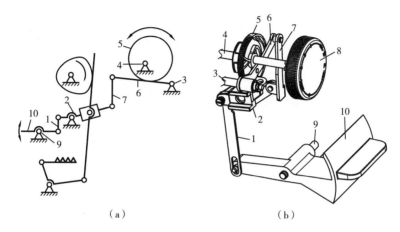

（a）　　　　　　　　　　　（b）

图 10-37　电动式缝纫机的针距控制机构

1—倒缝连接杆　2—送料调节器　3—针距推杆固定轴　4—针距凸轮轴　5—针距凸轮
6—针距调节推杆　7—针距调节连杆　8—针距调节旋钮　9—倒缝固定轴　10—倒缝压杆

电脑式家用多功能缝纫机使用步进电动机来控制送料调节器的摆动角度，图 10-38 为 HQ2700 型针距控制机构。步进电动机 2 通过固定在其上的电动机齿轮 1 与固定在送料调节器 4 上的扇形齿轮 3 啮合，当安装在二叉杆 6 上的球形滑块在送料调节器的滑槽内活动，内置的计算机控制器驱动步进电动机按设计的需求进行转动，推动送料调节器滑槽转动到设定的角度，以此达到调节针距的目的。

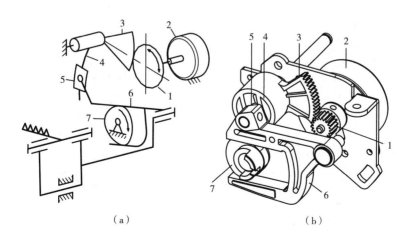

（a）　　　　　　　　　　　（b）

图 10-38　电脑式缝纫机的针距控制机构

1—电动机齿轮　2—步进电动机　3—扇形齿轮　4—送料调节器　5—球形滑块　6—二叉杆　7—水平送料凸轮

第四节 辅助机构及其工作原理

一、压脚机构

压脚的作用是压紧缝料，提高线迹形成质量，同时提供给送料牙可靠的正压力，获得良好的送料质量。

压脚机构由压杆 3 及固定在压杆上的压脚底板 1、压脚托架 2、压杆导架 4 及弹簧 5 等部分组成，如图 10-39 所示，压杆安装在压杆支架上，通过压杆导架与压脚提手 8 相接触，压脚提手用于调节压脚的位置，放下压脚时，压脚底板压紧缝料，通过安装在压杆上的弹簧，提供压脚向下的压力；当缝纫完成时，可以抬起压脚以取出缝料。缝纫机的压脚托架属于快换压脚，按动压脚托架尾部的杠杆，可以快速拆下压脚底板，更换其他种类的压脚。

二、夹线与过线机构

夹线装置给缝线提供可调整的张力，以获得良好质量的线迹，夹线装置由夹线盘、夹线弹簧、张力调节旋钮等组成，如图 10-40 所示，缝线从夹线盘中通过，夹线弹簧在夹线盘的外侧对夹线盘施加设定的压力，转动张力调节旋钮，会带动张力调节螺母横向移动，压缩或放松夹线弹簧，从而实现缝线张力调节的效果。

过线装置是为缝线分解捻度，提供导向及防止缝线出现混乱和打结等问题，同时采用可调整的导向装置为夹线装置、挑线装置提供缝线，实现稳定良好的配合。过线装置有过线柱、过线板、线钩等多种类型。

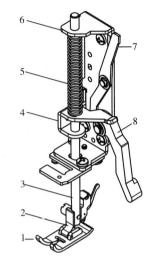

图 10-39 压脚机构

1—压脚底板 2—压脚托架 3—压杆
4—压杆导架 5—弹簧 6—压杆支架
7—松线杠杆 8—压脚提手

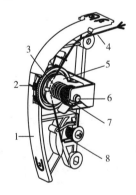

图 10-40 夹线机构

1—夹线器支架 2—张力调节旋钮 3—夹线弹簧
4—缝线 5—夹线盘 6—张力调节螺杆
7—张力调节螺母 8—吊线弹簧

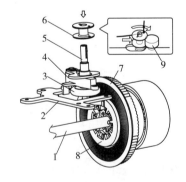

图 10-41 绕线机构

1—上轴 2—绕线器固定架 3—绕线器摩擦轮
4—绕线器连杆 5—绕线轴 6—梭芯
7—主轴皮带轮 8—离合滑块 9—满线凸轮

三、绕线机构

绕线机构用来绕制梭芯缝线，其结构包括绕线轴、摩擦轮、满线凸轮等部件，如图 10-41 所示。在正常缝纫时，绕线器的摩擦轮与主轴皮带轮脱开，绕线机构不工作；需要绕制梭芯缝线时，把梭芯安装到绕线轴上，并推向主轴皮带轮，摩擦轮贴紧主轴皮带轮靠摩擦力来传递动力，驱动绕线轴旋转开始绕线，随着线量的不断增加，梭芯被满线凸轮逐步顶起，当线量绕满时，被顶起的梭芯带动摩擦轮完全脱离主轴皮带轮，绕线停止。

四、电动机及脚踏控制器

电动机用来给机器提供动力，多功能家用机使用串激式交流电动机，功率为 50~70W，为安全起见，一般安装在机器内部，通过同步皮带与主轴相连，如图 10-42 所示。

脚踏控制器用于控制缝纫机的缝纫速度，脚踏控制器采用一个专用的可拆卸的连接器与缝纫机相连，便于收纳和携带；使用时轻轻压下脚踏控制器，缝纫机启动并低速运转，脚踏控制器压得越低，则缝纫机运转速度越快；松开脚踏控制器，缝纫机停止运转。

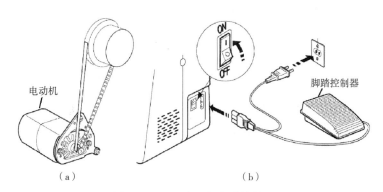

图 10-42　电动机与脚踏控制器

五、电脑式缝纫机的电控系统

电控系统框图如 10-43 所示，其中电源控制模块、主控制模块作用如下：

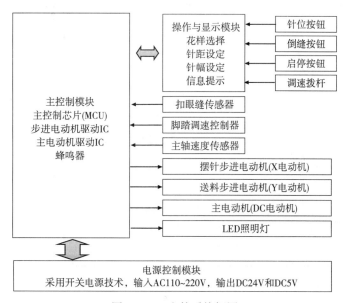

图 10-43　电控系统框图

电源控制模块用于给产品提供动力，采用开关电源技术，使用 AC110~220V 的宽电压输入，输出 DC24V 和 DC5V 直流电压，分别为电动机和控制芯片供电。

主控制模块是电控系统的核心，由单片式计算机和各种驱动芯片组成；用来监测和处理外接的各个传感器的输入数据，并根据相关传感器的状态发出指令，推动电动机等执行机构按规定的程序运作。

操作与显示模块是人机交互界面，用于接收用户发出的指令，并把执行结果显示和反馈给用户。

第五节　机构调整与使用

一、送料牙控制调整

送料牙是输送缝料的关键零件，送料牙高度、送料零点及伸缩图案设定对缝纫线迹的好坏起决定性的作用，具体调整方法如下：

送料牙高度调整：如图 10-44（a）所示，松开图示紧钉螺丝调整抬牙偏心销，使送料牙高度位于 0.9~1.1mm 之间（使用送料牙量规确认），锁紧紧钉螺丝。

送料零点调整：花样旋钮设定到<A>档，针距旋钮设定到<0>档，调整零送调节螺丝，在测试纸上缝纫，使 11 针的送料量在 0.6mm 以下，如图 10-44（b）所示。图中左侧 b，c 合格；a，d 不良。

伸缩缝图案调整：花样旋钮设定到<D>挡，针距旋钮设定到<0>挡，调整 SS 调节螺丝，使缝纫图案与图 10-44（c）上部最左侧的图案相符；当出现 a 现象时向 c 方向旋转螺丝，当出现 b 现象时向 d 方向旋转螺丝。

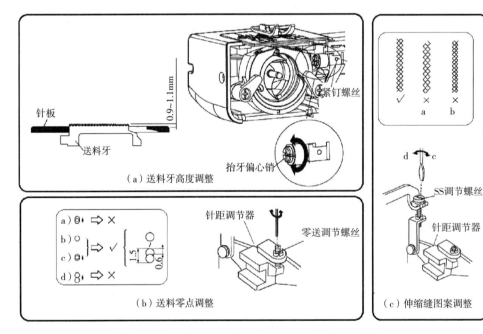

图 10-44　调整送料牙高度、送料零点、伸缩缝图案

二、缝纫模式调整

电动、电脑式家用多功能缝纫机既可以用作平板式缝纫，也可以用作筒式缝纫。放上附件盒，它可以增加工作表面，用作标准的平板型缝纫；取下附件盒，机器就变为细长的筒式缝纫结构，用于缝纫儿童服、袖子、裤脚和其他很难缝纫的部位。

要取下附件盒，如图 10-45 所示，左手握住附件盒，用力将其往左拉；若要重新装上附件盒，推动附件盒往回滑动，直到咔嚓一声到位为止。

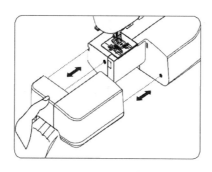

图 10-45　转换到筒式缝纫

三、机针安装调整

机针属于易耗品，当机针发生磨损或弯曲时，需要更换新的机针。如图 10-46 所示，机针更换操作步骤如下：

①往自己的方向（逆时针方向）转动手轮，使针上升到最高点，然后放下压脚。

②往自己的方向（逆时针方向）旋转针夹头螺丝，松开机针，并往下取出机针。

③把新机针插入针夹头，针平端背向自己。

④尽量将机针往上推，同时顺时针方向旋转拧紧针夹头螺丝。

更换机针时，可在压脚下放一块织物，以防止机针掉入针板槽。

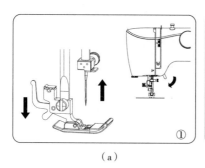
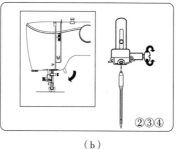

（a）　　　　　　　　　　　　　　　（b）

图 10-46　更换机针

四、线张力调整

线迹外观的好坏主要取决于面线与底线的张力是否平衡，面线、底线在直线缝时应交织于织物的中央，如图 10-47（a）所示。调整夹线器调节旋钮，以设定缝纫时所需张力大小。若面线太松，转动调节旋钮到较大的刻度值，如图 10-47（b）所示，使面线加紧。若面线太紧，转动调整钮到较小的刻度值，如图 10-47（c）所示，使面线放松。

为得到较好的曲折缝线迹，面线的张力一般比底线张力弱，即面线出现在织物的反面，但底线决不可在织物的正面。

 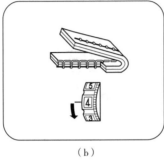 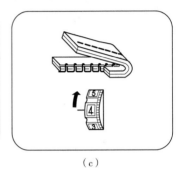

（a）　　　　　　　　（b）　　　　　　　　（c）

图 10-47　面线张力调节

五、曲折和装饰缝纫调整

电动式家用多功能缝纫机的曲折缝和装饰线迹是由花模凸轮组上的凸轮片推动凸轮爪，并经诱导板推动针杆及其上的机针横向运动而形成设定的装饰线迹。

机针横向运动的轨迹称为针流。针流有严格的时机要求，即机针必须在刺入缝料前完成横向摆动，否则会导致线迹变形，严重时会损毁缝料和机针。针流调整方法：松开上轴蜗杆螺丝后，调针流至图 10-48 形状，同时调整蜗杆与花模蜗轮配合间隙，使转动灵活且又没有间隙，并锁紧螺丝。

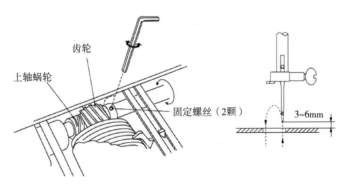

图 10-48　调整针流

切换装饰线迹时，需把凸轮爪移至相对应的凸轮片；为保证凸轮爪顺利切换至设定的凸轮片，凸轮爪与花模凸轮片高点的间隙要保持在 0.2~0.4mm 之间，该间隙称为爪开量。调整方法：转动花样轴到 B 挡，松开螺丝 A，调整花模棘爪的位置，使 ZZ 棘爪与花模凸轮片的间隙在 0.2~0.4mm 之间，然后锁紧螺丝 A，如图 10-49 所示。

电脑式家用多功能缝纫机由位置传感器来感知机针位置并由此控制机针的横向摆动，故不需要调整针流；并且其花样的切换由程序控制，也不需要调整爪开量。

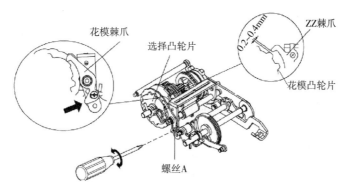

图 10-49 调整爪开量

六、花样选择及针距调节

电动式家用多功能缝纫机通过旋钮来选择花样和调节针距。把机针上升到缝料的上方，转动花样旋钮到想要缝制花样的位置上，如图 10-50 所示。

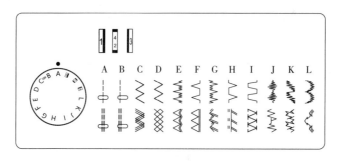

图 10-50 花样选择

转动针距旋钮可以调整所需针距的大小，如图 10-51（a）所示，数字越大则针距也越大，可以根据自己所需来选择针距的大小。曲折缝时针距范围是 0.3～4mm，扣眼缝针距范围 0.5～1mm，伸缩缝针距旋钮的标准位置在"SS"。

当选择伸缩缝的时候，设定针距旋钮在"SS"位置。当前进、后退送料量变得不平衡的时候，可依下述方法方式来调整：花样长度要伸长时，针距旋钮向"+"方向调整，花样长度要缩小时，针距旋钮向"-"方向调整，如图 10-51（b）所示。

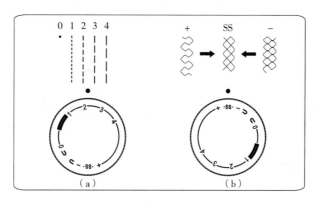

图 10-51 针距调节

电脑式家用多功能缝纫机通过控制面板上的按钮可以方便地选择花样和调节针距。控制面板如图 10-52 所示。

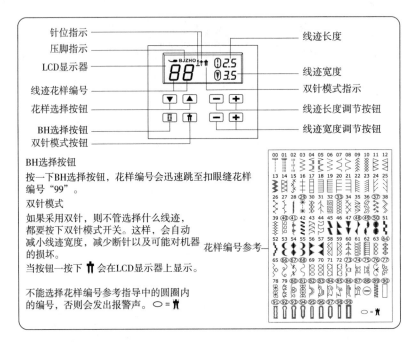

图 10-52 控制面板

（1）选择所需花样，如图 10-53 所示，使用花样选择按钮选择花样。开启机器时 LCD 显示直线线迹编号"00"，可直接车缝直线线迹。按下▲或▼会将编号增加 1 或减少 1。长按▲或▼会将编号增加 10 或减少 10。

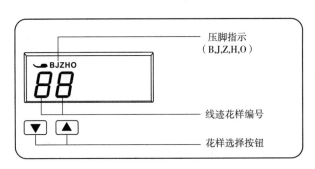

图 10-53 选择花样

（2）调节线迹长度和线迹宽度。当选定一个花样时，电脑缝纫机会自动按照最佳的线迹长度和线迹宽度产生所需的线迹。也可以根据自己喜好手动调节线迹长度、宽度及针位，如图 10-54 所示。

七、缝纫机常规使用及缝制技巧

家用多功能缝纫机设有多种实用线迹，以实现各种各样的功能。每种线迹的操作方法基本相同，下面以直线缝为例介绍缝纫机的使用方法，操作步骤如图 10-55 所示。

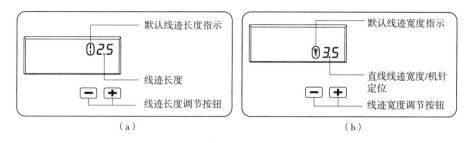

图 10-54　调节线迹长度和宽度

（1）设定面线张力值为"4"，换上通用压脚（J）。

（2）把面线和底线从压脚下面往机器背面拉，留出大约 15cm。

（3）抬起压脚，把缝料放到压脚下面，然后放下压脚。

（4）朝自己的方向（逆时针）转动手轮，直到针进入缝料。

（5）启动机器，用手轻轻导向缝料，到达缝料边缘时，停止缝纫。

（6）停止缝纫时机针会自动停在上停针位置（如果停在其他位置，可以逆时针转动手轮使机针移动到最高点），此时抬起压脚，把缝料拉到后面，用灯罩底部的割线刀割掉多余的线。

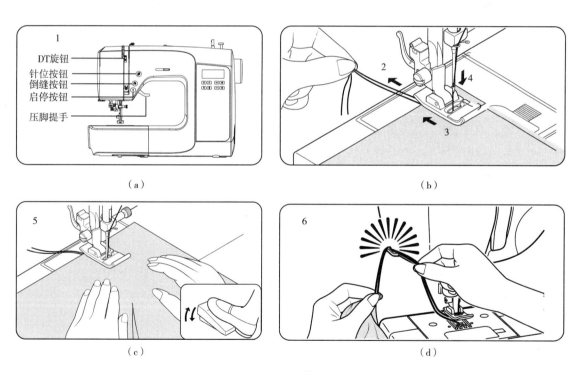

图 10-55　直线缝方法

缝制时，可以参考以下技巧。

（1）试缝，分别使用不同的线迹宽度和长度进行缝制，缝制完成后选取一种最好看的线迹。在正式缝制的时候，就选取最好看线迹的宽度和长度进行缝制。试缝时，使用与缝制工作相同的布料和线，同时检查线的张力，因为缝制效果因线迹类型和缝料层数而异，所以需在与缝制工作相同的条件下进行试缝。

（2）改变缝纫方向时，如图 10-56 所示，先停止机器运转，使用右手往自己方向转动手轮使针插入缝料中，提升压脚，以针为支轴转动缝料至想要缝的方向后，放下压脚，脚踩脚踏控制器，继续缝纫。

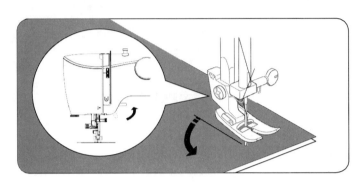

图 10-56 改变缝纫方向

（3）缝制曲线时，可先停止缝纫，然后略微改变缝制方向沿曲线缝制。使用曲折线迹沿曲线缝制时，在曲线处选择较短的针距可以取得更好的线迹效果。

（4）缝制厚缝料时，如果难以将缝料放在压脚下，则可以把压脚抬到最高位置，然后将缝料放在压脚下。

（5）缝制弹性缝料或容易发生跳针的缝料，要使用防跳机针及较大的线迹长度，必要时在缝料下面放上一块衬布，将其与缝料一起缝制。

（6）缝制薄缝料或丝绸时，线迹可能偏离或无法正确推进缝料，如果发生这类情况，可在缝料下面放上一块衬布，将其与布料一起缝制。

（7）缝制伸缩缝料，先将多块缝料在一起，然后在不伸缩缝料的状态下进行缝制。

（8）使用自由臂方式，当缝制管状或难以达到的部位时，可以使用自由臂缝制功能。

思考题

1. 家用缝纫机有哪些类别？
2. 普通家用缝纫机由哪些主要机构组成？简述其工作原理。
3. 与普通家用机相比，家用多功能缝纫机有哪些优点？
4. 家用多功能缝纫机钩线机构有哪些类型？
5. 简述夹线机构的主要作用。
6. 简式缝纫模式有哪些用途？

第十一章 缝纫辅助装置

第一节 缝纫附件

一、缝纫附件概述

缝纫机辅助装置都是另行安装在缝纫机上的独立装置，有"原装"选配和另行选购安装两种方式，其作用是协助操作者进行缝纫作业，使原有的缝制设备增多缝制功能、合并简化生产工序、提高缝制速度、减少生产浪费、提高生产效率和缝制品质，轻松实现省力化、高速化和自动化目的，极大提高服装生产经济效益，因而在各种缝制生产中得到广泛应用。

其中省力化主要体现在：一是使多道工序达到集约化产生，如折边、缝褶、归拢、抽褶等生产工艺以及纵向和横向位置尺寸控制的简单化，缝头余量的稳定化等；二是简化缝制工艺，方便缝制操作，降低操作难度；三是提高缝制作业生产效率。

缝纫辅助器具种类繁多，按使用目的可以分为：定位（导向）装置；卷边装置；特殊压脚；缝料绷（张）紧装置；辅助送料装置；打褶装置；其他装置，如剪线头装置、气浮式台板等。

缝纫机附件种类及作用见表 11-1。

表 11-1 缝纫机附件种类及作用一览表

用途	导向尺	导架	压脚	送料装置	送料牙排列	卷边器	导线器	滚轮	张力调节器	修边装置	空气喷射	给油
线迹外观	○	○	○		○			○				
线缝缩拢			○	○	△		△					
缝缩			○	○	△		△					
线迹波状化			○	○	△							
缝歪			○	○			△		△			
折边歪曲		○	○		○							
起皱			○	○	○							
归缩、拔长			○	○	○		○	○	△			
缝头均等化	○				△					○		
尺寸规定	○	○				○						○
尺寸规定				○			○	○	○			○
卷曲		○									○	

注 ○—优，△—良。

按照作用分类有：提高生产质量的装置，提高产品均一性的装置，简化操作难度的装置，省人省力的装置。

二、定位（导向）装置

定位（导向）装置主要作用是控制缝片、缝料以及辅料的位置，采用专用装置进行定位，引导操作者在工艺指定的位置点进行缝制加工，使定位工作既简单又准确，可以加快缝制作业速度，同时提高缝片的位置准确度，并获得稳定的缝制质量。

常见定位（导向）装置按照性质分为挡边类、定位类。按照形状分，有"一字"定规、"梅花"定规、"飞机架"定规等。按照安装位置分为两大类型，即上置式（安装于机头或压脚、压紧杆）、下置式（安装于针板或平板）。

用于缝片边缘定位的装置称为"挡边装置"，按安装位置不同分为两大类：

（一）下置式定位器

在底板或针板上固定的均属下置式定位器，常见的下置式定位器有磁铁式挡边器、固定式挡边器、活动式挡边器、万能挡边器等，如图 11-1 所示。

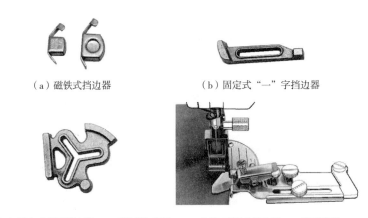

（a）磁铁式挡边器　　　　　　　　（b）固定式"一"字挡边器

（c）固定式多用挡边器——"梅花"定规　　　（d）可调式挡边器——活动定规

图 11-1　常用下置式定位装置

（二）上置式定位器

针板上方固定的定位器均属于上置式定位器，有固定式和活动式两类。

1. 固定式定位器　常见的是"挡边压脚"，如图 11-2 所示，在压脚一侧装有定位导向作用的挡板，适合宽度不大的场合，结构简单、使用方便。有左挡边压脚（a）和右挡边压脚（b）两类。

2. 上置活动式定位器　在压紧杆（或机头上）安装的上置活动式定位器，不占用底板位置，可大范围调整左右挡板的定位宽度以及挡板角度，并且可随意调整挡板上升或下降，当不用定位缝纫时还可将挡板抬起，使用非常方便，如图 11-3 所示。俗

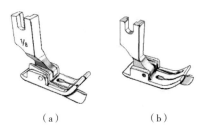

（a）　　　　　（b）

图 11-2　挡边压脚

称"飞机架"的活动式挡边器与压脚一起，安装在压紧杆上，安装和调整十分方便，图 11-3 是

几种不同的上置活动式挡边器。

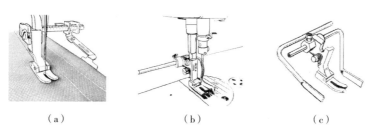

（a）　　　　　　　（b）　　　　　　　（c）

图11-3　安装在压紧杆的活动式挡边器

在压紧杆上不方便安装或使用特殊压脚无法安装时，可选择在机头安装的上置活动式挡边器，如图11-4所示，安装于机头后背，挡边头伸出在压脚右侧。特点是不受压紧杆限制，同样具有横向调整范围大，可上下升降，并具有更换不同定位头、调整伸出长度的功能。

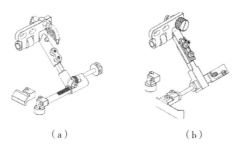

（a）　　　　　　　　　（b）

图11-4　安装在机头的活动式挡边器

（三）电子自动定位器

电子自动定位器是新型电脑程序控制的定位器，安装在机头上，如图11-5所示。具有电脑控制、步进电动机驱动挡板横向移动和升降动作，能够按照设定程序工作。图11-5（a）是单轴式自动挡边器，挡边板可以横向自动移动，升降动作需手动。图11-5（b）是双轴式自动挡边器，挡边板可以横向移动和升降运动。图11-5（c）是双轴式自动挡边器在缝纫机安装位置与动作。

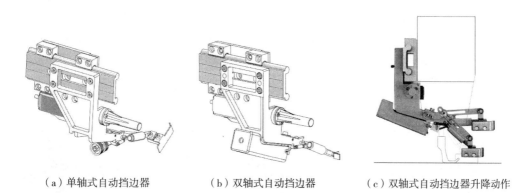

（a）单轴式自动挡边器　　　（b）双轴式自动挡边器　　　（c）双轴式自动挡边器升降动作

图11-5　电子自动挡边器

电子自动定位器工作原理是利用电脑进行预设程序，自动驱动挡边板（定位头）移动到预定横向位置（X电动机驱动）并自动下落（H电动机驱动），同时通过料厚检测器（智能缝纫机型）对缝料的连续检测，配合压脚和送料牙的动作实时抬起或下落。达到既能够保持对缝料的导向和定位，又可以保障送料动作的顺利和高速，如图11-6所示。

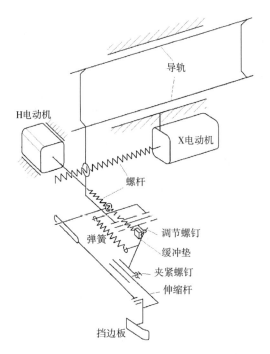

图11-6　电子自动挡边器（双轴式）工作原理图

三、卷边装置

卷边器是折边类附件，作用是将缝料折边（卷边）后进行缝纫，不仅可以准确地做到"定形、定量"，而且方便操作，是提高折边作业工效、保证缝制质量的有效装置。

卷边器种类有单边卷边器、双边卷边器、包边卷边器，按卷边形状有单折、双折、三折和多重折，如图11-7（a）所示。

单边卷边器是在缝料的一侧（右侧或左侧）进行卷边缝纫，卷边形状见图11-7（a）。单边卷边器是折边类附件最基础器具，使用时用螺钉固定在针板上，缝料右边穿过卷边器导向筒，可调节角度和横向位置。单边双折卷边器外形如图11-7（b）所示，卷边筒形状如图11-7（c）所示。

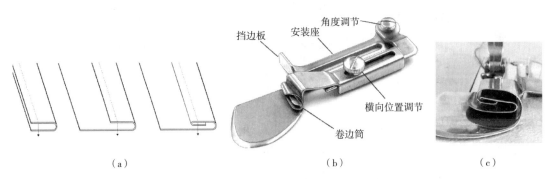

（a）　　　　　　　　　　　（b）　　　　　　　　　　　（c）

图11-7　单边卷边与卷边器

双边卷边器,是在缝料两侧同时进行卷边,如图 11-8(a)所示。最常见的有装饰条卷边器和裤腰卷边器,如图 11-8(b)所示是双层双边单折卷边器,专门用于各种裤装、裙装的裤腰缝制,能够将内外腰片连同裤片一次缝合,如图 11-8(c)所示。

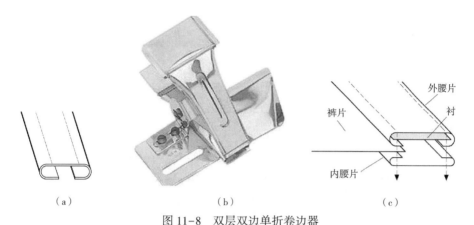

图 11-8 双层双边单折卷边器

包边卷边器,是将布条(包边用)一次折成规定形状连同缝料一起进行包边缝制,用以保护缝料边缘不脱散同时具有装饰作用。多用于服装装饰边、家居用品、布艺用品类等的边缘装饰缝制。

图 11-9 所示是一种单针平缝机使用的包边卷边器,这是一种单边三折卷边器,卷边形状如图 11-8(b)所示。除了卷边器外,还需要配套专用针板、压脚和送料牙。

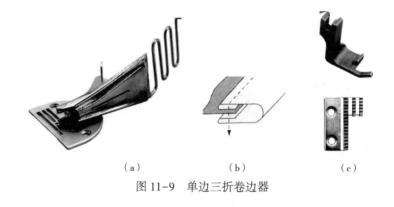

图 11-9 单边三折卷边器

四、特殊压脚

缝纫机出厂配置的压脚属于标准配置压脚,在实际生产中由于工艺不同、面辅料各异,为达到工艺要求、简化操作、稳定品质、提高生产效率的目的,一般会另配各种各样的压脚以适应生产工艺。因压脚构造简单、更换方便、价格低廉,所以得到广泛应用。特殊压脚种类繁多,常见的有以下几大类型,如表 11-2 及图 11-10 所示。

表 11-2 特殊压脚类型

压脚类型	作用	特点
导向压脚	带导向挡板起到定位导向作用,与前述挡边压脚相同,如图 11-10(c)、(f)、(g)所示	体积小巧

续表

压脚类型	作用	特点
卷边压脚	具有单边卷边作用，如图 11-10（a）所示	卷边幅度较小
非金属压脚	因摩擦力与金属材质不同，常用于不同缝料	底板采用非金属
滚轮压脚	常用于皮革类质地较硬较厚的缝料缝制	圆形滚轮
带槽压脚	嵌线、隐形拉链等均可准确缝在缝料上，如图 11-10（b）所示	压脚下有沟槽
其他	滚子压脚、抽折压脚、半压脚等，如图 11-10（e）、（d）所示	

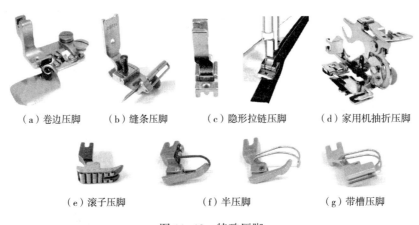

（a）卷边压脚　　（b）缝条压脚　　（c）隐形拉链压脚　　（d）家用机抽折压脚

（e）滚子压脚　　　（f）半压脚　　　（g）带槽压脚

图 11-10　特殊压脚

五、缝料绷（张）紧器

缝料绷（张）紧器主要用于将弹性大的缝料或圆管形制品预先撑开，以方便操作和缝纫加工，同时可以获得平整的缝制效果，确保缝纫质量，例如橡筋缝纫、T恤衫下摆缝、裤脚缝等。

绷（张）紧器主要有两类：一类是简易绷（张）紧器，属于固定式装置安装在缝纫机台板上，滚轮分别在机头的前后两侧（以机头送料方向为准），通过手动调节滚轮张开角度和位置达到对缝料绷（张）紧要求，如图 11-11（a）所示。

（a）简易绷紧器　　（b）摆臂式自动绷紧装置　　（c）平移式自动绷紧装置

图 11-11　绷（张）紧器

　　另一类是自动绷（张）紧装置，由固定滚轮和移动滚轮组成，大多安装于缝纫机头上形成一个整体，操作电脑可以预设动滚轮的张开角度或移动位置参数，利用电动或气动驱动移动滚轮，通过摆动或平移运动使移动滚轮对缝料进行绷紧。具有操作方便、控制精度高的优点。

　　图 11-11（b）为自动裤脚机绷（张）紧装置，通过动滚轮的摆动使裤脚撑开，用于明线裤脚的自动缝制。图 11-11（c）为自动下摆缝的绷（张）紧装置，通过平移的滚轮横向移动使衣物撑开，用于 T 恤衫、圆领衬衫等以及其他针织衫下摆的自动缝纫。

六、辅助送料装置

　　辅助送料装置的作用是协助缝纫机送料牙进行送料，能够使超大、超重、超厚类等难以正常送料的缝料得到辅助推进，获得良好的缝迹效果。

　　辅助送料装置种类很多，常见分类见表 11-3。

表 11-3　辅助送料装置分类

项目	送料方式	机构类型	驱动类型	安装方式	传动/控制
种类形式	滚轮式 履带式 压板式	上送料 下送料 上下送料	皮带传动 连杆传动 电动机直驱	一体式-出厂 分体式-后装	机械传动/手动 电动机/电控

　　上滚轮送料装置很多是单独出售，可以事后根据需要进行购买安装。上下送料类型（如上下滚轮送料装置），可以做到上下层不滑移、不错位，送料能力更强，有效帮助送料牙进行强有力的送料。

　　辅助送料装置中使用最多的是滚轮送料装置，传统的滚轮装置是全机械式结构，采用棘轮机构推动滚轮间歇式转动，驱动来自缝纫机上轮或上轴，升降动作依靠人工和电动（电磁铁），机构较为复杂，如图 11-12 所示分别是滚轮式和履带式辅助送料装置的应用。

（a）后拖轮式辅助送料装置　　　（b）后置履带式辅助送料装置

图 11-12　辅助送料装置

　　近年来随着电子技术飞速发展，出现了新型电子辅助送料装置，特点是采用电脑控制、步进电动机驱动送料、电动或气动驱动升降动作，具有可按程序动作、针距可控、升降自如可控、机构简单的优点，在服装生产中获得不断应用。

　　图 11-13 为两种电子滚轮辅助送料装置，图 11-13（a）装置的特点是整体小巧，直接安装在机头后部，采用步进电动机驱动滚轮、气动驱动升降、小直径滚轮贴近机针位置，能够轻松实现小半径曲线缝纫。图 11-13（b）装置的特点是两个步进电动机分别驱动上下滚轮送料和升降动

作，具有送料能力更强、升降高度可控的优势，适合更加厚、重缝料的送料。但由于滚轮距机针较远，无法实现小半径送料运动，只适合较为平直的缝纫加工。另一个不足点是为了安装下滚轮机构，必须在台板上另行打孔加工，以获得有效空间来容纳传动机构。

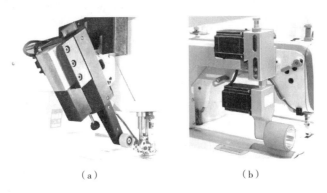

（a）　　　　　　　　　　　（b）

图 11-13　电子滚轮辅助送料装置

七、打褶类装置

打褶类装置能够在成衣或料片上加工出具有一定间距和形状的褶裥，保证获得的褶裥外形美观、间距均匀，可以起到很好的装饰作用，在女装、童装、家居等服饰方面应用广泛。

打褶装置主要有横向打褶和纵向打褶两大类型，如图 11-14 所示。

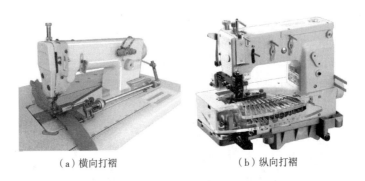

（a）横向打褶　　　　　　　　（b）纵向打褶

图 11-14　打褶装置

横向打褶装置安装在机针前部，采用手轮驱动、"搓板"（铲布板）式机构对缝料进行周期性打褶，一般配用于多针链缝机，实现较大宽度的打褶缝纫，如图 11-15（a）所示。也有采用与家用缝纫机打褶压脚相同的机构，利用针杆驱动打褶附件，实现幅宽不大的打褶缝纫加工。

横向打褶机构原理如图 11-15（b）所示，上下"搓板"向左运动时将缝料搓起、塞入压脚下面进行后续的缝纫，"搓板"向右运动一段距离，准备下一个搓料动作。如此往复运动，形成一个一个褶子。实际机构中使用凸轮改变搓板运动周期，可以形成一针一褶、四针一褶（八针一褶）等多种变化类型。

纵向打褶装置采用前置式打排褶盘，上面排列着间隔相同的打褶、卷边、收拢机构，最后将打褶成型的缝料送至压脚下进行缝纫，如图 11-16 所示，一般配合多针链缝机使用。由于打褶后缝料厚度大幅增加，因此还配置了专用送料机构，以配合原机的滚轮送料机构进行强力送料，如图 11-16（b）所示。

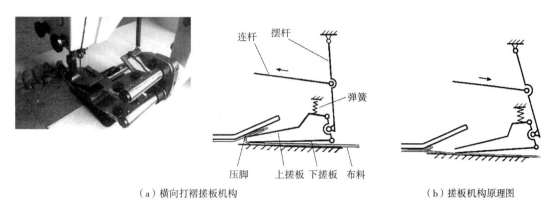

（a）横向打褶搓板机构　　　　　　　（b）搓板机构原理图

图 11-15　横向打褶装置搓板机构

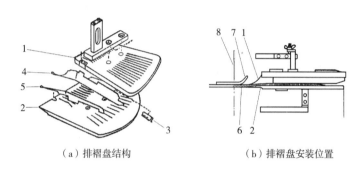

（a）排褶盘结构　　　　　　　　（b）排褶盘安装位置

图 11-16　纵向打褶装置

1—上排褶盘　2—下排褶盘　3—加持弹簧　4—缝料导杆 1　5—缝料导杆 2　6—布料　7—压脚　8—机针

其他缝制加工辅助装置还有很多，如割线、穿线、剪线头、机针冷却、气浮台板、机位照明、绕线、换梭芯、缝纫模板等装置，多种类型的缝制辅助装置在实际生产中起到各自不同的作用，在此不再——列举。

第二节　缝纫模板夹持和运动装置

一、模板缝纫机概述

模板缝纫机是一款自动化程度非常高的第四代缝纫机，俗称模板缝纫运模机、全自动模板缝纫机等。结构包括刺布缝纫系统、模板运送系统、模板夹持系统及电脑控制系统。模板机的初期主要应用于服装、鞋帽等小部件的缝纫加工环节，在传统的平缝机基础上融入靠模仿形加工技术，缝纫线迹主要由模板槽仿形而成。随着下游客户加工工艺及人工成本的增加、招工难度增加、机器换人时代的悄然而至，用数控（CNC）加工技术替代传统的手工加工，成为缝纫行业自动化改造升级的趋势。2014 年，上工富怡发明创造了一款模板缝制系统，如图 11-17 所示。

该系统包括模板 CAD、模板加工单元及模板缝制单元。此时的模板缝制单元，完全没有了靠模加工的影子，缝纫穿针引线系统与缝纫线迹形成的 XY 运动系统，实现独立驱动，在电脑控制系统的控制下，形成任意形状的图案，满足了多元化服装设计的需求。在自动化缝制领域里，画上了浓墨重彩一笔，标志着我国自动化缝纫技术正式登上了国际舞台，且第一次实现了弯道超车。

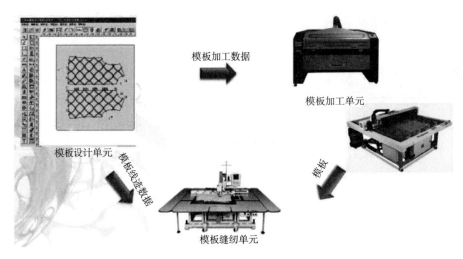

图 11-17　模板缝制系统

模板缝纫机是以模板而命名的，其本质是大型数字控制的缝纫机搭配快速切换的工装模板，模板夹持柔性材料，变柔性为刚性，通过模板运送面料，从而达到自动化缝纫的目的。缝制行业之所以是自动化改造提升的硬骨头，主要是因为柔性材料无法像刚性材料一样加工夹持，行业工程师曾构想过多种方法，比如材料硬化后再加工、加工完再软化的方法，再如静电平板吸附硬化加工等。但最后还是通过模板夹持的方法固定面料，同时也起到了局部硬化的目的。这种方式实现起来技术难度相对较低，成本也比较容易控制，可以根据不同的行业采用PVC、高密度板、环氧树脂、铝、不锈钢等不同的材质，成本差异也相差较大。

二、模板夹持和运动装置概述

柔性材料的缝纫加工要改变传统的手工模式，发展成为无人化或者少人化的自动加工的现代加工方式，模板是一个重要的实现桥梁。模板技术的发展速度决定了柔性材料离散式缝纫自动化的进程。模板工艺初期，模板技术来源于服装生产工艺变革的前沿，因为相应的自动化缝纫设备还未研发出来，所以，此时的模板工艺建立在传统的平缝机应用平台上，结合仿形加工的原理，以模板外形或者模板上的加工槽作为实际缝纫轨迹，靠送料牙的动力实现模板的仿形运动，从而达到标准曲线的缝纫目的。这种模板工艺，主要是解决一些加工精度要求较高的关键部件的缝纫加工问题，不能达到柔性换产、快速换产的目的，且对于较大加工面积的裁片就难以体现出模板的作用。2012年，轻薄时尚羽绒服的需求在服装品牌商的带动下风靡一时，如图11-18所示，羽绒服及棉服的复杂花型的加工需求猛增，人工的加工效率及质量远达不到消费需求，此时大面积的模板及大型的数控花样缝纫系统被发明出来，各设备制造商，百花争艳，各种方式的模板夹持及模

图 11-18　复杂花型

板运动装置也被发明创造出来。行业中主要出现滚轮式模板夹持及运动方式和气动模板夹持 XY 框架运动方式。两种方式的技术来源不一样，前者主要还是传统的花样缝纫机的改进技术，后者是跨行业数控加工技术的引入。两种不同的方式，经过多年的实践验证、演变和发展，派生出更多的细分模板夹持方式及模板运动装置。每种方式各有优缺点，同在柔性材料的缝纫领域发挥着自己的特长优势，助力柔性材料自动化、智能化加工的进程。

三、模板夹持和运动装置的分类及应用

（一）模板夹持装置的分类及应用

1. 靠模式模板 如图 11-19 所示，靠模式模板的技术原理为仿形加工。通过模板预先加工的仿形外形或者仿形槽，控制模板的运动路径，最终实现较为复杂且高精度的缝纫线迹。该技术源于生产一线的加工工艺革新和劳动者智慧的结晶。旨在解决特定部件的批量加工，以降低缝纫操作工的操作难度。用模板技术固化加工工艺，提高加工质量的一致性。该技术及工艺主要应用于服装部件的加工，例如口袋盖、衬衫衣片及袖口的加工。因属于仿形加工技术门类，所以模板的通用性基本为零，属于专款专用，加工厂需要管理非常多的模板。这类模板因为用量多，加工周期短，负责设计制作的大多为模板工艺师，所以选用的材质都为成本比较低、加工难度较小的PVC 材料，便于快速调整修改模具。模板的加工手段比较简单，制作工具比较简陋，如图 11-20所示，一般都采用激光切割机或者制作广告牌的平板铣切机加工。虽然材料比较便宜，但是种类很多，对于一般的小厂来说也是一个非常大的成本，并且还需要配备相关的模板工艺研究人员，这种人员要求能非常熟练地掌握服装加工工艺，还要对模板的加工组装及调试非常熟练，并且对缝纫设备的改造还有一定的经验。所以这种人曾经一时在服装加工行业非常走俏，良驹难求，没有绝对实力的大厂是养不起具有这种技能的模板工艺师的。所以，这种模板技术也仅限于大的服装厂内部推广使用，社会效益比较有限。

图 11-19　靠模式模板

图 11-20　手工模板加工工具

2. 滚轮式模板夹持装置 随着轻薄时尚羽绒服及棉服的消费需求不断增加，手工绗线效率及质量跟不上消费需求，靠模生产技术推广及应用也受到限制，市场对大面积模板加工的需求井喷式增长，供需矛盾的升级，需求推动研发，市场上出现了相对比较简易的模板缝纫机——滚轮式模板缝纫机，如图 11-21 所示。因模板的夹持为滚轮式而得名，同时因滚轮能够在 X 方向上无限行程地滚动，所以也称无限行程的模板缝纫机。滚轮式模板夹持的最大特点就是，模板的夹持部分需要设计加工成一个简单的导向结构，便于模板夹持固定及运动导向。一方面是保持夹持装置有足够的夹持力防止模板脱落，另一方面是模板在 X 方向运动时具有一定的方向性。这种夹持方

式，加工比较简单，也比较经济，基本上不需要特别的专业的加工工具及手段，模板切割加工设备加上双面胶黏合就完成了模板的夹持部件的制作。不过该结构的模板缺点也非常明显，这种应用的模板一般都是采用PVC、亚克力等容易加工的材质，加工固定方式快速简单，容易磨损、变形，导致夹持打滑，应用范围比较有限，对缝纫精度要求不高的羽绒服、棉服的中间绗线基本上能满足使用，但不适合用在精度较高的场合，如高精度服装部件加工、工业柔性材料的加工及汽车柔性零部件材料的加工。

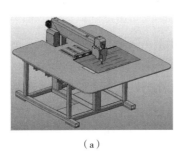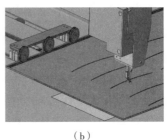

（a）　　　　　　　　　　（b）

图 11-21　滚轮式模板夹持装置

3. 气压式模板夹持装置　如图 11-22 所示，气压式模板夹持装置的诞生旨在彻底解决滚轮式模板夹持的缺陷与不足。保持原有模板结构简单、材质经济及容易加工的优势，将原来的滚轮式夹持变成气缸垂直压紧的方式，模板只承担夹紧缝纫面料的作用，模板的夹持和运送完全靠 X 向导轨模组完成。X 向运动导轨模组固定在 Y 向导轨模组上，形成一个大行程的 XY 运动框架，模板通过气动压紧装置固定在 XY 运动框架上，达到夹持运动的目的。这种结构最早出现在上工富怡品牌的第四代模板缝制系统的模板缝纫机上。一经推出，就赢得了市场的好评，且快速地被各模板缝纫机制造厂家借鉴使用。这种夹持方式，提高了模板缝纫机的缝纫线迹的稳定性和精度，使得缝纫出来的方方、圆更圆，首尾相连能重线，尤其是对于大型的裁片模板，效果更加明显。随着该模板技术的越来越广泛的推广使用，应用过程中也得到了不断的改进提升，比如为了防止缝纫过程中因模板压手功能的增加而导致模板夹持力的增加，在原来的基础上增加了模板气动夹持装置的摩擦力，或在模板上增加限位槽，模板夹持装置直接压在槽内，防止模板的脱落。

这种模板工艺及夹持方式，主要还是针对服装加工领域的解决方案，负载相对来讲还是偏小，因为缝料的夹持材料主要还是PVC、亚克力板及环氧树脂，所以，对于高精度要求及重载需求的工业应用还不太适合。

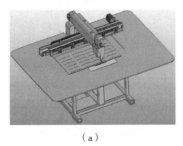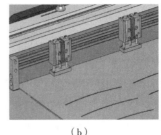

（a）　　　　　　　　　　（b）

图 11-22　气压式模板夹持装置

4. 机械锁止式模板夹持装置 如图 11-23 所示，对于要求非常高的工业柔性材料的缝纫应用，模板夹持力度、稳定性、精度要求更高，完全靠摩擦力夹持方式已经不能满足需求。随着模板工艺技术发展越来越专业化、精细化，模板夹持方式也在不断地发展，推陈出新。机械锁止夹持模板的方式相继被发明出来，且广泛应用在皮革缝纫缝制领域，尤其是精度要求非常高的汽车座椅及门板的高精度缝纫。机械锁止装置结构分"勾"扣锁紧方式和"推"扣锁紧方式，两种方式作用和原理都一样，只是不同的设备供应商不同的设计采用的结构存在细微的区别。机械锁止模板夹持装置本身的结构较为复杂，加工精度高，成本造价相比最高，同时要求模板（一般都为不锈钢模板、铝合金模板、环氧树脂模板或以上材料混合模板）设计相对较为专业，这类模板一般由专业的机械结构设计工程师配合整机的结构特点进行整体设计，出图后交由专业的机床进行加工。因为是锁止装置夹持模板，所以模板上要安装一个结构比较稳固、操作比较简单的模板与夹持装置之间的连接器作为过渡装置，模板固定在连接器上，连接器被锁止机构固定在导轨滑块上，这样就达到了高精度稳定控制模板运动的目的。

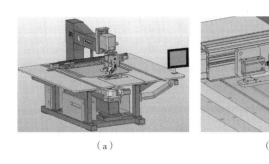

（a） （b）

图 11-23 机械锁止式模板夹持装置

（二）模板运动装置的分类及应用

1. 压脚+靠模模板运送 靠模仿形加工是模板加工技术及工艺最初的表现形式，起步比较低，技术手段有限，自动化缝纫技术没有及时配套，所以模板的驱动动力还是依靠送料牙或者人工推的方式，通过模板的外边缘或模板槽的限制，使模板按照预先设计好的路径运动。

这种方式的模板线迹轮廓专用性强，若运动轨迹需要稍微做出调整，现有的模板就满足不了应用，只能报废重新制作，所以模板一次成功率要求非常高，往往是做很多的模板尝试才能获得一个可以用的模板，制作周期也比较长，成本相对比较高，模板的管理要求也比较高，对服装生产的企业实力要求也高。一般来料加工的企业、自主研发性较弱的企业比较难以满足成本和货期的要求，属于"贵族"消费。但是，一旦模板制作成功，用到生产环节，整体的效率很高，产品一致性比较好，质量稳定性高，加工单价也可以适当地提高，综合下来对企业接单能力的提升有较为明显的优势。这种模板主要应用在 T 恤、衬衫的关键部位的明线缝纫，缝纫线迹距边的距离需要控制，比如均匀 1mm 缝纫线要求等。这种线迹，采用高水平的人工慢慢缝纫也能达到要求，但是效率就非常低，且不同的人缝出的质量水平差异比较大。所以采用模板缝纫的质量及整体效率还是相当明显。

2. 滚轮式模板运送 滚轮式模板缝纫机是一次系统解决自动模板缝制的缝纫机械。滚轮式运动装置顾名思义，模板是在一组或多组的主动及从动滚轮的驱动下实现运动的。这种运动方式主要指模板在 X 运动模组上的运动。前面我们讲过，滚轮式夹持运动的模板，设计制作时增加了一条简易的运动导向条，X 向模组驱动轮上加工出凹槽，运动导向条在主动滚轮夹持驱动的作用下运动。X 向运动模组固定在 Y 向运动模组上，在 Y 向电动机的作用下沿着 Y 向模组方向运动，实现了模板 XY 两个方向的可控平面运动。

因为模板的 X 方向运动是滚轮摩擦驱动，随着使用时间的变长、导向条的磨损、模板本身重量的变化，导致模板在运送过程中出现不可避免的打滑而失去模板运送精度。因此这种模板运动模式只适合线迹精度比较低的羽绒服、棉服等裁片的绗线应用，模板制作相对简单，低精度也能满足使用，对于缝纫精度要求较高或者封闭图形缝纫的情况，建议不要使用该方式，因为缝纫闭合图形，首尾很难重合。

3. 皮带式运送　皮带式模板运送装置与滚轮式运送装置属于同一时间段的不同的技术实现方式。这种方式主要特点是 XY 向的导轨模组都是采用钢丝同步带的驱动方式，避免了传送打滑问题，同时也兼顾缩小了带传动的弹性变形的弊端。模板在该运送结构的驱动下，可以高精度地定位到 XY 行程范围内的任何一点，重复定位精度能达到 0.1mm 左右。模板不需要具有导向功能，只是单纯地起到固定面料的作用，夹持好面料的模板比较简单地放到 X 导轨滑板装置上，由滑板上的多个气缸同时将模板夹持到滑板座上，在滑板座的运送下，实现沿缝纫轨迹运动的目的。

皮带式运送的精度要明显高于滚轮式，缝出来的线迹美观稳定。设计之初主要也是解决羽绒服及棉服的裁片绗线的需求，但是其精度和可靠性得到了用户普遍的认可，同时也应用到其他领域，比如服装门襟、衣领、袖口及其他工业领域。与滚轮式相比，皮带式运送的优势就是精度高、稳定，不足之处就是 X 向的行程不像滚轮式那样可以存在无限放大的可能性。

4. 螺杆式运送　螺杆式模板输送装置采用滚珠丝杠技术，原理与皮带式输送装置一样，只是把皮带驱动改为丝杠螺母驱动方式。这种驱动方式主要是针对负载比较大的多层模板、环氧树脂模板、铝合金模板、不锈钢模板及复合型模板设计开发的。丝杠定位精度高，在高负载的状况下，丝杠的变形比较小、换向误差小，比较适合低速重载间歇运动。该装置结构本身并不因为高速间歇运动而变形，比较适合低速间歇运动。而在重载状态下，驱动电动机的惯量不足，无法做到对该系统实现高响应，因为丝杠本身的转动惯量比较高，加上模板的负载又比较高，所以电动机无法在高频率状态下实现精确启停控制，往往会出现过冲而导致系统精度反而不如皮带运送的精度高，这也是行业较大的认识误区。大家普遍都会认为丝杠的精度一定比皮带驱动的精度要高很多，丝杠是金属的不会出现变形，皮带是柔性的容易变形，这种理解比较局限，是单从驱动材质本身变形的角度分析对比的，但不知皮带的驱动给驱动电动机带来的负载压力非常小，比起丝杠高速运转起来的转动惯量，相差较大，所以在负载比较小、速度比较高的应用场合，比如 PVC 模板的服装制作领域，还是使用皮带式运送效果更好。

四、模板夹持和运动装置的结构组成及工作原理

(一) 靠模式结构及工作原理

如图 11-24 所示，缝纫机没有 XY 模板运送控制的功能，缝纫送料（线迹形成）靠压脚下的送料牙驱动，人工在缝纫的过程中给模板施加一定的力，使模板 3 贴紧仿形靠柱 2，在送料牙的作用下沿着模板仿形边运动，实现缝纫线迹槽 4 形状的缝纫线迹，从而最终达到模板缝纫目的。

(二) 滚轮式结构及工作原理

滚轮式模板夹持送料结构如图 11-25 所示，带凹槽大的压轮 2，在压轮气缸 1 的作用下，把模板 4 固定在模板座上，实现了模板快速装卸的目的，模板在压轮系统 Y 向驱动电动机 6 的作用下，实现 Y 向的运动。压轮的凹槽压住模板导向条 3，将模板压在 X 向驱动轮 8 上，在 X 向驱动电动机的驱动下，依靠 X 向驱动轮与模板底板之间的摩擦力驱动，实现了模板 4 在设备的 X 方向

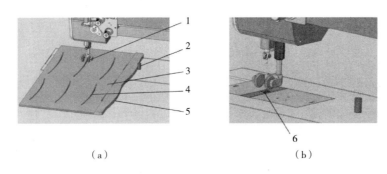

（a） （b）

图 11-24 靠模式结构

1—模板驱动部件 2—仿形靠柱 3—模板 4—缝纫线迹槽 5—模板仿形边 6—送料牙

上运动。模板在 XY 方向的运动，实现了设备工作面积内的花样缝制。

因为模板 4 在 X 向依靠多组主动滚轮的驱动，所以理论上该结构在 X 向的行程是无限的，可以实现特定要求下的 X 向大行程的需求。但是经过长时间的使用，模板的磨损，滚轮与模板之间打滑，精度就会下降，最明显的表现就是缝纫一个封闭的图形，首尾对接不上。

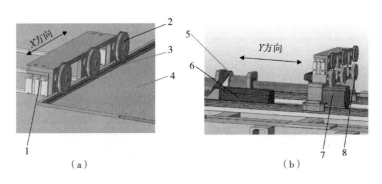

（a） （b）

图 11-25 滚轮式模板夹持运送结构

1—压轮气缸 2—压轮 3—模板导向条 4—模板 5—压轮系统 Y 向驱动
6—Y 向驱动电动机 7—X 向驱动电动机 8—X 向驱动轮

（三）皮带式结构及工作原理

如图 11-26 所示，皮带式模板运送机构主要由 X 向导轨机构、Y 向导轨机构、模板夹持机构、模板等组成。多组模板压紧气缸 6 将模板 3 快速固定在 X 向模板拖板上，X 导轨驱动电动机带动 X 向驱动皮带，使模板在 X 方向运动。同时，X 向导轨通过螺钉固定在 Y 向导轨的滑块上，Y 向导轨滑块在 Y 向电动机及皮带的驱动下运动，从而带动 X 向导轨及模板在设备的 Y 向运动。通过 XY 两个方向的控制运动，再配合缝纫机头的缝纫，就能形成有效缝纫面积内的各种复杂的图形缝纫。

（四）螺杆式结构及工作原理

如图 11-27 所示，螺杆式的模板运送原理与皮带式模板运送一致，只是模板的运动方式由同步带驱动变成螺杆的驱动。模板锁止机构 5 通过模板 6 的连接立柱，将模板牢固地锁在 X 向模板拖板上，X 向模板拖板在 X 向螺杆组件的驱动下实现了模板的 X 向运动，X 向螺杆组件 2 通过螺钉连接方式固定在 Y 向螺杆组件的滑块上，Y 向螺杆组件滑块在 Y 向驱动电动机 2 的驱动下实现 Y 向运动，通过 XY 运动组合，最终实现了模板在设备台面上的运动。

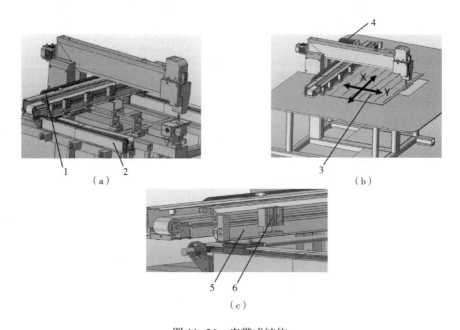

图 11-26　皮带式结构
1—X 向导轨　2—Y 向导轨　3—模板　4—X 向电动机　5—X 向模板拖板　6—模板压紧气缸

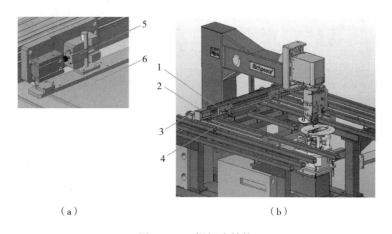

图 11-27　螺杆式结构
1—X 向模板拖板　2—X 向螺杆组件　3—Y 向驱动电动机　4—Y 向螺杆组件　5—模板锁止机构　6—模板

（五）混合式结构及工作原理

混合式模板运送机构主要是皮带驱动方式与螺杆驱动的相互结合，根据空间结构的限制、成本的限制、缝纫精度的限制条件做出灵活的改变，最终实现经济可靠的模板固定运送的目标。当然，除了皮带与丝杠结合，还有可能是滚轮与丝杠或皮带结合的方式。

五、模板夹持和运动装置结构分析及调整

（一）靠模式结构分析及调整

前面我们已经讲过，靠模的加工原理来源于仿形加工，是模板技术发展初期的产物。随着模

板技术不断提升改进，这种方式将成为历史，被先进技术所淘汰。

（二）滚轮式结构分析及调整

图 11-28 所示为滚轮式模板固定及运送机构示意图，图 11-29 为该机构的局部 3D 图。从机构示意图我们可以看出，该结构模板的夹持与运送的主要机构是手轮及下驱动轮。手轮凹槽与模板前端的导向条配合使用，下驱动轮在滚轮驱动电动机通过同步带的驱动下，发生转动，手轮的压力作用在模板上，使下轮与模板的摩擦力变大，直到模板能在下驱动轮的作用下发生移动，实现模板运送的目的。动摩擦力计算公式为：$F=\mu \times N$，其中 μ 为动摩擦系数，N 为正压力。该结构的稳定性影响因素与手轮给予模板上的正压力有直接的关系，例如，手轮的压力会随着气缸气源压强的波动而变化，模板使用一段时间后出现磨损，影响模板的厚度，手轮、模板、下驱动轮三者之间就会出现不同程度的间隙，导致驱动力不均匀等。这些因素都会影响到模板运送精度的一致性。该结构在实际应用中也暴露出了其模板运送精度不稳定的特点，所以市场也在慢慢地不选用这种结构。

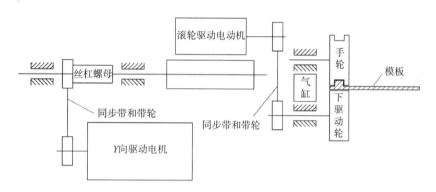

图 11-28　滚轮式模板固定及运送机构示意图

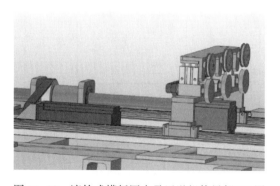

图 11-29　滚轮式模板固定及运送机构局部 3D 图

上下滚轮组件，通过固接的方式连接在 Y 向驱动的丝杠上，Y 向电动机驱动丝杠螺母，使丝杠在丝杠螺母中前进或后退，从而实现了上下滚轮组件的另外一个方向的运动。两个方向的电动机精准运动控制，实现模板在台板上的可控运动，再配合缝纫机针的运动，就可以缝纫出我们需要的线迹图形。

这种结构的最大的不可靠在于滚轮对模板的夹持力，从而导致该结构在使用过程中经常出现故障，需要经常进行精度的校验和调整。检查的对象主要是模板是否磨损变薄，超过了手轮下压的极限从而打滑，遇到这种情况只能重新更换新模板。如果模板未磨损还出现打滑的现象，要检查手轮的压力是否达不到设计使用要求，如果出现设备输入气压不稳定情况，可以在设备旁边配置小型的储气罐。如果气缸压力没有问题，模板厚度也没有问题，那么就要考虑是否是模板太大、太重，驱动轮的摩擦力不足以驱动这么大的模板，需要考虑改变下驱动轮与模板之间的摩擦系数，达到增加摩擦力的目的。

（三）皮带式结构分析及调整

图 11-30 所示为皮带式结构原理示意图，主要由三部分组成，即 X 向导轨系统、两组 Y 向导轨系统和导轨系统的驱动电动机。模板被模板固定气缸固定在 X 向导轨的拖板上，X 向导轨拖板通过螺钉固定在 X 向导轨滑块上，导轨滑块在导轨同步带轮和 X 向驱动电动机的驱动下实现可控运动，从而达到模板能在该系统中的 X 向实现精准可控的运动。同理，整个 X 向导轨系统固定在两组 Y 向导轨的滑块上，在 Y 向电动机及 Y 向导轨同步带的控制下实现模板的 Y 向精准可控运动。该模板运送系统，结构简单可靠，同步带驱动，保证了驱动的精准度，不会出现打滑而丢失精度的现象。同步带的特性兼顾带传动的安装调试精度要求低、无须润滑和传动效率高的特点，用户维修保养也比较简单，使用到皮带寿命后，直接更换皮带，更换难度小，更换成本也非常低。

因为同步带毕竟属于带传动的一种，在传动过程中会出现一定的弹性形变，即使绝大多数都采用钢丝同步带，也会存在一定程度的形变，使得传动精度有所下降。不过在服装缝制行业，由于皮带的弹性形变引起的误差，基本上可以不用考虑。所以该模板运送系统的可靠性、精度及经济性都是非常优秀的选择。在使用过程中，根据设备使用频率，模板的重量、时间及精度要求，需要定期对皮带进行张紧，确保缝纫精度达到使用要求。

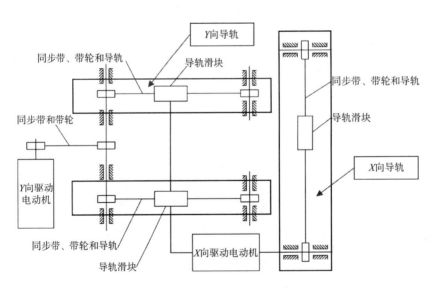

图 11-30　皮带式结构原理示意图

（四）螺杆式结构分析及调整

如图 11-31 所示，该系统从结构原理讲，与皮带式一致。只是将驱动皮带换成了丝杠螺母驱动，模板的锁紧方式由气动压紧的方式更换成机械锁止的方式。模板机是采用皮带驱动方式好，还是使用丝杠驱动方式好？这个命题在行业中争论了比较长的时间，在这里重点阐述一下两者的优缺点。

所有的技术都有它的适用范围，丝杠主要应用于机床行业，机床的精度是有目共睹的，应用到缝制设备行业给人感觉是绰绰有余。模板机属于一种大尺寸的花样机，缝纫送料改变了传统的

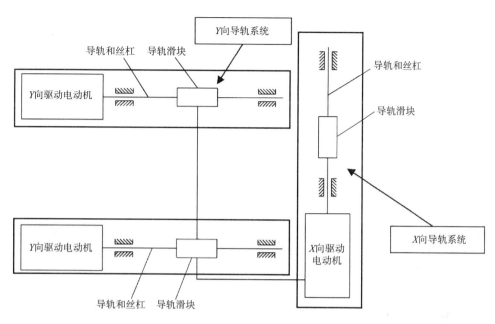

图 11-31　螺杆式结构

送料牙方式，完全依靠 *XY* 向送料电动机与主轴之间的配合完成。早期的花样机绝大多数是步进电动机送料，因为框架比较小，此时的步进电动机的优势得以发挥，但是在更大行程的模板机上表现却不佳，在高速状态下出现丢步、花样错位现象。现在的模板机就采用了伺服电动机驱动，伺服电动机带有反馈系统，不断通过自身的控制系统调节，使得在高速重载工况下不停地自我纠正，以达到使用要求。

伺服电动机与负载的匹配程度决定模板机的精度。当负载的惯量远超过伺服电动机的惯量时，电动机的响应及时性严重下降，不能及时地执行主控命令，导致机针与 *XY* 的节拍配合上出现大的偏差，甚至框架比机针慢好几针的情况都能发生。模板机在缝直线时这种现象不容易显现出来，最多是在缝纫结束时出现几针的小针步，或者在倒回针时在最后一针出现非常小的针步，或者是在高速拐弯时出现针迹变形，比如缝尖角出现圆角的情况。框架驱动电动机的负载与缝料的重量、框架的重量、驱动带轮的重量、驱动方式有很大的关系。比如说，大多数框架都在用铝材质，这样的目的是减轻框架的重量来减小电动机的负载。普遍情况用户比较关注框架重不重，很容易忽略驱动方式是否合适。

框架驱动方式有很多种，比较常见的有同步带驱动、齿轮齿条驱动、螺杆（丝杠）驱动等，这些驱动各有优点，但也各有缺点，不同的使用条件采用不同的驱动方式为宜。

1. 同步带驱动特点

（1）同步带是兼顾了齿轮驱动（不打滑）和皮带驱动（惯量小）的优点。同步带的种类分很多种，有橡胶带、纤维带、钢丝带等，工况不同选用也不同。同步带大量地用于电脑绣花机上，电脑绣花机的精度要求非常高，比模板机的精度高很多。因为绣花机频繁出现高速大针码的往返运动，为了保证花样精度，尤其是服装字母商标上的应用，采用同步齿形带（尤其是钢丝同步齿形带），惯量小，减小了电动机的驱动压力，使得电动机能够轻松自如地高速正反转，框架运动时间与机针刺布时间能够更加接近完美匹配。

（2）同步带长时间使用后变松变长，张紧方便，更换替换操作方便，用户维护成本也非常低。

其缺点是弹性变形带来的驱动精度降低。皮带属于柔性材料，具有一定的变形量，变形量取决于负载、皮带材质、驱动带的宽度、长度等因素。钢丝同步带变形量最小，目前模板缝纫的工作面积 1200mm×800mm，采用 50mm 宽的钢丝同步带，满足服装缝纫精度绰绰有余。

2. 螺杆（丝杠）驱动特点

（1）优点是一种刚性驱动，驱动螺杆刚性强，弹性变形几乎可以忽略不计，所以大量应用在机床的工作台的移动。机床行业工作台质量大，负载大，但是其最主要的特点是工作台在加工时运动速度低，以及工作台不需要频繁的高速换向。

（2）缺点是模板机的特性需要框架与缝纫机针时序匹配，频繁的高速换向，换向不能及时到位，针就扎不到理论的位置出现线迹不正确的现象。螺杆（丝杠）的材质都是实心的钢材，高速正反运动的惯量非常大，与伺服电动机的惯量比，严重不协调，伺服电动机就出现"管不住"的现象，被丝杠的转动带着跑，电动机的响应性大幅降低。若采用小惯量电动机（或者小功率电动机），框架的运动更加出现"失控"的状态。所以丝杠模板缝纫机在高速拐弯时，会出现缝"尖角"变成"圆角"的现象。

丝杠属于高精密传动部件，高速冲击状态下容易出现磨损，出现间隙后维修困难，出现间隙用户是没有修复能力的，除了更换外就只能任由丝杠间隙变大，精度变低，噪声变大。机械维修难度很大，一般都是采用更换的方式，或者降低精度等级使用。

随着模板技术不断发展进步，模板技术在柔性材料缝纫领域应用也越来越广泛。不同的技术没有绝对的优势也没有绝对的劣势，只要适用就是好，既不浪费也无不足。靠模加工的方式，技术要求起步低，门槛低，基础投入相对比较少，对于小型企业，订单不确定，简单的、少量的打样采用靠模的方式还是比较合适的。滚轮方式的模板夹持及运送技术，虽然打滑精度低，但曾经有一段时间应用非常广泛，已经形成了一定的影响力，市场上还存在大量的该技术产品在用，对于精度要求不高，缝纫直线或者开口的曲线还是可以应用的，毕竟绝大多数服装加工的精度要求不是很高。皮带结构的模板夹持运送系统综合能力较强，既兼顾了可靠性又满足了经济性，也具备了广泛的推广性。螺杆驱动技术，重复定位精度高，但丝杠自身的转动惯量大的问题，也限制了丝杠的高速往复运动的速度，即限制了整机的缝纫速度。对于精度要求非常高的行业，采用较重的金属模板工况，采用螺杆驱动，在降低缝纫速度的情况下还是非常有效的，避免了传动变形，也避开了高速换向的失真。总而言之，没有最好的方式，只有相对合适的方式。模板技术随着越来越广泛的使用，技术水平不断地创新提高，发展也会越来越健康。

第三节　缝纫及送料工业机械手

一、概述

机器人是近 50 年来发展起来的一种高科技自动化设备。工业机器人是机器人的一个重要分支。它的特点是可通过编程完成各种预期的作业任务，在构造和性能上兼有人和机器各自的优点，尤其是体现了人的智能和适应性、机器作业的准确性和在各种环境中完成作业的能力，因而在国民经济各个领域中获得广泛的应用。

机器人技术涉及生物学、力学、机械学、电气液压技术、自控技术、传感技术和计算机技术等学科领域，是一门跨学科的综合技术，机器人机构学是机器人的主要基础理论和关键技术。

缝纫工业机械手近年来逐渐在缝制机械行业获得应用，一些缝制单元和模板机、花样机应用工业机械手的抓取、输送和定位技术，采用缝纫工业机械手抓取缝料，输送至机针下方并定位，配合开展缝纫加工以及完成收料；有的缝纫工业机械手操作端固结链式线迹的缝纫机完成缝纫加工任务，实现缝料静止、缝纫机运动的立体缝纫加工模式，具有更高的自动化水平。一般情况下，运用工业机械手设计理论设计末端操作器的位置和姿态后，通过静电吸附、针刺、真空吸附和胶黏技术的应用，完成末端操作器对缝料的抓取、送料和定位缝纫，以实现缝纫上料、加工工序的自动化，提高加工质量和效率。

图 11-32 为用于缝制机械行业的 6 自由度和 4 自由度工业机械手示意图，主要用于缝料的输送和定位缝纫。近年来，相关的缝纫工业机械手在行业获得了越来越多的应用，大幅度提高了加工的效率和质量。

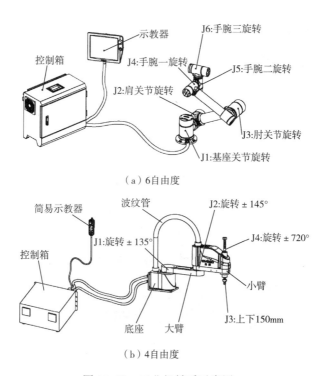

（a）6自由度

（b）4自由度

图 11-32　工业机械手示意图

广东溢达公司生产的门襟自动锁眼机，通过缝纫工业机械手抓取缝料并输送至特定位置进行自动锁眼，大幅提高了锁眼质量和效率，如图 11-33 所示。

图 11-33　工业机械手输送缝料

缝纫机立体缝纫技术是指通过缝纫工业机械手与缝纫机的有机集成形成的立体缝纫设备，实现了缝料静止、缝纫机空间运动达到缝纫的目标，可进行缝料的空间曲线缝纫，改变了缝纫机的传统缝纫方式，为缝纫设备的创新发展开创了新的空间，上工申贝的缝纫工业机械手如图 11-34 所示。

（a）　　　　　　　　　　　　（b）

图 11-34　工业机械手立体缝纫

川田工业机械手送料模板机采用工业机械手，模拟实现人工上下料，能自动感应模板及自动花样切换，一人操作多台模板机，降低了人工劳动强度，提高了生产效率，实现了缝纫设备的自动化、智能化，如图 11-35 所示。

图 11-35　工业机械手输送模板

泉州誉财推出 YC-28M 智能模板包缝机，通过夹具模板固定面料、机械臂传送实现了自动送料，采用控制系统将夹具模板、机械臂、缝纫设备及剪线装置进行联动匹配，一起实现自动缝制功能，使缝制操作简单化，免去对熟练缝纫工的人工需要，一般工人新手也能快速上岗；根据不同面料特性、工艺要求，通过控制机械臂的送料速度、转速与缝纫速度的高度匹配，达到品质的要求，避免人工缝制的线迹不匀称、品质参差不齐、良品率低的问题；安装在缝纫机头上的自动短线剪线装置使成品更美观，省去后期人工再修剪，如图 11-36 所示。

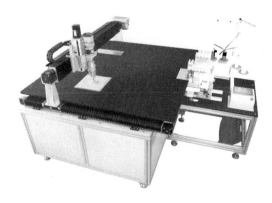

图 11-36　工业机械手定位缝纫

IMB无人集聚缝制工作站采用工业机械手或机械传动机构实现袋口卷边、缝袋工作站的单机装置串联，通过视觉系统，实现抓取、卷边、移动到定位缝纫，口袋布取料、卷边、缝制袋花自动完成，如图11-37所示。

图 11-37　工业机械手输送缝料

二、缝纫及送料工业机械手机构分析和设计基础理论

（一）工业机器人及其机械手

工业机器人是一种能自动定位控制并可重复编程予以变动的多功能机器。它有多个自由度，可用来缝纫加工、搬运材料和握持工具，以完成各种不同的作业。图11-38所示为一具有6个自由度可用于缝纫、点焊、弧焊和搬运的工业机器人。

工业机器人通常由执行机构、驱动传动机构、控制系统和智能系统四部分组成。执行机构是机器人赖以完成各种作业的主体部分，通常为空间连杆机构。机器人的驱动传动装置由驱动器和传动机构组成，它们通常与执行机构连成一体。驱动传动装置有机械式、电气式、液压式、气动式和复合式等，其中液压式操作力最大。常用的驱动器有伺服或步进电动机、液压电动机、气缸、液压缸等。控制系统一般由控制计算机和伺服控制器组成。计算机发出指令协调各有关驱动器之间的运动，同时还要完成编程、示教、再现以及和其他环境状况的传感器信息、工艺要求、外部相关设备之间的信息传递和协调工作；伺服控制器控制各关节驱动器，使之能按预定的运动规律运动。智能系统则由感知系统和分析决策系统组成，它分别由传感器及软件来实现。

工业机器人的机械结构部分称为操作机或机械手，其由如下部分组成：在图11-38中构件7为机座；连接手臂和机座的部分1为腰部，通常做回转运动；而位于操作机最末端，并直接执行工作要求的装置为手部，又称末端执行器，常见末端执行器有夹持式、吸盘式、电磁式等；构件2、3分别为大臂和小臂，其与腰部一起确定末端执行器在空间的位置，故称为位置机构或手臂机构；构件4、5组成手腕机构，用以确定末端执行器在空间的姿态，故又称为姿态机构。用于缝纫加工的机械手通常称为缝纫工业机械手，根据缝纫加工的具体要求，缝纫工业机械手可由上述部分机构组成。

图11-39为一家美国公司生产的PUMA机器人，它是一种多关节结构形式、全电动驱动、多CPU两级微机控制，可配置视觉、触觉和力觉传感器的工业机器人。

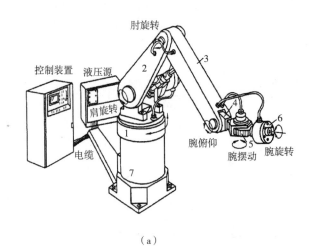

（a）

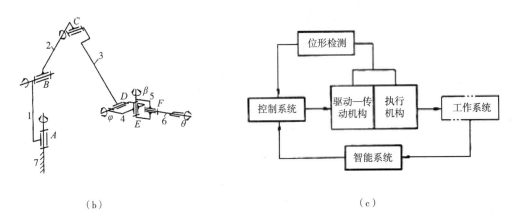

（b）

（c）

图 11-38 机械手

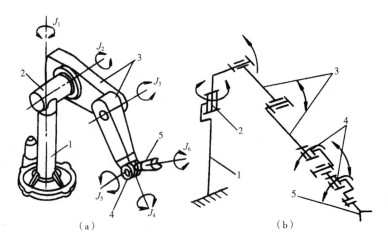

（a）   （b）

图 11-39 PUMA 机器人

1—机座 2—腰部 3—臂部 4—腕部 5—手部

其机械手具有 6 个关节，分别是腰关节 J_1、肩关节 J_2、肘关节 J_3、腕关节 J_4、腕关节 J_5、腕关节 J_6。这些关节驱动装置均由伺服电动机，包括同轴连接的位置、速度检测元件，以及齿轮减速传动系统、框架结构、轴承等组成。

该机械手可用于装配，其是一个具有视觉处理功能的机械手柔性装配系统。视觉系统用于检查装配零件，确定零件的确切位置与方向，以便让机械手能准确抓起它，并执行下一个装配操作。

工业机器人的发展过程可分为三代：第一代为示教再现型机器人，它主要由机械手控制器和示教盒组成，可按预先引导动作记录下的信息重复再现执行，当前工业中应用最多；第二代为感觉型机器人，如有力觉、触觉和视觉等，它具有对某些外界信息进行反馈调整的能力，目前已广泛进入市场应用；第三代为智能型机器人，它具有感知和理解外部环境的能力，在工作环境改变的情况下，也能够成功地完成任务，处于推广应用阶段。

（二）工业机械手的主要类型

工业机械手机构一般为空间开链连杆机构。其运动副又称为关节，由于结构和驱动的原因，常用转动关节和移动关节，并分别用 R 和 P 表示。独立驱动者称为主动关节，反之为从动关节。在操作机中主动关节的数目应等于操作机的自由度。图 11-38 所示工业机械手的自由度为 6，其手臂机构和手腕机构各有 3 个自由度。由于手臂机构基本上决定了工业机械手的工作空间范围，所以手臂运动通常称为工业机械手的主运动。工业机械手也常按手臂运动的坐标形式来进行分类，有以下四种类型：

1. 直角坐标型　直角坐标型具有三个移动关节（PPP），可使手部产生三个相互独立的位移 (x, y, z)，如图 11-40 所示。其优点是定位精度高、轨迹求解容易、控制简单等，而缺点是所占的空间尺寸较大，工作范围较小，操作灵活性较差，运动速度较低。

2. 圆柱坐标型　圆柱坐标型具有两个移动关节和一个转动关节（PPR），手部的坐标为 (z, r, θ)，如图 11-41 所示。其优点是所占的空间尺寸较小，工作范围较大，结构简单，手部可获得较高的速度。缺点是手部外伸离中心轴越远，其切向线位移分辨精度越低，通常用于搬运机械手。

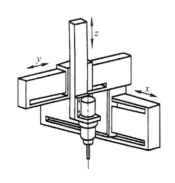

图 11-40　直角坐标型

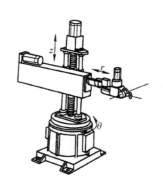

图 11-41　圆柱坐标型

3. 球坐标型　球坐标型具有两个转动关节和一个移动关节（RRP），手部的坐标为 (r, φ, γ)，如图 11-42 所示。此种操作机的优点是结构紧凑，所占空间尺寸小。但目前应用较少。

4. 关节型　如图 11-43 所示的关节型操作机是模拟人的上肢而构成的。它有三个转动关节（RRR），又有垂直关节和水平关节两种布置形式。关节型操作机具有结构紧凑、所占空间体积小、工作空间大等特点。其中，垂直关节型操作机能绕过机座周围的一些障碍物，而水平关节型操作机在水平面上具有较大的柔性，而在沿垂直面上具有很大的刚性，对装配工作有利。关节型操作机是目前应用最多的一种结构形式。

图 11-42 球坐标型

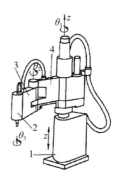

图 11-43 关节型

（三）工业机械手的主要技术指标

与工业机械手有关的技术指标有：

1. 自由度 自由度即用来确定手部相对机座的位置和姿态的独立参变数的数目。自由度是反映工业机械手性能的一项重要指标。自由度较多，就更能接近人手的动作机能，通用性更好，但结构也更复杂。目前，一般的通用工业机械手约为5个自由度，已能满足多种作业的要求。

2. 工作空间 工作空间即操作机的工作范围，通常以手腕中心点在工业机械手运动时所占有的体积来表示。如图 11-44 所示为圆柱坐标型工业机械手的工作空间，其为一空心圆柱体。

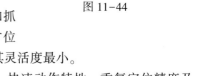

图 11-44

3. 灵活度 灵活度是指工业机械手末端执行器在工作，如抓取物体、实施缝纫时，所能采取的姿态的多少。若能从各个方位抓取物体，则其灵活度最大；若只能从一个方位抓取物体，则其灵活度最小。

此外，用来表征工业机械手性能的技术指标还有负荷能力、快速动作特性、重复定位精度及能量消耗等。

（四）工业机械手机构位姿矩阵

工业机械手的基本功能是按预定位置和姿态驱动手部运动，从而完成各种作业要求的工艺动作。从机构学的角度分析，工业机械手的机械结构可以看作由一系列连杆通过运动副连接起来的开式运动链，连接两连杆的运动副称作关节。由于结构上的原因，其运动副通常只用转动副和移动副两类。

以转动副相连的关节称为转动关节（简记为 R），以移动副相连则称为移动关节（简记为 P），每个关节上配有相应的驱动器。一般说来，运动链的自由度和手部运动的自由度在数量上是相等的。如图 11-39 所示的 PUMA 机器人，其运动链是串联的 6 自由度开式链。前 3 个关节（腰关节 J_1、肩关节 J_2、肘关节 J_3）具有 3 个转动自由度，其功用是确定手部 5 在空间的位置，由这 3 个关节构成的机构来确定，称为机器人的位置机构。后 3 个关节［腕关节（$J_4 \sim J_5$）］主要功用是确定手部在空间的姿态，即与手部构件 5 固连的坐标系相对于机架参考坐标系的方位。这 3 个关节和连接它们的杆件所构成的机构，称作姿态机构。

工业机械手运动学研究其末端操作器（手部）的位置（速度、加速度）、姿态（角速度、角加速度）与其各关节广义坐标（速度、加速度）之间的关系。根据已知量和未知量的不同，运动学研究可以分为下列两类问题。

（1）已知构件几何参数和关节广义坐标矢量 $[q(t)]=[q_1(t)，q_2(t)，\cdots，q_n(t)]^T$（其中 n 为该机器人机构的自由度），求工业机械手末端操作器相对于参考坐标系的位置和姿态。该问题称为运动学正问题。研究正问题可以了解该工业机械手能否实现预期的运动要求。

（2）已知构件几何参数和末端操作器相对于参考坐标系的期望位置和姿态，求解其对应的关节广义坐标矢量。该问题称为运动学逆问题。研究逆问题则是为了对关节广义坐标进行控制，以使末端操作器实现预期的运动。

在工业机械手运动学正问题和逆问题中均会涉及末端操作器相对参考坐标系的位置和姿态的关系式。因此我们首先来导出末端操作器位置和姿态的矩阵方程式。通常情况下我们是选择了构件 i 远离机架一端的运动副轴线作为局部系 $x_iy_iz_i$ 的 z_i 轴。由此推出的坐标变换矩阵可以称为坐标系后置的 D—H 变换矩阵。在许多关于工业机械手机构学的著作中，还采用了坐标系前置的 D—H 变换矩阵。以下分别加以介绍：

1. 坐标系后置的 D—H 变换矩阵

（1）构件局部坐标系的选取。为了对空间连杆机构进行分析，需要在每一个构件上固连一个坐标系。从理论上讲，构件局部坐标系的选择可以是任意的，但实际上巧妙合理地选择构件局部坐标系可使问题得以简化。目前，空间连杆机构研究中普遍采用了下面介绍的 Denavit-Hartenberg 坐标系，简称 D—H 坐标系。

如图 11-45（a）所示，构件 i 和 j 通过圆柱副 A 相连结，j 和（$j+1$）通过圆柱副 B 相连结。

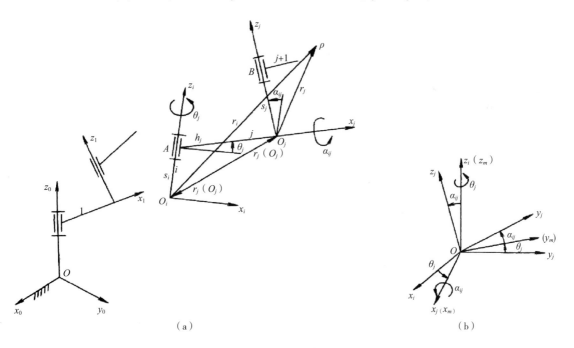

（a）　　　　　　　　　　　　　（b）

图 11-45　D—H 坐标变换关系

偏距 s_i——沿 z_i 轴从坐标轴 x_i 量至 x_j 的距离 O_iA，规定与 z_i 轴正向一致为正

转角 θ_j——绕 z_i 轴从坐标轴 x_i 量至 x_j 的转角，规定逆时针方向为正

杆长 h_j——沿 x_j 轴从坐标轴 z_i 量至 z_j 的距离 AO_j 规定与 x_j 轴正向一致为正

扭角 α_{ij}——绕 x_j 轴从坐标轴 z_i 量至 z_j 的角度，规定逆时针方向为正

选取 z_i 轴与圆柱副 A 轴线相重合，z_j 轴与圆柱副 B 轴线相重合。z_i 和 z_j 的公垂线规定为 x_j 轴，方向从 z_i 指向 z_j。公垂线 x_j 在 z_j 轴上的垂足为坐标系 $x_jy_jz_j$ 的原点 O_j。x_j 在 z_j 取定后，y_j 由右手定则确定。当构件局部坐标系确定后，相邻两系 $O_ix_iy_iz_i$ 和 $O_jx_jy_jz_j$ 之间有下列 4 个参数：

对具有明显几何轴线的运动副如转动副、移动副、圆柱副或螺旋副等，易于用上述方法建立构件的局部坐标系。对于球面副，通过球心的 z 轴既可选得与相邻的一个 z 轴平行，也可以取得与相邻球面副的联心线相重合。对于平面副，过接触平面上任意点的法线均可选为 z 轴。

（2）方向余弦矩阵及其应用。作为推导 D—H 坐标系相邻构件坐标变换的基础，在此介绍一下方向余弦矩阵及其有关应用。

图 11-46 表示两个共原点的直角坐标系。

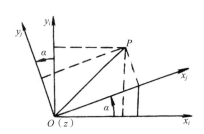

图 11-46　坐标转换

从坐标系 $x_iy_iz_i$ 看，坐标系 $x_jy_jz_j$ 的坐标轴方向可认为是绕 z 轴逆时针旋转了一个角度 α。观察该图可以看出同一点 P 在两坐标系中的坐标有下列关系：

$$x_i = x_j\cos\alpha - y_j\sin\alpha + z_j \times 0$$
$$y_i = x_j\sin\alpha + y_j\cos\alpha + z_j \times 0 \qquad (11-1)$$
$$z_i = x_j \times 0 + y_j \times 0 + z_j \times 1$$

上式写成矩阵形式：

$$\begin{bmatrix} x_i \\ y_i \\ z_i \end{bmatrix} = \begin{bmatrix} \cos\alpha & -\sin\alpha & 0 \\ \sin\alpha & \cos\alpha & 0 \\ 0 & 0 & 1 \end{bmatrix} \begin{bmatrix} x_j \\ y_j \\ z_j \end{bmatrix} \qquad (11-2)$$

或者

$$(r_i) = [C_{ij}](r_j) \qquad (11-3)$$

式中：$(r_i)=(x_i \quad y_i \quad z_i)^T$ 和 $(r_j)=(x_j \quad y_j \quad z_j)^T$ 分别表示同一点 P 在旧坐标系 i 和新坐标系 j 中的坐标列阵，因而方阵 $[C_{ij}]$ 称为由坐标系 j 变换到坐标系 i 的坐标变换矩阵。实际上矩阵 $[C_{ij}]$ 中的元素就是 i 和 j 坐标系相应坐标轴之间的方向余弦，如表 11-4 所示。故 $[C_{ij}]$ 常称为方向余弦矩阵。

表 11-4　矩阵 $[C_{ij}]$ 中的元素

元素	x_j	y_i	z_i
x_i	$C_{11} = \cos(x_i, x_j)$	$C_{12} = \cos(x_i, y_j)$	$C_{13} = \cos(x_i, z_j)$
y_i	$C_{21} = \cos(y_i, x_j)$	$C_{22} = \cos(y_i, y_j)$	$C_{23} = \cos(y_i, z_j)$
z_i	$C_{31} = \cos(z_i, x_j)$	$C_{32} = \cos(z_i, y_j)$	$C_{33} = \cos(z_i, z_j)$

观察表 11-4 知方向余弦矩阵 $[C_{ij}]$ 和 $[C_{ji}]$ 互为转置矩阵，即：

$$[C_{ij}] = [C_{ji}]^T \qquad (11-4)$$

或

$$[C_{ji}] = [C_{ij}]^T \qquad (11-5)$$

且根据直角坐标系中坐标轴正交的特点，有：

$$C_{11}^2 + C_{12}^2 + C_{13}^2 = 1 \quad C_{11}^2 + C_{21}^2 + C_{31}^2 = 1$$
$$C_{21}^2 + C_{22}^2 + C_{23}^2 = 1 \quad C_{12}^2 + C_{22}^2 + C_{32}^2 = 1 \tag{11-6}$$
$$C_{31}^2 + C_{32}^2 + C_{33}^2 = 1 \quad C_{13}^2 + C_{23}^2 + C_{33}^2 = 1$$

$$C_{11}C_{21} + C_{12}C_{22} + C_{13}C_{23} = 0 \quad C_{11}C_{12} + C_{21}C_{22} + C_{31}C_{32} = 0$$
$$C_{21}C_{31} + C_{22}C_{32} + C_{23}C_{33} = 0 \quad C_{12}C_{13} + C_{22}C_{23} + C_{32}C_{33} = 0 \tag{11-7}$$
$$C_{31}C_{11} + C_{32}C_{12} + C_{33}C_{13} = 0 \quad C_{13}C_{11} + C_{23}C_{21} + C_{33}C_{31} = 0$$

即方向余弦矩阵每列或每行中各元素的平方和为 1，而两个不同列或不同行中对应元素的乘积之和则为零。利用式（11-6）和式（11-7）可推出方向余弦矩阵 $[C_{ij}]$ 和 $[C_{ji}]$ 的乘积为单位矩阵 $[I]$。

$$[C_{ij}][C_{ji}] = [C_{ji}][C_{ij}] = [I] \tag{11-8}$$

即：

$$[C_{ij}]^{-1} = [C_{ji}] \qquad [C_{ji}]^{-1} = [C_{ij}] \tag{11-9}$$

结合式（11-4）和式（11-5），有：

$$[C_{ij}]^{-1} = [C_{ij}]^T \qquad [C_{ji}]^{-1} = [C_{ji}]^T \tag{11-10}$$

这说明方向余弦矩阵为正交矩阵。

式（11-3）表示的是同一矢量在新旧两个坐标系中分量之间的关系。但要注意的是，式（11-3）是将矢量在旧系 i 的坐标通过变换矩阵 $[C_{ij}]$ 用在新系 j 的坐标分量表达出来，即 $[C_{ij}]$ 是矢量从 j 系向 i 系表达的转换矩阵。若要将矢量在新系 j 的坐标用旧系 i 的坐标分量表达出来，则应对式（11-3）进行矩阵求逆运算。

$$(r_j) = [C_{ij}]^{-1}(r_i) = (C_{ij})^T(r_i) = [C_{ji}](r_i) \tag{11-11}$$

方向余弦矩阵既可以用来研究刚体的旋转，也可以研究坐标系的旋转，应用时应注意区分是刚体旋转还是坐标旋转。

（3）D-H 坐标系的变换矩阵。参考图 11-45（a），坐标系 $O_j x_j y_j z_j$ 对坐标系 $O_i x_i y_i z_i$ 不仅有相对转动，而且还有相对移动 $O_i O_j$，$O_i O_j$ 在 $O_i x_i y_i z_i$ 系的坐标列阵：

$$r_i^{(O_j)} = (h_j \cos\theta_j \quad h_j \sin\theta_j \quad s_i)^T \tag{11-12}$$

空间某点 P，在 i 系的坐标列阵为 $(r_i) = (x_i \quad y_i \quad z_i)^T$，在 j 系的坐标列阵为 $(r_j) = (x_j \quad y_j \quad z_j)^T$，由图 11-45（a）所示几何关系，有

$$(r_i) = r_i^{(O_j)} + [C_{ij}](r_j) \tag{11-13}$$

下面推导共原点的坐标变换矩阵 $[C_{ij}]$。将坐标系平移 $r_i^{(O_j)}$，使 i 系和 j 系的坐标原点重合，如图 11-45（b）所示。坐标系 $x_j y_j z_j$ 对 $x_i y_i z_i$ 的方向，按前述相邻两系之间约定的转角参数，可认为是先绕 $z_i(z_m)$ 轴转过角度 θ_j，接着绕 $x_j(x_m)$ 轴转过角度 α_{ij}。

将坐标系 $x_i y_i z_i$ 绕 z_i 轴转过 θ_j 到 $x_m y_m z_m$ 时，参考式（11-2）式（11-3），坐标变换的矩阵关系式为：

$$(r_i) = [C_{im}](r_m) \tag{11-14}$$

其中：

$$[C_{im}] = \begin{bmatrix} \cos\theta_j & -\sin\theta_j & 0 \\ \sin\theta_j & \cos\theta_j & 0 \\ 0 & 0 & 1 \end{bmatrix} \tag{11-15}$$

接着，将坐标系 $x_m y_m z_m$ 绕 x_m 轴转过角度 α_{ij} 到达 $x_j y_j z_j$，坐标变换的矩阵关系为：

$$(r_m) = [C_{mj}](r_j) \tag{11-16}$$

其中：

$$[C_{mj}] = \begin{bmatrix} 1 & 0 & 0 \\ 0 & \cos\alpha_{ij} & -\sin\alpha_{ij} \\ 0 & \sin\alpha_{ij} & \cos\alpha_{ij} \end{bmatrix} \tag{11-17}$$

由式（11-14）、式（11-16），得到从坐标系 j 向坐标系 i 进行坐标变换的矩阵关系为：

$$(r_i) = [C_{im}](r_m) = [C_{im}][C_{mj}](r_j) = [C_{ij}](r_j) \tag{11-18}$$

其中：

$$[C_{ij}] = [C_{im}][C_{mj}] = \begin{bmatrix} \cos\theta_j & -\sin\theta_j & 0 \\ \sin\theta_j & \cos\theta_j & 0 \\ 0 & 0 & 1 \end{bmatrix} \begin{bmatrix} 1 & 0 & 0 \\ 0 & \cos\alpha_{ij} & -\sin\alpha_{ij} \\ 0 & \sin\alpha_{ij} & \cos\alpha_{ij} \end{bmatrix} =$$

$$\begin{bmatrix} \cos\theta_j & -\sin\theta_j\cos\alpha_{ij} & \sin\theta_j\sin\alpha_{ij} \\ \sin\theta_j & \cos\theta_j\cos\alpha_{ij} & -\cos\theta_j\sin\alpha_{ij} \\ 0 & \sin\alpha_{ij} & \cos\alpha_{ij} \end{bmatrix} \tag{11-19}$$

将式（11-12）、式（11-19）代入式（11-13），得：

$$\begin{Bmatrix} x_i \\ y_i \\ z_i \end{Bmatrix} = \begin{Bmatrix} h_j\cos\theta_j \\ h_j\sin\theta_j \\ s_i \end{Bmatrix} + \begin{bmatrix} \cos\theta_j & -\sin\theta_j\cos\alpha_{ij} & \sin\theta_j\sin\alpha_{ij} \\ \sin\theta_j & \cos\theta_j\cos\alpha_{ij} & -\cos\theta_j\sin\alpha_{ij} \\ 0 & \sin\alpha_{ij} & \cos\alpha_{ij} \end{bmatrix} \begin{Bmatrix} x_j \\ y_j \\ z_j \end{Bmatrix} \tag{11-20}$$

上式可简写为下列 4 阶矩阵形式：

$$\begin{Bmatrix} r_i \\ 1 \end{Bmatrix} = \begin{bmatrix} [C_{ij}] & r_i^{(Q_j)} \\ 0 \quad 0 \quad 0 & 1 \end{bmatrix} \begin{Bmatrix} r_j \\ 1 \end{Bmatrix} = [M_{ij}] \begin{Bmatrix} r_j \\ 1 \end{Bmatrix} \tag{11-21}$$

其中：

$$[M_{ij}] = \begin{bmatrix} [C_{ij}] & r_i^{(Q_j)} \\ 0 \quad 0 \quad 0 & 1 \end{bmatrix} =$$

$$\begin{bmatrix} \cos\theta_j & -\sin\theta_j\cos\alpha_{ij} & \sin\theta_j\sin\alpha_{ij} & h_j\cos\theta_j \\ \sin\theta_j & \cos\theta_j\cos\alpha_{ij} & -\cos\theta_j\sin\alpha_{ij} & h_j\sin\theta_j \\ 0 & \sin\alpha_{ij} & \cos\alpha_{ij} & s_i \\ 0 & 0 & 0 & 1 \end{bmatrix} \tag{11-22}$$

即为 D-H 坐标系下空间某点 P 的坐标从 j 系向 i 系变换的矩阵。

同样道理，可推出进行逆变换用的矩阵：

$$[M_{ji}] = [M_{ij}]^{-1} = \begin{bmatrix} [C_{ji}] & r_i^{(O_j)} \\ 0 \quad 0 \quad 0 & 1 \end{bmatrix} = \begin{bmatrix} \cos\theta_j & \sin\theta_j & 0 & -h_j \\ -\sin\theta_j\cos\alpha_{ij} & \cos\theta_j\cos\alpha_{ij} & \sin\alpha_{ij} & -s_i\sin\alpha_{ij} \\ \sin\theta_j\sin\alpha_{ij} & -\cos\theta_j\sin\alpha_{ij} & \cos\alpha_{ij} & -s_i\cos\alpha_{ij} \\ 0 & 0 & 0 & 1 \end{bmatrix}$$

$$\tag{11-23}$$

显然 $[M_{ij}][M_{ji}] = [I]$，$[I]$ 为单位矩阵。但 $[M_{ji}] \neq [M_{ij}]^{\mathrm{T}}$，即 $[M_{ij}]$ 和 $[M_{ji}]$ 不是正交阵。

2. 坐标系前置的 D—H 变换矩阵 如图 11-47 所示，构件 i 和 j 通过运动副 B 相连接。在每个构件上均固结一个局部坐标系，和构件 i 固结的坐标系为 $O_i x_i y_i z_i$。选取 z_i 轴与构件 i 靠近机架坐标系 $O_0 x_0 y_0 z_0$ 一端的运动副 A 的轴线重合，z_i 轴与运动副 B 的轴线重合。z_i 和 z_j 的公垂线规定为 x_i

轴，方向从 z_i 指向 z_j。公垂线 x_i 轴在 z_i 轴上的垂足为 i 构件坐标系的原点 O_i。当 $h_i = 0$，即 z_i 和 z_j 轴相交时，取 $\vec{x}_i = \vec{z}_j \times \vec{z}_i$。$x_i$ 和 z_i 取定后，y_i 由右手定则确定。当构件局部坐标系确定后，相邻两系 $O_i x_i y_i z_i$ 和 $O_j x_j y_j z_j$ 之间有下列 4 个参数：

偏距 s_j ——沿 z_j 轴从坐标轴 x_i 量至 x_j 的距离 CO_j，规定与 z_j 轴正向一致为正。

偏距 θ_j ——沿 z_j 轴从坐标轴 x_i 量至 x_j 的转角，规定逆时针方向为正。

杆长 h_i ——沿 x_i 轴从坐标轴 z_i 量至 z_j 的距离 $O_i C$，规定与 x_i 轴正向一致为正。

扭角 α_{ij} ——绕 x_i 轴从坐标轴 z_i 量至 z_j 的角度，规定逆时针方向为正。

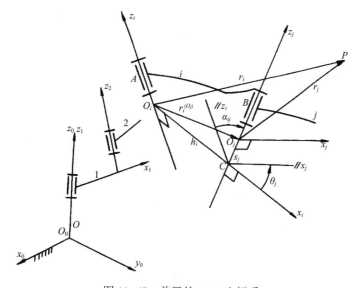

图 11-47　前置的 D-H 坐标系

当构件 i 和 j 通过转动副连接时，转角 θ_j 为关节变量；构件 i 和 j 通过移动副连接时，偏距 s_j 为关节变量。与前述推导变换矩阵 $[\boldsymbol{M}_{ij}]$ 的原理相同，坐标系前置的 D—H 变换矩阵 $[\boldsymbol{M}_{ij}]$ 的导出如下：

设空间某点 P，在 i 系的坐标列阵为 $(r_i) = (x_i \ y_i \ z_i)^{\mathrm{T}}$，在 j 系的坐标列阵为 $(r_j) = (x_j \quad y_j \quad z_j)^{\mathrm{T}}$，由图 11-47 所示的几何关系，有

$$(r_i) = (r_i^{(O_j)}) + [\boldsymbol{C}_{ij}](r_j) \tag{11-24}$$

式中：

$$(r_i^{(O_j)}) = (h_i \quad -s_j\sin\alpha_{ij} \quad s_j\cos\alpha_{ij})^{\mathrm{T}} \tag{11-25}$$

为两坐标系的相对移动矢量 $O_i O_j$ 在 $O_i x_i y_i z_i$ 系的坐标列阵。矩阵 $[\boldsymbol{C}_{ij}]$ 为坐标系 $O_j x_j y_j z_j$ 相对 $O_i x_i y_i z_i$ 的方向余弦矩阵。坐标系 $O_j x_j y_j z_j$ 对 $O_i x_i y_i z_i$ 的方向，按前述相邻两系之间约定的转角参数，可认为是先绕 x_i 轴转过角度 α_{ij}，再绕 z_j 轴转过角度 θ_j，即方向余弦矩阵 $[\boldsymbol{C}_{ij}]$ 可由下边的矩阵连乘得到

$$[\boldsymbol{C}_{ij}] = [R_{\alpha_{ij}, \ x_i}][R_{\theta_j, \ z_j}] \tag{11-26}$$

式中：

$$[\boldsymbol{R}_{\alpha_{ij}, \ x_i}] = \begin{bmatrix} 1 & 0 & 0 \\ 0 & \cos\alpha_{ij} & -\sin\alpha_{ij} \\ 0 & \sin\alpha_{ij} & \cos\alpha_{ij} \end{bmatrix} \tag{11-27}$$

$$[\boldsymbol{R}_{\theta_j,\, z_j}] = \begin{bmatrix} \cos\theta_j & -\sin\theta_j & 0 \\ \sin\theta_j & \cos\theta_j & 0 \\ 0 & 0 & 1 \end{bmatrix} \tag{11-28}$$

将式（11-27）、式（11-28）代入式（11-26），得到：

$$[\boldsymbol{C}_{ij}] = \begin{bmatrix} \cos\theta_j & -\sin\theta_j & 0 \\ \cos\alpha_{ij}\sin\theta_j & \cos\alpha_{ij}\cos\theta_j & -\sin\alpha_{ij} \\ \sin\alpha_{ij}\sin\theta_j & \sin\alpha_{ij}\cos\theta_j & \cos\alpha_{ij} \end{bmatrix} \tag{11-29}$$

将式（11-25）、式（11-29）代入式（11-24），得：

$$\begin{bmatrix} x_i \\ y_i \\ z_i \end{bmatrix} = \begin{bmatrix} h_i \\ -s_j\sin\alpha_{ij} \\ s_j\cos\alpha_{ij} \end{bmatrix} + \begin{bmatrix} \cos\theta_j & -\sin\theta_j & 0 \\ \cos\alpha_{ij}\sin\theta_j & \cos\alpha_{ij}\cos\theta_j & -\sin\alpha_{ij} \\ \sin\alpha_{ij}\sin\theta_j & \sin\alpha_{ij}\cos\theta_j & \cos\alpha_{ij} \end{bmatrix} \begin{bmatrix} x_j \\ y_j \\ z_j \end{bmatrix} \tag{11-30}$$

上式可简写为下列 4 阶矩阵形式

$$\begin{bmatrix} r_i \\ 1 \end{bmatrix} = \begin{bmatrix} [\boldsymbol{C}_{ij}] & (r_i^{(O_j)}) \\ 0\ 0\ 0 & 1 \end{bmatrix} \begin{bmatrix} r_j \\ 1 \end{bmatrix} = [\boldsymbol{M}_{ij}] \begin{bmatrix} r_j \\ 1 \end{bmatrix} \tag{11-31}$$

其中：

$$[\boldsymbol{M}_{ij}] = \begin{bmatrix} [\boldsymbol{C}_{ij}] & (r_i^{(O_j)}) \\ 0\ 0\ 0 & 1 \end{bmatrix} = \begin{bmatrix} \cos\theta_j & -\sin\theta_j & 0 & h_i \\ \cos\alpha_{ij}\sin\theta_j & \cos\alpha_{ij}\cos\theta_j & -\sin\alpha_{ij} & -s_j\sin\alpha_{ij} \\ \sin\alpha_{ij}\sin\theta_j & \sin\alpha_{ij}\cos\theta_j & \cos\alpha_{ij} & s_j\cos\alpha_{ij} \\ 0 & 0 & 0 & 1 \end{bmatrix} \tag{11-32}$$

即为坐标系前置的 D-H 坐标变换矩阵，根据构件 i 和 j 是通过转动副还是移动副连接，分别选取 θ_j 或 s_j 为矩阵 $[\boldsymbol{M}_{ij}]$ 中的变量。

3. 工业机械手末端操作器位置与姿态方程 图 11-48 所示为一任意开链工业机械手的机构简图。为了研究该机构的运动，在工业机械手的各个构件上均固结有相应的局部坐标系。局部坐标系按照 Denavit-Hartenberg 方法选取，即坐标的 z 轴取得与运动副的轴线重合，而 x 轴则沿着相邻两个 z 轴的公垂线。机架坐标系或参考坐标系 $O_0x_0y_0z_0$ 的 x_0 轴的方位可任意选择。末端操作器坐标系 $O_nx_ny_nz_n$ 中，z_n 轴一般取得与夹持器的对称轴线 a 一致，至于 x_n 轴则应取得垂直于 z_{n-1} 及 z_n 两轴。在 z_n 与 z_{n-1} 两轴相重合的情况下，可考虑将 x_n 轴取得与操作器开口平面的法线 b 相平行。在图 11-48 中，若构件 i 和 j 通过转动副相连接，则转角 θ_j 为运动变量或广义坐标，若构件 i 和 j 通过移动副相连接，则移动距离 s_i 为运动变量或广义坐标。

在工业机械手上各运动副中的运动变量都要借助于各个伺服驱动器来实现，而无论转动或移动的驱动器又均为一个自由度，所以工业机械手的运动副实际上只有转动副和移动副两种。工业机械手在工作过程中，随着各关节运动副广义坐标的变化，末端操作器的位置和姿态也在变化。末端操作器的位置可用从参考坐标系（$O_0x_0y_0z_0$）原点出发指向末端操作器形心 P 的矢量 $\boldsymbol{P}$ 来表示，末端操作器的姿态可用和末端操作器固结的两上正交单位矢量 $\boldsymbol{a}$、$\boldsymbol{b}$ 相对参考坐标系的方向余弦来表示。设在末端操作器坐标系（$O_nx_ny_nz_n$）中操作器形心点 P 的坐标为 $(0\ 0\ d)^{\mathrm{T}}$，在参考坐标系（$O_0x_0y_0z_0$）中形心 P 的坐标为 $(x,\ y,\ z)^{\mathrm{T}}$，则根据坐标变换原理，二者之间有变换关系式。

$$\begin{bmatrix} x \\ y \\ z \\ 1 \end{bmatrix} = [\boldsymbol{M}_{on}] \begin{bmatrix} 0 \\ 0 \\ d \\ 1 \end{bmatrix} = [\boldsymbol{M}_{o1}]\cdots[\boldsymbol{M}_{ij}]\cdots[\boldsymbol{M}_{n-1,\,n}] \begin{bmatrix} 0 \\ 0 \\ d \\ 1 \end{bmatrix} \tag{11-33}$$

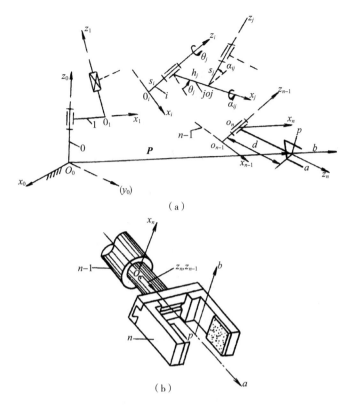

图 11-48 开链工业机械手的机构简图

式中：4×4 阶坐标变换矩阵 $[\boldsymbol{M}_{ij}]$ 的一般形式为：

$$[\boldsymbol{M}_{ij}] = \begin{bmatrix} [\boldsymbol{C}_{ij}] & r_i^{(Q_j)} \\ 0\ 0\ 0 & 1 \end{bmatrix} = \begin{bmatrix} \cos\theta_j & -\sin\theta_j\cos\alpha_{ij} & \sin\theta_j\sin\alpha_{ij} & h_j\cos\theta_j \\ \sin\theta_j & \cos\theta_j\cos\alpha_{ij} & -\cos\theta_j\sin\alpha_{ij} & h_j\sin\theta_j \\ 0 & \sin\alpha_{ij} & \cos\alpha_{ij} & s_i \\ 0 & 0 & 0 & 1 \end{bmatrix}$$

下面来求单位矢量 $\boldsymbol{a}$、$\boldsymbol{b}$ 相对参考坐标系的方向余弦。由解析几何知道，矢量的三个方向余弦可看作一单位矢量终点的三个坐标，所以同一矢量在不同坐标系中的方向余弦，完全可按照共原点坐标系中点的坐标变换公式进行变换。设在末端操作器坐标系（$O_n x_n y_n z_n$）中矢量 $\boldsymbol{a}$ 的方向余弦为 $(0\ 0\ 1)^{\mathrm{T}}$，在参考坐标系（$O_0 x_0 y_0 z_0$）中 $\boldsymbol{a}$ 的方向余弦为 $(\boldsymbol{l}\ \boldsymbol{m}\ \boldsymbol{n})^{\mathrm{T}}$，则二者之间有变换关系式

$$\begin{bmatrix} l \\ m \\ n \\ 0 \end{bmatrix} = [\boldsymbol{M}_{on}]\begin{bmatrix} 0 \\ 0 \\ 1 \\ 0 \end{bmatrix} = [\boldsymbol{M}_{01}]\cdots[\boldsymbol{M}_{ij}]\cdots[\boldsymbol{M}_{n-1,\ n}]\begin{bmatrix} 0 \\ 0 \\ 1 \\ 0 \end{bmatrix} \tag{11-34}$$

式（11-34）中将矢量 $\boldsymbol{a}$ 在（$O_n x_n y_n z_n$）系中的方向余弦 $(0\ 0\ 1)^{\mathrm{T}}$ 扩展为 4 阶列阵 $(0\ 0\ 1\ 0)^{\mathrm{T}}$ 时，其第 4 列的元素补为 0 而不是 1，是为了使 $(0\ 0\ 1\ 0)^{\mathrm{T}}$ 和它左边的矩阵 $[\boldsymbol{M}_{n-1,\ n}]$ 相乘时，使 $[\boldsymbol{M}_{n-1,\ n}]$ 中第 4 列元素为零，以此类推，以消除 $[\boldsymbol{M}_{ij}]$ 中坐标系相对移动的影响。可以发现它和下式等价。

$$\begin{bmatrix} l \\ m \\ n \end{bmatrix} = \begin{bmatrix} C_{on} \end{bmatrix} \begin{bmatrix} 0 \\ 0 \\ 1 \end{bmatrix} = \begin{bmatrix} C_{01} \end{bmatrix} \cdots \begin{bmatrix} C_{ij} \end{bmatrix} \cdots \begin{bmatrix} C_{n-1,\,n} \end{bmatrix} \begin{bmatrix} 0 \\ 0 \\ 1 \end{bmatrix} \qquad (11\text{-}35)$$

式中：$\begin{bmatrix} C_{on} \end{bmatrix}$ 矩阵为坐标系 ($O_0 x_0 y_0 z_0$) 和 ($O_n x_n y_n z_n$) 的共原点坐标变换矩阵，它由各个局部坐标系之间的共原点坐标变换矩阵 $\begin{bmatrix} C_{ij} \end{bmatrix}$ 连乘得到。式（11-35）表明 $(l\ m\ n)^{\mathrm{T}}$ 就是矢量 $\boldsymbol{a}$ 在参考坐标系 ($O_0 x_0 y_0 z_0$) 中的方向余弦。矢量 $\boldsymbol{b}$ 在坐标系 ($O_n x_n y_n z_n$) 中的方向余弦为 $(\mathbf{1\,0\,0})^{\mathrm{T}}$，设它在参考坐标系 ($O_0 x_0 y_0 z_0$) 中的方向余弦为 $(u\ v\ w)^{\mathrm{T}}$，则和公式（11-34）类似，有：

$$\begin{bmatrix} u \\ v \\ w \\ 0 \end{bmatrix} = \begin{bmatrix} M_{on} \end{bmatrix} \begin{bmatrix} 1 \\ 0 \\ 0 \\ 0 \end{bmatrix} = \begin{bmatrix} M_{01} \end{bmatrix} \cdots \begin{bmatrix} M_{ij} \end{bmatrix} \cdots \begin{bmatrix} M_{n-1,\,n} \end{bmatrix} \begin{bmatrix} 1 \\ 0 \\ 0 \\ 0 \end{bmatrix} \qquad (11\text{-}36)$$

将式（11-33）、式（11-34）、式（11-36）合写为一个矩阵方程式：

$$\begin{bmatrix} x & l & u \\ y & m & v \\ z & n & w \\ 1 & 0 & 0 \end{bmatrix} = \begin{bmatrix} M_{on} \end{bmatrix} \begin{bmatrix} 0 & 0 & 1 \\ 0 & 0 & 0 \\ d & 1 & 0 \\ 1 & 0 & 0 \end{bmatrix} = \begin{bmatrix} M_{01} \end{bmatrix} \cdots \begin{bmatrix} M_{ij} \end{bmatrix} \cdots \begin{bmatrix} M_{n-1,\,n} \end{bmatrix} \begin{bmatrix} 0 & 0 & 1 \\ 0 & 0 & 0 \\ d & 1 & 0 \\ 1 & 0 & 0 \end{bmatrix} \qquad (11\text{-}37)$$

式（11-37）称为末端操作器的位置和姿态矩阵方程式或工业机械手机构的运动学方程。给定工业机械手机构的结构参数和关节广义坐标变量，公式（11-37）中右边各矩阵的元素均为已知量，相乘后即可求得末端操作器的位置 $(x\ y\ z)^{\mathrm{T}}$ 和姿态矢量 $(l\ m\ n)^{\mathrm{T}}$、$(u\ v\ w)^{\mathrm{T}}$。

由于末端操作器和工业机械手机构的末杆固连，操作器的姿态也可以直接用末杆坐标系 ($O_n x_n y_n z_n$) 三个坐标轴相对参考系 ($O_0 x_0 y_0 z_0$) 的方向余弦来表示。以 i_n、j_n、k_n 分别表示 x_n、y_n、z_n 轴的单位矢量，它们在 ($O_n x_n y_n z_n$) 坐标系的方向余弦分别为 $(i_x\ \ i_y\ \ i_z)^{\mathrm{T}}$、$(j_x\ \ j_y\ \ j_z)^{\mathrm{T}}$、$(k_x\ \ k_y\ \ k_z)^{\mathrm{T}}$。末端操作器的位置仍用从参考系 ($O_0 x_0 y_0 z_0$) 原点出发指向操作器形心 P 的矢量表示，点 P 在 ($O_n x_n y_n z_n$) 系中的坐标为 $(0\ \ 0\ \ d)^{\mathrm{T}}$，设它在系 ($O_0 x_0 y_0 z_0$) 中的坐标为 $(\boldsymbol{x}\ \boldsymbol{y}\ \boldsymbol{z})^{\mathrm{T}}$。与前面的分析相同，可直接写出末端操作器位置和姿态矩阵方程的另一种表达式：

$$\begin{bmatrix} i_x & j_x & k_x & x \\ i_y & j_y & k_y & y \\ i_z & j_z & k_z & z \\ 0 & 0 & 0 & 1 \end{bmatrix} = \begin{bmatrix} M_{on} \end{bmatrix} \begin{bmatrix} 1 & 0 & 0 & 0 \\ 0 & 1 & 0 & 0 \\ 0 & 0 & 1 & d \\ 0 & 0 & 0 & 1 \end{bmatrix} = \begin{bmatrix} M_{01} \end{bmatrix} \cdots \begin{bmatrix} M_{ij} \end{bmatrix} \cdots \begin{bmatrix} M_{n-1,\,n} \end{bmatrix} \begin{bmatrix} 1 & 0 & 0 & 0 \\ 0 & 1 & 0 & 0 \\ 0 & 0 & 1 & d \\ 0 & 0 & 0 & 1 \end{bmatrix} \qquad (11\text{-}38)$$

有时为了简化研究，常略去末杆操作器类型复杂的影响，以末端操作器坐标系原点的位置代替操作器的位姿，即用从参考系 ($O_0 x_0 y_0 z_0$) 原点出发指向坐标系 ($O_n x_n y_n z_n$) 原点的矢量表示其位置。令式（11-38）最右边矩阵第4列第3行元素 d 为零，就得到了位姿矩阵方程：

$$\begin{bmatrix} i_x & j_x & k_x & x \\ i_y & j_y & k_y & y \\ i_z & j_z & k_z & z \\ 0 & 0 & 0 & 1 \end{bmatrix} = \begin{bmatrix} M_{on} \end{bmatrix} \begin{bmatrix} 1 & 0 & 0 & 0 \\ 0 & 1 & 0 & 0 \\ 0 & 0 & 1 & 0 \\ 0 & 0 & 0 & 1 \end{bmatrix} = \begin{bmatrix} M_{01} \end{bmatrix} \cdots \begin{bmatrix} M_{ij} \end{bmatrix} \cdots \begin{bmatrix} M_{n-1,\,n} \end{bmatrix} \qquad (11\text{-}39)$$

由上式可以看出，坐标变换矩阵 $\begin{bmatrix} M_{on} \end{bmatrix}$ 也就是工业机械手机构末端操作器的位置和姿态矩阵。实际应用中，可以根据具体要求选择式（11-37）～式（11-39）中的任一个进行位姿分析。式（11-37）和式（11-38）的结果是等价的，式（11-37）和式（11-39）仅相差一个常数矩阵因子。

（五）工业机械手位移分析正问题

由式（11-37）可知，将各连杆变换矩阵 $[\boldsymbol{M}_{ij}]$ 顺序相乘，得到末端操作器坐标系（$O_n x_n y_n z_n$）相对参考坐标系（$O_0 x_0 y_0 z_0$）的变换矩阵：

$$[\boldsymbol{M}_{0n}] = [\boldsymbol{M}_{01}]\cdots[\boldsymbol{M}_{ij}]\cdots[\boldsymbol{M}_{n-1,n}] = [\boldsymbol{M}_{01}(q_1)]\cdots[\boldsymbol{M}_{ij}(q_j)]\cdots[\boldsymbol{M}_{n-1,n}(q_n)]$$

此即末端操作器的位姿矩阵方程式，显然它是 n 个关节变量 q_i 的函数（对于转动关节 $q_i = \theta_i$，移动关节 $q_i = s_i$，$i = 1, 2, \cdots, n$）。工业机械手位移分析正问题指的是根据已知时刻 t 机器人的关节广义位移 q_i（$i = 1, 2, \cdots, n$），计算末端操作器的位姿矩阵。位移分析正问题的求解步骤如下：

（1）绘制工业机械手机构运动简图，设立各杆的连体坐标系和机架参考坐标系。各杆连体坐标系 D-H 表示法确定。

（2）确定相邻连杆坐标变换所需要的连杆参数 $h_j(i)$、a_{ij} 和关节变量 $s_{i(j)}$、θ_j。

（3）求出相邻连杆之间的坐标变换矩阵 $[\boldsymbol{M}_{ij}]$。

（4）由矩阵乘法得到末端操作器坐标系相对参考坐标系的变换矩阵 $[\boldsymbol{M}_{on}]$。

（5）根据式（11-37）、式（11-38）、式（11-39）中之一来确定末端操作器的位置和姿态。

下面给出两个工业机械手位移分析正问题的实例。

例1：如图 11-49 所示 RRPRR5 自由度机器人，由机架 0 经构件 1、2、3、4 到末端操作器 5，依次通过两个转动副 R、一个移动副 P 和最后两个转动副 R 连接起来的。

按照 D-H 方法建立图 11-49 所示坐标系，已知其结构参数为：$l_{AB} = s_0$，$l_{BC} = h_2$，$l_{DP} = d$，$\alpha_{01} = \alpha_{12} = \alpha_{34} = \alpha_{45} = 90°$，$\alpha_{23} = \theta_3 = 0$。选取末端操作器姿态矢量 $\boldsymbol{b}$ 平行于 x_5 轴。设给定各运动副中的运动变量 θ_1、θ_2、θ_4、θ_5 及 $s_2(l_{CD})$，要求确定末端操作器在参考坐标系 $Ax_0 y_0 z_0$ 中的位置和姿态，即确定 P 点的坐标 x、y、z 及矢量 $\boldsymbol{a}$、$\boldsymbol{b}$ 的方向余弦 l、m、n 和 u、v、w。

解：各杆的坐标系图 11-49 中已给出，参考图和所给结构参数，可以得出相邻坐标变换的参数表 11-5。

表 11-5　相邻坐标的参数

构件编号 i-j	s_i	θ_j	h_j	a_{ij}	关节变量
0-1	$s_0 = l_{AB}$	θ_1	0	$a_{01} = 90°$	θ_1
1-2	$s_1 = 0$	θ_2	$h_2 = l_{BC}$	$a_{12} = 90°$	θ_2
2-3	$s_2 = l_{CD}$	$\theta_3 = 0$	$h_3 = 0$	$a_{23} = 0$	S_2
3-4	$s_3 = 0$	θ_4	$h_4 = 0$	$a_{34} = 90°$	θ_4
4-5	$s_4 = 0$	θ_5	$h_5 = 0$	$a_{45} = 90°$	θ_5

根据表 11-5 各参数，可写出各相邻坐标系的变换矩阵如下所示：

$$[\boldsymbol{M}_{01}] = \begin{bmatrix} \cos\theta_1 & 0 & \sin\theta_1 & 0 \\ \sin\theta_1 & 0 & -\cos\theta_1 & 0 \\ 0 & 1 & 0 & s_0 \\ 0 & 0 & 0 & 1 \end{bmatrix} \tag{a}$$

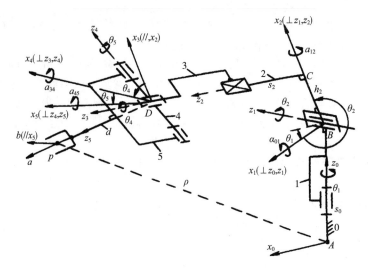

图 11-49   RRPRR 5 自由度机器人

$$
[\boldsymbol{M}_{12}] = \begin{bmatrix} \cos\theta_2 & 0 & \sin\theta_2 & h_2\cos\theta_2 \\ \sin\theta_2 & 0 & \cos\theta_2 & h_2\sin\theta_2 \\ 0 & 1 & 0 & 0 \\ 0 & 0 & 0 & 1 \end{bmatrix} \tag{b}
$$

$$
[\boldsymbol{M}_{23}] = \begin{bmatrix} 1 & 0 & 0 & 0 \\ 0 & 1 & 0 & 0 \\ 0 & 0 & 1 & s_2 \\ 0 & 0 & 0 & 1 \end{bmatrix} \tag{c}
$$

$$
[\boldsymbol{M}_{34}] = \begin{bmatrix} \cos\theta_4 & 0 & \sin\theta_4 & 0 \\ \sin\theta_4 & 0 & -\cos\theta_4 & 0 \\ 0 & 1 & 0 & 0 \\ 0 & 0 & 0 & 1 \end{bmatrix} \tag{d}
$$

$$
[M_{45}] = \begin{bmatrix} \cos\theta_5 & 0 & \sin\theta_5 & 0 \\ \sin\theta_5 & 0 & -\cos\theta_5 & 0 \\ 0 & 1 & 0 & 0 \\ 0 & 0 & 0 & 1 \end{bmatrix} \tag{e}
$$

根据式（11-37）可写出该工业机械手末端操作器的位姿方程如下：

$$
\begin{bmatrix} x & l & u \\ y & m & v \\ z & n & w \\ 1 & 0 & 0 \end{bmatrix} = [\boldsymbol{M}_{01}][\boldsymbol{M}_{12}][\boldsymbol{M}_{23}][\boldsymbol{M}_{34}][\boldsymbol{M}_{45}] \begin{bmatrix} 0 & 0 & 1 \\ 0 & 0 & 0 \\ d & 1 & 0 \\ 1 & 0 & 0 \end{bmatrix} \tag{f}
$$

将式（a）、式（b）、式（c）、式（d）、式（e）代入式（f），经过矩阵连乘运算可得

$$
\begin{aligned}
x &= [d(\sin\theta_5\cos\theta_4\cos\theta_2 - \cos\theta_5\sin\theta_2) + s_2\sin\theta_2 + h_2\cos\theta_2]\cos\theta_1 + d\sin\theta_5\sin\theta_4\sin\theta_1 \\
y &= [d(\sin\theta_5\cos\theta_4\cos\theta_2 - \cos\theta_5\sin\theta_2) + s_2\sin\theta_2 + h_2\cos\theta_2]\sin\theta_1 - d\sin\theta_5\sin\theta_4\sin\theta_1 \\
z &= d(\sin\theta_5\cos\theta_4\sin\theta_2 + \cos\theta_5\cos\theta_2) - s_2\cos\theta_2 + h_2\sin\theta_2 + s_0
\end{aligned} \tag{g}
$$

$$l = (\sin\theta_5\cos\theta_4\cos\theta_2 - \cos\theta_5\sin\theta_2)\cos\theta_1 + \sin\theta_5\sin\theta_4\sin\theta_1$$

$$m = (\sin\theta_5\cos\theta_4\cos\theta_2 - \cos\theta_5\sin\theta_2)\sin\theta_1 - \sin\theta_5\sin\theta_4\cos\theta_1 \qquad (h)$$

$$n = \sin\theta_5\cos\theta_4\sin\theta_2 - \sin\theta_5\cos\theta_2$$

$$u = (\cos\theta_5\cos\theta_4\cos\theta_2 + \sin\theta_5\sin\theta_2)\cos\theta_1 + \cos\theta_5\sin\theta_4\sin\theta_1$$

$$v = (\cos\theta_5\cos\theta_4\cos\theta_2 + \sin\theta_5\sin\theta_2)\sin\theta_1 - \cos\theta_5\sin\theta_4\cos\theta_1 \qquad (i)$$

$$w = \cos\theta_5\cos\theta_4\sin\theta_2 - \sin\theta_5\cos\theta_2$$

如果要进一步研究末端操作器位置的变化范围或工作空间问题，可求从参考坐标系原点 A 到末端操作器形心 P 的距离 ρ：

$$\rho^2 = x^2 + y^2 + z^2 \qquad (j)$$

将式（g）代入式（j）可得：

$$\rho^2 = s_0^2 + s_2^2 + h_2^2 + d^2 + 2s_0[h_2\sin\theta_2 - s_2\cos\theta_2 + d(\cos\theta_5\cos\theta_2 + \sin\theta_5\cos\theta_4\sin\theta_2)]$$
$$+ 2d(h_2\sin\theta_5\cos\theta_4 - s_2\cos\theta_5)$$

末端操作器的距离 ρ 为广义坐标 θ_2、θ_4、θ_5、s_2 的多元函数，对其工作空间的研究应按多元函数存在极值的条件进行。

例 2：图 11-50 所示 PUMA-560 机器人操作机的轴测简图，要求建立该机构的运动学方程，确定末端操作器的位置和姿态。

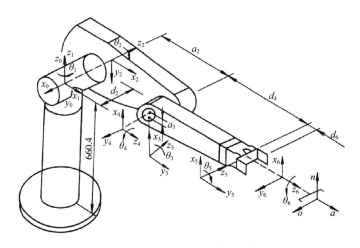

图 11-50　PUMA-560 机器人轴测简图

解：（1）设立机架参考坐标系和各构件局部坐标系。图 11-50 中各构件局部坐标系是按前置的 D-H 坐标系的规则设立的。为了使尽可能多的结构的参数为零以简化计算，没有完全按实物的自然结构设置坐标系。机架参考坐标系 $O_0x_0y_0z_0$ 的原点 O_0 未设在地基上。

（2）确定各构件的结构参数和运动变量，列出参数表。各关节的运动变量都是绕 z_i 轴的转角，分别用 θ_1，θ_2，…，θ_6 表示。将机构的结构参数和运动变量列于表 11-6。

表 11-6　相邻坐标系的参数

构件编号 i-j	s_j	θ_j	h_i	a_{ij}	关节变量
0-1	0	θ_1	0	0°	θ_1

构件编号 i-j	s_j	θ_j	h_i	a_{ij}	关节变量
1-2	0	θ_2	0	$-90°$	θ_2
2-3	d_2	θ_3	a_2	$0°$	θ_3
3-4	d_4	θ_4	a_3	$-90°$	θ_4
4-5	0	θ_5	0	$90°$	θ_5
5-6	0	θ_6	0	$-90°$	θ_6

根据表 11-6 参数，可写出各相邻坐标系的变换矩阵：

$$[\boldsymbol{M}_{01}] = \begin{bmatrix} \cos\theta_1 & -\sin\theta_1 & 0 & 0 \\ \sin\theta_1 & \cos\theta_1 & 0 & 0 \\ 0 & 0 & 1 & 0 \\ 0 & 0 & 0 & 1 \end{bmatrix} \tag{a}$$

$$[\boldsymbol{M}_{12}] = \begin{bmatrix} \cos\theta_2 & -\sin\theta_2 & 0 & 0 \\ 0 & 0 & 1 & 0 \\ -\sin\theta_2 & -\cos\theta_2 & 0 & 0 \\ 0 & 0 & 0 & 1 \end{bmatrix} \tag{b}$$

$$[\boldsymbol{M}_{23}] = \begin{bmatrix} \cos\theta_3 & -\sin\theta_3 & 0 & a_2 \\ \sin\theta_3 & \cos\theta_3 & 0 & 0 \\ 0 & 0 & 1 & d_2 \\ 0 & 0 & 0 & 1 \end{bmatrix} \tag{c}$$

$$[\boldsymbol{M}_{34}] = \begin{bmatrix} \cos\theta_4 & -\sin\theta_4 & 0 & a_3 \\ 0 & 0 & 1 & d_4 \\ -\sin\theta_4 & -\cos\theta_4 & 0 & 0 \\ 0 & 0 & 0 & 1 \end{bmatrix} \tag{d}$$

$$[\boldsymbol{M}_{45}] = \begin{bmatrix} \cos\theta_5 & -\sin\theta_5 & 0 & 0 \\ 0 & 0 & -1 & 0 \\ \sin\theta_5 & \cos\theta_5 & 0 & 0 \\ 0 & 0 & 0 & 1 \end{bmatrix} \tag{e}$$

$$[\boldsymbol{M}_{56}] = \begin{bmatrix} \cos\theta_6 & -\sin\theta_6 & 0 & 0 \\ 0 & 0 & -1 & 0 \\ -\sin\theta_6 & -\cos\theta_6 & 0 & 0 \\ 0 & 0 & 0 & 1 \end{bmatrix} \tag{f}$$

将上边式（a）~式（f）代入式（11-39），即可得到末端操作器的位姿矩阵方程：

$$\begin{bmatrix} i_x & j_x & k_x & x \\ i_y & j_y & k_y & y \\ i_z & j_z & k_z & z \\ 0 & 0 & 0 & 1 \end{bmatrix} = [\boldsymbol{M}_{06}] = [\boldsymbol{M}_{01}][\boldsymbol{M}_{12}][\boldsymbol{M}_{23}][\boldsymbol{M}_{34}][\boldsymbol{M}_{45}][\boldsymbol{M}_{56}] \tag{g}$$

式中：

$$i_x = \cos\theta_1[\cos(\theta_2 + \theta_3)(\cos\theta_4\cos\theta_5\cos\theta_6 - \sin\theta_4\sin\theta_6) - \sin(\theta_2 + \theta_3)\sin\theta_5\cos\theta_6$$
$$+ \sin\theta_1(\sin\theta_4\cos\theta_5\cos\theta_6 + \cos\theta_4\sin\theta_6)$$

$$i_y = \cos\theta_1[\cos(\theta_2 + \theta_3)(\cos\theta_4\cos\theta_5\cos\theta_6 - \sin\theta_4\sin\theta_6) - \sin(\theta_2 + \theta_3)\sin\theta_5\cos\theta_6]$$
$$- \cos\theta_1(\sin\theta_4\cos\theta_5\cos\theta_6 + \cos\theta_4\sin\theta_6)$$

$$i_z = -\sin(\theta_2 + \theta_3)(\cos\theta_4\cos\theta_5\cos\theta_6 - \sin\theta_4\sin\theta_6) - \cos(\theta_2 + \theta_3)\sin\theta_5\cos\theta_6$$

$$j_x = \cos\theta_1[\cos(\theta_2 + \theta_3)(-\cos\theta_4\cos\theta_5\sin\theta_6 - \sin\theta_4\cos\theta_6) + \sin(\theta_2 + \theta_3)$$
$$\sin\theta_5\sin\theta_6] + \sin\theta_1(\cos\theta_4\cos\theta_6 - \sin\theta_4\cos\theta_5\sin\theta_6) \tag{h}$$

$$j_z = -\sin(\theta_2 + \theta_3)(-\cos\theta_4\cos\theta_5\sin\theta_6 - \sin\theta_4\cos\theta_6) + \cos(\theta_2 + \theta_3)\sin\theta_5\sin\theta_6$$

$$k_x = -\cos\theta_1[\cos(\theta_2 + \theta_3)\cos\theta_4\cos\theta_5 + \sin(\theta_2 + \theta_3)\cos\theta_5] - \sin\theta_1\sin\theta_4\sin\theta_5$$

$$k_y = -\sin\theta_1[\cos(\theta_2 + \theta_3)\cos\theta_4\sin\theta_5 + \sin(\theta_2 + \theta_3)\cos\theta_5] + \cos\theta_1\sin\theta_4\sin\theta_5$$

$$k_z = \sin(\theta_2 + \theta_3)\cos\theta_4\sin\theta_5 - \cos(\theta_2 + \theta_3)\cos\theta_5$$

$$x = \cos\theta_1[a_2\cos\theta_2 + a_3\cos_3(\theta_2 + \theta_3) - d_4\sin(\theta_2 + \theta_3)] - d_2\sin\theta_1$$

$$y = \sin\theta_1[a_2\cos\theta_2 + a_3\cos_3(\theta_2 + \theta_3) - d_4\sin(\theta_2 + \theta_3)] + d_2\cos\theta_1$$

$$z = -a_3\sin(\theta_2 + \theta_3) - a_2\sin\theta_2 - d_4\cos(\theta_2 + \theta_3)$$

在计算机程序中，让关节变量 $\theta_j(j = 1, 2, \cdots, 6)$ 连续变化，就得到了末端操作器姿态和位置的连续变化规律。

（六）工业机械手位移分析逆问题

以上工业机械手位移分析的正问题，即已知各关节的广义坐标 $q_i(i = 1, 2, \cdots, n)$，求末端操作器的位姿矩阵。但在机器人的位置控制中经常涉及位移分析的逆问题，即已知末端操作器的位置和姿态，要求解出相应的各关节广义坐标的所有可能值，以便对各关节驱动器进行控制，使工业机械手末端操作器按预定的路线运动。

当末端操作器的位置和姿态已定时，式（11-37）矩阵等式左边即为已知，但等式右边则包含了 n 个待求的关节广义坐标，按该矩阵等式将得出一组多变量三角函数方程式。从而工业机械手机构位移分析的逆问题实质上是求解非线性方程组的数学问题。由于非线性方程组在消去变量的过程中，代数方程式的次数将升高而出现多根解答。所以工业机械手位移分析逆问题较之正问题要困难得多，其解也不唯一。其解不唯一的一个简单例子如图11-20所示，平面3自由度机器人末杆3的位置和姿态给定，但机构可能存在实线和虚线所示的两种位形，相应的关节 A、B 处的广义坐标也有两组可能解：θ_1、θ_2 和 θ'_1、θ'_2。

位移分析逆问题有两类求解方法：解析法和数值法。其中解析法中又有代数法和几何法。由于非线性方程本身的解析求解尚无统一的公式，因而对于工业机械手机构，采用解析法进行位移逆解时，其具体步骤和最终公式将因所研究的机构具体构形而异。至于数值解法，在初值选取、解的收敛性、计算效率等方面均有许多问题有待深入研究。下面仅给出两个代数法求解的实例。

例3：平面3自由度工业机械手如图11-51所示，给定杆长 l_1、l_2、l_3，已知在参考坐标系 $Ax_0y_0z_0$ 中末杆3坐标系原点 P 的坐标为（P_x，P_y，0）和方位角 a，试求关节广义坐标 θ_1、θ_2 和 θ_3。

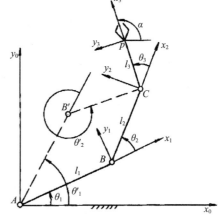

图 11-51　平面3自由度机器人

解：建立各杆局部坐标系如图 11-51 中所示，根据该图结构参数，可以得出下面相邻坐标变换的参数，见表 11-7。

表 11-7　相邻坐标的参数

构件编号 i-j	s_i	θ_j	h_j	a_{ij}	关节变量
0-1	0	θ_1	l_1	0	θ_1
1-2	0	θ_2	l_2	0	θ_2
2-3	0	θ_3	l_3	0	θ_3

根据表 11-7 参数，可写出各相邻坐标系的变换矩阵如下所示：

$$[\boldsymbol{M}_{01}] = \begin{bmatrix} \cos\theta_1 & -\sin\theta_1 & 0 & l_1\cos\theta_1 \\ \sin\theta_1 & \cos\theta_1 & 0 & l_1\sin\theta_1 \\ 0 & 0 & 1 & 0 \\ 0 & 0 & 0 & 1 \end{bmatrix} \tag{a}$$

$$[\boldsymbol{M}_{12}] = \begin{bmatrix} \cos\theta_2 & -\sin\theta_2 & 0 & l_2\cos\theta_2 \\ \sin\theta_2 & \cos\theta_2 & 0 & l_2\sin\theta_2 \\ 0 & 0 & 1 & 0 \\ 0 & 0 & 0 & 1 \end{bmatrix} \tag{b}$$

$$[\boldsymbol{M}_{23}] = \begin{bmatrix} \cos\theta_3 & -\sin\theta_3 & 0 & l_3\cos\theta_3 \\ \sin\theta_3 & \cos\theta_3 & 0 & l_3\sin\theta_3 \\ 0 & 0 & 1 & 0 \\ 0 & 0 & 0 & 1 \end{bmatrix} \tag{c}$$

根据图 11-51，可写出末杆坐标系 $Px_3y_3z_3$ 坐标轴 3 个单位矢量在参考坐标系 $Ax_0y_0z_0$ 中的方向余弦列阵分别为 $(i_x = \cos a,\ i_y = \sin a,\ i_z = 0)^\mathrm{T}$、$(j_x = -\sin a,\ j_y = \cos a,\ j_z = 0)^\mathrm{T}$，$(k_x = 0,\ k_y = 0,\ k_z = 1)^\mathrm{T}$。根据式（11-39），该 3 自由度工业机械手机构的位姿矩阵方程为：

$$\begin{bmatrix} \cos a & -\sin a & 0 & P_x \\ \sin a & \cos a & 0 & P_y \\ 0 & 0 & 1 & 0 \\ 0 & 0 & 0 & 1 \end{bmatrix} = [\boldsymbol{M}_{01}][\boldsymbol{M}_{12}][\boldsymbol{M}_{23}] =$$

$$\begin{bmatrix} \cos(\theta_1+\theta_2+\theta_3) & -\sin(\theta_1+\theta_2+\theta_3) & 0 & l_1\cos\theta_1 + l_2\cos(\theta_1+\theta_2) + l_3\cos(\theta_1+\theta_2+\theta_3) \\ \sin(\theta_1+\theta_2+\theta_3) & \cos(\theta_1+\theta_2+\theta_3) & 0 & l_1\sin\theta_1 + l_2\sin(\theta_1+\theta_2) + l_3\sin(\theta_1+\theta_2+\theta_3) \\ 0 & 0 & 1 & 0 \\ 0 & 0 & 0 & 1 \end{bmatrix} \tag{d}$$

由上式左右两边矩阵对应元素相等，可得下面 4 个非线性方程：

$$\cos a = \cos(\theta_1+\theta_2+\theta_3) \tag{e}$$

$$\sin a = \sin(\theta_1+\theta_2+\theta_3) \tag{f}$$

$$P_x = l_1\cos\theta_1 + l_2\cos(\theta_1+\theta_2) + l_3\cos(\theta_1+\theta_2+\theta_3) \tag{g}$$

$$P_y = l_1\sin\theta_1 + l_2\sin(\theta_1+\theta_2) + l_3\sin(\theta_1+\theta_2+\theta_3) \tag{h}$$

由式（e）、式（f）得到：

$$a = \theta_1 + \theta_2 + \theta_3 \tag{i}$$

利用式（i），式（g）和式（h）可以写为

$$l_1\cos\theta_1 + l_2\cos(\theta_1 + \theta_2) = P_x^* \tag{j}$$

$$l_1\sin\theta_1 + l_2\sin(\theta_1 + \theta_2) = P_y^* \tag{k}$$

式中：$P_x^* = P_x - l_3\cos a$、$P_y^* = P_y - l_3\sin a$ 为已知量

把式（j）、式（k）分别平方后相加，得：

$$l_1^2 + l_2^2 + 2l_1 l_2 [\cos\theta_1\cos(\theta_1 + \theta_2) + \sin\theta_1\sin(\theta_1 + \theta_2)] = P_x^{*2} + P_y^{*2} \tag{l}$$

由上式解出：

$$\cos\theta_2 = C \tag{m}$$

式中：

$$C = (P_x^{*2} + P_y^{*2} - l_1^2 - l_2^2)/2l_1 l_2$$

为了有解，C 的值应在 -1 和 1 之间。在计算程序中应检验这一约束是否满足，若不满足，则所给数据有误。

由式（m）

$$\sin\theta_2 = \pm\sqrt{1 - C^2} \tag{n}$$

由式（m）、式（n）得

$$\theta_2 = \arctan\left(\frac{\pm\sqrt{1 - C^2}}{C}\right) \tag{o}$$

上式中根号前的 ± 号表示 θ_2 有两个解，如图 11-51 所示。

由式（j）、式（k）得

$$A\cos\theta_1 - B\sin\theta_1 = P_x^* \tag{p}$$

$$A\sin\theta_1 + B\cos\theta_1 = P_y^* \tag{q}$$

由式（p）、式（q）解出：

$$\sin\theta_1 = (AP_y^* - BP_x^*)/(A^2 + B^2)$$

$$\cos\theta_1 = (AP_x^* - BP_y^*)/(A^2 + B^2)$$

于是：

$$\theta_1 = \arctan\left(\frac{AP_y^* - BP_x^*}{AP_x^* + BP_y^*}\right) \tag{r}$$

最后由式（i）可求出：$\theta_3 = a - \theta_1 - \theta_2$

上面 3 自由度平面工业机械手逆位移问题求解时，我们直接令位姿矩阵方程两边的对应元素相等，再利用简单的消元运算就获得了全部广义坐标的值。对于自由度较多的工业机械手机构，其变量之间的关系比较复杂，为了简化消元过程，可以利用下边介绍的逆变换法求解。

设有一个 6 自由度工业机械手机构，其关节广义坐标 $q_i(i = 1, 2, \cdots, 6)$，已知其末杆的位姿矩阵：

$$[\boldsymbol{M}_{06}] = \begin{bmatrix} i_x & j_x & k_x & x \\ i_y & j_y & k_y & y \\ i_z & j_z & k_z & z \\ 0 & 0 & 0 & 1 \end{bmatrix} \tag{11-40}$$

根据式（11-39）可写出：

$$[\boldsymbol{M}_{06}] = [\boldsymbol{M}_{01}(q_1)][\boldsymbol{M}_{12}(q_2)]\cdots[\boldsymbol{M}_{56}(q_6)] \tag{11-41}$$

上式左端只有 q_1，利用两端矩阵的对应元素相等，可得 12 个方程，从中总可以找到某个方程能比较简单地解出 q_1。类似有：

$$[\boldsymbol{M}_{12}]^{-1}[\boldsymbol{M}_{01}]^{-1}[\boldsymbol{M}_{06}] = [\boldsymbol{M}_{23}]\cdots[\boldsymbol{M}_{56}]$$

$$[M_{23}]^{-1}[M_{12}]^{-1}[M_{01}]^{-1}[M_{06}] = [M_{34}][M_{45}][M_{56}]$$

$$[M_{34}]^{-1}[M_{23}]^{-1}[M_{12}]^{-1}[M_{01}]^{-1}[M_{06}] = [M_{45}][M_{56}]$$

$$[M_{45}]^{-1}[M_{34}]^{-1}[M_{23}]^{-1}[M_{12}]^{-1}[M_{01}]^{-1}[M_{06}] = [M_{56}]$$

由上边每个矩阵方程可得 12 个方程，在这些关系式中可选择只包含一个或不多于两个待求量的关系式，不用或少用消元法，依次求出各个未知量。在多数情况下，上述逆推过程不需要全部做完，就可利用等号两端矩阵对应元素相等，求出全部的关节变量。

例 4：求解 PUMA-560 工业机械手的位移分析逆解，即已知位姿矩阵 $[M_{06}]$ 的各元素，求相应的关节广义坐标 $\theta_i(i = 1, 2, \cdots, 6)$。

解：各坐标系之间的前置变换矩阵 $[M_{ij}(\theta_j)]$ 在例 2 中已给出。

(1) 求 θ_1。为了解出 θ_1，用逆矩阵 $[M_{01}]^{-1}$ 左乘例 2 中的式 (g) 得：

$$[M_{01}(\theta_1)]^{-1}[M_{06}] = [M_{16}] = [M_{12}(\theta_2)][M_{23}(\theta_3)][M_{34}(\theta_4)][M_{45}(\theta_5)][M_{56}(\theta_6)] \quad\quad (a)$$

式中：

$$[M_{01}(\theta_1)]^{-1}[M_{06}] = \begin{bmatrix} \cos\theta_1 & \sin\theta_1 & 0 & 0 \\ -\sin\theta_1 & \cos\theta_1 & 0 & 0 \\ 0 & 0 & 1 & 0 \\ 0 & 0 & 0 & 1 \end{bmatrix} \begin{bmatrix} i_x & j_x & k_x & x \\ i_y & j_y & k_y & y \\ i_z & j_z & k_z & z \\ 0 & 0 & 0 & 1 \end{bmatrix}$$

$$= \begin{bmatrix} i_x\cos\theta_1 + i_y\sin\theta_1 & j_x\cos\theta_1 + j_y\sin\theta_1 & k_x\cos\theta_1 + k_y\sin\theta_1 & x\cos\theta_1 + y\sin\theta_1 \\ i_y\cos\theta_1 - i_x\sin\theta_1 & j_y\cos\theta_1 - j_x\sin\theta_1 & k_y\cos\theta_1 + k_x\sin\theta_1 & y\cos\theta_1 - x\sin\theta_1 \\ i_z & j_z & k_z & z \\ 0 & 0 & 0 & 1 \end{bmatrix}$$

$$[M_{ij}]^{-1} = [M_{ji}]$$

$$[M_{16}] = [M_{12}(\theta_2)]\cdots[M_{56}(\theta_6)] = \begin{bmatrix} i'_x & j'_x & k'_x & x' \\ i'_y & j'_y & k'_y & y' \\ i'_z & j'_z & k'_z & z' \\ 0 & 0 & 0 & 1 \end{bmatrix}$$

式中：

$$i'_x = (\cos\theta_4\cos\theta_5\cos\theta_6 - \sin\theta_4\sin\theta_6)\cos(\theta_2 + \theta_3) - \sin(\theta_2 + \theta_3)\sin\theta_5\cos\theta_6$$

$$i'_y = -\sin\theta_4\cos\theta_5\cos\theta_6 - \cos\theta_4\sin\theta_6$$

$$i'_z = -(\cos\theta_4\cos\theta_5\cos\theta_6 - \sin\theta_4\sin\theta_6)\sin(\theta_2 + \theta_3) - \cos(\theta_2 + \theta_3)\sin\theta_5\cos\theta_6$$

$$j'_x = -(\cos\theta_4\cos\theta_5\cos\theta_6 + \sin\theta_4\sin\theta_6)\cos(\theta_2 + \theta_3) + \sin(\theta_2 + \theta_3)\sin\theta_5\sin\theta_6$$

$$j'_y = \sin\theta_4\cos\theta_5\sin\theta_6 - \cos\theta_4\cos\theta_6$$

$$j'_z = (\cos\theta_4\cos\theta_5\sin\theta_6 + \sin\theta_6\cos\theta_6)\sin(\theta_2 + \theta_3) + \cos(\theta_2 + \theta_3)\sin\theta_5\sin\theta_6$$

$$k'_x = -\cos(\theta_2 + \theta_3)\cos\theta_4\sin\theta_5 - \sin(\theta_2 + \theta_3)\cos\theta_5$$

$$k'_y = \sin\theta_4\sin\theta_5$$

$$k'_y = \sin(\theta_2 + \theta_3)\cos\theta_4\sin\theta_5 - \cos(\theta_2 + \theta_3)\cos\theta_5$$

$$X' = a_2\cos\theta_2 + a_3\cos(\theta_2 + \theta_3) - d_4\sin(\theta_2 + \theta_3)$$

$$y' = d_3$$

$$z' = -a_3\sin(\theta_2 + \theta_3) - a_2\sin\theta_2 - d_4\cos(\theta_2 + \theta_3)$$

令式 (a) 两端矩阵的 (2, 4) 元素相等，得出：

$$-x\sin\theta_1 + y\cos\theta_1 = d_3 \quad\quad (b)$$

作三角代换，令：

$$x = \rho\cos\varphi \qquad y = \rho\sin\varphi$$

则：

$$\rho = \sqrt{x^2 + y^2} \qquad \varphi = \arctan\left(\frac{y}{x}\right)$$

代入式（b）：

$$\cos\theta_1\sin\varphi - \sin\theta_1\cos\varphi = d_3/\rho$$

得：

$$\sin(\varphi - \theta_1) = d_3/\rho$$

$$\cos(\varphi - \theta_1) = \pm\sqrt{1 - d_3^2/\rho^2}$$

$$\theta_1 = \arctan\left(\frac{y}{x}\right) - \arctan\left(\pm d_3 \sqrt{\rho^2 - d_3^2}\right)$$

上式中的±号对应 θ_1 的两个可能解。

（2）求 θ_3。令式（a）两端矩阵的（1，4）和（3，4）元素分别相等，得以下两个方程：

$$\begin{cases} x\cos\theta_1 + y\sin\theta_1 = a_3\cos(\theta_2 + \theta_3) - d_4\sin(\theta_2 + \theta_3) + a_2\cos\theta_2 \\ -z = a_3\sin(\theta_2 + \theta_3) + d_4\cos(\theta_2 + \theta_3) + a_2\sin\theta_2 \end{cases}$$

将上式左右平方相加，再与式（b）左右平方相加，可以得到：

$$a_3\cos\theta_3 - d_4\sin\theta_3 = K$$

式中：

$$K = (x^2 + y^2 + z^2 - a_2^2 - a_3^2 - d_3^2 - d_4^2)/2a_2 \qquad (e)$$

式（d）中令含有一个未知量 θ_3，且其形式与式（b）相似，因此同样可用三角代换求出 θ_3：

$$\theta_3 = \arctan\left(\frac{a_3}{d_4}\right) - \arctan\left(\pm K/\sqrt{a_3^2 + d_4^2 - K^2}\right) \qquad (f)$$

式中：±号对应 θ_3 的两个可能解。

（3）求 θ_2。因为已求出 θ_3，可以利用下式求 θ_2。

$$[\boldsymbol{M}_{23}]^{-1}[\boldsymbol{M}_{12}]^{-1}[\boldsymbol{M}_{01}]^{-1}[\boldsymbol{M}_{06}] = [\boldsymbol{M}_{34}][\boldsymbol{M}_{45}][\boldsymbol{M}_{56}] \qquad (g)$$

利用公式求出逆矩阵 $[\boldsymbol{M}_{01}]^{-1}$、$[\boldsymbol{M}_{12}]^{-1}$、$[\boldsymbol{M}_{23}]^{-1}$，连乘后得到式（g）左端：

$$[\boldsymbol{M}_{23}]^{-1}[\boldsymbol{M}_{12}]^{-1}[\boldsymbol{M}_{01}]^{-1}[\boldsymbol{M}_{06}]$$

$$= \begin{bmatrix} \cos\theta_1\cos(\theta_2+\theta_3) & \sin\theta_1\cos(\theta_2+\theta_3) & -\sin(\theta_2+\theta_3) & -a_1\cos\theta_3 \\ -\cos\theta_1\sin(\theta_2+\theta_3) & -\sin\theta_1\sin(\theta_2+\theta_3) & -\cos(\theta_2+\theta_3) & a_2\sin\theta_3 \\ -\sin\theta_1 & \cos\theta_1 & 0 & -d_3 \\ 0 & 0 & 0 & 1 \end{bmatrix} \begin{bmatrix} i_x & j_x & k_x & x \\ i_y & j_y & k_y & y \\ i_z & j_z & k_z & z \\ 0 & 0 & 0 & 1 \end{bmatrix}$$

式（g）右端：

$$[\boldsymbol{M}_{34}][\boldsymbol{M}_{45}][\boldsymbol{M}_{56}]$$

$$= \begin{bmatrix} \cos\theta_4\cos\theta_5\cos\theta_6 - \sin\theta_4\sin\theta_6 & -\cos\theta_4\cos\theta_5\sin\theta_6 - \sin\theta_4\cos\theta_6 & -\cos\theta_4\sin\theta_5 & a_3 \\ \sin\theta_5\cos\theta_6 & -\sin\theta_5\sin\theta_6 & \cos\theta_5 & d_4 \\ -\sin\theta_4\cos\theta_5\cos\theta_6 - \cos\theta_4\sin\theta_6 & \sin\theta_4\cos\theta_5\sin\theta_6 - \cos\theta_4\cos\theta_6 & \sin\theta_4\sin\theta_5 & 0 \\ 0 & 0 & 0 & 1 \end{bmatrix}$$

令式（g）两边矩阵的（1，4）和（2，4）元素分别相等，得到下边两个方程：

$$x\cos\theta_1\cos(\theta_2 + \theta_3) + y\sin\theta_1\cos(\theta_2 + \theta_3) - z\sin(\theta_2 + \theta_3) - a_2\cos\theta_3 = a_3$$

$$-x\cos\theta_1\sin(\theta_2 + \theta_3) - y\sin\theta_1\sin(\theta_2 + \theta_3) - z\cos(\theta_2 + \theta_3) + a_2\sin\theta_3 = d_4$$

将上两式联立求解 $\sin(\theta_2 + \theta_3)$、$\cos(\theta_2 + \theta_3)$，得：

$$\sin(\theta_2 + \theta_3) = [-z(a_3 + a_2\cos\theta_3) + A(a_2\sin\theta_3 - d_4)]/(A^2 + z^2)$$

$$\cos(\theta_2 + \theta_3) = [z(a_2\sin\theta_3 - d_4) + A(a_3 + a_2\cos\theta_3)]/(A^2 + z^2)$$

式中：
$$A = x\cos\theta_1 + y\sin\theta_1$$

由上式，可得：

$$\theta_2 + \theta_3 = \arctan\{[-z(a_3 + a_2\cos\theta_3) + A(a_2\sin\theta_3 - d_4)] / [z(a_2\sin\theta_3 - d_4) + A(a_3 + a_2\cos\theta_3)]\}$$

根据 θ_1 和 θ_3 解的四种可能组合，由式（h）可以算出 θ_{23} 的四个值，于是得到 θ_2 的四个可能解：

$$\theta_2 = \theta_{23} - \theta_3$$

式中：θ_{23} 取与 θ_3 相对应的值。

（4）求 θ_4。仍可利用式（g），令两边矩阵的（1，3）和（3，3）元素分别相等，得到下面两个方程：

$$k_x\cos\theta_1\cos(\theta_2 + \theta_3) + k_y\sin\theta_1\cos(\theta_2 + \theta_3) - k_z\sin(\theta_2 + \theta_3) = -\sin\theta_4\sin\theta_5$$
$$-k_x\sin\theta_1 + k_y\cos\theta_1 = \sin\theta_4\sin\theta_5$$

因为 θ_1，θ_2，θ_3 都是已知数，只要 $\sin\theta_5 \neq 0$，即可利用上两式联立解出：

$$\theta_4 = \arctan\{[-k_x\sin\theta_1 + k_y\cos\theta_1] / [-k_x\cos\theta_1\cos(\theta_2 + \theta_3) - k_y\sin\theta_1\cos(\theta_2 + \theta_3) + k_z\sin(\theta_2 + \theta_3)]\}$$

注意当 $\sin\theta_5 = 0$ 时，$\theta_5 = 0$，机器人机构处于奇异状态，这时 z_4 与 z_6 轴重合，即图 11-50 所示机构位置，θ_4 与 θ_6 的转动效果相同，只能解出 θ_4 与 θ_6 的和或差。这时可以任取 θ_4（通常取为关节变量 θ_4 的当前值），再算出相应的 θ_6。

（5）求 θ_5。利用公式：

$$[M_{34}]^{-1}[M_{23}]^{-1}[M_{12}]^{-1}[M_{01}]^{-1}[M_{06}] = [M_{45}][M_{56}] \tag{j'}$$

根据矩阵求逆公式：

$$([A][B])^{-1} = [B]^{-1}[A]^{-1}$$

式（j'）可以写为：

$$[M_{04}]^{-1}[M_{06}] = [M_{45}][M_{56}] = [M_{46}] \tag{j}$$

利用例 2 中的 $[M_{01}]$、$[M_{12}]$、$[M_{23}]$ 和 $[M_{34}]$ 求出 $[M_{04}]$，再利用求逆公式求出：

$$[M_{04}]^{-1} = \begin{bmatrix} \cos\theta_1\cos(\theta_2+\theta_3)\cos\theta_4+\sin\theta_1\sin\theta_4 & \sin\theta_1\cos(\theta_2+\theta_3)\cos\theta_4-\cos\theta_1\sin\theta_4 \\ -\cos\theta_1\cos(\theta_2+\theta_3)\sin\theta_4+\sin\theta_1\cos\theta_4 & -\sin\theta_1\cos(\theta_2+\theta_3)\sin\theta_4-\cos\theta_1\cos\theta_4 \\ -\cos\theta_1\sin(\theta_2+\theta_3) & -\sin\theta_1\sin(\theta_2+\theta_3) \\ 0 & 0 \end{bmatrix}$$

$$\begin{bmatrix} -\sin(\theta_2+\theta_3)\cos\theta_4 & -a_2\cos\theta_3\cos\theta_4+d_3\sin\theta_4-a_3\cos\theta_4 \\ \sin(\theta_2+\theta_3)\cos\theta_4 & a_2\cos\theta_3\sin\theta_4+d_3\cos\theta_4+a_3\sin\theta_4 \\ -\cos(\theta_2+\theta_3) & a_2\sin\theta_3-d_4 \\ 0 & 1 \end{bmatrix}$$

$$[M_{46}] = [M_{45}][M_{56}] = \begin{bmatrix} \cos\theta_5\cos\theta_6 & -\cos\theta_5\sin\theta_6 & -\sin\theta_5 & 0 \\ \sin\theta_6 & \cos\theta_6 & 0 & 0 \\ \sin\theta_5\cos\theta_6 & -\sin\theta_5\sin\theta_6 & \cos\theta_5 & 0 \\ 0 & 0 & 0 & 1 \end{bmatrix}$$

令式（j）两侧矩阵的（1，3）和（3，3）元素分别相等，得到下边两个方程：

$$k_x[\cos\theta_1\cos(\theta_2+\theta_3)\cos\theta_4+\sin\theta_1\sin\theta_4] + k_y[\sin\theta_1\cos(\theta_2+\theta_3)\cos\theta_4-\cos\theta_1\sin\theta_4] \tag{k}$$
$$-k_z[\sin(\theta_2+\theta_3)\cos\theta_4] = -\sin\theta_5$$

$$k_x[-\cos\theta_1\sin(\theta_2+\theta_3)] + k_y[-\sin\theta_1\sin(\theta_2+\theta_3)] + k_z[-\cos(\theta_2+\theta_3)] = \cos\theta_5 \tag{1}$$

于是：
$$\theta_5 = \arctan\left(\frac{\sin\theta_5}{\cos\theta_5}\right) \tag{m}$$

式（m）中的 $\sin\theta_5$、$\cos\theta_5$ 分别由式（k）和式（l）给出。

（6）求 θ_6。可由下式求解：

$$[M_{01}]^{-1}[M_{06}] = [M_{56}]$$

利用例2中的 $[M_{01}]$，$[M_{12}]$，$\cdots$，$[M_{45}]$ 先求出 $[M_{05}]$，再求出 $[M_{05}]^{-1}$，并将 $[M_{06}]$，$[M_{56}]$ 一同代入式（n），令式（n）两边矩阵的（3，1）和（1，1）元素分别相等，得到下边两个方程：

$$\sin\theta_6 = -i_x[\cos\theta_1\cos(\theta_2+\theta_3)\sin\theta_4 - \sin\theta_1\cos\theta_4] -$$
$$i_y[\sin\theta_1\cos(\theta_2+\theta_3)\sin\theta_4 + \cos\theta_1\cos\theta_4]$$
$$i_z\sin(\theta_2+\theta_3)\sin\theta_4 \tag{o}$$
$$\cos\theta_6 = -i_x[(\cos\theta_1\cos(\theta_2+\theta_3)\cos\theta_4 + \sin\theta_1\sin\theta_4)\cos\theta_5 - \cos\theta_1\sin(\theta_2+\theta_3)\sin\theta_5]$$
$$+i_y[(\sin\theta_1\cos(\theta_2+\theta_3)\cos\theta_4 - \cos\theta_1\sin\theta_4)\cos\theta_4 - \sin\theta_1\sin(\theta_2+\theta_3)\sin\theta_5]$$
$$-i_z[\sin(\theta_2+\theta_3)\cos\theta_4\cos\theta_5 + \cos(\theta_2+\theta_3)\sin\theta_5] \tag{p}$$

从而求出：

$$\theta_6 = \arctan\left(\frac{\sin\theta_6}{\cos\theta_6}\right) \tag{q}$$

至此已求出了全部的关节变量，即得到该工业机械手机构的位移逆解。由上面求解过程可以看出，位移逆解的关键是灵活地求解三角方程，由于反三角函数的多值性，所求得的关节变量一般是多解的。和 PUMA 工业机械手 θ_1，θ_2，θ_3 前三个关节位移的四种可能解对应的机构位形示于图 11-52。在存在多个解的情况下，一般选取最近的一组解，或按其他要求选取其中一组解。

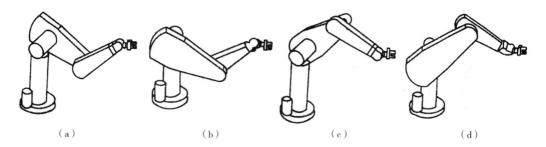

图 11-52　PUMA 机器人四种可能构型

对于一般具有6个自由度的工业机械手机构，其位移逆解非常复杂，不存在解析解。只有在某些特殊情况下，才可以得到解析解。但大多数商品化工业机械手都满足存在解析解的两个充分条件之一：

（1）三个相邻关节轴交于一点。

（2）三个相邻关节轴相互平行。

上面讨论的 PUMA 工业机械手即满足第一个条件。

（七）工业机械手速度分析

为了研究工业机械手末端操作器的速度变化规律和进行速度控制，需要对其进行速度分析，且速度分析也是加速度分析和动力分析的基础。与位移分析相类似，工业机械手速度分析也可以分为两类问题：

（1）已知工业机械手各关节的广义速度 $\dot{q}_i(i=1,2,\cdots,6)$，即各运动副的相对角速度或相对速度，求末端操作器相对参考坐标系（$O_0x_0y_0z_0$）的绝对角速度 $\omega=(\omega_x\ \ \omega_y\ \ \omega_z)^{\mathrm{T}}$ 和末端操作

器形心 P 相对参考坐标系 $O_0x_0y_0z_0$ 的绝对速度 $v=(\dot{x}\quad\dot{y}\quad\dot{z})^{\mathrm{T}}$，称为速度分析正问题。

（2）已知末端操作器的绝对角速度 ω 和其形心 P 的绝对速度 v，求各关节的广义速度，称为速度分析逆问题。

具体详细的分析推导参见有关专业书籍。

（八）工业机械手力分析

工业机械手工作中，在各关节驱动力或力矩的作用下，克服作用在末端操作器上的工作阻力和阻力矩，以及各构件的重力作用而运动。当工业机械手工作速度较低时，惯性力的影响不大，可略去不计。在不计惯性力的条件下，对工业机械手机构进行的力分析称为静力分析。静力分析的一般方法是对每个构件取分离体，建立从末端构件到与基座相连构件的静力平衡方程，依次求解可获得各运动副处的约束反力、反力矩以及驱动力、驱动力矩。如果速度较高时，应考虑惯性力和惯性力矩的影响，可采用动态静力分析方法求解。

思考题

1. 常用缝纫机辅助装置类型有哪些？

2. 缝纫机辅助装置都有哪些作用？

3. 定位（导向）装置的主要作用是什么？按安装位置分为哪些类型，有何特点？

4. 简述电子自动定位器工作原理。

5. 卷边器的特点和作用有哪些？卷边器按种类和卷边形状都有哪些类型？

6. 特殊压脚的作用是什么？请举例几种常见压脚，并说明它们的作用和优点。

7. 辅助送料装置与缝纫机送料牙的作用有何不同？

8. 打褶类装置有什么作用？横向打褶装置是怎样形成褶子的？

9. 模板夹持装置分为哪几种？各有哪些特点？适合哪些应用场合？

10. 模板运送装置分为哪几种？各有哪些特点？适合哪些应用场合？

11. 简述皮带式结构组成及其工作原理。

12. 简述螺杆式结构组成及其工作原理。

13. 滚轮式模板夹持运送结构使用过程中出现故障后如何排除和解决？

14. 简述同步带驱动和螺杆驱动各有哪些优缺点。

15. 什么是工业机械手？工业机械手在缝制方面能完成的任务形式有哪些？

16. 解释什么是工业机械手的自由度、灵活度和工作空间。

17. 下图为一个三自由度的平面机械手，已知机械手的结构尺寸和输入运动参数 θ_1，θ_2，θ_3，试求该机械手末端执行器的位姿方程。

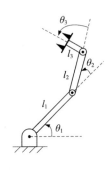

18. 下图为三自由度转动关节工业机械手，已知其结构尺寸和关节转角，试求该机械手末端执行器的位姿方程。

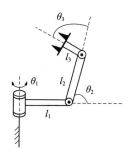

19. 根据下图求 6R 机械手的位置正反解。

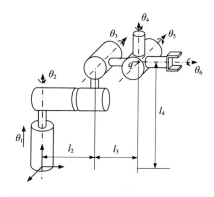

参考文献

[1] 孙桓，陈作模，葛文杰. 机械原理 [M]. 7版. 北京：高等教育出版社，2006.

[2] 曹惟庆，徐曾荫. 机构设计 [M]. 2版. 北京：机械工业出版社，1999.

[3] 陆震. 高等机械原理 [M]. 北京：航空航天大学出版社，2001.

[4] 谢存禧，李琳. 空间机构设计与应用创新 [M]. 北京：机械工业出版社，2008.

[5] 黄纯颖. 机械创新设计 [M]. 北京：高等教育出版社，2000.

[6] 韩建友，杨通，于靖军. 高等机构学 [M]. 2版. 北京：机械工业出版社，2015.

[7] 孙金阶，秦晓东. 服装机械原理 [M]. 5版. 北京：中国纺织出版社，2018.

[8] 王文博. 服装机械设备使用维修手册 [M]. 2版. 北京：机械工业出版社，2007.

[9] 辉殿臣. 服装机械原理 [M]. 北京：中国纺织出版社，1990.

[10] 陈霞，张小良. 服装生产工艺和流程 [M]. 2版. 北京：中国纺织出版社，2011.

[11] 中国缝制机械协会. 缝制机械装配与维修（行业内部资料），2008.